最速最深
中学数学

稲荷思歩
INARI SHIHO

幻冬舎 MC

まえがき

この本は「算数・数学が好き、または得意な小中学生」がひとりで中学数学を学習し、高校数学を学ぶ準備をするための参考書です。

そのため、次の２つを大きな特徴としています。

①中学数学で習う内容はすべて一から丁寧に説明しています。

②やり方ではなく本質的な考え方を伝え、発展的な内容も解説しています。

一般に、学習内容を一から丁寧に説明する参考書は学校での授業を補うために書かれており、発展的な内容を多く扱うことはありません。反対に、発展的な内容を多く含む参考書は高校入試で使える技術を伝えることなどを目的とし、学習内容を基礎から説明することはありません。

この本はそのどちらでもなく、「自分のペースでどんどんと新しいことを学んでいきたい」「高校数学にスムーズにつながるようにその基礎となる中学数学を深く理解したい」と願う小中学生にとって最適な参考書となるようにデザインされています。

ところで、難関大学への進学を目指すような中学生の場合、中学数学はおよそ１年間で学ぶことができます。

どのように勉強するかというと、前半の半年間で中学数学の内容を一通り学習し、後半の半年間で難しい問題も含めて演習を行います。そうすることで、各都道府県でトップの公立高校に合格できる程度の実力をつけることが十分に可能です。

この前半の勉強に本書を活用すると、効率よく学習を進められるでしょう。

単元の並べ方

中学数学は、「代数（だいすう）」「幾何（きか）」「関数（かんすう）」の３つの分野に分けることができ、一般的な中学校ではそれぞれをさらに中１・中２・中３の範囲に分割して少しずつ学習していきます。

しかし、この本では代数、幾何、関数をひとつの流れの中で学習できるように並べ、最後に「資料の活用」について学ぶ構成にしています。基本的には最初から順に読み進めていくことをお勧めします。

この本の使い方

それぞれの学習内容は、

① 説明 ⇒ ② 例題 ⇒ ③ 演習

の3ステップで構成されています。

「例題」は具体的な問題の解き方やそのときの注意点を確認するのに適した問題、「演習」は学習内容をしっかり理解しているかを確認できるような問題を選びました。例題までを読んで理解できたら、演習問題は必ず自分で解いてから解答を見るようにしましょう。

数学を勉強する上で「わかる」と「できる」は違い、参考書を読んで納得しただけでは数学の問題が解けるようにはなりません。自分で手を動かしながら勉強することが重要です。

★この本は参考書であり、問題集ではありません。この本を使って中学数学を独学する場合は、使いやすい問題集を見つけて同時に使用することをお勧めします。

アイコンの説明

発展 中学数学の範囲を超えていますが、高校数学の準備として学んでおくとよい内容です。

注意 考え方や問題の解き方について注意すべきことです。

ヒント 演習の解き方のヒントです。問題が解けないときは解答を見る前に確認してみましょう。

第I部 代数 …… 8

8 図形と合同

9 三角形と四角形

10 図形と相似

11 円

12 作図

13 空間図形

14 三平方の定理

第Ⅲ部 関数 …… 234

15 比例と反比例

16 1次関数

17 関数 $y = ax^2$

第Ⅰ部
代数

「代数」とは、数の代わりに文字を使ってものごとを考える数学の分野です。ここで学習する内容は大きく分けて次の3つです。

①中学数学で学ぶ数とその計算方法

②文字を使った式の計算方法

③文字を使って具体的な数を求める方法

何かの個数や長さなどを求める方法を算数でたくさん学んだと思います。中学数学ではそれらを文字を使って求める方法を学びます。そうすると、より幅広く、複雑なことについて考えられるようになります。

1　正負の数

1.1　正負の数

直線上に等間隔に点を打ち、それらを左から順に0，1，2，3，…と対応させることにより、数を視覚的に捉えることができるようにしたものを数直線といいます。

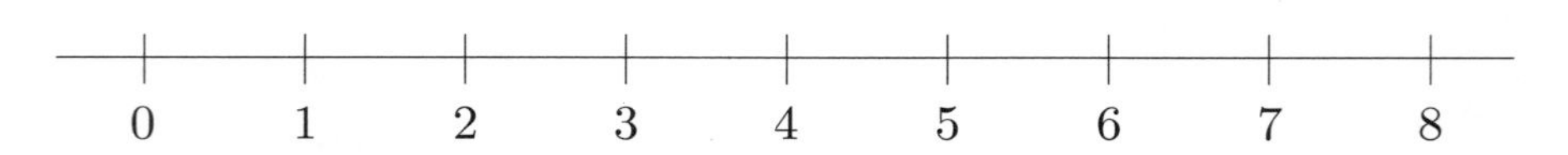

〈正の数・負の数〉

算数では、1や2のような整数以外に、0.3などの小数や$\frac{1}{4}$などの分数も学びました。それらを数直線上に表す方法も学んだと思います。

それでは、0より左の点はどのような数を表しているのでしょうか。数直線上では右に行くほど大きな数を表し、左に行くほど小さな数を表すので、0より左の点は0より小さな数を表すことになります。

これを**負の数**といい、負の符号「$-$」を使って表します。

例　0より1小さい数　⇒　-1(マイナス1)

0より$\frac{5}{2}$小さい数　⇒　$-\frac{5}{2}$（マイナス2分の5）

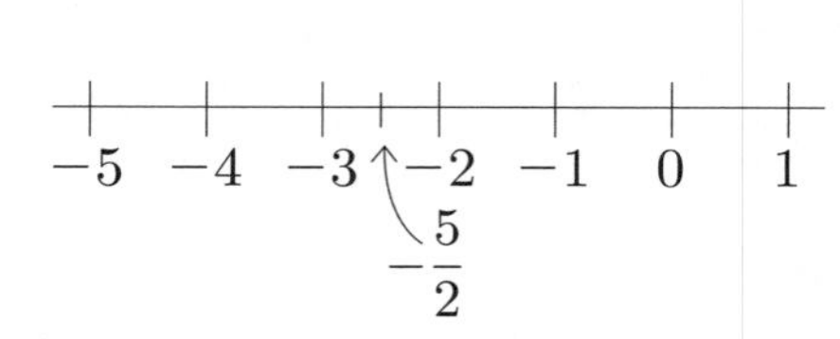

これに対して、０より大きい数は**正の数**(せいすう)といいます。正の数は、＋３（プラス3)，＋5.5（プラス5.5）というように、正の符号「＋(プラス)」を使って表すこともできます。

負の数は必ず負の符号を付けて表しますが、正の数は負の数と区別して書きたいときだけ正の符号を付け、それ以外のときは符号を付けずに表します。

正の数：0より大きい数　数字のみ、または数字の前に正の符号「＋」を付けて表す
負の数：0より小さい数　数字の前に負の符号「－」を付けて表す
※0は正の数でも負の数でもない

〈整数・自然数・絶対値〉

… －3，－2，－1，0，1，2，3，… といった、0や、0に1ずつ足していった数、0から1ずつ引いていった数を**整数**といいます。その中で、1，2，3，… といった正の整数を**自然数**(しぜんすう)といいます。

数直線を使うと、2つの数を比べるときにどちらが大きいか、どのくらい大きいかが分かりやすくなります。

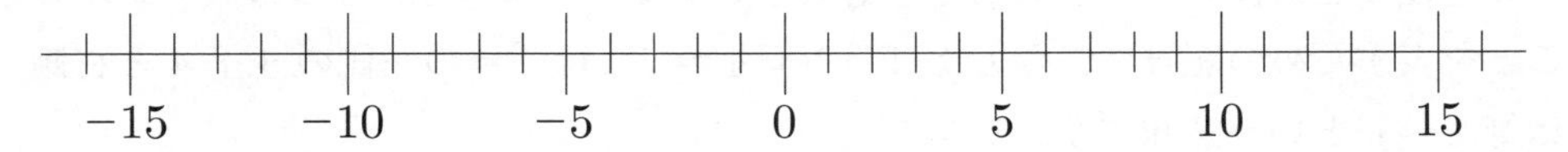

たとえば、5と10では10の方が右にあるので10の方が大きく、－5と－10では－10の方が左にあるので－10の方が小さいことが分かります。負の数では、「－」の符号を取った数字が大きくなるほど小さな数になることに注意しましょう。

このような「＋」や「－」の符号を取った数字は、その数の「0からの距離(きょり)」を表し、**絶対値**(ぜったいち)といいます。

例 ＋10の絶対値 ⇒ 10，－15の絶対値 ⇒ 15

絶対値は距離を表すので、必ず正の数または0になります。絶対値を絶対値記号｜ ｜を使って表すこともでき、たとえば、－8の絶対値は$|-8|$と表されます。

整数：0，0に1ずつ足していった数，0から1ずつ引いていった数
自然数：正の整数
絶対値：数直線上で、ある数の0からの距離

それでは問題を解きながら確認してみましょう。

例題 1

次の数を正の符号、負の符号を使って表せ。

(1) 0より5大きい数

(2) 0より7小さい数

解答

(1) ＋ **5**

(2) － **7**

0より大きい数は正の数なので正の符号を付けて表し、0より小さい数は負の数なので負の符号を付けて表します。

演習 1 (解答は P.282)

次の気温を正の符号、負の符号を使って表せ。

(1) 0℃より2℃高い気温

(2) 0℃より6℃低い気温

算数でも出てきた記号「＝(イコール)」のことを**等号**(とうごう)といいます。等号は、2つの数や式が等しいことを表すための記号で、たとえば　3＋4＝7　は「＝の左側の3＋4と右側の7は等しい」という意味です。

それに対して、2つの数や式の大小関係を表すときに使う記号を**不等号**(ふとうごう)といいます。不等号には次の4つがあります。

＜：左が右より小さい（例）2＜3　2が3より小さい（「2小(しょう)なり3」と読む）

＞：左が右より大きい（例）5＞3　5が3より大きい（「5大(だい)なり3」と読む）

≦：左が右より小さいか等しい（「小なりイコール」と読む）

≧：左が右より大きいか等しい（「大なりイコール」と読む）

例題 2

次の2つの数の大小を不等号を使って表せ。

－4, －5

この問題では、2つの数が等しくなることはないので、「＜」か「＞」を使って大小関係を表しましょう。

解答

$-4>-5$

負の数は、絶対値が大きくなるほど小さな数になります。分かりにくい場合は、数直線をかいて確認しましょう。

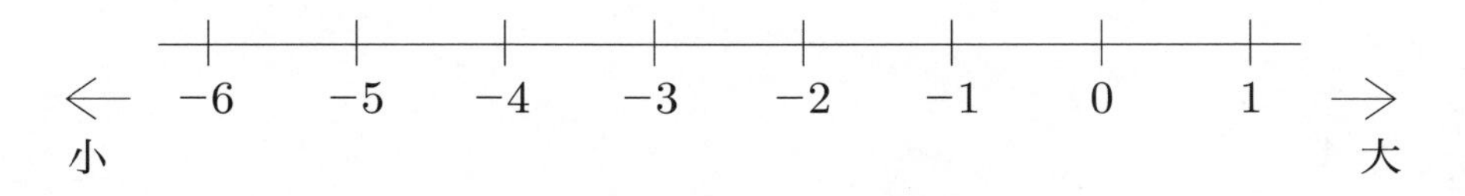

演習 2 （解答は P.282）

次の 2 つの数の大小を不等号を使って表せ。

$\frac{8}{3}$，2.5

例題 3

-6.4 の絶対値を答えよ。

解答

6.4

小数であっても「＋」や「－」の符号を取った数字が絶対値を表します。

演習 3 （解答は P.282）

$\left|-\frac{9}{4}\right|$ の値を答えよ。

ヒント　値（あたい）とは数の大きさのことです。「$\left|-\frac{9}{4}\right|$ はいくつか」、つまり「$-\frac{9}{4}$ の絶対値はいくつか」と聞かれているということです。

例題 4

次の数を絶対値の小さい順に並べよ。

-4，3，0，$\frac{7}{2}$

$-4,\ 3,\ 0,\ \dfrac{7}{2}$ の絶対値は順に $4,\ 3,\ 0,\ \dfrac{7}{2}$ です。

これを小さい順に並べると、$0,\ 3,\ \dfrac{7}{2},\ 4$ となります。

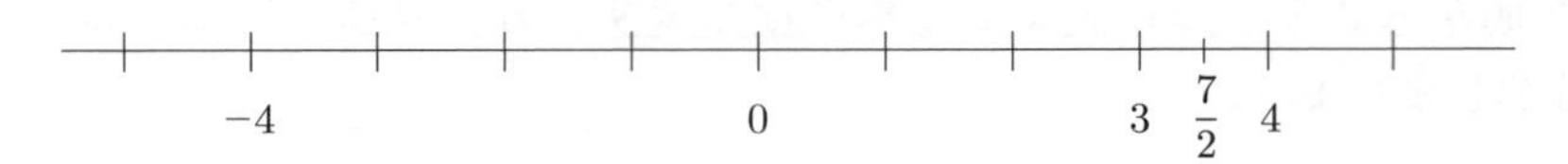

解答

$\mathbf{0,\ 3,\ \dfrac{7}{2},\ -4}$

演習 4 (解答は P.282)

次の数を絶対値の小さい方から順に並べたとき、2 番目の数を答えよ。

$-\dfrac{1}{3},\ 3,\ 0.3,\ -3.1$

「3 より小さい」を数直線で表すと次のようになります。

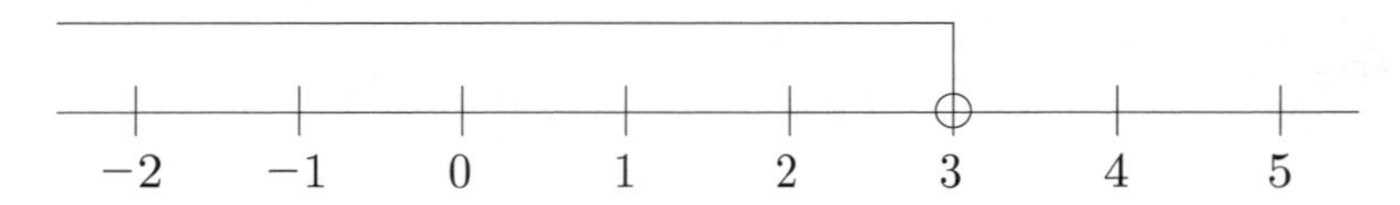

○は、その数を含まないことを示しています。「より小さい」と同じ意味で「未満」という表現もあり、どちらも「その数を含まず、それより小さい」ということを表します。

例 3 未満の自然数 ⇒ 1 と 2 ※3 は含まれない

反対に「3 より大きい」は「3 を含まず、それより大きい」ということで、これには「未満」のような別の表現はありません。

これらと似た表現で「3 以下」というのは、「3、または 3 より小さい」という意味で 3 を含みます。

例 3 以下の自然数 ⇒ 1, 2, 3 ※3 も含まれる

「3 以上」は「3、または 3 より大きい」という意味で、「3 以下」と同じように 3 を含めた範囲を表します。

ある数を含めた範囲を数直線で表す場合は、●を使います。たとえば「3 以下の数」を数直線で表すと次のようになります。

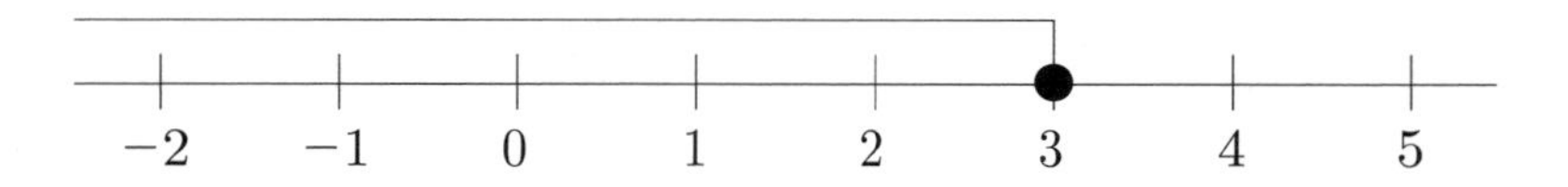

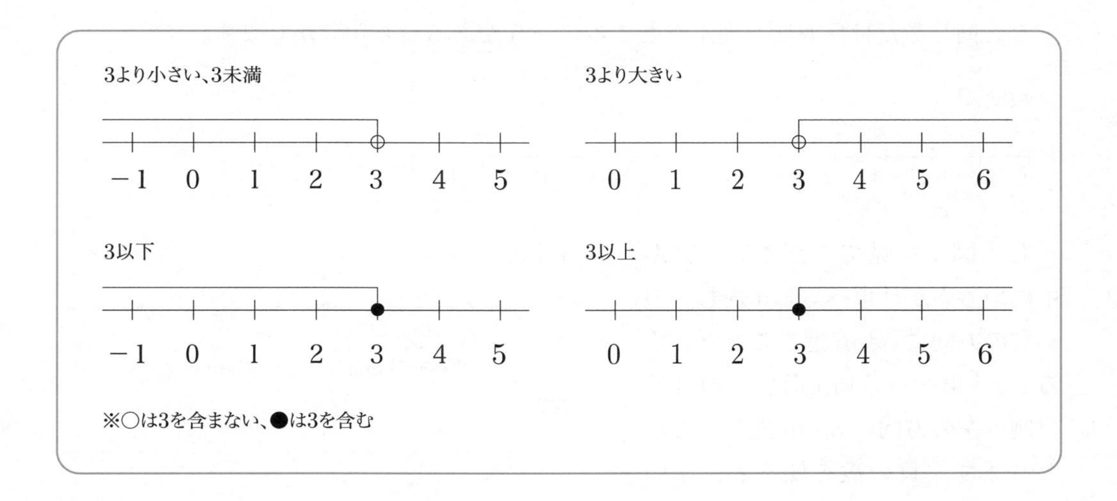

例題 5

絶対値が 3 より小さい整数をすべて答えよ。

「絶対値が 3 より小さい」とは「0 からの距離が 3 より小さい」という意味で、数直線で表すと次のようになります。

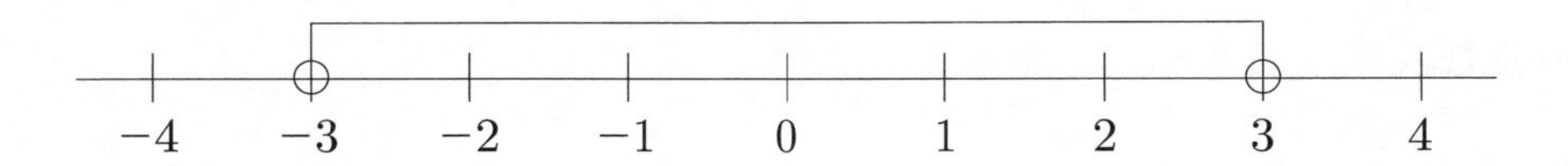

この範囲に入っている整数を答えればよいということです。

解答

− 2, − 1, 0, 1, 2

演習 5 (解答は P.282)

絶対値が $\frac{8}{3}$ 以上 6 未満となる整数は全部でいくつあるか答えよ。

例題 6

次の文を負の数を使わない文に直せ。
東へ− 5 km 進む。

ここまでで、正の数の＋ 5 は 0 より 5 大きい数であり、負の数の− 5 は 0 より 5 小さい数であることを学びました。これを数直線で確認すると、0 を基準にして、

＋５と同じ数だけ反対側へ進んだところに－５があることが分かります。

数直線

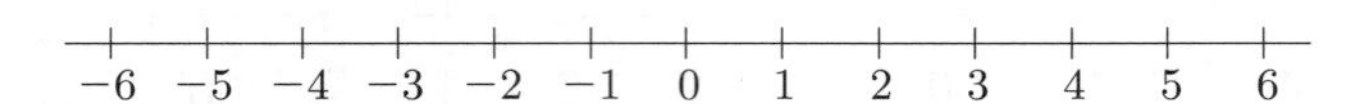

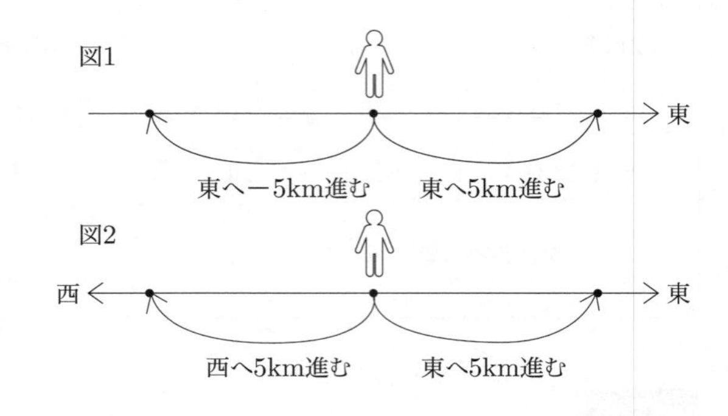

右の図１を見てください。真ん中にいる人が「東へ５km 進む」のが右の方向に５km 進むことだとすると、「東へ－５km 進む」のは反対側の左の方向に５km 進むことになります。負の数を使うと、正の数と反対の性質を表せるということです。

しかし、「東へ－５km 進む」では分かりにくいので、右の方向が東であるのなら、左の方向は西という言葉を使って「西へ５km 進む」とすれば、負の数を使わずに同じ意味の文にすることができます。(図２)

解答

西へ５km 進む。

演習６ (解答は P.282)

次の文を負の数を使わない文に直せ。
階段を－３段下りる。

1.2　加法と減法

加法(かほう)とは足し算のこと、**減法**(げんぽう)とは引き算のことです。加法の結果を**和**(わ)、減法の結果を**差**(さ)といいます。

加法：足し算　　和：加法の結果
減法：引き算　　差：減法の結果

〈加法〉

正の数、負の数の加法の計算方法を数直線を使って考えてみましょう。「正の数を足す」というのは、足した数の分だけ右に進むということでした。

例 (＋5)＋(＋3) ⇒ 5から3だけ右に進む ⇒ (＋5)＋(＋3)＝8

それでは「負の数を足す」場合は、どうすればよいでしょうか。「負の数を足す」というのは「正の数を足す」の反対の意味なので、数直線上で左に進むことになります。

例 (＋5)＋(－3) ⇒ 5から3だけ左に進む ⇒ (＋5)＋(－3)＝2

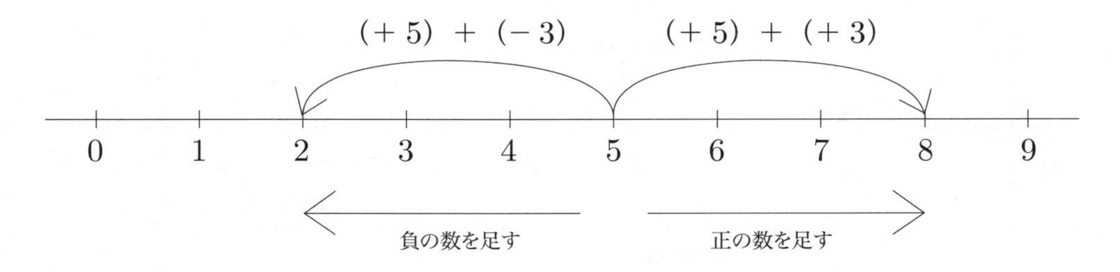

> 加法の計算方法
> 正の数を足す場合、足す数の絶対値の分だけ数直線上で右に進む
> 負の数を足す場合、足す数の絶対値の分だけ数直線上で左に進む

例題7

(＋8)＋(－6) を計算せよ。

解答

(＋8)＋(－6)＝**2**

－6という負の数を足すので、数直線上で左に進みます。8から6だけ左に進み、答えは2となります。

この答えは、2と書いても＋2と書いても問題ありませんが、この先の単元では正の符号は付けないことが多いので、問題文に特に指示がなければ符号を付けずに書きましょう。

演習7 (解答はP.283)

(－5)＋(＋9) を計算せよ。

〈減法〉

減法についても数直線で考えてみましょう。まず「正の数を引く」場合、数直線上で左に進みます。

例 $(+5)-(+3)$ ⇒ 5から3だけ左に進む ⇒ $(+5)-(+3)=2$

一方、「負の数を引く」場合は、「正の数を引く」の反対の意味なので、数直線上で右に進むことになります。

例 $(+5)-(-3)$ ⇒ 5から3だけ右に進む ⇒ $(+5)-(-3)=8$

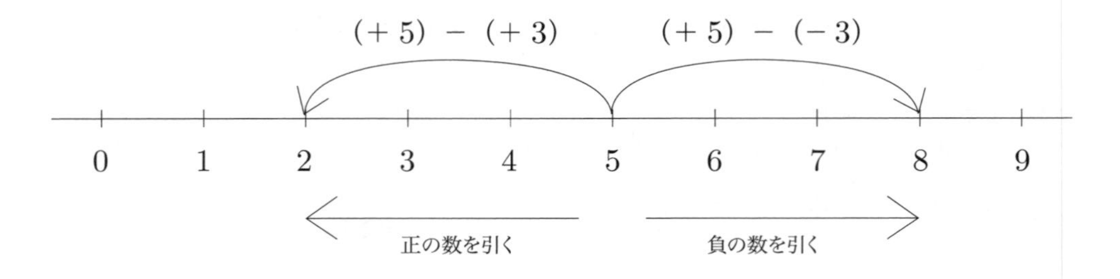

加法と減法の計算は、「正の数を足す」「負の数を足す」「正の数を引く」「負の数を引く」の4種類に分けられ、まとめると次のようになります。

> 「正の数を足す」と「負の数を引く」は同じで、どちらも数直線上で右に進む
> 例：$(+5)+(+3)=(+5)-(-3)$
> 「負の数を足す」と「正の数を引く」は同じで、どちらも数直線上で左に進む
> 例：$(+5)+(-3)=(+5)-(+3)$

加法は減法に、減法は加法に直せることが分かります。

例題 8

$(-4)-(+7)$ を計算せよ。

解答

$(-4)-(+7)=\mathbf{-11}$

数直線上で-4から7だけ左に進むと-11になります。

演習 8 （解答は P.283）

$(-5)-(-5)$ を計算せよ。

例題 9

$(+123)-(+74)+(-63)-(-34)$ を計算せよ。

3つ以上の数の加法、減法の場合も、左から順番に計算していけば、次のように答えを出すことができます。

$(+123)-(+74)+(-63)-(-34)$
$=(+49)+(-63)-(-34)$
$=(-14)-(-34)$
$=20$

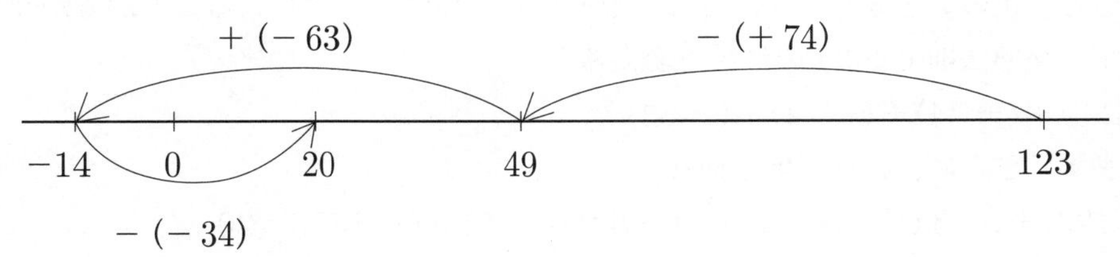

しかし、**交換法則**(こうかんほうそく)や**結合法則**(けつごうほうそく)を使って工夫をすれば計算が楽になることがあります。

> 加法の交換法則：△＋○＝○＋△
> 加法の結合法則：(△＋○)＋□＝△＋(○＋□)
> ※減法では交換法則、結合法則は成り立ちません。

加法は交換法則と結合法則が成り立ちます。

例 交換法則：$3+2=2+3$
結合法則：$(2+3)+7=2+(3+7)$
⇒ $2+3$ と $3+7$ のどちらを先に計算しても答えが変わらない

結合法則の例を実際に計算してみると、

$2+3+7=(2+3)+7=5+7=12$
$2+3+7=2+(3+7)=2+10=12$

となります。

しかし、減法では交換法則、結合法則は成り立ちません。たとえば、$3-2=1$, $2-3=-1$ なので、$3-2\neq 2-3$ です。「≠」は「ノットイコール」と読む記号で、その左側と右側が等しくないことを表します。$2-3-7$ を計算する場合は、左から順に

$(2-3)-7=-1-7=-8$

と計算するのが正解ですが、$3-7$ を先に計算して

$2-(3-7)=2-(-4)=6$

とすると、正しい答えになりません。

加法、減法の計算をする場合、最初にすべて加法に直して計算を工夫できるかどうか考えましょう。

それでは例題に戻(もど)って、すべて加法に直してみます。

$(+123)-(+74)+(-63)-(-34)$

$=(+123)+(-74)+(-63)+(+34)$

そうすると、正の数どうしの加法と負の数どうしの加法に分けられることが分かります。まず、交換法則で$+34$の位置を変えると

$(+123)+(+34)+(-74)+(-63)$

となります。さらに、結合法則を使って

$\{(+123)+(+34)\}+\{(-74)+(-63)\}=157+(-137)=20$

のように計算できるということです。

かっこについて補足しておきます。式の中のかっこを含む部分にかっこを付ける場合は2種類のかっこを使うと見やすくなります。内側に使うかっこ（ ）のことを**小(しょう)かっこ**、外側に使うかっこ｛ ｝のことを**中(ちゅう)かっこ**といいます。

先に小かっこの中を計算し、それから中かっこの中を計算しますが、上の式では小かっこの中がこれ以上計算できないので、中かっこの中をまず計算することになります。2種類のかっこが必要なくなったら、中かっこは使わずにすべて小かっこを使うようにしてください。

解答

$(+123)-(+74)+(-63)-(-34)$

$=(+123)+(-74)+(-63)+(+34)$

$=(+123)+(+34)+(-74)+(-63)$

$=\{(+123)+(+34)\}+\{(-74)+(-63)\}$

$=157+(-137)$

$=\mathbf{20}$

演習9 （解答はP.283）

$\left(-\frac{4}{3}\right)-(+5)-(-6)-\left(+\frac{2}{3}\right)-(-5)$ を計算せよ。

交換法則、結合法則を使うためにすべて加法に直して計算することを学びましたが、すべてを「正の数を足す」または「正の数を引く」のどちらかで考えることもできます。たとえば

$(+2)+(-3)+(+5)$ … ①

という式は

$(+2)-(+3)+(+5)$ … ②

と直すことができます。このとき、正の数には正の符号「＋」を付けなくてもよいので

$2-3+5$ … ③

と書くことができ、式がすっきりします。これまでは、説明のために①や②のように式を書いてきましたが、実際には、加法、減法の式は③のように書くのが一般的です。

③のような式を見たとき、これを①のように「2 に－3 を足して、それに 5 を足す」と考えることも、②のように「2 から 3 を引いて、それに 5 を足す」と考えることもでき、①のようにすべてを加法で考えると交換法則、結合法則を使うことができます。つまり、①の式であれば、交換法則を使って

$(+2)+(+5)+(-3)$

と書き換(か)えてもよく、正の符号をなくすと、

$2+5-3$

となります。

慣れるまでは、減法をすべて加法に直した式を書いてから交換法則、結合法則を使い、慣れてきたら加法に直した式を書かずに計算を工夫できるようにしましょう。

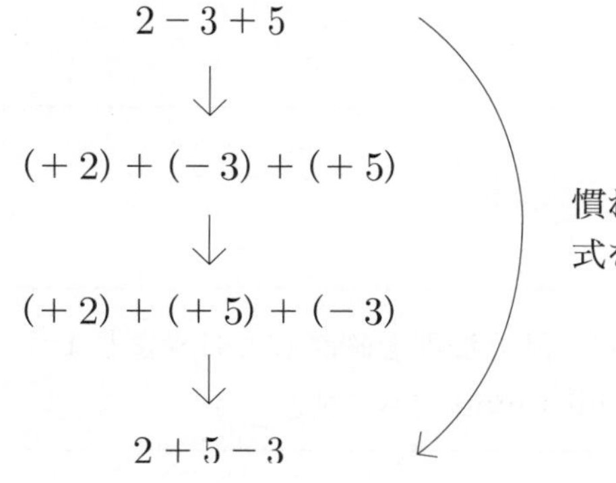

例題 10

$12-0.4-7+2.4$ を計算せよ。

解答

$12-0.4-7+2.4$

$=12-7-0.4+2.4$

$=(12-7)+(-0.4+2.4)$

$=5+2$

$=\mathbf{7}$

左から順に計算するよりも、整数どうし、小数どうしで先に計算したほうが楽に計算できます。

注意 解答の3行目を

$$12 - 7 - (0.4 + 2.4)$$

とするのは誤りです。

1行目から3行目までの式変形をすべて加法に直して確認しておきましょう。

$$12 - 0.4 - 7 + 2.4$$
$$= 12 + (-0.4) + (-7) + 2.4$$
$$= 12 + (-7) + (-0.4) + 2.4$$
$$= (12 - 7) + (-0.4 + 2.4)$$

演習 10 （解答は P.283）

$14.3 - \{5.7 - (-3.2 + 0.4)\} + (-1.5)$ を計算せよ。

1.3 乗法と除法

乗法（じょうほう）はかけ算、**除法**（じょほう）は割り算のことです。

乗法：かけ算
除法：割り算

正負の数の乗法、除法の計算方法を学ぶ前に、計算法則を確認しておきましょう。乗法は、加法と同じように交換法則、結合法則が成り立ちます。

乗法の交換法則：△×○＝○×△
乗法の結合法則：(△×○)× □＝△×(○×□)
※除法では交換法則、結合法則は成り立ちません。

例 交換法則：$3 \times 2 = 2 \times 3$
結合法則：$(2 \times 3) \times 5 = 2 \times (3 \times 5)$
⇒ 2×3と3×5のどちらを先に計算しても答えが変わらない

結合法則の例を実際に確かめてみると、

$(2 \times 3) \times 5 = 6 \times 5 = 30$

$2 \times (3 \times 5) = 2 \times 15 = 30$

となります。

一方で、除法では交換法則、結合法則は成り立ちません。たとえば、$2 \div 3 = \dfrac{2}{3}$，$3 \div 2 = \dfrac{3}{2}$ なので、$2 \div 3 \neq 3 \div 2$ です。また、$2 \div 3 \div 5$ を計算する場合は、左から順に

$$(2 \div 3) \div 5 = \frac{2}{3} \div 5 = \frac{2}{15}$$

と計算しますが、$3 \div 5$ を先に計算して、

$$2 \div (3 \div 5) = 2 \div \frac{3}{5} = \frac{10}{3}$$

とすると、正しい答えになりません。

〈乗法〉

2つの数の乗法は次の4通りに分けることができます。

(正の数)×(正の数)＝(正の数)　例：$2 \times 3 = 6$
(正の数)×(負の数)＝(負の数)　例：$2 \times (-3) = (-3) \times 2 = (-3) + (-3) = -6$
(負の数)×(正の数)＝(負の数)　例：$(-2) \times 3 = (-2) + (-2) + (-2) = -6$
(負の数)×(負の数)＝(正の数)　例：$(-2) \times (-3) = 6$

2つ目の例の　$2 \times (-3) = (-3) \times 2$　の部分は乗法の交換法則を使って式を変形しています。

また、(負の数)×(負の数)＝(正の数) については、次のような場合を考えてみてください。

数字の書かれたカードを友達と交換して、持っているカードの数字の合計が自分の得点になるとします。このとき、-2 が書かれたカードを3枚友達から受け取ると、自分の得点は6点減り、これを式にすると $(-2) \times 3 = -6$　となります。反対に、-2 が書かれたカードを3枚友達に渡せば自分の得点は6点増え、これを式にしたのが $(-2) \times (-3) = 6$　です。

この内容についてはP.30でもう一度説明しますので、今はだいたいイメージできれば十分です。

3つ以上の数をかけた場合についても考えてみましょう。

乗法の結果のことを積（せき）といい、積の符号と絶対値は次のように求められます。

正負の数の乗法
積の符号　⇒　負の数をかける回数が偶数回のときは正、奇数回のときは負
積の絶対値　⇒　かけているそれぞれの数の絶対値の積

積の符号は負の数をかける回数が偶数か奇数かによって決まります。

例　$(-3)\times 4\times(-5)=60$　⇒　負の数を2回（偶数回）かけると積は正の数
$(-3)\times(-4)\times(-5)=-60$　⇒　負の数を3回（奇数回）かけると積は負の数

積の符号はなぜこのように決まるのでしょうか。負の数をかける回数が偶数回の場合と奇数回の場合についてそれぞれ考えてみましょう。

①負の数をかける回数が偶数回の場合

乗法の交換法則を使って数をかける順番を並び替え、最初に正の数ばかりをかけた後に負の数ばかりをかけると考えます。正の数はいくつかけても正の数です。負の数は偶数個あるので2個ずつのペアを作ることができ、それぞれのペアで計算した結果は正の数になります。そうすると、すべて正の数のかけ算になるので、積は正の数になります。

正の数を(正)、負の数を(負)と表して式にすると、次のようになります。

(正)×(正)× … ×(正)×(負)×(負)× … ×(負)
＝(正)×{(負)×(負)}×{(負)×(負)}× … ×{(負)×(負)}
＝(正)×(正)×(正)× … ×(正)
＝(正)

②負の数をかける回数が奇数回の場合

①と同じように考えると、負の数のペアを作ったときに負の数が1つ余ることになります。そうすると、最後は正の数と負の数のかけ算になるので、積が負の数になります。式で確認してみましょう。

(正)×(正)× … ×(正)×(負)×(負)× … ×(負)
＝(正)×{(負)×(負)}×{(負)×(負)}× … ×{(負)×(負)}×(負)
＝(正)×(正)×(正)× … ×(正)×(負)
＝(正)×(負)
＝(負)

例題 11

$(+2)\times(-7)\times(+6)$ を計算せよ。

例題までの説明が長くなりましたが、**実際に計算するときに考えるのは符号と絶対値だけです**。まず符号を確認すると、負の数を1回、つまり奇数回かけているので積は負の数です。それから絶対値を計算すると、$2 \times 7 \times 6 = 84$ で積の絶対値は84になります。

解答

$(+2) \times (-7) \times (+6) = -\mathbf{84}$

演習 11（解答は P.284）

$\left(-\dfrac{5}{6}\right) \times \left(+\dfrac{3}{4}\right) \times \left(-\dfrac{7}{5}\right)$ を計算せよ。

注意 1つだけ注意点があります。次の計算をしてみてください。

$(-3) \times 0 \times 4$

負の数を1回かけているので、積は負の数… ではなく、積は0になります。0を一度でもかけるとどんな数の積でも0になることに注意してください。

例題 12

$(-7.2) \times (-2.5) \times (-4)$ を計算せよ。

交換法則、結合法則を使って計算が楽になるように工夫してみましょう。

解答

$(-7.2) \times (-2.5) \times (-4) = -7.2 \times (2.5 \times 4) = -7.2 \times 10 = -\mathbf{72}$

7.2×2.5 を計算するよりも、結合法則を使って 2.5×4 を先に計算する方が楽です。

演習 12（解答は P.284）

$-\dfrac{6}{7} \times (-1.25) \times \dfrac{14}{3}$ を計算せよ。

〈除法〉

ある数を分数で割る場合に、割る数の逆数（ぎゃくすう）をかけて計算することを算数で学びました。整数や小数で割る場合も、割る数を分数に直してから同じように計算することができます。

例 $8 \div 2 = 8 \div \dfrac{2}{1} = 8 \times \dfrac{1}{2} = 4$

$2 \div 0.7 = 2 \div \dfrac{7}{10} = 2 \times \dfrac{10}{7} = \dfrac{20}{7}$

割る数や割られる数が負の数であっても、同じように割る数の逆数をかけて計算することができます。つまり、除法はすべて乗法に直して計算できるということです。このとき、ある数の逆数とは、その数との積が1となるような数のことをいいます。

例 $2 \times \dfrac{1}{2} = 1 \quad \Rightarrow \quad 2$ の逆数は $\dfrac{1}{2}$

$-2 \times \left(-\dfrac{1}{2}\right) = 1 \quad \Rightarrow \quad -2$ の逆数は $-\dfrac{1}{2}$

$-\dfrac{3}{5} \times \left(-\dfrac{5}{3}\right) = 1 \quad \Rightarrow \quad -\dfrac{3}{5}$ の逆数は $-\dfrac{5}{3}$

正の数の逆数は正の数、負の数の逆数は負の数であり、ある数とその逆数のそれぞれの絶対値は互(たが)いに分母と分子を入れ替(か)えた数だということです。

> 正負の数の除法
> 除法を乗法に直して計算する
> ある数の逆数とは、その数との積が1となるような数

例題 13

$(-7) \div (-4)$ を計算せよ。

除法を乗法に直して計算します。

解答

$(-7) \div (-4) = (-7) \times \left(-\dfrac{1}{4}\right) = \boldsymbol{\dfrac{7}{4}}$

-4 は分数で表すと $-\dfrac{4}{1}$ なので -4 の逆数は $-\dfrac{1}{4}$ であり、$\div(-4)$ は $\times\left(-\dfrac{1}{4}\right)$ と直せます。乗法に直した式を書かなくても分かる場合は、$(-7) \div (-4) = \dfrac{7}{4}$ と、そのまま答えを書いてもよいでしょう。

また、$(-7) \div (-4) = 1.75$ のように、答えを小数で書いても構いません。

演習 13 （解答は P.284）

$8 \div \left(-\frac{4}{3}\right)$ を計算せよ。

例題 14

$15 \div (-8) \div 5$　を計算せよ。

除法が２回以上続く場合も最初にすべて乗法に直します。

解答

$$15 \div (-8) \div 5 = 15 \times \left(-\frac{1}{8}\right) \times \frac{1}{5} = -\mathbf{\frac{3}{8}}$$

解答のように、除法をすべて乗法に直して考えるのが基本ですが、何度も分数を書かずに次のように書くこともできます。

$$15 \div (-8) \div 5 = -\frac{15}{8 \times 5} = -\frac{3}{8}$$

まず最初に答えの符号を確認します。このとき、ある数とその逆数は符号が変わらないので、除法を乗法に直す前でも乗法のときと同じように負の数の個数を数えれば答えの符号が分かります。

それから、分数を書くための横線を１本だけ引き、分母と分子のそれぞれに入る１以外の数を順に書いていくと上のようになります。

ただし、次のように分母または分子に入る数が１だけの場合は１を書いてください。

$$-\frac{1}{3} \div 5 \div (-2) = \frac{1}{3 \times 5 \times 2} = \frac{1}{30}$$

演習 14 （解答は P.284）

$-\frac{12}{5} \div \left(-\frac{3}{14}\right) \div \frac{7}{25}$　を計算せよ。

例題 15

$-21 \div 5 \times \left(-\frac{7}{3}\right) \times \frac{1}{14} \div \left(-\frac{2}{5}\right)$　を計算せよ。

乗法と除法が混ざっている場合は、除法をすべて乗法に直して次のように考えるのが基本です。

$$
\begin{aligned}
&-21 \div 5 \times \left(-\frac{7}{3}\right) \times \frac{1}{14} \div \left(-\frac{2}{5}\right) \\
&= -21 \times \frac{1}{5} \times \left(-\frac{7}{3}\right) \times \frac{1}{14} \times \left(-\frac{5}{2}\right) \\
&= -21 \times \frac{1}{5} \times \frac{7}{3} \times \frac{1}{14} \times \frac{5}{2} \\
&= -\frac{7}{4}
\end{aligned}
$$

しかし、**最初に答えの符号を確認し、除法は乗法に直すことをイメージしながら1つの分数に直すと、すっきりとした解答になります**。

解答

$$
\begin{aligned}
&-21 \div 5 \times \left(-\frac{7}{3}\right) \times \frac{1}{14} \div \left(-\frac{2}{5}\right) \\
&= -\frac{21 \times 7 \times 5}{5 \times 3 \times 14 \times 2} \\
&= -\boldsymbol{\frac{7}{4}}
\end{aligned}
$$

演習 15 （解答は P.284）

$-7 \times (-48) \div 0.3 \times (-5) \div (-8)$ を計算せよ。

〈累乗〉

同じ数をいくつかかける場合、たとえば2を3個かける場合の式は $2 \times 2 \times 2$ です。しかし、これでは式が長くなってしまうので、2を3個かけた数を 2^3（2の3乗（じょう））と表します。

このように同じ数をいくつかかけたものをその数の**累乗（るいじょう）**といいます。また、右上の小さな数はかけ合わせた同じ数の個数を表し、これを**指数（しすう）**といいます。

例 2^5 ⇒ 2の累乗　5が指数

> 累乗：同じ数をいくつかかけたもの
> 指数：数の右上に書き、その数の累乗を表す数

注意 負の数をいくつかかける場合は注意が必要です。たとえば-2を4個かける場合は $(-2)^4$ と表します。かっこに指数を付けることで、かっこの中全体をひとつのまとまりと見て、それをいくつかかけるという意味になります。かっこを付けずに -2^4 と書くと、2だけを4個かけたものに負の符号が付いた数にな

ります。

$(-2)^4=(-2)\times(-2)\times(-2)\times(-2)=16$

$-2^4=-2\times2\times2\times2=-16$

$(-2)^4$と-2^4は異なる数なので気を付けてください。

例題 16

$(-2)^6-(-2^6)$ を計算せよ。

$(-2)^6$ は-2を6個かけたものなので、

$(-2)^6=(-2)\times(-2)\times(-2)\times(-2)\times(-2)\times(-2)=64$

です。一方、-2^6 は2を6個かけたものに負の符号が付いているので、

$-2^6=-2\times2\times2\times2\times2\times2=-64$

です。それぞれ違いに注意して計算してください。

解答

$(-2)^6-(-2^6)=64-(-64)=$ **128**

演習 16 （解答は P.284）

$-\left(-\frac{3}{2}\right)^3\times2^2$ を計算せよ。

1.4　正負の数の四則

加法、減法、乗法、除法をまとめて**四則**（しそく）といいます。四則が混じった式では、計算の順番に決まりがあります。

例題 17

$4\times(-3)+(-72)\div8$ を計算せよ。

乗法、除法は加法、減法よりも先に計算します。

解答

$4\times(-3)+(-72)\div8=-12+(-9)=$ **−21**

演習 17 （解答は P.284）

$\frac{35}{2}\div\left(-\frac{7}{8}\right)\times\frac{1}{4}-(-3.6)\times(-5)$ を計算せよ。

例題 18

$\{-6+(7-5)\times 4\}-3$ を計算せよ。

かっこがある場合は、内側にあるかっこの中から先に計算します。

解答

$\{-6+(7-5)\times 4\}-3=(-6+2\times 4)-3=(-6+8)-3=2-3=\mathbf{-1}$

$\{-6+(7-5)\times 4\}$ の部分にかっこが付いているのでここから計算を始めますが、この中でさらに $(7-5)$ の部分にかっこが付いているので $7-5=2$ の計算を最初にします。次もかっこの付いている $(-6+2\times 4)$ の部分を計算し、このときに加法より先に乗法の計算をすることに注意してください。

演習 18 （解答は P.284）

$2-\left\{\dfrac{5}{3}-\left(\dfrac{5}{2}-3\right)\right\}\times\dfrac{5}{13}$ を計算せよ。

例題 19

$\{-2^3-5\times(-6)\}\div\left(-\dfrac{4}{3}\right)^2$ を計算せよ。

累乗がある場合は、累乗を最初に計算します。

解答

$\{-2^3-5\times(-6)\}\div\left(-\dfrac{4}{3}\right)^2=\{-8-5\times(-6)\}\div\dfrac{16}{9}=(-8+30)\div\dfrac{16}{9}$

$=22\times\dfrac{9}{16}=\mathbf{\dfrac{99}{8}}$

演習 19 （解答は P.285）

$\left(\dfrac{3^2}{2}-\dfrac{3}{2}\right)\times\left(\dfrac{3}{5}+\dfrac{1}{5}\right)^2$ を計算せよ。

ヒント　$\left(\dfrac{3}{5}+\dfrac{1}{5}\right)^2$ のようにかっこに指数が付いており、かっこの中が計算できる場合は、かっこの中を計算してから累乗を計算してください。

したがって、次の順序で計算を進めます。

計算の順序

① 累乗を最初に計算する。ただし、かっこに指数がついており、かっこの中が計算できる場合は、かっこの中を計算してから累乗を計算する。

② かっこがある場合は、かっこの中から計算する。2種類のかっこがある場合は、内側にあるかっこの中から計算する。

③ かっこの中の計算や、かっこがない式の計算では、加法、減法より先に乗法、除法の計算をする。

例題 20

$6 \times \left(\frac{5}{2} + \frac{10}{3}\right)$ を計算せよ。

計算の順序の決まりにしたがうと、かっこの中を先に計算するので次のようになります。

$6 \times \left(\frac{5}{2} + \frac{10}{3}\right) = 6 \times \left(\frac{15}{6} + \frac{20}{6}\right) = 6 \times \frac{35}{6} = 35$

しかし、**分配法則**(ぶんぱいほうそく)を使って計算を工夫することもできます。

分配法則：(○＋□)×△＝○×△＋□×△
　　　　　△×(○＋□)＝△×○＋△×□

たとえば　$(2+3) \times 4 = 2 \times 4 + 3 \times 4$　のように分配法則を使うことができます。これを長方形の面積を求める式だと考えると左の図のようになります。

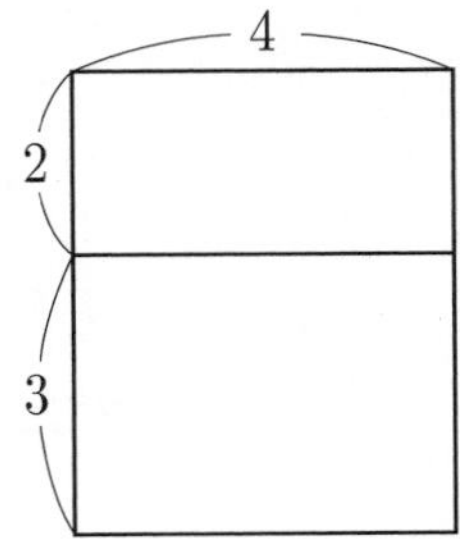

もとの式の $(2+3) \times 4$ は、先に縦の長さを足してから、その結果に横の長さをかけて大きな長方形の面積を求めています。一方、$2 \times 4 + 3 \times 4$ は上の長方形と下の長方形を分けてそれぞれの面積を求めてから、それらを足しています。どちらの計算方法でも答えが同じになることが分かります。

解答

$6 \times \left(\frac{5}{2} + \frac{10}{3}\right) = 6 \times \frac{5}{2} + 6 \times \frac{10}{3} = 15 + 20 = \mathbf{35}$

演習 20 (解答は P.285)

$\left(\frac{3}{8}+\frac{7}{6}-\frac{5}{12}\right)\div\frac{1}{24}$ を計算せよ。

ヒント 減法は負の数の加法と考え、除法は逆数の乗法に直せば、分配法則が使えます。

例題 21

$-9\times74+(-9)\times26$ を計算せよ。

△×○＋△×□＝△×(○＋□) のように分配法則を逆に使うこともでき、そのほうが計算が楽になる場合もあります。

解答

$-9\times74+(-9)\times26=-9\times(74+26)=-9\times100=-\mathbf{900}$

演習 21 (解答は P.285)

$74\times15-54\times15$ を計算せよ。

ここで、P.21 で出てきた (負の数)×(負の数)＝(正の数) となる理由について、分配法則を使って説明しておきます。

$(-1)\times\{(-1)+1\}$ という式を分配法則を使わずに計算すると、

$(-1)\times\{(-1)+1\}=(-1)\times0=0$

となります。一方、分配法則を使って変形すると、

$(-1)\times\{(-1)+1\}=(-1)\times(-1)+(-1)\times1$

となります。ここから、

$(-1)\times(-1)+\underline{(-1)\times1}=0$ … (＊)

であることが分かります。上の式の下線部は

$(-1)\times1=-1$

なので、(＊) が成り立つためには

$(-1)\times(-1)=1$

でなければなりません。

これが、(負の数)×(負の数)＝(正の数) となる理由です。

2 文字式

2.1 文字式の表し方

ある数の値が分からないとき、その数を文字を使って表します。たとえば、1個100円のりんごを5個買ったときの代金は（100×5）円ですが、いくつ買ったか分からないときは買った個数を x などの文字で表して、代金は($100\times x$)円となります。

$100\times x$ のような、文字を使った式のことを**文字式**（もじしき）といいます。文字式の表し方にはいくつか決まりがあるので、問題を解きながら確認していきましょう。

文字式：文字を使った式

例題 22

$6\times x$ を文字式の表し方にしたがって表せ。

乗法の記号×は書きません。数と文字の積を表すときは、数を文字の前に書きます。

解答

$\boldsymbol{6x}$

演習 22 （解答は P.285）

$y\times(-3)$ を文字式の表し方にしたがって表せ。

例題 23

$z\times x\times(-1)\times y$ を文字式の表し方にしたがって表せ。

文字どうしの乗法でも「×」の記号は書かずに文字を続けて書きます。このとき、文字はアルファベット順に並べることが多いです。

それから、**文字と数の積で、数の絶対値が1の場合は1を書きません**。つまり、数が1のときは文字だけを書き、－1のときは負の符号 － と文字だけを書きます。

解答

$\boldsymbol{-xyz}$

演習 23（解答は P.285）

$b \times 1 \times c \times a$　を文字式の表し方にしたがって表せ。

例題 24

$m \times 2 \times n \times m \times 3$　を文字式の表し方にしたがって表せ。

<u>同じ文字をいくつかかける場合は指数を使って表します</u>。この問題では m を 2 個かけているので m^2 と表します。

2×3 は計算できるので、計算した結果を書いてください。

解答

$\boldsymbol{6m^2n}$

演習 24（解答は P.285）

$y \times (-4) \times x \times \dfrac{1}{4} \times x \times y$　を文字式の表し方にしたがって表せ。

ヒント　x を 2 個と y を 2 個かけているのでそれぞれ指数を使って表します。
$-4 \times \dfrac{1}{4}$　は計算します。

例題 25

$(a-b) \times (-2)$　を文字式の表し方にしたがって表せ。

$(a-b)$ のように、加法、減法を含む部分にかっこが付いている場合は、かっこの付いた部分全体を 1 つの文字と同じように扱います。

解答

$\boldsymbol{-2(a-b)}$

演習 25（解答は P.285）

$(x+2y) \times (m-n) \times (x+2y)$　を文字式の表し方にしたがって表せ。

ヒント　$(x+2y)$ が 2 個かけられているので、同じ文字を 2 個かけた場合と同様に指数を使って表します。

例題 26

$ab \div x$ を文字式の表し方にしたがって表せ。

除法の記号÷は使わずに、除法は分数の形で表します。$ab \div x = ab \times \dfrac{1}{x} = \dfrac{ab}{x}$ となるので、÷のあとにある数や文字が分母になります。

解答

$\boldsymbol{\dfrac{ab}{x}}$

演習 26 （解答は P.285）

$-5 \div (x-y)$ を文字式の表し方にしたがって表せ。

例題 27

$a \div (2p+q) \times ab + (p-q) \times \dfrac{3}{2}$ を文字式の表し方にしたがって表せ。

四則が混じった式の場合は、乗法、除法は ×，÷ の記号を使わない式に直し、それぞれを加法の＋または減法の－でつなぎます。

解答

$\boldsymbol{\dfrac{a^2b}{2p+q} + \dfrac{3(p-q)}{2}}$

前半は、$a \div (2p+q) \times ab = a \times \dfrac{1}{2p+q} \times ab$ となるので、a と ab が分子にきます。$a \div (2p+q) \times ab = \dfrac{a}{ab(2p+q)}$ としないように気を付けてください。

後半の $(p-q) \times \dfrac{3}{2}$ のように分数を含む場合は、解答で示した $\dfrac{3(p-q)}{2}$ のようにすべてを１つの分数で表しても、$\dfrac{3}{2}(p-q)$ のように表しても、どちらでも構いません。

演習 27 （解答は P.286）

$(-2) \times 5 \div \dfrac{-3}{x+y} - x \div (-4) \times 5y$ を文字式の表し方にしたがって表せ。

ここまで確認してきた文字式の表し方をまとめると次のようになります。

文字式の表し方

① 乗法の記号 × は書かない。
② 文字と数の積は数を文字の前に書く。
③ 文字どうしの積は、文字をアルファベット順に並べることが多い。
④ 1と文字の積は文字だけを書き、−1と文字の積は負の符号−と文字を書く。
⑤ 同じ文字の積は、指数を使って表す。
⑥ 加法、減法を含む部分にかっこが付いている場合は、かっこの付いた部分全体を1つの文字と同じように扱う。
⑦ 除法の記号 ÷ は使わず、除法は分数の形で表す。

それでは、いろいろな数量を文字式を使って表してみましょう。

例題 28

x円持っているAさんが100円のノートをy冊買ったときのおつりを文字式の表し方にしたがって表せ。
(この本では、このような値段に関する問題について、消費税は考えないものとします。)

100円のノートy冊分の代金は$100y$円です。それをx円から引いた分がおつりになります。

解答

$(x-100y)$ 円

演習 28 (解答は P.286)

100 g あたりa円のお茶をb kg 買ったときの代金を文字式の表し方にしたがって表せ。

速さ、時間、距離の関係を復習しておきましょう。時速とは、1時間あたりに進む距離によって速さを表す表現です。たとえば、時速5 km であれば1時間に5 km 進みます。この速さで2時間走ると5 km が2回分で10 km 進み、3時間走ると5 km が3回分で15 km 進み… となるので、速さに時間をかければ進んだ距離を求められることが分かります。

(速さ)×(時間)=(距離)

これが、速さ、時間、距離の関係です。この式を見れば速さや時間も求められます。

たとえば、2 × 3 ＝6　という式があったとき、□×3＝6　というように、□の部分の数が分からなければ、6 ÷ 3 ＝ 2　と求めます。2 ×□＝6　の場合でも 6÷ 2 ＝3 として□の数を求めます。

これと同じように、速さが分からなければ（距離）÷(時間)、時間が分からなければ（距離)÷(速さ）とすれば求めることができます。

意味で考えても同じことが確認できます。速さは「1時間あたりに進む距離」なので、距離を時間で割れば求められます。時間については、「進んだ距離」を「1時間あたりに進む距離（＝速さ)」で割れば何時間かかるかが分かるので、距離を速さで割れば時間が求められます。

分速や秒速でも時速と同じように考えることができ、分速の場合は時間の単位を分に、秒速の場合は時間の単位を秒に直して計算します。

例題 29

時速 a km で走るとき、b 時間で進む距離を文字式の表し方にしたがって表せ。

速さに時間をかけて距離を求めましょう。

解答

ab km

演習 29 （解答は P.286）

x m の道のりを、行きは分速 y m、帰りは秒速 z m で歩いたとき、往復で何分かかるかを文字式の表し方にしたがって表せ。

割合についても復習しておきましょう。割合とは、ある分量が全体の分量の何倍であるかを数値で表したものです。ある分量が全体の分量と同じであれば割合は 1、全体の 2 倍であれば割合は 2、全体の半分であれば割合は 0.5 となります。

このとき、全体の分量をもとにある分量を比べているので、全体の分量を「もとにする量」、ある分量を「比べられる量」という言葉にして関係を式に表すと、

（もとにする量）×（割合）＝（比べられる量）

となります。理解して覚える式はこれだけです。あとは、速さと時間と距離の関係のときと同じように、もとにする量は（比べられる量）÷(割合)、割合は（比べられる量)÷(もとにする量）で求められます。

割合は数値で表す以外に、百分率と歩合の 2 種類の表し方がありました。百分率では割合の 1 を 100％とするので、0.1 が 10％、0.01 が 1％となり、歩合では割合の 0.1 を 1 割、0.01 を 1 分、0.001 を 1 厘として表します。

文中では百分率や歩合を使うことが多く、計算するときは割合を数値で表して使うので、どれにでもすぐに書き換(か)えられるようにしておいてください。

例題 30

生徒数が 300 人の学校で全校生徒の a 割が男子生徒であるとき、女子生徒の人数を文字式の表し方にしたがって表せ。

1 割を割合に直すと 0.1、2 割を割合に直すと 0.2… のように、「割」で表された歩合は $\frac{1}{10}$ 倍すれば割合に直せるので、a 割を割合に直すと $\frac{1}{10}a$ となります。

全校生徒の a 割という男子生徒の人数を求めて、それを 300 人から引けば女子生徒の人数が求められます。

解答

$300 - 300 \times \frac{1}{10}a = 300 - 30a$

よって、**$(300 - 30a)$ 人**

演習 30 （解答は P.287）

定員が x 人の飛行機で、乗客の人数が定員の y % であるとき、乗客の人数を文字式の表し方にしたがって表せ。

たとえば、2103 という整数は 1000 が 2 個、100 が 1 個、10 が 0 個、1 が 3 個集まってできた数なので、$2103 = 1000 \times 2 + 100 \times 1 + 1 \times 3$ と表すことができます。

このとき、数字が分からない位があれば文字を使って、同じように整数を文字式で表すことができます。

例題 31

十の位の数字が m 、一の位の数字が n である 2 桁の整数を文字式の表し方にしたがって表せ。

十の位の数字が m 、一の位の数字が n である 2 桁の整数は、10 が m 個と 1 が n 個集まってできた数なので $10 \times m + 1 \times n$ となり、これを文字式の表し方にしたがって表します。

解答

$\boldsymbol{10m + n}$

演習 31 （解答は P.287）

百の位の数字が x、十の位の数字が 0、一の位の数字が y の 3 桁の整数と、十の位の数字が a、一の位の数字が b の 2 桁の整数をかけてできる数を文字式の表し方にしたがって表せ。

2.2 項と係数

数と 0 以上の整数個の文字の積を**項**（こう）といい、1 つの項または 2 つ以上の項の和でできた式を**多項式**（たこうしき）といいます。

例 $2xy - 3y + 5$：$2xy$, $-3y$, 5 の 3 つの項の和でできた多項式

$$2xy - 3y + 5 = \underset{\text{2と2個の文字の積}}{\overset{\text{項}}{2xy}} + \underset{\text{−3と1個の文字の積}}{\overset{\text{項}}{(-3y)}} + \underset{\text{5と0個の文字の積}}{\overset{\text{項}}{5}} \text{：多項式}$$

注意 たとえば $\dfrac{2}{x} + 5$ は多項式ではないことに注意してください。$\dfrac{2}{x}$ の部分が $2 \div x$ なので、数と 0 以上の整数個の文字の積とは言えないからです。

一方、$\dfrac{x}{2} + 5$ であれば、$\dfrac{x}{2}\left(\dfrac{1}{2} \text{と } x \text{ の積}\right)$ と 5 の 2 つの項の和なので多項式です。

項は、文字を含む項と文字を含まない項に分けることができ、文字を含まない項を**定数項**（ていすうこう）といいます。$2xy - 3y + 5$ の 3 つの項の中では、5 が定数項です。文字を含む項では、数の部分を**係数**（けいすう）といいます。$2xy$ の係数は 2、$-3y$ の係数は -3 です。

多項式の中で、項が 1 つだけの式を**単項式**（たんこうしき）といいます。単項式は多項式に含まれます。たとえば $2x + 5$ と $2x$ はどちらも多項式であり、このうち $2x$ は単項式でもあるということです。

項：数と 0 以上の整数個の文字の積
多項式：1 つの項または 2 つ以上の項の和でできた式
単項式：項が 1 つだけの式
定数項：文字を含まない項
係数：文字を含む項の数の部分

例題 32

$5a^2-\frac{1}{3}b+c-2$ の項を答えよ。また、文字を含む項の係数を答えよ。

解答

$\boldsymbol{5a^2,\ -\frac{1}{3}b,\ c,\ -2}$

a^2 の係数：**5**，b の係数：$\boldsymbol{-\frac{1}{3}}$，$c$ の係数：**1**

$5a^2-\frac{1}{3}b+c-2=5a^2+\left(-\frac{1}{3}b\right)+c+(-2)$ と直して考えてください。
$c=1\times c$ なので c の係数は 1 です。

演習 32（解答は P.287）

$-\frac{x^2}{2}+\frac{xy}{3}-z+1$ の項を答えよ。また、文字を含む項の係数を答えよ。

〈次数〉

項の中でかけ合わされている文字の個数をその項の**次数**（じすう）といいます。

例 x：次数は 1
$4xy^2$：x が 1 個と y が 2 個で合計 3 個の文字がかけ合わされている ⇒ 次数は 3
定数項：文字が含まれていない ⇒ 次数は 0

「x は $4xy^2$ よりも次数が低く、$4xy^2$ は x よりも次数が高い」というように、次数の大小は「高い」「低い」と表すのが一般的です。

項が 2 個以上ある多項式の場合は、それぞれの項の次数のうち、最も高いものがその式の次数です。

例 $x+4xy^2$：x の次数が 1、$4xy^2$ の次数が 3 ⇒ 次数は 3

次数が1の式を1次式、次数が2の式を2次式 … といい、多項式の中で次数が1の項を1次の項、次数が2の項を2次の項 … といいます。

> 次数：ある項の中でかけ合わされている文字の個数。また、項が2個以上ある多項式において、それぞれの項の次数のうちで最も高いもの。

例題 33

$-6x^2yz^3$ の次数を答えよ。

解答

6

x が2個、y が1個、z が3個で、合計6個の文字がかけ合わされています。

演習 33 （解答は P.287）

$\dfrac{2ax^2}{3} - abxy + 7abc + 10$ の次数を答えよ。

2.3 文字式の計算

文字式を P.34 で学んだ決まりにしたがって表しても、まだ計算できる場合があります。たとえば、$2xy + 3x + xy$ という文字式は、文字がxyの項が2つあり、この部分を計算することができます。分配法則を逆に使って

$2xy + xy = 2 \times xy + 1 \times xy = (2 + 1) \times xy = 3xy$

となります。$2xy$はxyが2つ、xyはxyが1つで、これらを合わせてxyが3つになるということです。

結局、$2xy + 3 + xy = 3xy + 3$ と計算することができます。

この$2xy$とxyのように、文字の部分が全く同じ項を**同類項**（どうるいこう）といい、$2xy + xy = 3xy$ のように同類項どうしを計算することを「同類項をまとめる」といいます。

> 同類項：1つの多項式の中で、文字の部分が全く同じ項

文字式の計算では、同類項をすべてまとめた状態まで計算します。もとの式の状態によって計算の順序や方法が異（こと）なるので、問題を通して順に見ていきましょう。

例題 34

$7a-3b+5c-2+3a-b-5c+2b-4$　を計算せよ。

解答

$7a-3b+5c-2+3a-b-5c+2b-4=\mathbf{10a-2b-6}$

$7a+3a=10a,\ -3b-b+2b=-2b$　のように同類項をまとめます。
$5c-5c=0$　のように計算した結果が0になれば、その文字の項はなくなります。
$-2-4=-6$　のように、定数項が2つ以上ある場合は定数項どうしで計算してください。

演習 34 （解答は P.287）

$x^2-5xy+\frac{4}{3}x+3-6x^2-\frac{1}{4}xy-\frac{2}{5}x$　を計算せよ。

例題 35

次の2つの式の和を求めよ。また、左の式から右の式を引いた差を求めよ。
$5a-6b-12,\ -4a+3b-2$

和は加法の答えなので、左の式と右の式を
$(5a-6b-12)+(-4a+3b-2)$　… ①
のように足して計算すれば2つの式の和が求められます。また、差は減法の答えなので、左の式から右の式を
$(5a-6b-12)-(-4a+3b-2)$　… ②
のように引いて計算すれば2つの式の差が求められます。

これらの2つの式は、かっこの中を計算することができないので、まずかっこのない状態にします。①，②のどちらの式でも、1つ目のかっこ$(5a-6b-12)$の前には何もなく、かっこ全体にかけてある数や文字もないので、かっこ内を変えずにそのままかっこをなくすことができます。

2つ目のかっこ　$(-4a+3b-2)$　は、書き換えると、
$(-4a+3b-2)=\{(-4a)+3b+(-2)\}$ となり、かっこの中に$-4a,\ 3b,\ -2$という3つの項が入っていることが分かります。①の式の場合は2つ目のかっこを足すので、この3つの項を足すことになり、②の式の場合は2つ目のかっこを引くので、この3つの項を引くことになります。

これらを踏まえて、かっこをなくすとそれぞれ次のようになります。
①$(5a-6b-12)+(-4a+3b-2)=5a-6b-12-4a+3b-2$

②$(5a-6b-12)-(-4a+3b-2)=5a-6b-12-(-4a)-3b-(-2)$
$=5a-6b-12+4a-3b+2$

結局、②の式で２つ目のかっこ内にあった項$-4a$, $3b$, -2だけが、かっこをなくしたときに係数の符号が逆になりました。

このようにして、かっこのある式をかっこのない状態にすることを「かっこを外(はず)す」といいます。

> かっこを外すとき、かっこの前に負の符号 $-$ がある場合のみ、かっこ内にある各項の係数の符号を変える。
> $(a-b)-(c-d)=a-b-c+d$

かっこを外してから同類項をまとめると、$(5a-6b-12)$と$(-4a+3b-2)$の和と差は次のようになります。

和：$(5a-6b-12)+(-4a+3b-2)=5a-6b-12-4a+3b-2$
$=a-3b-14$

差：$(5a-6b-12)-(-4a+3b-2)=5a-6b-12+4a-3b+2$
$=9a-9b-10$

これが基本的な考え方ですが、同類項に注目して計算を進めることもできます。

たとえば、和を求める$(5a-6b-12)+(-4a+3b-2)$ の式であれば文字がa, bの項と定数項がそれぞれ２つずつあり、文字がaの項だけに注目すると係数は$5+(-4)=1$ と計算できます。同じように、文字がbの項の係数は $-6+3=-3$、定数項は $-12+(-2)=-14$ となります。これらを合わせて

$(5a-6b-12)+(-4a+3b-2)=a-3b-14$

のようにすれば、かっこをはずした式を書かずに考えることができます。差を求める式 $(5a-6b-12)-(-4a+3b-2)$でも同じように、文字が a, bの項の係数と定数項のそれぞれを、

a ：$5-(-4)=9$　b ：$-6-3=-9$　定数項：$-12-(-2)=-10$

と計算し、それらを合わせれば

$(5a-6b-12)-(-4a+3b-2)=9a-9b-10$

となります。

解答

和：$(5a-6b-12)+(-4a+3b-2)=\boldsymbol{a-3b-14}$

差：$(5a-6b-12)-(-4a+3b-2)=\boldsymbol{9a-9b-10}$

演習 35 （解答は P.288）

次の$\boxed{}$にあてはまる式を求めよ。

$$\left(\boxed{}\right)+\left(-\frac{1}{4}x-\frac{1}{6}+\frac{1}{3}x^2\right)=-\frac{1}{4}x^2+\frac{1}{5}x+\frac{1}{2}$$

ヒント　$\boxed{}$と$\left(-\frac{1}{4}x-\frac{1}{6}+\frac{1}{3}x^2\right)$を足して$\left(-\frac{1}{4}x^2+\frac{1}{5}x+\frac{1}{2}\right)$になっているので、$\boxed{}$は$\left(-\frac{1}{4}x^2+\frac{1}{5}x+\frac{1}{2}\right)$から$\left(-\frac{1}{4}x-\frac{1}{6}+\frac{1}{3}x^2\right)$を引いたものだということです。

例題 36

次の計算をせよ。

$$\begin{array}{lr} & -x+4y+3 \\ +) & 3x-7y-2 \\ \hline \end{array}$$

多項式どうしの加法、減法を筆算で計算することもできます。

同類項どうしが縦に並んでいることを確認して、加法であれば上の項に下の項を足し、減法であれば上の項から下の項を引きます。

解答

$$\begin{array}{lr} & -x+4y+3 \\ +) & 3x-7y-2 \\ \hline & \boldsymbol{2x-3y+1} \end{array}$$

演習 36 （解答は P.288）

次の計算をせよ。

$$\begin{array}{lr} & 2x^2-5x-4 \\ -) & 4x^2-5x-6 \\ \hline \end{array}$$

四則が混じった文字式は、文字を含まない式の計算と同じ順序で計算を進めます。つまり、累乗を計算し、かっこがある場合はかっこの中から計算し、加法、減法より先に乗法、除法を計算します（P.29 参照）。

例題 37

$12a^2b \div (-3ab) - 5a \times (-4ab) \div (2a)^2 + 5a^2 \div \dfrac{5a}{3}$ を計算せよ。

指数の付いた部分は $12a^2b$, $(2a)^2$, $5a^2$ の3つです。このうち計算できるのは2つ目の $(2a)^2$ だけであり、$(2a)^2 = 2a \times 2a = 4a^2$ となります。

次にかっこの中で計算できる部分はないので、乗法、除法の計算をします。このとき、まず除法を乗法に直し、1つの分数の形にします。それから、数は数どうし、文字は文字どうしで約分をして計算してください。

そうすると、次のようになります。

$$12a^2b \div (-3ab) - 5a \times (-4ab) \div (2a)^2 + 5a^2 \div \frac{5a}{3}$$
$$= -\frac{\overset{4}{\cancel{12}}\overset{a}{\cancel{a^2}}\cancel{b}}{\cancel{3}\cancel{a}\cancel{b}} + \frac{5\cancel{a} \times \cancel{4}\cancel{a}b}{\cancel{4}\cancel{a^2}} + \frac{\cancel{5}\overset{a}{\cancel{a^2}} \times 3}{\cancel{5}\cancel{a}}$$
$$= -4a + 5b + 3a$$

たとえば $-\dfrac{12a^2b}{3ab}$ は、3と12を約分する他に、a は分母に1つと分子に2つ含まれ、b は分母と分子に1つずつ含まれるので、分母と分子をそれぞれ a, b で割って約分することができます。

最後に、$-4a$ と $3a$ が同類項なので、これらをまとめます。

解答

$$12a^2b \div (-3ab) - 5a \times (-4ab) \div (2a)^2 + 5a^2 \div \frac{5a}{3}$$
$$= -\frac{12a^2b}{3ab} + \frac{5a \times 4ab}{4a^2} + \frac{5a^2 \times 3}{5a}$$
$$= -4a + 5b + 3a$$
$$= \boldsymbol{-a + 5b}$$

四則が混じった文字式は、このように①累乗の計算、②かっこの中の計算、③乗法、除法の計算、④加法、減法の計算、という順序で進めます。

しかし、上の例題のようにかっこの中で計算できる部分がない式の場合は、累乗の計算を乗法、除法の計算と区別する必要はありません。つまり、2つ目の項は $(2a)^2 = 4a^2$ という累乗の計算だけを先にする必要はなく、

$$-5a \times (-4ab) \div (2a)^2 = \frac{5a \times 4ab}{2a \times 2a} = 5b$$

のように累乗の計算とその他の乗法、除法の計算を同時に行うことができます。

演習の前に指数について確認しておきましょう。まず、x^2x^3, $(x^2)^3$, $(xy)^2$ を計算するとそれぞれ次のようになります。

$$\left.\begin{aligned} &x^2x^3=(x\times x)\times(x\times x\times x)=x^5\\ &(x^2)^3=(x\times x)\times(x\times x)\times(x\times x)=x^6\\ &(xy)^2=(x\times y)\times(x\times y)=x^2y^2 \end{aligned}\right\}\cdots(*)$$

これらを一般的に表すと、$a^m a^n = a^{m+n},\ (a^m)^n = a^{mn},\ (ab)^m = a^m b^m$ です。(*)の計算をイメージしてすぐに計算できるようにしておいてください。同様に、$\dfrac{x^3}{x^2},\ \left(\dfrac{x}{y}\right)^2$ を計算すると、

$$\frac{x^3}{x^2}=\frac{x\times x\times x}{x\times x}=x$$
$$\left(\frac{x}{y}\right)^2=\frac{x}{y}\times\frac{x}{y}=\frac{x^2}{y^2}$$

となり、これを一般化すると $\dfrac{a^m}{a^n}=a^{m-n},\ \left(\dfrac{a}{b}\right)^m=\dfrac{a^m}{b^m}$ です。

これらを**指数法則**(しすうほうそく)といい、まとめると次のようになります。

指数法則

$a^m a^n = a^{m+n}$　　$(a^m)^n = a^{mn}$　　$(ab)^m = a^m b^m$

$\dfrac{a^m}{a^n}=a^{m-n}$　　$\left(\dfrac{a}{b}\right)^m=\dfrac{a^m}{b^m}$

演習 37 (解答は P.288)

$-9x^2\times(y^3)^2\div 4y^4+(-xy)^3\times\dfrac{5}{3y^2}-\dfrac{x^2y^2}{3}\times(-3^2)$ を計算せよ。

例題 38

$3a(-a+4)-5(2a-3)$ を計算せよ。

累乗の計算はなく、かっこの中で計算できる部分もないので、$3a(-a+4)$ と $-5(2a-3)$ をそれぞれ計算する必要があります。これらは、分配法則を使って次の解答のように計算します。

解答

$3a(-a+4)-5(2a-3)$

$=3a\times(-a)+3a\times 4-5\times 2a-5\times(-3)$

$=-3a^2+12a-10a+15$

$=\mathbf{-3a^2+2a+15}$

後半の $-5(2a-3)$ の部分は $5(2a-3)$ を引くということなので、丁寧(ていねい)に式変形すると次のようになります。

$3a(-a+4)-5(2a-3)$

$=3a\times(-a)+3a\times4-\{5\times2a+5\times(-3)\}$

$=3a\times(-a)+3a\times4-5\times2a-5\times(-3)$

$=-3a^2+12a-10a+15$

「$(2a-3)$ に 5 をかけてそれぞれの項を引く」と考えても「$(2a-3)$ に -5 をかけてそれぞれの項を足す」と考えてもよいということです。

慣れてくれば、どのように考えるかを意識せずに

$3a(-a+4)-5(2a-3)=-3a^2+12a-10a+15$

と変形できるようになると思いますが、まずはしっかりと理解して間違えずに計算できるようにしましょう。

演習 38 (解答は P.288)

$(6x^3-2x^2+8x)\div\dfrac{2}{7}x+(-6x^2y+9xy)\div\left(-\dfrac{3}{8}xy\right)$ を計算せよ。

ヒント　除法を乗法に直せば、分配法則を使って例題と同じように計算できます。

例題 39

$\dfrac{3x-7y}{2}\times8+\dfrac{-5x+2y}{3}\times(-9)$ を計算せよ。

まず、前半の $\dfrac{3x-7y}{2}\times8$ の部分は $\dfrac{(3x-7y)\times8}{2}$ と直すことができます。

このとき、$3x-7y$ はひとまとまりと考えるので、$\dfrac{3x-7y\times8}{2}$ のように、$-7y$ だけに 8 をかけるのは間違いです。

次に、分子の $(3x-7y)\times8$ を計算することもできますが、その前に分子の 8 と分母の 2 を約分してください。そうすると $\dfrac{(3x-7y)\times8}{2}=(3x-7y)\times4$ となり、分数の形ではなくなります。後半の $\dfrac{-5x+2y}{3}\times(-9)$ も同じように計算します。

解答

$$\frac{3x-7y}{2}\times 8+\frac{-5x+2y}{3}\times(-9)$$
$$=(3x-7y)\times 4+(-5x+2y)\times(-3)$$
$$=12x-28y+15x-6y$$
$$=\mathbf{27x-34y}$$

演習 39（解答は P.289）

$\dfrac{-3a+7}{4b}\times 8ab-\dfrac{-4a+2b-8c}{5}\times 15$　を計算せよ。

例題 40

$\dfrac{5x^2-3x+2}{6}-\dfrac{-7x^2+2x+6}{4}$　を計算せよ。

分数を乗法に直して、

$$\frac{5x^2-3x+2}{6}-\frac{-7x^2+2x+6}{4}$$
$$=(5x^2-3x+2)\times\frac{1}{6}-(-7x^2+2x+6)\times\frac{1}{4}$$
$$=\frac{5x^2}{6}-\frac{x}{2}+\frac{1}{3}+\frac{7x^2}{4}-\frac{x}{2}-\frac{3}{2}$$

のように考え、同類項どうしを計算することもできます。

しかし、式全体を分数どうしの減法だと考え、通分して計算するのが楽です。この問題では分母を 12 にそろえるので、最初の分数には分母と分子に 2 をかけます。このとき、分子にあるすべての項に 2 をかけるのを忘れないようにしましょう。

それから、2 つ目の分数の前の符号が－なので、分子の多項式全体を引くということにも注意してください。

解答

$$\frac{5x^2-3x+2}{6}-\frac{-7x^2+2x+6}{4}$$
$$=\frac{2(5x^2-3x+2)}{12}-\frac{3(-7x^2+2x+6)}{12}$$
$$=\frac{10x^2-6x+4}{12}-\frac{-21x^2+6x+18}{12}$$
$$=\frac{10x^2-6x+4-(-21x^2+6x+18)}{12}$$
$$=\mathbf{\frac{31x^2-12x-14}{12}}$$

理解できていれば
1行目、3行目、5行目の式を
書くだけで十分です。

演習 40 （解答は P.289）

$\dfrac{4x-5}{3}+\dfrac{-8x+7}{15}$ を計算せよ。

例題 41

$A=8x-3y,\ B=-5x+6y$ のとき、$2A-4B$ を x，y を用いて表せ。

$2A-4B$ の式で、A を $8x-3y$、B を $-5x+6y$ に置き換えると、文字が x，y だけの式にすることができます。

このように、式中の文字を数や別の文字、式に置き換えることを**代入**(だいにゅう)といいます。

この問題の場合は「$2A-4B$ に $A=8x-3y,\ B=-5x+6y$ を代入する」という表現をします。

解答

$2A-4B=2(8x-3y)-4(-5x+6y)=16x-6y+20x-24y=\boldsymbol{36x-30y}$

演習 41 （解答は P.289）

$A=x^2+2xy-y^2,\ B=-x^2-xy+3y^2,\ C=2x^2-3xy+y^2$ のとき、$3(A-B)+2(B-C)$ を x，y を用いて表せ。

3 方程式

3.1 1次方程式

数や式どうしを等号で結んだ式を**等式**といいます。

例 $a(x+y)=ax+ay$, $x+4=6$ ：等式

例に挙げた2つの等式は、それぞれ異なる特徴を持っています。1つ目の等式は分配法則を使った式変形なので、文字の a, x, y にどんな値を代入しても成り立ちます。

このような等式を**恒等式**といいます。「恒」は「いつも」という意味です。

一方、2つ目の等式は、文字の x に1を代入すると $1+4 \neq 6$ となり等式が成り立ちませんが、x に2を代入すると $2+4=6$ となり等式が成り立ちます。実際には、$x=2$ を代入したときだけ等式が成り立ち、それ以外のどんな値を代入しても等式は成り立ちません。

このように、文字に代入する値によって成り立ったり成り立たなかったりする等式を**方程式**といいます。また、等式を成り立たせる文字の値をその方程式の**解**といい、解を求めることを「方程式を解く」といいます。

$ax+b=0$ $(a \neq 0)$ の形で表される方程式を x の**1次方程式**といいます。

等式：数や式どうしを等号で結んだ式
恒等式：文字にどんな値を代入しても成り立つ等式
方程式：文字に代入する値によって成り立ったり成り立たなかったりする等式
方程式の解：ある方程式において、その方程式を成り立たせる文字の値
1次方程式：$ax+b=0$ $(a \neq 0)$ の形で表される方程式

ここでは1次方程式の解き方を学びますが、その前に等式の性質について確認しておきましょう。

〈等式の性質〉

等式において、等号より左側の式を**左辺**、右側の式を**右辺**、左辺と右辺を合わせて**両辺**といいます。

左辺：等式において、等号より左側の式
右辺：等式において、等号より右側の式
両辺：等式において、左辺と右辺の両方

等式は左辺と右辺が等しいことを表した式なので、左と右が釣り合っているてんびんをイメージしてください。

たとえば、箱に入ったりんご2個と同じ箱に入ったみかん4個の重さが釣り合っているとします。(りんごはすべて同じ重さ、みかんもすべて同じ重さだと考えてください。)

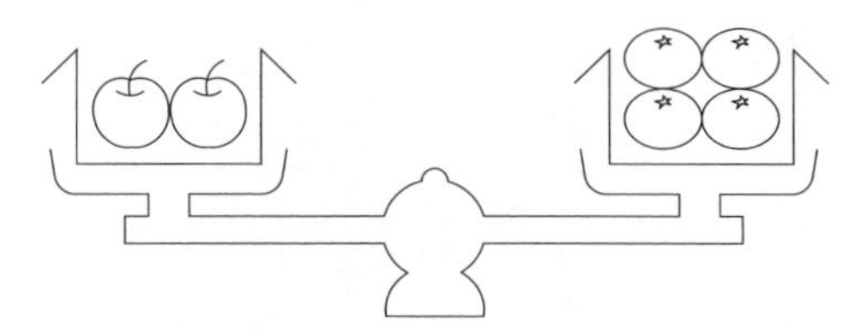

このとき、同じ重さのさくらんぼを両方に1個ずつ乗せたり、あるいは両方から箱を取ったりしてもてんびんは釣り合ったままになるはずです。

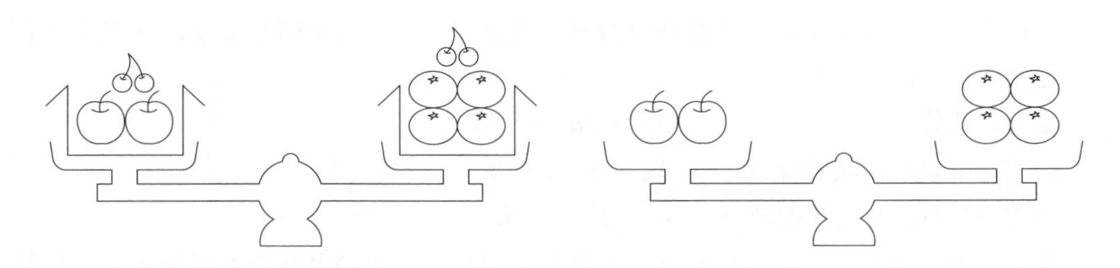

これを、りんご1個の重さをa、みかん1個の重さをb、さくらんぼ1個の重さをc、箱の重さをnとして文字式で表すと次のようになります。

最初の状態は　$2a+n=4b+n$　… ①

さくらんぼを1個ずつ乗せた状態は　$2a+n+c=4b+n+c$　… ②

最初の状態から箱を取り除いた状態は　$2a=4b$　… ③

つまり、**①のような等式があったときに、②のように両辺に同じ数や式を足しても等式が成り立ち、③のように両辺から同じ数や式を引いても等式が成り立つということです**。

今度は、箱のないりんご2個とみかん4個の状態から、両方を2倍にしたり、あるいは半分にしたりしてみます。

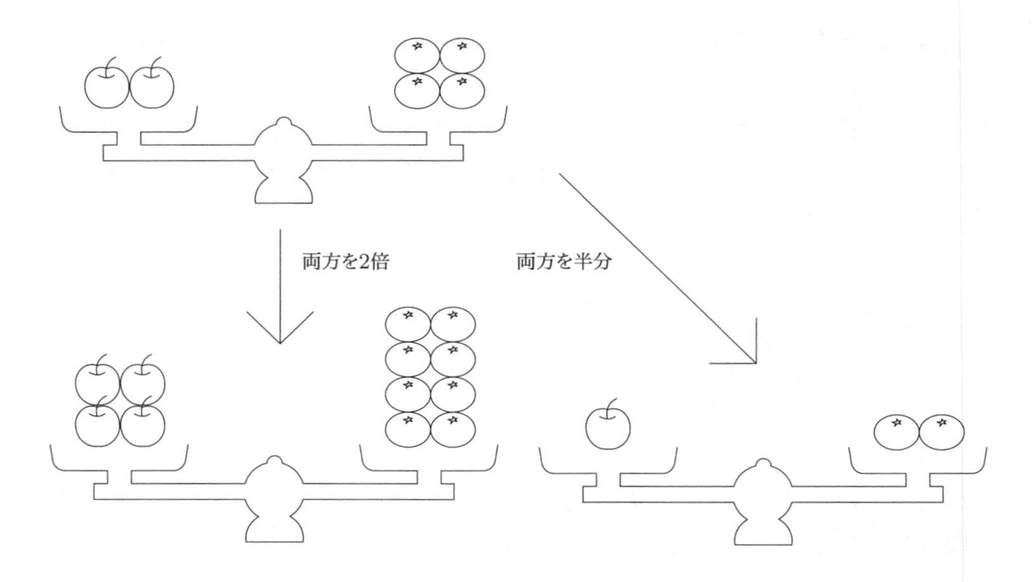

このようにしてもてんびんは釣り合ったままです。これを同じように文字式で表すと次のようになります。

もとの状態は　　　　　　$2a = 4b$ … ④
両方を2倍した状態は　　$4a = 8b$ … ⑤
両方を半分にした状態は　$a = 2b$ … ⑥

同じ数や式を足したり引いたりした場合と同じで、**④のような等式があったときに、⑤のように両辺に同じ数や式をかけても、⑥のように両辺を同じ数や式で割っても等式は成り立ちます**。

まとめると次のようになります。ただし、両辺を同じ数で割る場合、0で割ることはできないので　$C \neq 0$　としています。

等式の性質
$A = B$ であるとき、次のことが成り立つ。
$A + C = B + C$　　$A - C = B - C$
$AC = BC$　　$\dfrac{A}{C} = \dfrac{B}{C}$　$(C \neq 0)$

それでは、等式の性質を使って方程式を解いてみましょう。

〈1次方程式の解き方〉

例題42

方程式　$x + 3 = 8$　を解け。

「方程式を解く」ということは「等式が成り立っているときに文字はどんな値かを求める」ということなので、文字がxの方程式であれば、もとの方程式を $x=$ $\boxed{}$ の形に直せばよいということです。

問題の方程式を見てみると、左辺にある$+3$がなければ $x=$ $\boxed{}$ の形になることが分かります。

この$+3$は、xに3を足すという意味なので、そこから3を引けばxに戻すことができます。このとき、等式の性質を使って両辺から同じように3を引けば、等式が成り立った状態のまま式を変形させることができます。

解答

$x+3=8$

両辺から3を引いて

$\boldsymbol{x=5}$

実際に $x=5$ を $x+3=8$ に代入すると、

$5+3=8$

のように等式が成り立ち、$x=5$ が $x+3=8$ の解であることが確認できます。

演習 42 （解答は P.290）

方程式 $\dfrac{x}{5}=4$ を解け。

ヒント $\dfrac{x}{5}$ はxを5で割るということなので、両辺に5をかければ $x=$ $\boxed{}$ の形にすることができます。

例題 43

方程式 $2x+10=-3x$ を解け。

例題42のように1回式変形をするだけでは解けません。この場合は、まず $ax=b$ の形に直して、それから両辺をaで割れば解くことができます。

問題の方程式を見ると、左辺をaxの形にするためには$+10$が余分なので、両辺から10を引きます。

$2x=-3x-10$

こうすると、左辺にあった $+10$ が -10 になって右辺に現れました。次に右辺を定数項だけにするためには $-3x$ が余分なので、両辺に$3x$を足します。

$2x+3x=-10$

これで、右辺にあった $-3x$ が $+3x$ になって左辺に現れました。このように、左辺、右辺それぞれで余分な項は符号を変えて等号の反対側に移すことができます。

これを**移項**(いこう)といいます。

今回は説明のために項を1つずつ移項しましたが、実際にはなるべく1回で必要な移項をすべて行うようにしてください。

さらに、左辺がまだ計算できるので計算します。

$5x=-10$

これで $ax=b$ の形に直せたので、両辺を5で割れば解くことができます。

移項：等式で、一方の辺にある項を符号を変えて他方の辺に移すこと

解答

$2x+10=-3x$

$2x+3x=-10$

$5x=-10$

$\boldsymbol{x=-2}$

演習 43 （解答は P.290）

方程式 $6-11x=-2x-12$ を解け。

例題 44

方程式 $\dfrac{1}{3}x-2=-\dfrac{5}{6}x+\dfrac{3}{2}$ を解け。

移項して $ax=b$ の形にすれば解くことができます。しかし、係数や定数項に分数が含まれている場合は、最初に分母の最小公倍数を両辺にかけると、分数がなくなり計算しやすくなります。

この問題では、$\dfrac{1}{3}$, $-\dfrac{5}{6}$, $\dfrac{3}{2}$ の3つの分数があり、分母の 3, 6, 2 の最小公倍数である6を両辺にかけます。

このように、方程式の両辺に同じ数をかけて分数をなくすことを、「分母をはらう」といいます。

解答

$\frac{1}{3}x-2=-\frac{5}{6}x+\frac{3}{2}$

両辺に 6 をかけて

$2x-12=-5x+9$

$2x+5x=9+12$

$7x=21$

$\boldsymbol{x=3}$

注意 方程式で分母をはらうことを勉強すると、たとえば

$\frac{1}{3}x-2-\frac{5}{6}x+\frac{3}{2}$ を計算せよ。

という問題のときに混乱して

$\frac{1}{3}x-2-\frac{5}{6}x+\frac{3}{2}=2x-12-5x+9$

とする人がいますが、これは間違いです。方程式の場合は両辺に同じことをしていれば等式が成り立つので、計算しやすいように両辺に同じ数をかけてもよいですが、多項式に勝手に数をかけると式が変わってしまいます。

正しくは、通分して

$\frac{1}{3}x-2-\frac{5}{6}x+\frac{3}{2}=\frac{2}{6}x-\frac{5}{6}x-\frac{4}{2}+\frac{3}{2}=\cdots$

のように計算します。

演習 44 (解答は P.290)

方程式　$0.4x-3=-0.5x+0.6$　を解け。

ヒント　係数や定数項に小数が含まれている場合は、10，100 などをかければ小数がなくなり計算しやすくなります。

例題 45

方程式　$-3(3-5x)=7x-\{5-(2x-9)\}$　を解け。

式が複雑な場合は、両辺をそれぞれ計算して簡単な式に直してから方程式を解いてください。

解答

$-3(3-5x)=7x-\{5-(2x-9)\}$

$-9+15x=7x-(5-2x+9)$

$-9+15x=7x-14+2x$

$6x=-5$

$\boldsymbol{x=-\frac{5}{6}}$

注意 2行目から3行目への式変形では、右辺にある $(5-2x+9)$ の部分を計算して $(14-2x)$ としてから、それを $7x$ から引いています。この式変形では右辺だけを計算していますが、

$-9+15x=7x-(5-2x+9)=7x-14+2x$

などと書かないようにしてください。このように等号で式を次々につなげていくと、$ax=b$ の形に直そうとしたときに混乱することになります。

すでに $x=\square$ という形になっていて右辺だけを計算すれば解けるような場合以外は、必ず解答のように $\square=\square$ の形で書き、**式変形するときは次の行に新しい等式を書いてください**。

演習 45 (解答は P.290)

方程式 $3\left(x-\frac{2x+1}{4}\right)=\frac{2(4x-3)}{5}$ を解け。

例題 46

x に関する方程式 $\frac{1}{2}ax+3=3x+5a$ の解が $x=4$ であるとき、a の値を求めよ。

解が $x=4$ だということは、方程式に $x=4$ を代入すれば等式が成り立つということです。$\frac{1}{2}ax+3=3x+5a$ に $x=4$ を代入してみると

$2a+3=12+5a \quad \cdots (*)$

となりました。この等式が成り立つような a の値を求めればよいので、(*) を a の方程式とみて解けばよいということです。

解答

$\frac{1}{2}ax+3=3x+5a$ に $x=4$ を代入して $2a+3=12+5a$

これを解いて $-3a=9$

$\boldsymbol{a = -3}$

演習 46 （解答は P.291）

x についての 2 つの方程式　$4 - 7x = -2x - 6$，$-6x + 5a = 3ax - 1$ の解が等しいとき、a の値を求めよ。

3.2　1 次方程式の利用

方程式は分からない値を求めるときに使うことができます。

例題 47

1 本 60 円の鉛筆（えんぴつ）と 1 本 100 円のペンを合わせて 10 本買ったら、代金は 800 円であった。鉛筆を何本買ったか求めよ。

買った鉛筆の本数を求めたいので、それを x 本と文字で表します。そうすると、鉛筆とペンを合わせて 10 本買っているので、ペンは（$10 - x$）本買ったことになります。1 本 60 円の鉛筆が x 本で $60x$ 円、1 本 100 円のペンが（$10 - x$）本で $100(10 - x)$ 円、これらを合わせた代金が 800 円なので、式にすると

$60x + 100(10 - x) = 800$

となります。このように式を作ることを「式を立てる」といいます。

式を立てられたら、それを解きます。この問題では　$x = 5$　となるので、買った鉛筆の本数が 5 本であることが分かります。

最後に、求めた解が問題に適しているかを確認します。たとえば、問題文に「鉛筆とペンを合わせて 10 本買った」とあるにもかかわらず求めた鉛筆の本数が 11 以上であったり、負の数であった場合は問題に適さないことになります。問題に適していることが確認できれば、「これは問題に適している。」と解答に書いておきましょう。

解答

買った鉛筆の本数を x 本とすると、

$60x + 100(10 - x) = 800$

これを解いて　$60x + 1000 - 100x = 800$

$-40x = -200$

$x = 5$

これは問題に適している。

∴ 5 本

解答の最後の行にある「 ∴ 」は「よって」という意味の記号です。

演習 47（解答は P.291）

現在、A さんの年齢（ねんれい）は 13 歳（さい）、A さんのお母さんの年齢は 42 歳である。お母さんの年齢が A さんの年齢のちょうど 2 倍になるのは何年後であるか求めよ。

例題 48

ノートを 8 冊買おうと思ったら、持っていたお金では 40 円足りなかったので、7 冊にすると 40 円余った。持っていたお金はいくらか求めよ。

求める値そのものではなく、別の値を文字で表したほうが分かりやすい場合もあります。この問題では、持っていたお金の金額よりもノート 1 冊の値段を文字で表したほうが式を立てやすくなります。

ノート 1 冊の値段を x 円とすると、8 冊の値段は $8x$ 円であり、40 円足りないということは持っていたお金は（$8x-40$）円となります。また、7 冊分の値段の $7x$ 円であれば 40 円余るので、持っていたお金を（$7x+40$）円と表すこともできます。（$8x-40$）と（$7x+40$）は同じ金額なので、これらを等号でつなげば方程式を作ることができます。

最後に、方程式を解いて x の値を求めたら、ノートの値段を求めたことになるので、持っていたお金の金額を求めるのを忘れないようにしましょう。

解答

ノート 1 冊の値段を x 円とすると、

$8x-40=7x+40$

これを解いて　$x=80$

よって、持っていたお金の金額は $80\times 8-40=600$

これは問題に適している。

∴ 600 円

持っていたお金の金額を x 円とした場合は、それより 40 円余分に持っていればノートをちょうど 8 冊買うことができるので、ノート 1 冊分の値段は $\dfrac{x+40}{8}$ 円となります。持っていたお金の金額が 40 円少なければノートをちょうど 7 冊買うことができるので、ノート 1 冊分の値段は $\dfrac{x-40}{7}$ 円と表すこともでき、これらを使って、

$$\frac{x+40}{8}=\frac{x-40}{7}$$

と式を立てることができます。これを解くと　$x = 600$　となり、持っていたお金が600円だと求められます。

どちらの方法で解いてもよいので、必ずしも求めたい値を文字でおく必要はないということを確認し、なるべく分かりやすい方法で式を立てるようにしてください。

演習 48 （解答は P.291）

体育館の長いすに、1脚（きゃく）あたり3人ずつ生徒が座ると8人が座れなくなる。そこで、1脚あたり4人ずつ座ると、2人しか座らない長いすが1脚でき、4脚の長いすが余った。このとき、生徒の人数を求めよ。

たとえば、100 g の食塩水の中に5 g の食塩が含まれているとき、この食塩水の濃度（のうど）は5%であり、そのような食塩水を「5%の食塩水」といいます。食塩水に関しては次の関係が成り立ちます。

$$(\text{食塩水の重さ}) \times \frac{(\text{食塩水の濃度})}{100} = (\text{食塩の重さ})$$

$$(\text{食塩水の重さ}) = (\text{食塩の重さ}) + (\text{水の重さ})$$

割合の問題では　(もとにする量)×(割合)　=　(比べられる量)　という関係式を使いました。食塩水の問題でもこの関係式を使います。食塩水の重さをもとにする量、食塩の重さを比べられる量とし、濃度は百分率で表されているので100で割れば割合になります。

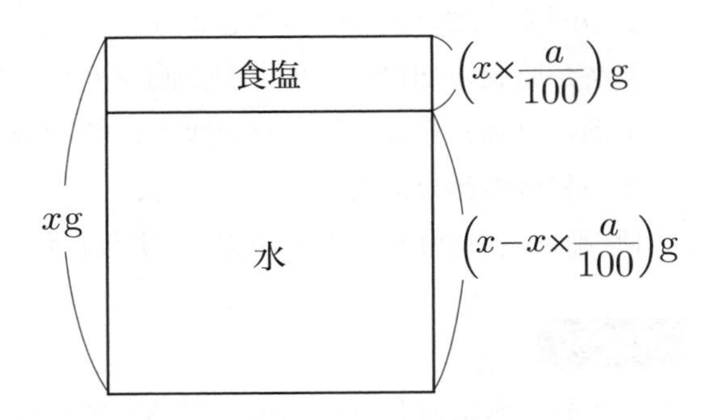

例題 49

4%の食塩水が300g ある。この食塩水に食塩を加えて10%の食塩水を作るには、食塩を何 g 加えればよいか求めよ。

加えた食塩の重さを　x g とします。もとの食塩水は300 g のうちの4%が食塩なので、食塩の重さは $\left(300 \times \frac{4}{100}\right)$ g です。そこに x g の食塩を加えると、食塩の重さは $\left(300 \times \frac{4}{100} + x\right)$ g となります。また、作った食塩水全体の重さは $(300 + x)$g であり、その10%が食塩なので、食塩の重さは $\left\{(300 + x) \times \frac{10}{100}\right\}$ g とも表せます。

解答

加えた食塩の重さを x g とすると、

$$300 \times \frac{4}{100} + x = (300 + x) \times \frac{10}{100}$$

両辺に 10 をかけて　$120 + 10x = 300 + x$

これを解いて　$9x = 180$

$x = 20$

これは問題に適している。

$\therefore$ **20 g**

演習 49 （解答は P.292）

5%の食塩水が 600 g ある。この食塩水に濃度の分からない食塩水を 400 g 加えると 7%の食塩水になった。加えた食塩水の濃度を求めよ。

あるお店で、農家から 1 個 100 円で買ったりんごを売っているとします。このお店で 1 個のりんごを 120 円で売ったとすると、お店の人は 20 円を得ることができます。

このとき、お店の人がりんごを買った値段の 100 円を原価（げんか）、お店で売るためにつけた値段の 120 円を定価（ていか）、手に入れた金額の 20 円を利益（りえき）といいます。

この関係を式で表してみましょう。

利益が原価の 20%なので　(原価) × 0.2 ＝(利益)　… ①

定価は原価と利益を足した値段なので　(原価)＋(利益)＝(定価)　… ②

②の利益の部分に①を代入すると、

(原価)＋(原価) × 0.2 ＝(定価)　すなわち　(原価) × 1.2 ＝(定価)

例題 50

ある商品に原価の 3 割の利益を見込んで定価を付けたが、定価より 60 円引いて売ったので、利益は原価の 1 割 8 分になった。この商品の原価を求めよ。

まず、商品の原価を x 円とします。それに 3 割の利益を見込んで定価を付けたので、(定価)＝(原価) × 1.3 ＝ $1.3x$ です。そこから、実際には定価の 60 円引きで商品を売ったので、売れたときの値段は（$1.3x - 60$）円となります。その値段は、原価に 1 割 8 分の利益を加えた値段なので、(原価) × 1.18 ＝ $1.18x$ 円であり、これで方程式を作ることができます。

解答

商品の原価を x 円とすると、

$1.3x - 60 = 1.18x$

これを解いて　$0.12x = 60$

$x = 500$

これは問題に適している。

$\therefore$ **500 円**

演習 50 （解答は P.292）

原価に 4000 円の利益を見込んで定価を付けた商品を、定価の 10％引きで売ると、利益は原価の 8％になった。この商品の原価を求めよ。

3.3 比例式

2 つの値 a, b の比を $a : b$ と表すことを算数で学びました。このとき、$\dfrac{a}{b}$ は b の値に対する a の値の割合を表し、これを $a : b$ の**比の値**（ひのあたい）といいます。

$a : b = c : d$ のように比で表された等式を**比例式**（ひれいしき）といい、a, d を**外項**（がいこう）、b, c を**内項**（ないこう）といいます。

比の値：比 $a : b$ において $\dfrac{a}{b}$ の値
比例式：比で表された等式
外項：比例式 $a : b = c : d$ において a , d
内項：比例式 $a : b = c : d$ において b , c

比例式 $a : b = c : d$ は $a : b$ と $c : d$ の比の値が等しいことを表しているので、$b \neq 0$, $d \neq 0$ であれば

$$\frac{a}{b} = \frac{c}{d}$$

と書き直すことができます。さらに、等式の性質を利用して両辺に bd をかけると、

$$ad = bc$$

となります。この等式は、$a : b = c : d$ において $b = 0$, $d = 0$ の場合でも成り立ちます。

$a : b = c : d$ のとき $ad = bc$ （内項の積は外項の積に等しい）

例題 51

比例式 $5 : 2x = 7 : 4$ を満たす x の値を求めよ。

比例式 $a : b = c : d$ を $ad = bc$ の形に変形すれば方程式と同じように扱うことができます。

解答

$5 : 2x = 7 : 4$ であるとき $2x \times 7 = 5 \times 4$

これを解いて、$\boldsymbol{x = \dfrac{10}{7}}$

演習 51 （解答は P.292）

比例式 $(3x + 4) : 6 = 5 : 3$ を満たす x の値を求めよ。

例題 52

ある店で1日に売ったりんごとみかんの個数の比は 24：35 であった。りんごの個数が 96 個のとき、みかんの個数を求めよ。

方程式を利用して分からない値を求めたのと同じようにします。つまり、分からない値を文字で表して比例式を作り、その比例式を満たす文字の値を求めれば、分からない値が求められるということです。

解答

みかんの個数を x 個とすると、

$24 : 35 = 96 : x$ すなわち $24x = 35 \times 96$

これを解いて $x = 140$

これは問題に適している。

∴ 140 個

演習 52 （解答は P.293）

ある中学校の1年生の男子生徒と女子生徒の人数の比は 7：8 である。2年生は1年生と比べて男子生徒が 25 人多く、女子生徒が 25 人少なく、男子生徒と女子生徒の人数の比は 11：9 である。1年生の男子生徒と女子生徒の人数を求めよ。

ヒント 人数の比が7：8と分かっている場合、それぞれの人数を1つの文字だけを使って $7x$ 人，$8x$ 人と表すことができます。

3.4 等式の変形

等式に2種類以上の文字がある場合、等式の性質を利用してある特定の文字を他の文字を使った式で表すことができます。

例題 53

底辺の長さが x cm、高さが y cm の三角形の面積が $10\ \text{cm}^2$ であるとき、y を x の式で表せ。

まず、問題文に書いてある通りに等式を作ります。三角形の面積は (底辺の長さ) × (高さ) × $\frac{1}{2}$ で求められるので、

$$\frac{1}{2}xy = 10$$

となります。この等式を $y = \square$ の形に直すには、左辺で y に $\frac{1}{2}x$ がかけてあるので、両辺を $\frac{1}{2}x$ で割ればよいです。つまり、両辺に $\frac{2}{x}$ をかければよいということです。そうすると

$$y = \frac{20}{x}$$

となり、y を x の式で表すことができました。このように、ある等式を $y = \square$ の形に直すことを「等式を y について解く」といいます。

解答

$$\frac{1}{2}xy = 10$$

これを y について解くと、$\boldsymbol{y = \frac{20}{x}}$

演習 53 (解答は P.293)

あるクラスの人数は32人で、全員の身長の平均は a cm である。男子生徒の人数は15人で身長の平均が b cm、女子生徒の身長の平均が c cm であるとき、c を a，b の式で表せ。

3.5 不等式

数や式どうしを不等号で結んだ式を**不等式**（ふとうしき）といいます。

例 $2x-1>3$：不等式 ⇒ $(2x-1)$ は3より大きい

等式と同じように、不等号の左側の式を**左辺**、右側の式を**右辺**、左辺と右辺を合わせて**両辺**といいます。

> 不等式：数や式どうしを不等号で結んだ式

〈不等式の性質〉

等式の場合は両辺に同じことをしていれば等式が成り立ったまま式を変形することができました。しかし、不等式の場合は両辺に同じことをしても元の大小関係が変わってしまうことがあります。どのような場合に大小関係が変わるのか考えてみましょう。

まず、不等式の両辺に同じ数を足したり引いたりした場合は左辺と右辺の大小関係は変わりません。

たとえば、$x<y$ という不等式の両辺に a を足す場合について数直線で考えると、下の図のようになります。両辺に同じ数を足したり引いたりするというのは、元の両辺の値を表す点を同じ方向に同じ幅だけ移動することを意味し、数直線上での位置関係が変わらないことが確認できます。

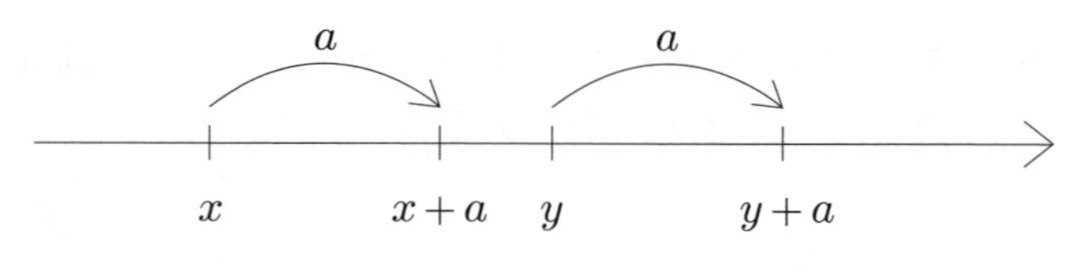

$x<y$ のとき $x+a<y+a$

次に、両辺に同じ数をかける場合について、$x<y$ という不等式の両辺に a をかける場合で考えましょう。不等式の両辺 $x,\ y$ に a をかけるとそれぞれ $ax,\ ay$ となります。この大小を比べるために差を求めると、$ay-ax=a(y-x)$ です。

このとき、大きい数から小さい数を引いた結果は必ず正の値になるので、$x<y$ ならば $y-x>0$ であり、

$a>0$ のとき、$a(y-x)>0$ すなわち $ay-ax>0$ よって $ax<ay$ …(*)
$a<0$ のとき、$a(y-x)<0$ すなわち $ay-ax<0$ よって $ax>ay$
となります。

このことから、不等式の両辺に同じ正の数をかけてもその大小関係は変わらず、同じ負の数をかけるとその大小関係が変わることが分かりました。

(＊) が分かりにくいかもしれないので補足しておきます。$y-x>0$, $a>0$ であれば、$a(y-x)$ は正の値どうしの積なので、$a(y-x)>0$ です。また、$ay-ax>0$ は「ay から ax を引いた値が正」という意味なので、ay のほうが ax より大きく、$ax<ay$ となります。

不等式の両辺を同じ数で割る場合は、その数の逆数をかけることになり、割る数とその逆数の符号は変わらないので、両辺に同じ数をかける場合と同様に考えることができます。

以上のことをまとめると、次のようになります。

不等式の性質

$A<B$ であるとき、次のことが成り立つ。

$A+C<B+C$, $A-C<B-C$

$C>0$ のとき $AC<BC$, $\dfrac{A}{C}<\dfrac{B}{C}$

$C<0$ のとき $AC>BC$, $\dfrac{A}{C}>\dfrac{B}{C}$

等式の性質と見比べてみましょう。(P.50参照)

<u>不等式は両辺に同じ負の数をかけたり、両辺を同じ負の数で割ったときだけ不等号の向きが変わり、それ以外の同じ操作をしたときは不等号の向きは変わらないということです</u>。

例 $-3x<12$

$x>-4$

両辺を−3(負の数)で割ると不等号の向きが変わる

上の説明では「＜」と「＞」を使いましたが、「≦」と「≧」の場合も同じです。

〈不等式の解き方〉

不等式を成り立たせる文字の値の範囲をその不等式の**解**(かい)といい、不等式の解を求めることを「不等式(ふとうしき)を解(と)く」といいます。

不等式の解：ある不等式において、その不等式を成り立たせる文字の値の範囲

例題 54

不等式 $3x-2<5x-10$ を解け。

両辺に 2 を足し、両辺から $5x$ を引くと、

$3x - 2 + 2 - 5x < 5x - 10 + 2 - 5x$

すなわち　$3x - 5x < -10 + 2$

となります。このように、不等式の両辺に同じ数や式を足しても、両辺から同じ数や式を引いても、不等号の向きは変わらないので、不等式でも方程式と同じように移項することができます。さらに計算すると

$-2x < -8$

となり、最後に両辺を -2 で割ります。このとき負の数で割っているので不等号の向きが反対になることに注意しましょう。

解答

$3x - 2 < 5x - 10$

$3x - 5x < -10 + 2$

$-2x < -8$

$\boldsymbol{x > 4}$

−2で割ったので
不等号の向きが変わりました。

結局、不等式を解くときも、方程式を解くときと同じように　$ax < b$　または　$ax > b$　の形になるように式を整理して移項し、不等号の向きに気を付けて両辺を a で割ればよいということです。

この例題では、不等式を解いて　$x > 4$　となったので、4 より大きければどんな数を x に代入しても $3x - 2 < 5x - 10$ が成り立つことが分かりました。

演習 54 （解答は P.293）

不等式　$-\dfrac{2}{3}x - \dfrac{5}{12} \leqq \dfrac{1}{4}(2x - 5)$　を解け。

例題 55

x についての不等式 $(a - 2)x + 4 \leqq -5x + 4$　を解け。

式変形をしていくと

$(a - 2)x + 4 \leqq -5x + 4$

$(a - 2)x + 5x \leqq 4 - 4$

$(a + 3)x \leqq 0$

となります。

ここで $(a+3)$ で両辺を割れば不等式を解くことができますが、$(a+3)$ が正の数か負の数かによって、割った後の不等号の向きが変わってしまいます。また、$a+3=0$ であれば、$(a+3)x$ は必ず0になるので、x がどんな値でも $(a+3)x \leqq 0$ は成り立ちます。

そのため、いくつかの場合に分けて答えを書く必要があり、そのようにいくつかの場合に分けることを「場合分け（ばあいわ）」といいます。

この問題では $a+3>0$, $a+3=0$, $a+3<0$ つまり、$a>-3$, $a=-3$, $a<-3$ の3つに場合分けして答えを書きます。

解答

$(a-2)x+4 \leqq -5x+4$

$(a-2)x+5x \leqq 4-4$

$(a+3)x \leqq 0$

・$a>-3$ のとき、$x \leqq 0$

・$a=-3$ のとき、x はすべての実数

・$a<-3$ のとき、$x \geqq 0$

解答に「$a=-3$ のとき、x はすべての実数（じっすう）」という一文が出てきました。実数とは中学数学で学ぶすべての数を意味すると考えてください。（詳しくはP.98で学びます。）

反対に、x にどんな実数を代入しても不等式が成り立たない場合は、「解なし」と書きます。たとえば $0x>1$ であれば、どのような実数を x に代入しても不等式が成り立ちません。

演習 55（解答はP.293）

x についての不等式 $\dfrac{ax-4}{3}>\dfrac{x}{2}$ を解け。

〈不等式の利用〉

例題 56

1個100円のパンと1個120円のおにぎりを合わせて5個と、150円のお茶1本を買い、合計の代金を700円以下にしたい。おにぎりをできるだけ多く買うとすると、パンはいくつ買えばよいか求めよ。

方程式を利用して分からない値を求めたのと同じように、不等式を利用して分からない値がどの範囲にあるかを求めることができます。

まず、パンをいくつ買うかを求めたいので、パンを x 個買ったとします。そうすると、おにぎりは $(5-x)$ 個買ったことになり、不等式を作ると、

$100x+120(5-x)+150 \leqq 700$

です。この不等式を解くと、$x \geqq \dfrac{5}{2}$ となります。

これは、パンの個数が $\dfrac{5}{2}$ 個以上であれば合計の代金が700円以下になるという意味です。おにぎりをできるだけ多く買うということは、パンの個数はできるだけ少ない方がよいので、パンは3個買えばよいことになります。

解答

パンを x 個買ったとすると、

$100x+120(5-x)+150 \leqq 700$

これを解いて、$100x-120x \leqq 700-600-150$

$$-20x \leqq -50$$

$$x \geqq \frac{5}{2}$$

$\dfrac{5}{2}=2.5$ であり、$x \geqq \dfrac{5}{2}$ を満たす最も小さい整数は3なので、パンを3個買えば問題に適している。

∴ 3個

演習 56 (解答は P.294)

原価が1000円のある商品に原価の20%の利益を見込んで定価を付けたが売れなかった。80円以上の利益を得るためには定価の何%まで値引きできるか求めよ。

例題 57

x についての方程式 $-x-12a=-5x+16$ の解が10より大きくなるときの a の値の範囲を求めよ。

方程式の解が10より大きくなるときについて問われているので、まず方程式の解を求めます。

$-x-12a=-5x+16$

$4x=16+12a$

$x=4+3a$

これで、方程式の解が　$x=4+3a$　であることが分かりました。この解が10より大きければよい、つまり $4+3a>10$　であればよいので、この不等式を解けば条件に合う　a の値の範囲を求めることができます。

解答

$-x-12a=-5x+16$ を解いて、
$4x=16+12a$
$x=4+3a$
この解が10より大きければよいので　$4+3a>10$
これを解いて　$3a>6$
$\therefore \mathbf{a>2}$

演習 57 （解答は P.294）

x についての不等式　$5+2x<3x+a+3$　の解が不等式　$\frac{1}{2}x-\frac{4}{3}>\frac{1}{4}x-\frac{1}{12}$ の解の中に含まれるような　a の値の範囲を求めよ。

3.6　連立方程式

$x-2y=3$　のように、2種類の文字を含み、それぞれの文字について1次の方程式であるものを**2元1次方程式**（にげんいちじほうていしき）といいます。「元」というのが、方程式に含まれる文字の種類の数を表しています。

> 2元1次方程式：2種類の文字を含む方程式で、それぞれの文字について1次の方程式であるもの

2元1次方程式の場合、方程式を成り立たせるような2種類の文字の値の組は1つに決まりません。たとえば、$x-2y=3$　という方程式を　x について解くと　$x=2y+3$　です。これに　$y=1$　を代入すると　$x=5$　となり、$y=2$　を代入すると　$x=7$　となります。

そのため、$x=5,\ y=1$　や　$x=7,\ y=2$　をそれぞれ　$x-2y=3$　に代入すると方程式が成り立ち、同じようにすれば　$x-2y=3$　の解をいくつでも見つけることができます。

例題 58

2元1次方程式　$5x-4y=7$ の1組の解が　$x=3,\ y=a$　のとき、a の値を求めよ。

$x=3,\ y=a$ が解であるということは、これを $5x-4y=7$ に代入して等式が成り立つということです。実際に代入すると a についての方程式となり、これを解けば a の値を求めることができます。

解答

$5x-4y=7$ に $x=3,\ y=a$ を代入して $15-4a=7$

これを解いて $-4a=-8$

$\boldsymbol{a=2}$

演習 58 （解答は P.295）

2元1次方程式 $4x-8y-3=x-6y+5$ の1組の解が $x=a,\ y=-2$ のとき、a の値を求めよ。

例題 59

$x,\ y$ がどちらも自然数のとき、2元1次方程式 $2x+y=5$ の解をすべて求めよ。

2元1次方程式の解は無数にありますが、解が自然数に限られるなどの条件が付いていれば、求める解がいくつかに絞（しぼ）られることがあります。

この問題では、$x,\ y$ が自然数なので $x=1$ の場合から考えてみます。$2x+y=5$ に $x=1$ を代入すると $2+y=5$ となるので $x=1,\ y=3$ が解です。$x=2$ であれば $4+y=5$ となり、$x=2,\ y=1$ が解です。

x が3以上の場合は $2x$ は6以上になり、このとき $2x+y=5$ が成り立つのであれば y は自然数にはならないので、$x \geqq 3$ となる解はありません。結局、解は全部で2組になりました。

このようなことを解答にまとめると次のようになります。

解答

$2x+y=5$ より、$y=5-2x$

ここで、$y>0$ なので $5-2x>0$

よって $x<\dfrac{5}{2}$

x は自然数なので、$x=1,\ 2$ に限られ、このとき $y=3,\ 1$

これらは問題に適しているので、$\boldsymbol{(x,\ y)=(1,\ 3),\ (2,\ 1)}$

解答の $(x,\ y)=(1,\ 3)$ は、$x=1,\ y=3$ と同じ意味です。どちらの書き方で解を表しても構いません。

演習 59（解答は P.295）

x, y がどちらも 3 以上の自然数のとき、2 元 1 次方程式　$x+3y=18$　の解をすべて求めよ。

前の問題で出てきた 2 つの方程式　$2x+y=5$, $x+3y=18$　が同時に成り立つとき、

$$\begin{cases} 2x+y=5 \\ x+3y=18 \end{cases}$$

のように表します。このように、2 つ以上の方程式を組にしたものを**連立方程式**（れんりつほうていしき）といいます。$2x+y=5$,　$x+3y=18$　はそれぞれに解が無数に存在しますが、その中でどちらの方程式の解にもなるものが連立方程式の解となります。

> 連立方程式：2 つ以上の方程式を組にしたもの

例題 60

連立方程式 $\begin{cases} bx+2y=-2 \\ x+y=11 \end{cases}$ の解が　$x=4$, $y=a$　のとき、b の値を求めよ。

連立方程式の解が $x=4$, $y=a$ なので、これを $bx+2y=-2$ と $x+y=11$ のどちらに代入しても方程式が成り立ちます。

実際に代入すると、1 つ目の方程式は文字が a, b の 2 元 1 次方程式になります。しかし、2 つ目の方程式は文字が a だけの方程式になるので、これを解いて a の値を求めることができます。さらに、求めた a の値を 1 つ目の方程式に代入すると、b の値も求めることができます。

解答

$bx+2y=-2$　に　$x=4$, $y=a$　を代入して　$4b+2a=-2$　…①

$x+y=11$　に　$x=4$, $y=a$　を代入して　$4+a=11$

よって　$a=7$

$a=7$ を①に代入して　$4b+14=-2$

これを解いて　$4b=-16$

$\boldsymbol{b=-4}$

演習 60 （解答は P.295）

連立方程式 $\begin{cases} 6x-3y=-19 \\ 18x+by=-65 \end{cases}$ の解が $x=a$，$y=-\dfrac{2}{3}$ のとき、b の値を求めよ。

3.7 連立方程式の解き方

〈代入法〉

次の例題のように、２つの２元１次方程式が組になった連立方程式の解き方を考えましょう。

まず、１つの方程式に文字が２つある状態では解を１つに定めることができません。そこで、２つの方程式を使って文字を１つ減らし、文字が１つの方程式を作る必要があります。

「文字を１つ減らす」ための方法は２通りあり、そのうちの１つ目が**代入法**（だいにゅうほう）です。代入法では、どちらかの方程式をある文字について解き、その結果をもう一方の方程式に代入することで１つの文字をなくします。

例題 61

連立方程式 $\begin{cases} 2x+y=5 \\ 3x-2y=4 \end{cases}$ を代入法で解け。

まず、１つ目の方程式を y について解くと、 $y=-2x+5$ となります。これを２つ目の方程式に代入すると、 $3x-2(-2x+5)=4$ となり、y のない方程式を作ることができました。このように、２つの方程式を使って y を含まない方程式を作ることを「y を消去（しょうきょ）する」といいます。

作った x の方程式を解いて x の値を求めたら、それを $y=-2x+5$ に代入すれば y の値も求めることができます。

解答

$\begin{cases} 2x+y=5 & \cdots ① \\ 3x-2y=4 & \cdots ② \end{cases}$

①を変形して　$y=-2x+5$ … ③

③を②に代入して　$3x-2(-2x+5)=4$

これを解いて　$3x+4x-10=4$

$7x=14$

これを③に代入して　$y=-2\times2+5=1$

よって、 $\boldsymbol{x=2,\ y=1}$

解答では最初に①を y について解き、それを②に代入していますが、①を x について解いたり、②を x や y について解いたりしても、同じように連立方程式を解くことができます。しかし、係数の絶対値が1以外の文字について解くと、分数が出てきて計算が複雑になることがあります。たとえば、①を x について解くと、

$2x = -y + 5$　すなわち　$x = -\frac{1}{2}y + \frac{5}{2}$

となり、分数のある状態で②に代入することになります。このため、なるべく係数の絶対値が1の文字を探して、その文字について解くところから始めると計算が楽になります。

それから、解答では　$x = 2$　と解けたら、それを③に代入していますが、①や②に代入しても構いません。ただし、すでに　$y = \boxed{}$　の形になっている③に代入したほうが式を変形する必要がなく、楽です。

演習 61（解答は P.296）

連立方程式 $\begin{cases} 5x - 7y = 9 \\ -x + 4y = 6 \end{cases}$ を代入法で解け。

〈加減法〉

文字を1つ減らす方法の2つ目は**加減法**（かげんほう）です。加減法では、2つの方程式を足したり引いたりすることで文字を1つ減らします。

例題 62

連立方程式 $\begin{cases} 2x + 5y = 5 \\ 3x + 4y = -3 \end{cases}$ を加減法で解け。

x の係数に注目すると、上の方程式は2、下の方程式は3であり、その最小公倍数は6です。そこで、x の係数が6になるように、上の方程式は両辺を3倍し、下の方程式は両辺を2倍すると、

$$\begin{cases} 6x + 15y = 15 & \cdots (*_1) \\ 6x + 8y = -6 & \cdots (*_2) \end{cases}$$

となります。ここで、$(*_1)$ から $(*_2)$ を引くと、

$(6x + 15y) - (6x + 8y) = 15 - (-6)$　すなわち　$7y = 21$

となり、x を含まない方程式を作ることができます。

「$(*_1)$ から $(*_2)$ を引く」ということについて補足しておきます。$(*_2)$ は「$(6x + 8y)$ と -6 は等しい」という意味なので、$(*_1)$ の左辺から $(6x + 8y)$ を引き、右辺から -6 を引いても、$(*_1)$ の両辺から同じものを引くことになり方程式が成り立ちます。

解答

$$\begin{cases} 2x+5y=5 & \cdots ① \\ 3x+4y=-3 & \cdots ② \end{cases}$$

① × 3　より　$6x+15y=15$　… ③

② × 2　より　$6x+8y=-6$　… ④

③ − ④　より　$7y=21$

よって　$y=3$

これを①に代入して　$2x+5\times3=5$

これを解いて　$2x=-10$

$x=-5$

よって、 $\boldsymbol{x=-5,\ y=3}$

解答では x の係数をそろえましたが、y の係数を 5 と 4 の最小公倍数の 20 にそろえても同じように解くことができます。連立方程式を見て、係数をそろえやすい方の文字を消去するようにしましょう。

もとの係数の符号が異なる場合は、係数の絶対値だけをそろえて、2 つの方程式を足せば文字を消去することができます。

たとえば x の係数が 2 と -3 であれば、それぞれに 3 と 2 をかけて $6x$ と $-6x$ にしてから 2 つの方程式を足せば、x を消去できます。

演習 62 （解答は P.296）

連立方程式 $\begin{cases} 12x+4y=-4 \\ -14x-6y=-2 \end{cases}$ を加減法で解け。

連立方程式の解き方

代入法：一方の方程式をある文字について解き、その結果を他方の方程式に代入することで 1 つの文字を消去する

加減法：2 つの方程式を足したり引いたりすることで 1 つの文字を消去する

連立方程式のそれぞれの方程式に、分数や小数が含まれているときや、式が複雑なときは、最初に式を整理する必要があります。

それから、**連立方程式は代入法でも加減法でも解くことができるので、どちらの方法が楽か考えて解くようにしましょう**。具体的には、係数の絶対値が 1 の文字があれば代入法を使うのがよく、係数の絶対値がそろっている文字や簡単にそろいそうな文字があれば加減法で解くのがよいです。

例題 63

連立方程式 $\begin{cases} \dfrac{x-4}{5} = \dfrac{-3x-7y}{10} \\ \dfrac{-5x+8}{6} + \dfrac{-5y+1}{3} = -3y+2 \end{cases}$ を解け。

解答

$$\begin{cases} \dfrac{x-4}{5} = \dfrac{-3x-7y}{10} & \cdots ① \\ \dfrac{-5x+8}{6} + \dfrac{-5y+1}{3} = -3y+2 & \cdots ② \end{cases}$$

①×10 より　$2x-8=-3x-7y$

これを変形して　$5x+7y=8$　…③

②×6 より　$-5x+8-10y+2=-18y+12$

これを変形して　$-5x+8y=2$　…④

③+④ より　$15y=10$

よって　$y=\dfrac{2}{3}$

これを③に代入して　$5x+7\times\dfrac{2}{3}=8$

これを解いて　$5x=\dfrac{10}{3}$

$x=\dfrac{2}{3}$

よって、 $\boldsymbol{x=\dfrac{2}{3}}$， $\boldsymbol{y=\dfrac{2}{3}}$

演習 63 （解答は P.296）

連立方程式 $\begin{cases} 0.6(x-y)+0.5y=2 \\ 0.7x-0.5(2x-y)=3.5 \end{cases}$ を解け。

次は、少し異なる形の連立方程式も解いてみましょう。

例題 64

連立方程式　$5x-10=-4y+2=2x-y$　を解け。

A = B = C　という形の連立方程式もあります。この場合、A = B, B = C, C = A の3つの方程式が成り立つので、このうち2つを連立させて解くことができます。

下の解答では　$5x-10=-4y+2$, $-4y+2=2x-y$, $2x-y=5x-10$　という3つの方程式のうち、最初の2つを連立させています。

解答

$5x-10=-4y+2=2x-y$　より

$$\begin{cases} 5x-10=-4y+2 & \cdots ① \\ -4y+2=2x-y & \cdots ② \end{cases}$$

①を変形して　$5x+4y=12$　… ③

②を変形して　$-2x-3y=-2$　… ④

③ × 2　より　$10x+8y=24$ … ⑤

④ × 5　より　$-10x-15y=-10$　… ⑥

⑤ + ⑥　より　$-7y=14$

よって　$y=-2$

これを③に代入して　$5x+4\times(-2)=12$

これを解いて　$5x=20$

$x=4$

よって、 $\boldsymbol{x=4,\ y=-2}$

演習 64 （解答は P.297）

連立方程式 $\begin{cases} -4x+3y-z=14 \\ 6x-4y+2z=-22 \\ 5x-6y-3z=1 \end{cases}$ を解け。

ヒント　3元1次方程式の場合は、3つの方程式を連立させると基本的に解が1つに決まり、解くことができます。

解き方は、まず3つのうち2つの方程式を使って文字を1つ消去すると2元1次方程式ができます。次に、最初とは異なる組み合わせの2つの方程式を使って、最初に消去した文字と同じ文字を消去すると、同じように2元1次方程式ができます。これで、2つの2元1次方程式を連立させた連立方程式ができるので、これを解くと2つの文字の値が分かります。それらをもとの方程式のどれかに代入するとすべての文字の値を求めることができます。

3.8 連立方程式の利用

文章問題で分からない値が2つある場合、それぞれを別の文字で表し、2元1次方程式を2つ作って連立方程式にすれば解くことができます。

例題 65

1個50円のお菓子と1個70円のお菓子を合わせて12個買うと、代金は760円であった。50円のお菓子と70円のお菓子をそれぞれ何個買ったか求めよ。

解答

50円のお菓子を x 個、70円のお菓子を y 個買ったとすると、

$$\begin{cases} x+y=12 & \cdots ① \\ 50x+70y=760 & \cdots ② \end{cases}$$

①より　$x=12-y$　$\cdots$ ③

これを②に代入して　$50(12-y)+70y=760$

これを解いて　$20y=160$

$y=8$

これを③に代入して　$x=12-8=4$

これらは問題に適している。

$\therefore$ 50円のお菓子 **4個**、70円のお菓子 **8個**

演習 65（解答は P.298）

箱に赤玉と白玉が入っており、その個数の比は 4：5 である。この箱に、赤玉と白玉を入れたところ、それぞれ44個ずつになった。入れた赤玉と白玉の個数の比が 3：1 であるとき、はじめに箱に入っていた赤玉と白玉の個数をそれぞれ求めよ。

例題 66

4%の食塩水と7%の食塩水を混ぜて、5%の食塩水を450g作るには、2種類の食塩水をそれぞれ何gずつ混ぜればよいか求めよ。

食塩水の問題では、食塩の重さと食塩水の重さに注目して方程式を作るのが基本です。

解答

4%の食塩水を x g、7%の食塩水を y g 混ぜるとすると、

$$\begin{cases} \dfrac{4}{100}x + \dfrac{7}{100}y = 450 \times \dfrac{5}{100} & \cdots ① \\ x + y = 450 & \cdots ② \end{cases}$$

②より　$x = 450 - y$ … ③

これを①に代入して　$\dfrac{4}{100}(450 - y) + \dfrac{7}{100}y = 450 \times \dfrac{5}{100}$

これを解いて　$3y = 450$

$y = 150$

これを③に代入して　$x = 450 - 150 = 300$

これらは問題に適している。

∴ 4%の食塩水 **300 g**、7%の食塩水 **150 g**

演習 66 （解答は P.298）

ある中学校の今年度の生徒数は、昨年度の生徒数に比べて、男子が5%減少し、女子が4%増加して、全体では昨年度より3人少ない462人である。今年度の男子、女子の生徒数をそれぞれ求めよ。

例題 67

水底から毎分2 m^{3}の水が湧(わ)き出している池がある。池の水が300 m^{3}あるところから、ポンプAとポンプBを同時に使い始めて水をくみ出すと、15分で水をくみつくす。最初の5分はポンプAだけを使い、その後ポンプBも使い始めると、全部で18分で水をくみつくす。このとき、ポンプBだけを使うと、何分で水をくみつくすことができるか求めよ。

ポンプAでくみ出せる水の量を1分あたり x m^3、ポンプBでくみ出せる水の量を1分あたり y m^3 とします。速さの問題と同じで、1分あたりに出入りする水の量に出入りした時間をかけると、その時間で出入りした水の量が求められます。

ポンプAとポンプBを同時に使う場合は、最初から池に入っていた300 m^{3}と、水底から1分あたり2 m^{3}のペースで15分間入る水の量30 m^{3}の合計が池に入る水の量です。それと、2台のポンプで15分間にくみ出す水の量の $15(x + y)$ m^3 が等しくなります。

連立方程式を解いて、x, y の値が分かれば、ポンプBだけを使ったときにかかる時間を z 分として方程式を使って求めることができます。

解答

ポンプAは1分あたり $x\ \mathrm{m}^3$ の水をくみ出し、ポンプBは1分あたり $y\ \mathrm{m}^3$ の水をくみ出すとすると、

$$\begin{cases} 300 + 2 \times 15 = 15(x + y) & \cdots ① \\ 300 + 2 \times 18 = 5x + 13(x + y) & \cdots ② \end{cases}$$

①より　$-15x = 15y - 330$

よって　$x = -y + 22$　…③

これを②に代入して　$300 + 2 \times 18 = 5(-y + 22) + 13(-y + 22 + y)$

これを解いて　$5y = 60$

$y = 12$

よって、ポンプBは1分あたり $12\ \mathrm{m}^3$ の水をくみ出す。このとき、ポンプBだけを使って水をくみつくすのにかかる時間を z 分とすると、

$300 + 2z = 12z$

これを解いて　$-10z = -300$

$z = 30$

これは問題に適している。

∴ 30分

演習 67 （解答は P.299）

3種類の商品A、B、Cがある。A1個、B1個、C1個の値段の合計は1370円、A1個、B3個、C2個の値段の合計は2490円、A2個、B1個、C3個の値段の合計は2810円である。このとき、A、B、Cの1個分の値段をそれぞれ求めよ。

ヒント　分からない値を3つ以上の文字で表す場合は、使った文字の数と同じ数の方程式で連立方程式を作ればすべての値を求めることができます。

例題 68

ある列車が、一定の速さで長さ320 mのトンネルを通るとき、通り始めてから通り終わるまでに16秒かかった。また、この列車がトンネルを通過するときと同じ速さで線路の隣の道路を反対方向に走るバスとすれ違うのに4秒かかった。バスの長さが8 m、速さが秒速12 mで一定であるとき、列車の長さと速さを求めよ。

列車の長さを x m、速さを秒速 y m とします。

列車がトンネルを通るとき、トンネルを通り始める瞬間（しゅんかん）は列車の先頭がトンネルの入り口にあります。その後、列車がトンネルを通り終える瞬間は、トンネルの出口から列車の長さの分だけ進んだところに列車の先頭が来ます。そのため、トンネルを通り始めてから通り終えるまでに、トンネルの長さと列車の長さを合わせた距離を列車が走ったことになります。

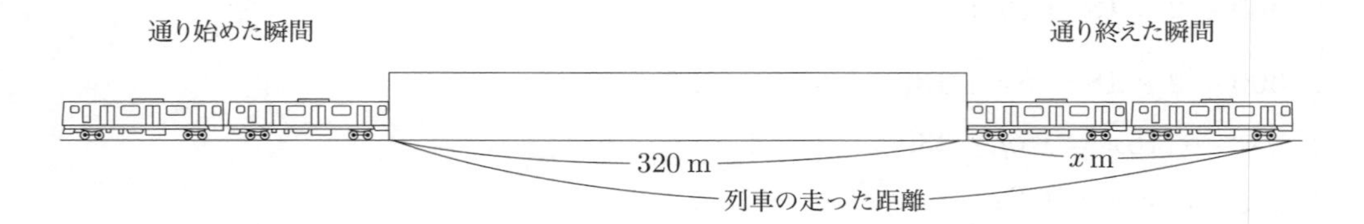

つまり、トンネルと列車の長さを合わせた（$320 + x$）m を走るのに、秒速 y m で 16 秒かかったということです。

次に、列車がバスとすれ違うとき、バスは動いているので、列車がバスに対して進む距離と速さを考えます。

真横から見ると、列車とバスがすれ違い始めた瞬間、列車の先頭はバスの先頭と同じ位置にあります。その後、すれ違い終える瞬間には列車の先頭がバスの最後尾から列車の長さの分だけ進んだところに来ています。つまり、列車はバスに対して、バスと列車の長さを合わせた距離を進んだことになります。

また、すれ違い始めた瞬間は列車とバスの先頭が同じ位置にあり、1 秒後にはその位置から列車は y m、バスは反対方向に 12 m 進むので、列車の先頭はバスの先頭から（$y + 12$）m 後ろの位置にあることになります。つまり、列車はバスに対して秒速（$y + 12$）m で進むということです。

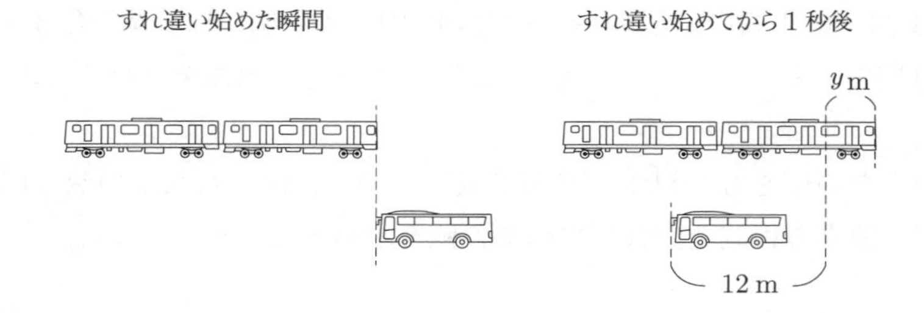

このように考えると、列車がバスに対して、（$8 + x$）m 進むのに秒速（$y + 12$）m で 4 秒かかったことが分かります。

「列車がバスに対して進む速さ」について補足しておきます。たとえば A さんが、秒速 10 m で走る電車の中で電車の進む方向と同じ方向に秒速 1 m で歩いたとします。このとき、電車の中で座っている人には A さんが秒速 1 m で進むように見えますが、電車の外で立ち止まっている人には A さんが秒速 11 m で進むように見えます。

このように、速さは何らかの基準に対して決まるものであり、この例では、Aさんの電車に対する速さは秒速1m、地面に対する速さは秒速11mとなります。

一般的に速さと言えば地面に対する速さを考えますが、この問題のように地面以外で特に動いているものに対する速さを考える場合もあります。

解答

列車の長さを x m、速さを秒速 y m とすると、

$$\begin{cases} 320 + x = 16y & \cdots ① \\ 8 + x = 4(y + 12) & \cdots ② \end{cases}$$

①より　$x = 16y - 320$　$\cdots$ ③

これを②に代入して　$8 + 16y - 320 = 4(y + 12)$

これを解いて　$12y = 360$

$y = 30$

これを③に代入して　$x = 16 \times 30 - 320 = 160$

これらは問題に適している。

∴ 列車の長さは**160m**、速さは**秒速30m**

演習68 （解答はP.299）

ある川に沿って84km離れた2地点の間をモーターボートで往復した。川を上るのに3時間かかり、川を下るときは最初の45分間はエンジンをかけずに下り、そこからエンジンをかけて下ると川上の地点を出発してから3時間後にもとの地点に戻れた。このとき、川の流れの速さが時速何kmか求めよ。ただし、川の流れの速さおよび、静水時のモーターボートの速さは一定であるとする。

ヒント　川の流れの速さを時速 x km、静水時、つまり水の流れがない場合のモーターボートの速さを時速 y km とします。川を上るとき、もしモーターボートのエンジンをかけていなければモーターボートは時速 x km で川下に流されますが、エンジンをかけていればそれよりも1時間あたり y km だけ川上に進むことができるので、結局、時速 $(-x + y)$ km で進むことになります。一方、川を下るときは、エンジンをかけることで、時速 $(x + y)$ km で進みます。45分間が $\frac{3}{4}$ 時間であることに注意して連立方程式を作ってください。

4　式の計算

4.1　展開

多項式どうしの積をかっこを外して１つの多項式で表すことを**展開**（てんかい）といいます。

例題 69

$(x+2)(y+3)$　を展開せよ。

次のように考えると展開ができます。

① $y+3=A$　とする。

$(x+2)(y+3)=(x+2)\times A$

② 分配法則を使う。

$(x+2)\times A=x\times A+2\times A$

③ A　を　$y+3$　に戻し、もう一度分配法則を使う。

$x\times A+2\times A=x(y+3)+2(y+3)=xy+3x+2y+6$

つまり、**多項式どうしの積では、一方の多項式の各項をもう一方の多項式の各項にかけていけば展開ができます**。これは、それぞれの多項式の項がいくつであっても同じです。

> 展開：多項式どうしの積を１つの多項式で表すこと
>
> $$(a+b)(c+d+e)=ac+ad+ae+bc+bd+be$$
>
> 一方の多項式の各項をもう一方の多項式の各項にかける

解答

$(x+2)(y+3)=\boldsymbol{xy+3x+2y+6}$

演習 69（解答は P.300）

$(2x+y-4)(-x-3y+5)$　を展開せよ。

例題 70

$(x+5)(x-3)$　を展開せよ。

x の項と定数項の2つの項からなる多項式 $(x+5)$ と $(x-3)$ をかけ合わせた式になっています。この式を展開するには、$(x+5)$ と $(x-3)$ のそれぞれから項を1つずつ取り出してかけ合わせることになるので、その組み合わせは x の項どうし、x の項と定数項、定数項どうし、のどれかになります。

その結果、x^2 の項、x の項、定数項の3種類の項ができることになります。この中で、x の項だけは $x \times (-3) = -3x$ と $5 \times x = 5x$ の2つできるので、これらはまとめます。

このようなことを考えると、いきなり答えを書くことができます。

解答

$(x+5)(x-3) = \boldsymbol{x^2+2x-15}$

一般的に表すと $(x+a)(x+b) = x^2+(a+b)x+ab$ となります。

これは展開の公式ですが、単に公式として覚えるのではなく、意味を理解して使えるようにしてください。

> 展開の公式
> $(x+a)(x+b) = x^2+(a+b)x+ab$

演習 70 （解答は P.300）

$(x-4)^2$ を展開せよ。

例題 71

$(x+3)(x-3)$ を展開せよ。

解答

$(x+3)(x-3) = \boldsymbol{x^2-9}$

$(x+a)(x+b) = x^2+(a+b)x+ab$ で、a と b の絶対値が等しく、異符号（いふごう）であれば、つまり $b=-a$ であれば、$(x+a)(x-a) = x^2+(a-a)x-a^2 = x^2-a^2$ となり、x の項がなくなります。

この式 $(x+a)(x-a) = x^2-a^2$ はよく使うので、意味を理解した上で「和と差の積は2乗引く2乗」と覚えておいてください。「和 $(x+a)$ と差 $(x-a)$ の積 $(x+a)(x-a)$ は x の2乗引く a の2乗」になるということです。

$(x+a)(x-a)=x^2-a^2$ (和と差の積は2乗引く2乗)

演習 71 (解答は P.301)

$(2x+1)(2x-1)(4x^2+1)$ を展開せよ。

例題 72

$(4x-3y+7)(4x-3y-2)$ を展開せよ。

$$(4x-3y+7)(4x-3y-2)$$
$$=4x\times 4x+4x\times(-3y)+4x\times(-2)-3y\times 4x-3y\times(-3y)-3y\times(-2)$$
$$+7\times 4x+7\times(-3y)+7\times(-2)$$

と1つずつ計算することもできますが、かけてある2つの多項式の両方にある $4x-3y$ を1つのまとまりと見て展開してみましょう。

$4x-3y=A$ とおいて

$$(4x-3y+7)(4x-3y-2)=(A+7)(A-2)=A^2+5A-14$$
$$=(4x-3y)^2+5(4x-3y)-14$$

このように、いくつかの項を1つのまとまりと見ることで楽に考えられる場合があります。

解答

$$(4x-3y+7)(4x-3y-2)=(4x-3y)^2+5(4x-3y)-14$$
$$=\boldsymbol{16x^2-24xy+9y^2+20x-15y-14}$$

演習 72 (解答は P.301)

$(a-b+c)(a+b+c)-(a+b-c)(a-b+c)$ を展開せよ。

例題 73

$(x+8y)^2(x-8y)^2$ を展開せよ。

$(x+8y)^2(x-8y)^2=(x^2+16xy+64y^2)(x^2-16xy+64y^2)$ のように、先に $(x+8y)$ と $(x-8y)$ のそれぞれを2乗するよりも、$(x+8y)(x-8y)=x^2-64y^2$ を先に計算してから、それを2乗したほうが楽です。

解答

$(x+8y)^2(x-8y)^2=\{(x+8y)(x-8y)\}^2=(x^2-64y^2)^2$
$=\boldsymbol{x^4-128x^2y^2+4096y^4}$

P.20 参照　乗法の交換法則、結合法則より

$(x+8y)^2(x-8y)^2$
$=(x+8y)(x+8y)(x-8y)(x-8y)=(x+8y)(x-8y)(x+8y)(x-8y)$
$=\{(x+8y)(x-8y)\}\{(x+8y)(x-8y)\}$
$=\{(x+8y)(x-8y)\}^2$

演習 73（解答は P.302）

$(x+2)(x+4)(x+6)(x+8)$　を展開せよ。

4.2 因数分解

$(x+2)(x+3)$　という式は　$(x+2)(x+3)=x^2+5x+6$　と展開できることを学びました。これを逆にして、x^2+5x+6　という式を

$x^2+5x+6=(x+2)(x+3)$

と直すこともできます。このように、1つの式　x^2+5x+6　が　$(x+2)(x+3)$ のような多項式の積の形で表されるとき、積をつくるそれぞれの多項式をもとの式の**因数**（いんすう）といいます。この例では、「x^2+5x+6 の因数は　$x+2,\ x+3$ である」といえます。

また、式をいくつかの因数の積の形で表すことを**因数分解**（いんすうぶんかい）といいます。

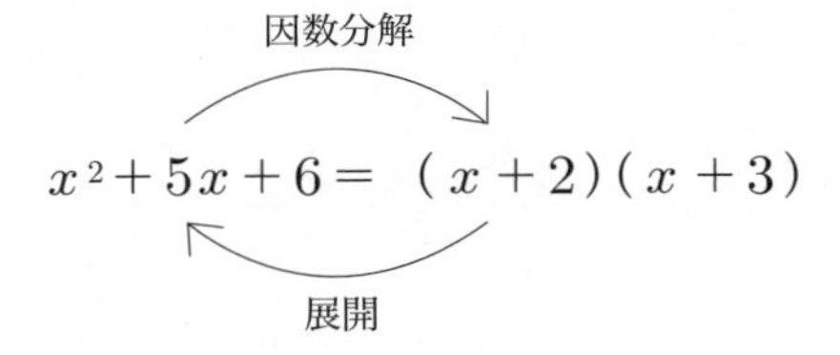

因数：ある式がいくつかの多項式の積の形で表されるときの、積をつくるそれぞれの多項式
因数分解：式をいくつかの因数の積の形で表すこと

例題 74

$6x^3z - 9x^2yz + 3x^2z^2$ を因数分解せよ。

因数分解でまず最初にすることは「**共通因数**（きょうつういんすう）でくくる」ことです。

問題の多項式のそれぞれの項を見ると、すべての項の係数が3の倍数であり、すべての項に x 2つと z 1つが含まれていることが分かります。つまり、すべての項は $3x^2z$ と単項式の積で表すことができるので、$6x^3z - 9x^2yz + 3x^2z^2$ の共通因数は $3x^2z$ です。

$$6x^3z - 9x^2yz + 3x^2z^2 = 6x^3z + (-9x^2yz) + 3x^2z^2$$

$$3x^2z \times 2x \quad 3x^2z \times (-3y) \quad 3x^2z \times z$$

共通因数：すべての項に共通する因数

分配法則を逆に使うと、解答のように式全体を $3x^2z$ と多項式の積に直すことができます。これが共通因数でくくるということです。

解答

$6x^3z - 9x^2yz + 3x^2z^2$

$= 3x^2z \times 2x + 3x^2z \times (-3y) + 3x^2z \times z$

$= \mathbf{3x^2z(2x - 3y + z)}$

説明のために2行目の式を書きましたが、実際には3行目の式をいきなり書いて問題ありません。

演習 74 （解答は P.302）

$2a^2(x+y) - a(x+y)^2$ を因数分解せよ。

例題 75

$x^2 - 2x - 15$ を因数分解せよ。

共通因数がない場合は、展開と反対の式変形をします。問題の多項式を見ると文字が1種類の2次式になっています。そこで、展開の公式
$(x+a)(x+b) = x^2 + (a+b)x + ab$ に当てはめて考えます。

$x^2 - 2x - 15$ は $x^2 + (a+b)x + ab$ の $(a+b)$ に -2 が、ab に -15 が入った式なので、$a+b=-2$ と $ab=-15$ を満たす a と b の値を探しましょう。そうすると、$a=3,\ b=-5$ であればよいことが分かります。

このとき、a，b は整数であることが多く、足して -2 となる2つの整数の組が無数にあるのに対して、かけて -15 となる2つの整数の組は限られています。そのため、先に $ab=-15$ について考えると条件を満たす a，b の値が見つけやすくなります。

これを $x^2+(a+b)x+ab=(x+a)(x+b)$ に当てはめれば因数分解が完成します。

解答

$x^2-2x-15=\boldsymbol{(x+3)(x-5)}$

演習 75（解答は P.302）

$-12a+36+a^2$ を因数分解せよ。

例題 76

$3x^3-21x^2y+36xy^2$ を因数分解せよ。

共通因数があればくくり、残った多項式がまだ因数分解できる場合は因数分解をします。$3x$ がすべての項に含まれるので、まずこれでくくると、

$3x^3-21x^2y+36xy^2=3x(x^2-7xy+12y^2)$

となります。次に、$x^2-7xy+12y^2$ の部分を $(x+a)(x+b)=x^2+(a+b)x+ab$ に当てはめると、ab のところが $12y^2$ になっているので、a，b が数ではなく、数と y の積ではないかと考えられます。さらに、$a+b$ のところが $-7y$ になっているので、$a=-3y$，$b=-4y$ とすればよいことが分かります。

解答

$3x^3-21x^2y+36xy^2$

$=3x(x^2-7xy+12y^2)$

$=\boldsymbol{3x(x-3y)(x-4y)}$

式の因数分解

① まず共通因数でくくる

② 展開と反対の式変形をして多項式の積の形に直す

演習 76（解答は P.302）

$\dfrac{2a^2}{5}-\dfrac{18b^2}{5}$　を因数分解せよ。

例題 77

x^4-16y^4　を因数分解せよ。

$x^4-16y^4=(x^2)^2-(4y^2)^2$　と考えれば、2 乗引く 2 乗の公式が使えます。

注意　多項式の積の形に直しても、その中にまだ因数分解できる多項式が残っている場合はさらに因数分解が必要です。**必ず、それ以上因数分解できない多項式どうしの積の形になるまで式変形を繰り返してください**。

解答

$x^4-16y^4=(x^2+4y^2)(x^2-4y^2)=\boldsymbol{(x^2+4y^2)(x+2y)(x-2y)}$

演習 77（解答は P.303）

$x^2y^2+2xy-8$　を因数分解せよ。

例題 78

$x^2-14x+49-25y^2$　を因数分解せよ。

一度で式全体を因数分解することができない場合もあります。そのような場合でも、必ず式全体が多項式の積の形になるようにしてください。

解答

$x^2-14x+49-25y^2=(x-7)^2-25y^2=\boldsymbol{(x-7+5y)(x-7-5y)}$

演習 78（解答は P.303）

$3xy-3x-y+1$　を因数分解せよ。

例題 79

$3(x+3)^2+21(x+3)-54$　を因数分解せよ。

式の一部を別の文字で置き換えたほうが考えやすい場合もあります。この問題では　$x+3=A$　とおいて考えてみます。

解答

$x+3=A$　とおく

$3(x+3)^2+21(x+3)-54$

$=3(A^2+7A-18)$

$=3(A+9)(A-2)$

$=3(x+3+9)(x+3-2)$

$=\mathbf{3(x+12)(x+1)}$

慣れてくれば、文字で置き換えなくても $(x+3)$ を１つのまとまりと考えられるようになります。そうすると、次のように因数分解できます。

$3(x+3)^2+21(x+3)-54$

$=3\{(x+3)^2+7(x+3)-18\}$

$=3(x+3+9)(x+3-2)$

$=3(x+12)(x+1)$

演習 79（解答は P.303）

$(x-y)^2-x+y-42$　を因数分解せよ。

4.3　素因数分解

正の約数が１とその数自身のみである自然数を**素数**（そすう）といいます。

例　3：正の約数は１と３だけ　⇒　素数

　　6：正の約数は１，２，３，６　⇒　素数ではない

注意　１は素数には含めないので注意してください。

ある自然数がいくつかの自然数の積の形で表されるとき、その１つ１つの自然数をもとの自然数の**因数**（いんすう）といいます。また、ある自然数の因数のうち、素数であるものを**素因数**（そいんすう）といい、自然数を素因数だけの積の形で表すことを**素因数分解**（そいんすうぶんかい）といいます。

素数：正の約数が１とその数自身のみである自然数（ただし、１は除く）
因数：ある自然数がいくつかの自然数の積の形で表されるときの、積をつくるそれぞれの自然数
素因数：ある自然数の因数のうち、素数であるもの
素因数分解：自然数を素因数だけの積の形で表すこと

例題 80

90 を素因数分解せよ。

素因数分解は次のような筆算で行います。

2) 90	① 素因数分解したい数（90）とその素因数（2）を書く。
3) 45	② 上段の右 ÷ 左の結果（90÷2=45）とその素因数（3）を書く。
3) 15	⋮ ② と同じことを繰り返す。
5	③ 割った結果が素数になったところで終わり。

筆算が終わったら、左の列と一番下に出て来た数の積が素因数分解の結果です。

１点補足すると、それぞれの段で左に書く素因数はどのような順で書いていっても同じ結果になります。しかし、右側の数の素因数に「2 があるか」、「2 がなければ 3 があるか」… というように、小さい素数から順に考えていけば確実に素因数分解ができます。

解答

$90 = \mathbf{2 \times 3^2 \times 5}$

90 をそれ以上分解できないところまで分解すると、2 が１個、3 が２個、5 が１個に分解できるということです。

演習 80 （解答は P.303）

924 を素因数分解せよ。

〈約数・倍数〉

素因数分解を使って、約数や倍数について考えることができます。

たとえば、30 は　$30 = 2 \times 3 \times 5$　と素因数分解できるので、2, 3, 5 という素数を１つずつかけ合わせた数です。これらの素数のうちいくつかの積、あるいは１(素

数を1つも選ばなかった場合)は、それに自然数をかけて30にすることができるので、30の約数となります。

たとえば2, 3, 5という素数から2と5を選ぶとその積は10であり、
$30=(2\times5)\times3=10\times3$ のように、10が30の約数であることが確認できます。

つまり、2, 3, 5の組み合わせでできる以下の数が30の約数となります。

30の約数	1	2	3	5	6	10	15	30
素因数2の個数	0	1	0	0	1	1	0	1
素因数3の個数	0	0	1	0	1	0	1	1
素因数5の個数	0	0	0	1	0	1	1	1

例題 81

60と84の最大公約数を求めよ。

$60=2^2\times3\times5$, $84=2^2\times3\times7$ と素因数分解できます。これらの素因数の組み合わせで60や84の約数を求められるので、どちらの数の素因数にもなっている数だけをかけると公約数を作ることができます。さらに、そのような素因数をすべてかけると最大公約数になります。

どちらの素因数にもなっているのは2が2つと3が1つなので、これらの積の $2^2\times3=12$ が最大公約数です。

解答

$60=2^2\times3\times5$, $84=2^2\times3\times7$ なので、
60と84の最大公約数は $2^2\times3=\mathbf{12}$

演習 81 (解答は P.303)

30と105の最小公倍数を求めよ。

4.4 式の値

式中のすべての文字に数を代入し、計算した結果を式の値といいます。

例題 82

$x=5$ のとき、x^2-6x+3 の値を求めよ。

x^2-6x+3 に $x=5$ を代入すると、$5^2-6\times5+3$ となります。これを計算した結果が $x=5$ のときの x^2-6x+3 の値です。

解答

$x^2-6x+3=5^2-6\times5+3=25-30+3=-\mathbf{2}$

演習 82（解答は P.304）

$x=-4$ のとき、$-2x^2-3x+\dfrac{20}{x}$ の値を求めよ。

例題 83

$x=6,\ y=-1$ のとき $4(5x-9y)-6(3x-7y)$ の値を求めよ。

$4(5x-9y)-6(3x-7y)$ にそのまま $x=6,\ y=-1$ を代入してもよいですが、**式がまだ計算できる状態の場合は、先に式を簡単にしたほうが、代入した後の計算が楽になります**。

解答

$4(5x-9y)-6(3x-7y)=20x-36y-18x+42y=2x+6y$
$2x+6y$ に $x=6,\ y=-1$ を代入して
$2\times6+6\times(-1)=12-6=\mathbf{6}$

演習 83（解答は P.304）

$x=\dfrac{1}{3},\ y=-\dfrac{5}{2}$ のとき $54x^5y^6\div(x^2y)^2\times\left(\dfrac{1}{3y}\right)^3+(x+3)^2-x(x+4)$ の値を求めよ。

例題 84

$x=2020,\ y=2019$ のとき x^2-y^2 の値を求めよ。

式を計算するだけでなく、因数分解したほうがよい場合もあります。問題を見て、なるべく楽に計算できるように工夫してください。

解答

$x^2-y^2=(x+y)(x-y)$
$(x+y)(x-y)$ に $x=2020,\ y=2019$ を代入して
$(2020+2019)\times(2020-2019)=\mathbf{4039}$

演習 84（解答は P.304）

$x=17.6$, $y=7.6$ のとき $x^2-2xy+y^2$ の値を求めよ。

例題 85

$a+b=5$, $ab=-\dfrac{7}{2}$ のとき a^2+b^2 の値を求めよ。

そのままでは代入できない場合は、代入できる状態まで式を変形する必要があります。この問題では a^2+b^2 を $a+b$ と ab で表します。

解答

$a^2+b^2=a^2+2ab+b^2-2ab=(a+b)^2-2ab$

$(a+b)^2-2ab$ に $a+b=5$, $ab=-\dfrac{7}{2}$ を代入して

$5^2-2\times\left(-\dfrac{7}{2}\right)=25+7=\mathbf{32}$

演習 85（解答は P.304）

$x-y=4$ のとき $x^2-2xy+y^2+3y-3x-3$ の値を求めよ。

4.5 文字式の利用

文字式を使うと、いろいろな事柄を一般的（いっぱんてき）に説明することができます。

たとえば、偶数とは … -4, -2, 0, 2, 4, 6, … といった2で割り切れる整数のことであり、偶数を文字式で表すと $2n$（nは整数）となります。

「偶数に3を足した数」であれば、文字式を使うと $2n+3$ と表すことができますが、文字式を使わなければ、偶数が-2のときは3を足すと1、偶数が4のときは3を足すと7… など、具体的な数でしか考えることができません。

「一般的に説明する」とはどういうことか、問題を通して詳しく見ていきます。その前にいろいろな数の文字式での表し方を確認しておきましょう。

数の表し方の例
偶数：$2n$ （n は整数）
奇数：$2n+1$ または $2n-1$ （n は整数）
3 の倍数，4 の倍数，…：$3n$，$4n$，… （n は自然数）
自然数 x で割ると y 余る自然数：$xn+y$ （n は 0 以上の整数）
連続する 2 つの整数：n，$n+1$ （n は整数）
連続する 3 つの整数：n，$n+1$，$n+2$ または $n-1$，n，$n+1$（n は整数）
十の位の数が x 、一の位の数が y である自然数：$10x+y$

偶数は $2n$（n は整数）と表され、奇数は偶数より 1 大きい数、または 1 小さい数なので、$2n+1$ または $2n-1$（n は整数）と表されます。$n=1, 2, 3, \cdots$ と、n を自然数に限定すると、$2n-1=1, 3, 5, \cdots$ となり、$2n-1$ で正の奇数すべてを表すことができます。

3 の倍数は 3 に自然数をかけた数なので $3n$（n は自然数）と表すことができ、3 で割ると 1 余る自然数は 3 の倍数または 0 より 1 大きい数なので $3n+1$ （n は 0 以上の整数）となります。

これを一般化して、自然数 x で割ると y 余る自然数は $xn+y$ （n は 0 以上の整数）と表すことができます。ただし、3 に整数をかけた数、つまり …，-6，-3，0，3，6，… といった数を 3 の倍数と呼ぶこともあります。

連続する 2 つの整数とは、3 と 4、8 と 9 のような 1 違いの 2 つの整数のことです。

例題 86

連続する 3 つの整数の和が 3 の倍数になることを文字を用いて説明せよ。

解答

連続する 3 つの整数を整数 n を用いて $n-1$，n，$n+1$ とおく。
この 3 つの整数の和は
$(n-1)+n+(n+1)=3n$
n は整数なので、$3n$ は 3 の倍数である。
よって、連続する 3 つの整数の和は 3 の倍数になる。

説明は 3 つの部分で構成されています。

① 前提（解答の 1 行目）
　説明に使う数を文字式で表します。
② 計算による説明（解答の 2 ～ 4 行目）

「このような条件をもとにこれから説明します」と示すということです。

問題に書かれている事柄を式で表して計算し、その結果を書きます。この問題では、「連続する3つの整数の和」を式で表して計算し、3の倍数になることを確認しました。

③ 結論（解答の5行目）

説明した内容をまとめます。

言葉が多少違っていたり、n 以外の文字を使っていたりしても構いませんが、3つの部分がそろっていないと説明としては不十分です。

演習 86 （解答は P.304）

a は5で割ると3余る自然数、b は5で割ると2余る自然数である。a^2 から b^2 を引くと5の倍数になることを文字を用いて説明せよ。

例題 87

各位の数の和が3の倍数である4桁（けた）の自然数は3の倍数になることを文字を用いて説明せよ。

たとえば1245であれば、$1+2+4+5=12$ なので各位の数の和が3の倍数である4桁の整数であり、$1245=3\times415$ なので3の倍数になっています。これを一般的に説明しましょう。

解答

4桁の自然数の千の位の数を a 、百の位の数を b 、十の位の数を c 、一の位の数を d とおく。

条件より、自然数 n を用いて $a+b+c+d=3n$ とおくことができる。

4桁の自然数は

$$1000a+100b+10c+d$$
$$=999a+99b+9c+a+b+c+d$$
$$=3(333a+33b+3c)+3n$$
$$=3(333a+33b+3c+n)$$

$(333a+33b+3c+n)$ は整数なので、$3(333a+33b+3c+n)$ は3の倍数である。

よって、各位の数の和が3の倍数である4桁の自然数は3の倍数になる。

各位の数の和が3の倍数であることが条件なので、最初に $a+b+c+d=3n$ とおいて、これを使って計算することができます。

今回は4桁の自然数についての問題でしたが、「各位の数の和が3の倍数である自然数は3の倍数になる」…（$*_1$）というのは、実際には自然数が何桁であっても成り立ちます。さらに、「各位の数の和が9の倍数である自然数は9の倍数になる」…（$*_2$）ということも自然数が何桁であっても成り立ちます。

（$*_1$）や（$*_2$）は素因数分解などのときに便利なので覚えておくとよいでしょう。

演習 87（解答は P.305）

4桁の自然数がある。この自然数の千の位と十の位の数の和から百の位と一の位の数の和を引いた差が11の倍数（11と整数の積）であるとき、この4桁の自然数が11の倍数になることを文字を用いて説明せよ。

5 平方根

5.1 平方根

2乗すると9になる数はいくつでしょうか。答えは3と－3です。**負の数も2乗すると正の数になることに注意してください**。このような、2乗すると a になる数を a の**平方根**（へいほうこん）といいます。

それでは、5の平方根はいくつでしょうか。5の平方根は2乗すると5になる数ですが、その絶対値は2と3の間の値であることが分かったとしても正確な値が分かりづらく、小数や分数を使っても表すことができません。

そこで、**根号**（こんごう）という記号 $\sqrt{\ }$ を使って表します。a を正の数とし、$\sqrt{a}$（「ルート a」と読む）は a の平方根のうち正の方を、$-\sqrt{a}$ は a の平方根のうち負の方を表します。5の平方根であれば、正の方が $\sqrt{5}$、負の方が $-\sqrt{5}$ となります。ただし、0の平方根は0だけであり、$\sqrt{0}=-\sqrt{0}=0$ となります。

平方根：ある数 a について、2乗すると a になる数
根号：ある数の平方根のうち正の方を表す記号、$\sqrt{\ }$

例題 88

$\dfrac{2500}{9}$ の平方根を求めよ。

解答

$\pm\dfrac{50}{3}$

$\pm\dfrac{50}{3}$ は「プラスマイナス3分の50」と読み、$+\dfrac{50}{3}$ または $-\dfrac{50}{3}$ という意味です。

演習 88（解答は P.305）

17の平方根を求めよ。

例題 89

$-\sqrt{0.49}$ を根号を使わずに表せ。

$\sqrt{0.49}$ は2乗して0.49になる数の正の方なので、$\sqrt{0.49}=0.7$ と根号を外すことができます。それに負の符号 $-$ が付いているので、答えにも $-$ を付けてください。

解答

$-\sqrt{0.49}=$ **-0.7**

演習 89（解答は P.305）

$(-\sqrt{(-3)^2})^3$ の値を求めよ。

〈根号を含む数の大小〉

根号を含む数と根号を含まない数の大きさを比べるとき、そのまま比べることは難しいので、どちらも2乗して根号を含まない数にします。2乗して数の大きさを比べることができる理由については次のように考えます。

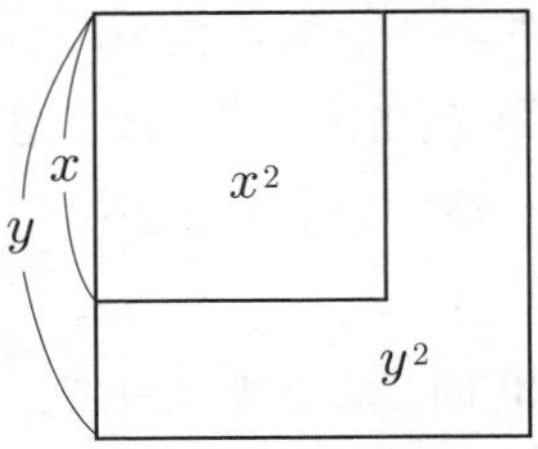

x

x^2

y

y^2

2つの正の数 x, y の大きさを比べる場合、それぞれを2乗した数 x^2, y^2 を正方形の面積だとすると、x, y は正方形の1辺の長さを表します。この2つの正方形を右の図のように重ねると、面積が大きい方が1辺の長さが長くなることが分かるので、$x^2<y^2$ ならば $x<y$ であることが確認できます。

例題 90

$\dfrac{4}{3}$ と $\sqrt{2}$ の大小を不等号を使って表せ。

$\dfrac{4}{3}$ と $\sqrt{2}$ をそれぞれ2乗すると $\left(\dfrac{4}{3}\right)^2=\dfrac{16}{9}$, $(\sqrt{2})^2=2=\dfrac{18}{9}$ となりま

す。そうすると $\dfrac{16}{9} < \dfrac{18}{9}$ なので、2乗する前の数を比べても $\dfrac{4}{3} < \sqrt{2}$ であることが分かります。

$(\sqrt{2})^2 = 2$ について確認しておくと、$\sqrt{2}$ は「2乗すると2になる数の正の方」なので、それを2乗すると2になります。

解答

$\boldsymbol{\dfrac{4}{3} < \sqrt{2}}$

演習 90 (解答は P.305)

$-\sqrt{10}$ と $-\sqrt{11}$ の大小を不等号を使って表せ。

〈近似〉

例題 91

$\sqrt{5}$ の小数第2位までの近似値を求めよ。(小数第3位を四捨五入すること)

$\sqrt{5}$ を小数で表そうとすると、小数点の後に数字がどこまでも続きます。そこで、あるところまでで数字を書くのを止めると、$\sqrt{5}$ に近い値を書いたことになります。そういった近い値を求めることを「近似(きんじ)する」といい、近似した値のことを近似値(きんじち)といいます。根号で表された数を近似するときの考え方は次のようになります。

① $(\sqrt{5})^2 = 5$ は $2^2\ (= 4)$ と $3^2\ (= 9)$ の間の数 $\Rightarrow$ $2 < \sqrt{5} < 3$
　$\Rightarrow$ $\sqrt{5} = 2.\cdots$

② $(\sqrt{5})^2 = 5$ は $2.2^2\ (= 4.84)$ と $2.3^2\ (= 5.29)$ の間の数 $\Rightarrow$ $2.2 < \sqrt{5} < 2.3$
　$\Rightarrow$ $\sqrt{5} = 2.2\cdots$

　⋮

③ 同じことを続けて、$\sqrt{5} = 2.236\cdots$

④ 小数第3位を四捨五入して、$\sqrt{5}$ を小数第2位までで近似した値が2.24

実際に2.24を2乗すると5.0176となり、5に近い値になっています。

解答

2.24

以上のような近似の方法を理解し、平方根の近似値を予想できるようになっておいてください。ただし、以下の3つの近似値は知っておくと便利なので、語呂合わせで覚えておいてもよいでしょう。

$\sqrt{2}$ ：1.41421356　「一夜一夜(ひとよひとよ)に人見頃(ひとみごろ)」

$\sqrt{3}$ ：1.7320508　「人並(ひとな)みにおごれや」

$\sqrt{5}$ ：2.2360679　「富士山麓(ふじさんろく)オウム鳴(な)く」

マイナーな知識として、根号を外すための開平法(かいへいほう)という方法もあります。

例　$\sqrt{543}$ の根号を外す場合

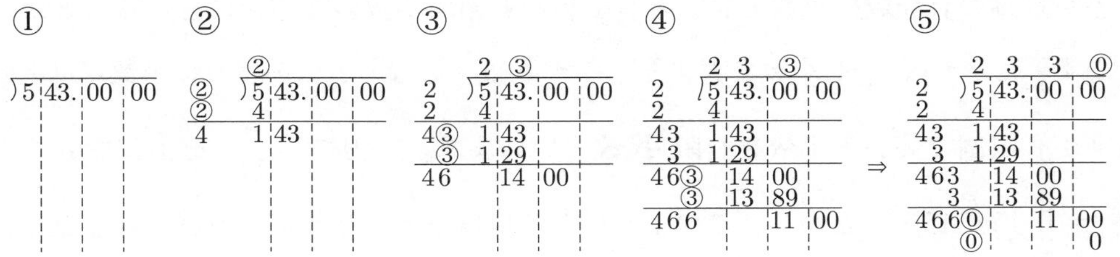

①
```
)5 43.|00|00
```

②
```
       ②
②  )5 43.|00|00
②    4
4    1 43
```

③
```
       2  ③
2   )5 43.|00|00
2    4
4③   1 43
 ③   1 29
46     14|00
```

④
```
       2  3  ③
2   )5 43.|00|00
2    4
43   1 43
 3   1 29
46③    14|00
  ③    13|89
466       11|00
```

⑤
```
⇒      2  3  3  ⓪
2   )5 43.|00|00
2    4
43   1 43
 3   1 29
463    14|00
  3    13|89
466⓪      11|00
   ⓪          0
```

① 根号を外したい数を書き、小数点を基準にして２桁ずつ区切っていきます。

② 丸を付けた３か所に同じ１桁の整数を入れます。このとき、１番上の丸に入れる数と左側の上の丸に入れる数の積が、根号を外したい数の１番左の区切りにある数を超えない最大の数になるようにします。この例では、$2 \times 2 = 4$　であれば５を超えず、$3 \times 3 = 9$　であれば５を超えるので、丸を付けた３か所に２を入れ、積の４を５の下に書きます。さらに、左側は足し算をして　$2 + 2 = 4$　を、右側は引き算をして　$5 - 4 = 1$　を横線の下に書き、根号を外したい数の次の区切りにある43を下ろします。

③ 丸を付けた３か所に同じ１桁の整数を入れます。今回は１番上の丸に入れる１桁の数と左側の上の丸に入れる数を含む整数の積が、右側の１番下に書いた数を超えない最大の数になるようにします。$3 \times 43 = 129$　であれば143を超えず、$4 \times 44 = 176$　であれば143を超えるので、丸を付けた３か所に３を入れ、積の129を143の下に書きます。さらに、左側は足し算をして　$43 + 3 = 46$　を、右側は引き算をして　$143 - 129 = 14$　を横線の下に書き、根号を外したい数の次の区切りにある00を下ろします。

④ ③と同じ操作を必要なだけ繰り返し、１番上の行に出てきた数に根号を外したい数とそろえて小数点を打てば、近似値を求めることができます。この例では、$\sqrt{543}$ を小数第２位まで求めた値が23.30であることが分かりました。実際には $23.30^2 = 542.89$　となっています。

演習 91（解答は P.306）

$\sqrt{7}$ の小数第２位までの近似値を求めよ。（小数第３位を四捨五入すること）

〈無理数であることの証明〉

数直線上には無数の点があり、それぞれの点で捉えられる数を**実数**といいます。

実数は有理数と無理数に分けることができ、$\dfrac{整数}{整数}$ の形で表される実数を**有理数**、$\dfrac{整数}{整数}$ の形で表すことのできない実数を**無理数**といいます。整数も $\dfrac{整数}{1}$ と表すことができるので有理数です。

整数以外の有理数は小数で表すと有限小数と循環小数の２種類に分けることができます。たとえば $\dfrac{1}{4}$ を小数で表すと $\dfrac{1}{4} = 0.25$ となり、このように小数点以下の数字が有限個で終わる小数を**有限小数**といいます。一方で、$\dfrac{5}{11}$ を小数で表すと $\dfrac{5}{11} = 0.454545\cdots$ となり、このようにある位以下で同じ数字の並びが繰り返される小数を**循環小数**といいます。

循環小数は、繰り返される数字の並びの両端の数字に点を付けて次のように表すこともできます。

$0.3333\cdots = 0.\dot{3}$ ，$0.454545\cdots = 0.\dot{4}\dot{5}$ ，$1.2345345345\cdots = 1.2\dot{3}4\dot{5}$

無理数は、たとえば $\sqrt{3} = 1.732050\cdots$ のように、小数で表すと無限に数字が続き、同じ数字の並びが繰り返されることもないので、有限小数にも循環小数にもなりません。

有限小数に対して、小数点以下の数字が無限に続く小数を**無限小数**といい、無理数となる小数と循環小数が無限小数に含まれます。

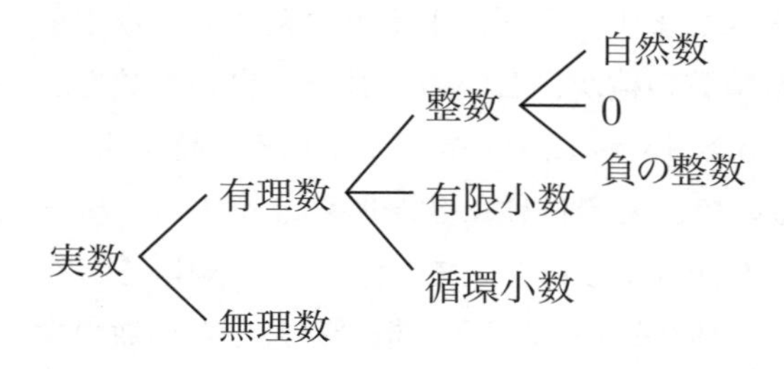

実数：数直線上の点で捉えられる数

有理数：$\dfrac{整数}{整数}$ の形で表される実数

無理数：$\dfrac{整数}{整数}$ の形で表すことのできない実数

有限小数：小数点以下の数字が有限個で終わる小数

循環小数：ある位以下で同じ数字の並びが繰り返される小数

無限小数：小数点以下の数字が無限に続く小数

例題 92

$\sqrt{3}$ が無理数であることを証明せよ。

ある事柄(ことがら)が事実であることを示すことを**証明**(しょうめい)といいます。$\sqrt{3}$ が無理数であることを証明するというのは、「$\sqrt{3}$ が $\dfrac{整数}{整数}$ の形では表せない数である」ことを示すということです。しかし、「$\dfrac{整数}{整数}$ の形では表せない」ことを直接示すことはできません。

そこで、いったん「$\sqrt{3}$ は $\dfrac{整数}{整数}$ の形で表せる」と仮定して、その仮定をもとに議論してみます。そして、その議論に矛盾(むじゅん)が生じれば、仮定が間違っていたことを示すことができ、結果的に「$\sqrt{3}$ は $\dfrac{整数}{整数}$ の形では表せない」ことを示したことになります。

このような証明の方法を**背理法**(はいりほう)といいます。

（注）事柄：物ごとの内容

> 証明：ある事柄が事実であることを示すこと
> 背理法：ある事柄 A が事実であることを示すときに、「A が誤りである」という仮定から矛盾が生じることを示すことによって、A が事実であることを示す証明の方法

解答を見て証明の方法を確認してください。

解答

$\sqrt{3}$ が有理数であると仮定する。

このとき、p, q を互いに素な自然数として $\sqrt{3} = \dfrac{q}{p}$ とおける。

両辺を 2 乗して

$$3 = \frac{q^2}{p^2}$$

よって $3p^2 = q^2$

これにより q は 3 の倍数になり、$q = 3k$ （k は自然数）とおくと、

$3p^2 = (3k)^2$ つまり $p^2 = 3k^2$

よって、p も 3 の倍数になるが、これは p, q が互いに素であることに矛盾する。

したがって、$\sqrt{3}$ は有理数ではなく、無理数である。

まず「$\sqrt{3}$ が無理数である」ということが誤りであると仮定します。そうすると、$\sqrt{3}$ が有理数であると仮定することになり、$\sqrt{3}$ を $\dfrac{\text{整数}}{\text{整数}}$ の形で表すことができます。ここでは、$\sqrt{3}$ が正の数であることが分かっているので、$\dfrac{\text{自然数}}{\text{自然数}}$ としています。

「**互**(たが)**いに素**(そ)」とは、共通の素因数がないということであり、p, q が互いに素であれば $\dfrac{q}{p}$ はそれ以上約分できない分数となります。この先の議論のために p, q を互いに素としておきます。

ここから議論を始めますが、$\sqrt{3}$ のままでは議論を進めることができないので 2 乗して根号を外し、さらに両辺に p^2 をかけると $3p^2 = q^2$ となります。ここからの議論は解答の通りで、p, q は互いに素としているのに p, q はともに 3 の倍数であるという矛盾が生じます。矛盾が生じたということは、「$\sqrt{3}$ が有理数である」という最初の仮定が間違っていたということであり、$\sqrt{3}$ は無理数であると証明することができました。

1 点だけ補足しておくと、$3p^2 = q^2$ から q が 3 の倍数だといえるのは、もし q が 3 の倍数でなければ q は素因数に 3 を持たず、q^2 も素因数に 3 を持たないので、$3p^2 = q^2$ とはならないからです。

ちなみに、p^2 のように自然数の 2 乗で表される数を**平方数**(へいほうすう)といいます。平方数は素因数分解したときに各素因数の指数がすべて偶数になります。

例 144 は平方数 ⇒ $144 = 12^2 = (2^2 \times 3)^2 = 2^4 \times 3^2$：2 の指数が 4, 3 の指数が 2

つまり、平方数には各素因数が偶数個ずつ含まれているので、p, q が自然数であれば、素因数 3 の個数は $3p^2$ が奇数個、q^2 が偶数個であり、$3p^2 = q^2$ は成り立ちません。

P.44 参照　指数法則 $(ab)^m = a^m b^m$, $(a^m)^n = a^{mn}$ より $(2^2 \times 3)^2 = (2^2)^2 \times 3^2 = 2^4 \times 3^2$

> 互いに素：2 つの整数が共通の素因数を持たないこと
> 平方数：自然数の 2 乗で表される数

演習 92 (解答は P.306)

$\sqrt{6}$ が無理数であることを証明せよ。

5.2 根号を含む式の乗法と除法

根号で表された数どうしの乗法、除法では、根号の中の数どうしの乗法、除法を計算した結果に根号を付ければ計算できます。

$$\sqrt{a} \times \sqrt{b} = \sqrt{ab} \quad (a \geqq 0,\ b \geqq 0)$$
$$\sqrt{a} \div \sqrt{b} = \sqrt{\frac{a}{b}} \quad (a \geqq 0,\ b > 0)$$

$\sqrt{a} \times \sqrt{b} = \sqrt{ab}$ は、次のように確認できます。

$\begin{cases} \sqrt{a} = m \geqq 0 \\ \sqrt{b} = n \geqq 0 \end{cases}$ とおくと、$a = m^2,\ b = n^2$ であり、

$$\sqrt{a} \times \sqrt{b} = mn = \sqrt{(mn)^2} = \sqrt{m^2n^2} = \sqrt{ab}$$

例題 93

$\sqrt{7} \times \sqrt{5}$ を計算せよ。

解答

$\sqrt{7} \times \sqrt{5} = \sqrt{7 \times 5} = \boldsymbol{\sqrt{35}}$

根号の中の数どうしをかけて計算できます。

演習 93 （解答は P.307）

$\sqrt{\frac{7}{9}} \times \sqrt{\frac{18}{7}}$ を計算せよ。

例題 94

$\sqrt{27} \div \sqrt{9}$ を計算せよ。

除法でも、根号の中の数どうしを計算します。

解答

$\sqrt{27} \div \sqrt{9} = \sqrt{\frac{27}{9}} = \boldsymbol{\sqrt{3}}$

演習 94 （解答は P.307）

$\frac{\sqrt{24}}{\sqrt{4}}$ を計算せよ。

例題 95

$\sqrt{14} \times \sqrt{15} \div \sqrt{6}$ を計算せよ。

乗法、除法が混じっている場合も、根号の中の数どうしで計算した結果に根号を付けるだけです。

解答

$\sqrt{14} \times \sqrt{15} \div \sqrt{6} = \sqrt{14 \times 15 \div 6} = \sqrt{14 \times 15 \times \frac{1}{6}} = \boldsymbol{\sqrt{35}}$

演習 95 （解答は P.307）

$\sqrt{3} \div \sqrt{\frac{24}{7}} \times \sqrt{8}$ を計算せよ。

例題 96

$\sqrt{28}$ を根号の中ができるだけ小さい自然数となるように $a\sqrt{b}$（a，b は自然数）の形に変形せよ。

28を素因数分解すると $28 = 2^2 \times 7$ なので、$\sqrt{28} = \sqrt{2^2 \times 7} = \sqrt{2} \times \sqrt{2} \times \sqrt{7}$ と直すことができます。さらに、$\sqrt{2} \times \sqrt{2} = 2$ なので、

$\sqrt{28} = \sqrt{2} \times \sqrt{2} \times \sqrt{7} = 2 \times \sqrt{7} = 2\sqrt{7}$

となります。 $2 \times \sqrt{7} = 2\sqrt{7}$ のように、**根号を含まない数と根号で表された数の積を表す場合、根号の前に根号を含まない数を書きます**。

解答

$\sqrt{28} = \boldsymbol{2\sqrt{7}}$

このように、根号の中の整数を素因数分解したときに同じ素因数が２つあれば、それらを根号の外に出すことができます。同じ素因数が４つある場合は、そのうち２つを根号の外に出してもまだ２つ同じ素因数が残るので、もう一度同じ操作ができます。

それぞれの素因数に対して同じ操作をできる限り続けると、どの素因数についても根号の中からなくなるか１つだけ根号の中に残った状態となり、根号の中が一番小さい自然数になります。

演習 96 （解答は P.307）

$\sqrt{6000}$ を根号の中ができるだけ小さい自然数となるように $a\sqrt{b}$（a，b は自然数）の形に変形せよ。

例題 97

$\sqrt{40m}$ が整数になるような自然数 m のうち最も小さい数を答えよ。

例題 96 で、根号の中の整数を素因数分解したときにある素因数が 2 個あれば、その素因数は根号の外に出せるということを確認しました。

それでは、すべての素因数が偶数個ずつあればどうなるでしょうか。そのような場合はすべての素因数を根号の外に出せるので根号がなくなります。より正確には、たとえば $\sqrt{2^2 \times 3^2} = 2 \times 3 \times \sqrt{1}$ のように 1 が根号の中に残り、$\sqrt{1} = 1$ なので根号が必要なくなります。

すべての素因数が偶数個ずつあるような数を平方数といいました（P.100 参照）。この問題では、$40m$ が平方数になるような m を考えればよいということです。40 を素因数分解すると $40 = 2^3 \times 5$ なので、40 に 2 と 5 を 1 つずつかければ平方数にすることができます。つまり、$m = 2 \times 5 = 10$ であればよいということです。

ちなみに、$40m$ が平方数になるような m は a を自然数として $m = 2 \times 5 \times a^2$ とすればいくつでも作ることができます。

解答

$40 = 2^3 \times 5$ より、$m = 2 \times 5 = \mathbf{10}$

演習 97 （解答は P.307）

$\sqrt{50(20 - m)}$ が自然数になるような自然数 m をすべて答えよ。

例題 98

$\sqrt{3.57} = 1.889$ とするとき、$\sqrt{357}$ の値を求めよ。

根号の中の数を見ると、3.57 と 357 では小数点の位置がずれていることが分かります。そこで、

$$\sqrt{357} = \sqrt{3.57 \times 100} = \sqrt{3.57 \times 10^2} = 10\sqrt{3.57}$$

と直すと、$\sqrt{3.57} = 1.889$ が使える形になります。

解答

$\sqrt{357} = 10\sqrt{3.57} = 10 \times 1.889 = \mathbf{18.89}$

演習 98（解答は P.307）

$\sqrt{37.8}=6.148$ とするとき、$\sqrt{0.378}$ の値を求めよ。

5.3 根号を含む式の加法と減法

根号を含む数どうしの加法、減法では、根号の中の数が同じでなければ計算ができません。

例 $\sqrt{2}+\sqrt{3}$ ⇒ これ以上計算することができない

$2\sqrt{3}+3\sqrt{3}=2\times\sqrt{3}+3\times\sqrt{3}=(2+3)\times\sqrt{3}=5\sqrt{3}$ ⇒ 根号の中が同じ数ならば計算できる

上の例では、$2\sqrt{3}+3\sqrt{3}=5\sqrt{3}$ を説明するために丁寧に計算していますが、「$\sqrt{3}$ が2個と $\sqrt{3}$ が3個で合わせて $\sqrt{3}$ が5個」というだけのことです。

> $a\geqq 0$ のとき、$b\sqrt{a}+c\sqrt{a}=(b+c)\sqrt{a}$

「2乗するとある数になるような数を、整数や分数で正確に表すことができないから根号を使って表した」というのは「いくつか分からない数を文字で表した」のと同じようなことです。そのため、計算の方法も $a+b$ は計算できず、$2a+3a$ は $2a+3a=5a$ と計算できるということと同じような感覚で捉（とら）えることができます。

例題 99

$3\sqrt{2}+5\sqrt{2}-4\sqrt{2}$ を計算せよ。

解答

$3\sqrt{2}+5\sqrt{2}-4\sqrt{2}=\mathbf{4\sqrt{2}}$

演習 99（解答は P.308）

$\dfrac{\sqrt{7}}{2}+\dfrac{\sqrt{5}}{4}-\dfrac{\sqrt{7}}{3}+\dfrac{\sqrt{5}}{2}$ を計算せよ。

例題 100

$\sqrt{6}\times\sqrt{3}+\sqrt{24}\div\sqrt{3}$ を計算せよ。

四則の混じった式では、加法、減法の前に乗法、除法を計算します。それから、**根号を含む数どうしの加法、減法では、根号の中がなるべく小さな整数になるように変形してから計算できるかどうかを判断してください**。

解答

$\sqrt{6}\times\sqrt{3}+\sqrt{24}\div\sqrt{3}=\sqrt{18}+\sqrt{8}=3\sqrt{2}+2\sqrt{2}=\mathbf{5\sqrt{2}}$

$\sqrt{18}$ と $\sqrt{8}$ をそのまま足すことはできませんが、どちらも変形すると根号の中の数が 2 となり、加法の計算ができます。

演習 100 （解答は P.308）

$\sqrt{300}\div\sqrt{2}-3\sqrt{2}\times 4-\sqrt{18}\times 2\sqrt{3}+4\sqrt{24}\div\sqrt{3}$ を計算せよ。

例題 101

$(\sqrt{5}+\sqrt{3})(\sqrt{5}-\sqrt{3})$ を計算せよ。

$\sqrt{5}+\sqrt{3}$ や $\sqrt{5}-\sqrt{3}$ を計算することはできないので、文字式の展開と同じように計算します。この問題では「和と差の積は 2 乗引く 2 乗」の公式を使います(P.82 参照)。

解答

$(\sqrt{5}+\sqrt{3})(\sqrt{5}-\sqrt{3})=(\sqrt{5})^2-(\sqrt{3})^2=5-3=\mathbf{2}$

演習 101 （解答は P.308）

$(\sqrt{18}-\sqrt{15})\div\sqrt{3}-\sqrt{2}(\sqrt{10}+2\sqrt{3})$ を計算せよ。

5.4 分母の有理化

根号を含む数の加法、減法の計算方法を勉強しました。それでは、$\dfrac{6}{\sqrt{3}}-\sqrt{12}$ は計算できるでしょうか。このように、分数の分母に根号を含む数がある場合、加法、減法の計算ができるかどうかが分かりません。そこで、まず分母を根号のない状態にします。これを**分母の有理化**（ゆうりか）といいます。

分母の有理化：分数の分母を根号のない状態にすること

例題 102

$\dfrac{9}{2\sqrt{3}}$ の分母を有理化せよ。

分母に $\sqrt{3}$ があります。これに $\sqrt{3}$ をかければ $\sqrt{3}\times\sqrt{3}=3$ で根号をなくすことができます。しかし、分母だけに数をかけるわけにはいかないので、分母と分子の両方に $\sqrt{3}$ をかけます。

$$\frac{9}{2\sqrt{3}}=\frac{9\times\sqrt{3}}{2\sqrt{3}\times\sqrt{3}}=\frac{9\sqrt{3}}{6}$$

さらに、約分ができる場合は約分をするので、分母と分子の両方を3で割って
$\dfrac{9\sqrt{3}}{6}=\dfrac{3\sqrt{3}}{2}$ となります。分子の計算だけを丁寧に書くと
$9\sqrt{3}\div 3=9\times\sqrt{3}\times\dfrac{1}{3}=3\sqrt{3}$ です。

解答

$$\frac{9}{2\sqrt{3}}=\frac{9\sqrt{3}}{6}=\mathbf{\frac{3\sqrt{3}}{2}}$$

演習 102 (解答は P.308)

$\dfrac{7-\sqrt{3}}{\sqrt{18}}$ の分母を有理化せよ。

例題 103

$\dfrac{6}{\sqrt{3}}-\sqrt{12}$ を計算せよ。

そのままでは計算できないので、分母を有理化してから計算します。

解答

$$\frac{6}{\sqrt{3}}-\sqrt{12}=\frac{6\sqrt{3}}{3}-2\sqrt{3}=2\sqrt{3}-2\sqrt{3}=\mathbf{0}$$

$\dfrac{6}{\sqrt{3}}$ と $\sqrt{12}$ は一見すると異なる値のように見えますが、$\dfrac{6}{\sqrt{3}}$ の分母を有理化することで同じ値であることが分かります。

演習 103 (解答は P.309)

$\dfrac{5+3\sqrt{2}}{\sqrt{2}}+\dfrac{\sqrt{3}-\sqrt{6}}{\sqrt{12}}$ を計算せよ。

例題 104

$\dfrac{1}{\sqrt{5}+\sqrt{2}}$ の分母を有理化せよ。

このような場合、分母と分子に $\sqrt{5}$ や $\sqrt{2}$ をかけても分母を有理化することはできません。たとえば $\sqrt{5}+\sqrt{2}$ に $\sqrt{5}$ をかけると $5+\sqrt{10}$ となり根号がなくなりません。

そこで、「和と差の積は2乗引く2乗 $(x+a)(x-a)=x^2-a^2$」の公式を使います。この問題では分母が $\sqrt{5}$ と $\sqrt{2}$ の和なので、分母と分子に $\sqrt{5}$ と $\sqrt{2}$ の差をかけます。

$$\frac{1}{\sqrt{5}+\sqrt{2}}=\frac{\sqrt{5}-\sqrt{2}}{(\sqrt{5}+\sqrt{2})(\sqrt{5}-\sqrt{2})}=\frac{\sqrt{5}-\sqrt{2}}{(\sqrt{5})^2-(\sqrt{2})^2}=\frac{\sqrt{5}-\sqrt{2}}{5-2}=\frac{\sqrt{5}-\sqrt{2}}{3}$$

このようにすれば、分母にある $\sqrt{5}$ と $\sqrt{2}$ の両方を2乗することになり、根号がなくなります。

解答

$$\frac{1}{\sqrt{5}+\sqrt{2}}=\boldsymbol{\frac{\sqrt{5}-\sqrt{2}}{3}}$$

演習 104 （解答は P.309）

$\dfrac{\sqrt{10}+3}{\sqrt{10}-3}$ の分母を有理化せよ。

5.5 根号の利用

式の値を求めるときは、もとの式を計算したり因数分解したりしてから文字に値を代入したほうがよい場合があることをすでに学びました（P.90 参照）。これは、与えられた値に根号を含む数が入っている場合も同じです。

例題 105

$x=\sqrt{5}+3,\ \ y=\sqrt{5}-3$ のとき x^2+xy+y^2 の値を求めよ。

x^2+xy+y^2 という式を見ると、x と y を入れ換えても式が変化しません。このような場合、$x^2+xy+y^2=(x+y)^2-xy$ のように、$x+y,\ xy$ だけを使った式に変形することができます。

また、この問題では

$x+y=(\sqrt{5}+3)+(\sqrt{5}-3)=2\sqrt{5},\ \ xy=(\sqrt{5}+3)(\sqrt{5}-3)=5-9=-4$

のように、$x,\ y$ よりも $x+y,\ xy$ の方が簡単な値になります。このような工夫をすると、文字に値を代入した後の計算が楽になる場合があります。

解答

$x^2+xy+y^2=(x+y)^2-xy$
ここで、$x=\sqrt{5}+3,\ \ y=\sqrt{5}-3$ のとき
$x+y=2\sqrt{5},\ \ xy=(\sqrt{5}+3)(\sqrt{5}-3)=5-9=-4$ であり、
これらを $(x+y)^2-xy$ に代入して、
$(2\sqrt{5})^2-(-4)=20+4=\mathbf{24}$

演習 105 (解答は P.309)

$x=2\sqrt{3}+\sqrt{7},\ \ y=2\sqrt{3}-\sqrt{7}$ のとき $5x^3y-5xy^3$ の値を求めよ。

例題 106

$\sqrt{5}$ の整数部分を a 、小数部分を b とする。このとき a^2+b^2 の値を求めよ。

$\sqrt{5}=2.236\cdots$ です。この $2.236\cdots$ という数は整数の 2 と小数の $0.236\cdots$ を合わせた数なので、$\sqrt{5}$ の整数部分と小数部分はそれぞれ 2 と $0.236\cdots$ です。$0.236\cdots$ は $\sqrt{5}$ から整数部分の 2 を引いた数なので、$a,\ b$ はそれぞれ $a=2,\ b=\sqrt{5}-2$ と表すことができます。

解答

$2=\sqrt{4}<\sqrt{5}<\sqrt{9}=3$ より、$a=2,\ \ b=\sqrt{5}-2$
よって、$a^2+b^2=2^2+(\sqrt{5}-2)^2=4+5-4\sqrt{5}+4=\mathbf{13-4\sqrt{5}}$

演習 106 (解答は P.309)

$\sqrt{13}$ の整数部分を a 、小数部分を b とする。このとき a^2-b^2 の値を求めよ。

6 2次方程式

6.1 2次方程式

方程式の右辺にあるすべての項を左辺に移項すると、右辺は 0 になります。

例 $x^2=-2x+3$ のすべての項を左辺に移項すると $x^2+2x-3=0$

このとき左辺が x の 2 次式になる方程式を x についての**2次方程式**(にじほうていしき)といいます。

2次方程式も1次方程式と同様に、方程式を成り立たせる文字の値をその方程式の解といいます。2次方程式は1次方程式と同じ方法では解くことができないので、ここでは2次方程式の解き方を学びましょう。

2次方程式：$ax^2+bx+c=0 \quad (a \neq 0)$ の形で表される方程式

例題 107

方程式　$x^2+2x-3=0$ を因数分解を利用して解け。

2次方程式を解く方法はいくつかあり、1つ目は因数分解を使う方法です。まず、すべての項を左辺に移項し、左辺を因数分解します。この問題では、すべての項が最初から左辺にあるので、これを因数分解して

$(x+3)(x-1)=0$

とします。この方程式は、$(x+3)$ と $(x-1)$ をかけたら0になるという意味ですが、0以外の2つの数をかけて0になることはないので、$x+3=0$　または　$x-1=0$　であることが分かります。これを解いて、$x=-3$　または　$x=1$　が $x^2+2x-3=0$ の解となります。

P.84参照　$x^2+(a+b)x+ab=(x+a)(x+b)$　に当てはめて　$x^2+2x-3=(x+3)(x-1)$

解答

$x^2+2x-3=0$　より $(x+3)(x-1)=0$

よって　$x+3=0$ または　$x-1=0$

$\therefore \boldsymbol{x=-3,\ 1}$

$x=-3$　または　$x=1$　という解は、解答のように　$x=-3,\ 1$　と表します。

1次方程式の解は1つでした。2次方程式の解は基本的には2つですが、解が1つの場合もあります。たとえば因数分解して $(x+3)^2=0$　となれば、解は　$x=-3$ の1つだけです。

一般化すると、2次方程式 $(x-a)(x-b)=0$　の解は　$x=a,\ b$　の2つです。このとき　$b=a$ であれば、2次方程式は　$(x-a)^2=0$　となり、解が $x=a$ の1つに重なります。このような解のことを**重解**（じゅうかい）といいます。

重解：2次方程式において2つの解が同じ値であるときの解

演習 107 （解答は P.310）

方程式　$x^2+4=4x$　を因数分解を利用して解け。

例題 108

方程式　$3x^2=48$　を解け。

x　の２次方程式で　x　の項がない場合は、まず　$x^2=$定数項　の形に直します。

問題の方程式の場合は、両辺を３で割ると　$x^2=16$　となります。そうすると、x　を２乗して 16 になることが分かるので、$x=\pm 4$　と解くことができます。

注意　負の数も２乗すると正の数になることを忘れないようにしましょう。

解答

$3x^2=48$　より　$x^2=16$

$\therefore \boldsymbol{x=\pm 4}$

演習 108 （解答は P.310）

方程式　$\dfrac{1}{5}x^2=\dfrac{1}{4}$　を解け。

例題 109

方程式　$x^2-6x+4=0$　を　$(x+a)^2=b$　の形に変形して解け。

２次方程式に　x　の項がある場合は、$(x+a)^2=b$　の形を作って方程式を解く方法があります。$(x+a)^2=x^2+2ax+a^2$　という展開と逆の式変形で　$(x+a)^2$　の形を作ることができるので、まず左辺を　$x^2+2ax+a^2$　の形にします。つまり、定数項が　x　の係数　$2a$　を半分にした　a　の２乗の値になるように両辺に同じ数を足します。

問題の方程式では、x　の係数が　-6　なので、それを半分にした　-3　の２乗の 9 が定数項になるようにします。すでに定数項の 4 があるので、両辺に 5 を足して

$x^2-6x+9=5$

と変形できます。この方程式の左辺を因数分解して

$(x-3)^2=5$

とすれば、例題 108 と同じ方法で解ける形になりました。つまり、$(x-3)$　の２乗が 5 なので、$x-3=\pm\sqrt{5}$　であり、-3　を移項すれば　$x=3\pm\sqrt{5}$　と解くことができます。

解答

$x^2-6x+4=0$ より $x^2-6x+9=5$

よって、$(x-3)^2=5$

$x-3=\pm\sqrt{5}$

$\boldsymbol{x=3\pm\sqrt{5}}$

たとえば、x の2次式 x^2-6x+4 を $(x+a)^2$ の形を作るように変形すると

$x^2-6x+4=x^2-6x+9-5=(x-3)^2-5$

となります。この例のように、ax^2+bx+c の形の2次式を $a(x+\bigcirc)^2+\triangle$ の形に変形することを**平方完成**(へいほうかんせい)といいます。

演習 109 (解答は P.310)

方程式 $x^2+18x+45=0$ を $(x+a)^2=b$ の形に変形して解け。

x の一般的な2次方程式 $ax^2+bx+c=0$ を $(x+\bigcirc)^2=\triangle$ の形を作る方法で解いてみましょう。

① x^2 の係数を1にするために両辺を a で割ります。

$$x^2+\frac{b}{a}x+\frac{c}{a}=0$$

② 左辺の定数項が x の係数 $\dfrac{b}{a}$ の半分を2乗した $\left(\dfrac{b}{2a}\right)^2$ になるようにします。

このとき、$\dfrac{c}{a}$ は余分なので右辺に移項しておきます。

$$x^2+\frac{b}{a}x+\left(\frac{b}{2a}\right)^2=\left(\frac{b}{2a}\right)^2-\frac{c}{a}$$

③ 左辺は因数分解し、右辺は通分して、つまり分母を $4a^2$ にそろえて、計算します。

$$\left(x+\frac{b}{2a}\right)^2=\frac{b^2-4ac}{4a^2}$$

④ 両辺の2乗を外します。

$$x+\frac{b}{2a}=\pm\sqrt{\frac{b^2-4ac}{4a^2}}$$

⑤ 右辺を計算すると $\pm\sqrt{\dfrac{b^2-4ac}{4a^2}}=\dfrac{\pm\sqrt{b^2-4ac}}{\sqrt{4a^2}}=\dfrac{\pm\sqrt{b^2-4ac}}{2a}$ となります。

$a<0$ のときは $\sqrt{4a^2}=-2a$ (*) ですが、$\pm\sqrt{b^2-4ac}$ に -1 をかけても $\pm\sqrt{b^2-4ac}$ のままなので、$\dfrac{\pm\sqrt{b^2-4ac}}{-2a}$ の分母分子に -1 をかけて、結局 $\dfrac{\pm\sqrt{b^2-4ac}}{2a}$ となります。

$$x+\frac{b}{2a}=\frac{\pm\sqrt{b^2-4ac}}{2a}$$

⑥ $\dfrac{b}{2a}$ を移項します。

$$x=\frac{-b\pm\sqrt{b^2-4ac}}{2a}$$

よって、$ax^2+bx+c=0$ の解は $x=\dfrac{-b\pm\sqrt{b^2-4ac}}{2a}$ となります。

これを2次方程式の**解の公式**（かい こうしき）といいます。

（＊）について補足すると、たとえば $a=-3$ であれば、$\sqrt{4a^2}=\sqrt{36}=6=-2a$ です。$a\geqq 0$ のときは $\sqrt{a^2}=a$ ですが、$a<0$ のときは $\sqrt{a^2}=-a$ となります。

x の2次方程式で x の係数が偶数の場合、つまり2次方程式が $ax^2+2b'x+c=0$ と表される場合は、解の公式に $b=2b'$ を代入して、

$$x=\frac{-2b'\pm\sqrt{(2b')^2-4ac}}{2a}$$

となり、この右辺を計算すると

$$\frac{-2b'\pm\sqrt{(2b')^2-4ac}}{2a}=\frac{-2b'\pm\sqrt{4(b'^2-ac)}}{2a}=\frac{-2b'\pm2\sqrt{b'^2-ac}}{2a}$$

$$=\frac{-b'\pm\sqrt{b'^2-ac}}{a}$$

となります。そのため、$ax^2+2b'x+c=0$ の解は $x=\dfrac{-b'\pm\sqrt{b'^2-ac}}{a}$ です。

x の係数が偶数の場合はこちらの公式を使うのが便利です。

> 2次方程式　$ax^2+bx+c=0$ の解の公式：$x=\dfrac{-b\pm\sqrt{b^2-4ac}}{2a}$
>
> 2次方程式　$ax^2+2b'x+c=0$ の解の公式：$x=\dfrac{-b'\pm\sqrt{b'^2-ac}}{a}$

解の公式は、どのように作るかを理解した上で覚えておいてください。

例題 110

方程式　$2x^2+5x-3=0$ を解の公式を利用して解け。

解答

$$x=\frac{-5\pm\sqrt{5^2-4\times2\times(-3)}}{2\times2}=\frac{-5\pm\sqrt{49}}{4}=\frac{-5\pm7}{4}$$

$$\therefore \boldsymbol{x=\frac{1}{2},\ -3}$$

$ax^2+bx+c=0$ の方程式で考えると $a=2,\ b=5,\ c=-3$ であり、これ

を解の公式　$x=\dfrac{-b\pm\sqrt{b^2-4ac}}{2a}$ に当てはめるだけです。

解の公式を見ると、 $b^2-4ac>0$ のときは $\pm\sqrt{b^2-4ac}$ の部分によって解が2つ出てくることが確認できますが、 $b^2-4ac=0$ となる場合には解が1つになります。

演習 110 （解答は P.310）

方程式　$9x^2-12x+4=0$ を解の公式を利用して解け。

2次方程式の解き方を整理しましょう。解く方法は次の3通りです。

> 2次方程式の解き方
> ① 因数分解を利用する
> ② $(x+a)^2=b$　の形に変形する
> ③ 解の公式を利用する

例題108で確認した　x^2 ＝定数項　の形に直して解く方法は、$(x+a)^2=b$　の形に直す方法の　$a=0$ の場合なので ② に含まれます。

この中で、① が最も楽に解くことができます。2次方程式を解く場合に解き方を指定されていなければ、(x の2次式) ＝ 0 の形に直して左辺を因数分解できるか確認してください。因数分解ができなければ ② の方法を試し、x^2 の係数が1でない場合は ② では解くことができないので、x^2 の係数で両辺を割るか、③ の方法を使います。

例題 111

方程式　$4(x^2+x+6)=3(x^2-x+8)$　を解け。

解答

$4(x^2+x+6)=3(x^2-x+8)$　より　$x^2+7x=0$

よって、 $x(x+7)=0$

$$\boldsymbol{x=0,\ -7}$$

問題で与えられた方程式が複雑な形をしているときは、まず整理してから解き方を考えます。

$x(x+7)=0$　は x と $(x+7)$ をかけて0だという意味なので、$x=0$　または　$x+7=0$ となります。

演習 111 (解答は P.311)

(解答は P.311)

方程式　$\frac{1}{8}x^2+\frac{1}{2}x-\frac{1}{4}=0$　を解け。

発展　2次方程式の解が $x=m,\ n$ のとき、その2次方程式は

$(x-m)(x-n)=0$

と表すことができ、この左辺を展開すると

$x^2-(m+n)x+mn=0$

となります。

例題 112

方程式　$x^2-ax+6=0$　の2つの解が自然数のとき、a の値をすべて求めよ。

2つの解が自然数である2次方程式は、自然数 $m,\ n$ を用いて
$x^2-(m+n)x+mn=0$　と表すことができ、これと方程式　$x^2-ax+6=0$　を見比べます。

そうすると、x の項の係数が一致することから　$m+n=a$　であり、定数項が一致することから　$mn=6$　であることが分かります。つまり、2つの解 $m,\ n$ の積は6であり、そのような $m,\ n$ $(m \geqq n)$ の組を考えれば、その和が a の値になるということです。

かけて6になるような自然数2つの組は $(6,\ 1)$, $(3,\ 2)$ の2組なので、
$a=6+1$　または　$a=3+2$　であり、$a=7,\ 5$　となります。

解答

2つの解を $m,\ n$ ($m,\ n$ はともに自然数であり $m \geqq n$) とすると、方程式は
$(x-m)(x-n)=0$　すなわち　$x^2-(m+n)+mn=0$
となる。これが　$x^2-ax+6=0$　と一致するので、係数を比較(ひかく)して、

$$\begin{cases} m+n=a \\ mn=6 \end{cases}$$

$mn=6$ を満たす $m,\ n$ は $(m,\ n)=(6,\ 1),\ (3,\ 2)$ に限られ、このとき
$m+n=a$　より、
$\boldsymbol{a=7,\ 5}$

演習 112 (解答は P.311)

方程式　$x^2-8x+b=0$　の2つの解が自然数のとき、b の値をすべて求めよ。

6.2　2次方程式の利用

分からない値を文字で表して方程式を作り、それを解けば分からない値を求められるということを1次方程式のところで学びました。これは、作った方程式が2次方程式になる場合も同じです。

例題 113

ある自然数を2乗するところを、誤って2倍したため、正しい答えより15小さくなった。ある自然数を求めよ。

ある自然数を x とします。正しい答えは x^2 で、それより15小さい値がある自然数を2倍した $2x$ だということなので、方程式を立てると $x^2-15=2x$ です。これを解くと $x=-3,\ 5$ となり、最後にこの解が問題に適しているかを確認します。x は自然数なので $x=-3$ は問題に適しておらず、5だけがこの問題の答えとなります。

解答

ある自然数を x とすると、

$x^2-15=2x$

これを解いて $x^2-2x-15=0$

$$(x+3)(x-5)=0$$

$$x=-3,\ 5$$

x は自然数であるから、$x=-3$ はこの問題には適さない。

$x=5$ は問題に適している。

$\therefore$ **5**

演習 113 （解答は P.311）

9%の食塩水が300 g入っている容器がある。この容器から x gの食塩水を取り出し、もとの容器に x gの水を入れてよくかき混ぜた。同じ容器から、もう一度 x gの食塩水を取り出し、その容器に x gの水を入れてよくかき混ぜたところ、容器に入っている食塩水の濃度は4%になった。x の値を求めよ。

ヒント　食塩の重さに注目して方程式を作りましょう。

例題 114

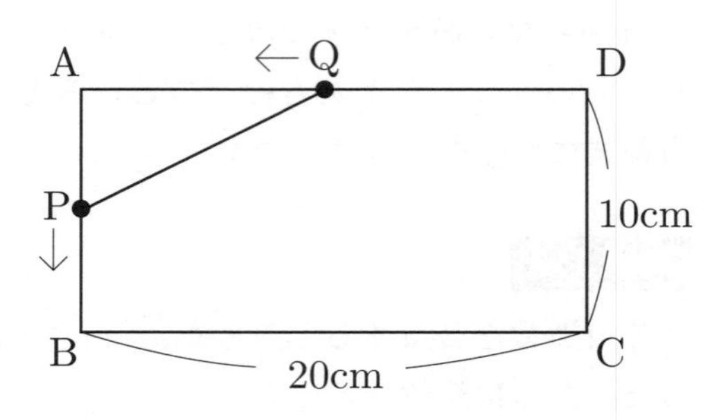

右の図のように、縦が 10 cm、横が 20 cm の長方形 ABCD がある。点 P は点 A を出発して、辺 AB 上を毎秒 1 cm の速さで点 B まで動く。また、点 Q は点 P が点 A を出発するのと同時に点 D を出発して、辺 DA 上を毎秒 2 cm の速さで点 A まで動く。△ APQ の面積が 21 cm^2 となるのは点 P が点 A を出発してから何秒後であるか求めよ。

点 P が点 A を出発してから x 秒後に△ APQ の面積が 21 cm^2 になるとします。点 P は毎秒 1 cm の速さで点 A から点 B まで動くので、x 秒後の AP の長さは x cm です。点 Q は毎秒 2 cm の速さで点 D から点 A まで動くので、x 秒後の QD の長さは $2x$ cm であり、AQ の長さは $(20-2x)$cm となります。

△ APQ の面積は $\frac{1}{2}$ ×(AP の長さ)×(AQ の長さ) で求められ、それが 21 となることを方程式で表しましょう。

解答

点 P が点 A を出発してから x 秒後に△ APQ の面積が 21 cm^2 になるとすると、

$$\frac{1}{2}x(20-2x)=21$$

これを解いて　$10x-x^2=21$

$$x^2-10x+21=0$$

$$(x-3)(x-7)=0$$

$$x=3,\ 7$$

これらは問題に適している。

∴ **3 秒後および 7 秒後**

点 P は 10 秒後に点 B に到着し、点 Q も 10 秒後に点 A に到着するので、$0<x<10$ であればよく、$x=3,\ 7$ はどちらも問題に適しています。

演習 114 (解答は P.312)

周囲の長さが 28 cm の横に長い長方形がある。この長方形の縦の長さを 1 辺の長さとする正方形を長方形の右端から切り取ると、残った部分の面積は切り取った正方形の面積より 24 cm^2 小さかった。切り取った正方形の 1 辺の長さを求めよ。

第Ⅱ部
幾何

「幾何(きか)」とは、図形について考える数学の分野です。中学数学では、三角形, 四角形, 円などの平面図形や、立体図形の性質について学んでいきます。

7 平面図形

7.1 平面図形の基礎

まずは基本事項を整理しておきましょう。

〈直線と角〉

2点A, Bを通り限りなく伸びる真っ直ぐな線を**直線(ちょくせん)**ABといいます。直線を紙にかく場合は途中(とちゅう)で途切れてしまいますが、実際には限りなく伸びる線が直線です。点Aを端(はし)とし、点Bを通って真っ直ぐ限りなく伸びる線を**半直線(はんちょくせん)**ABといいます。「半直線○○」の○○の部分には、線の端となる点を先に書くので、点Bを端とし、点Aを通って伸びていれば半直線BAとなります。2点A, Bを真っ直ぐ結び、A, Bを両端とする線を**線分(せんぶん)**ABといいます。

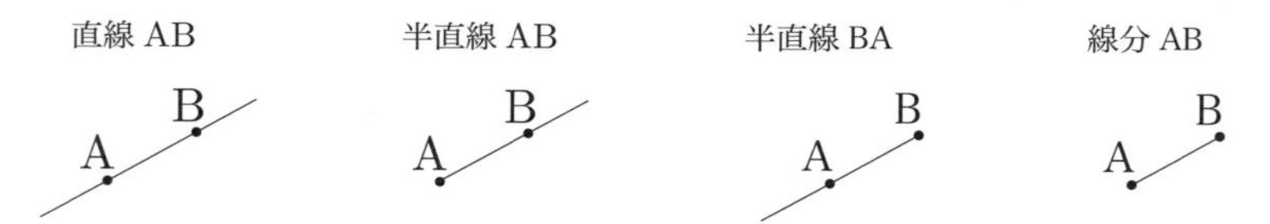

同じ点を端とする2つの半直線が作る図形を角といいます。右の図のように、半直線OAと半直線OBで角を作った場合、半直線OA, OBを辺、点Oを頂点といい、できた角は∠(かく)**AOB**または∠**O**と表します。点の順番を反対にして、∠AOBの代わりに∠BOAと書いても構いません。

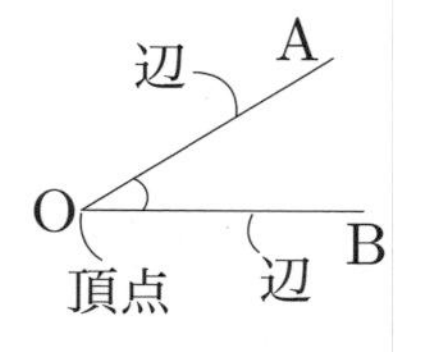

半直線OAと半直線OBでできる角は、実際には次のページの図のように小さい方と大きい方の2つがあります。∠AOBや∠Oは2つの角のどちらを表すこともできますが、一般的には小さい方の角を表すことが多いです。

それから、右側の図のα(アルファ)のように角に名前が付いている場合は、角を∠αと表すこともあります。$\angle\alpha$を点の名前を使って表す場合、$\angle$Dではどの角を表しているのか分かりにくいので、図形が単純で明らかな場合以外は $\angle$ADCなどと3点を使って表すようにしてください。

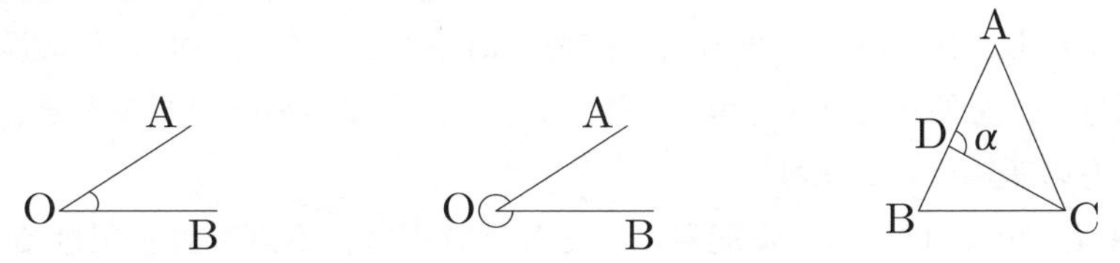

角を作る2つの辺の開き具合のことを角度といい、たとえば $\angle$AOBの角度が60°のとき、その関係を $\angle \mathrm{AOB} = 60^\circ$ と表します。

例題 115

半直線BAと半直線BCが作る角を、文字A，B，Cすべてを使って表せ。

解答

$\angle$ABC（または $\angle$CBA）

半直線BAと半直線BCで、右の図のような角ができます。

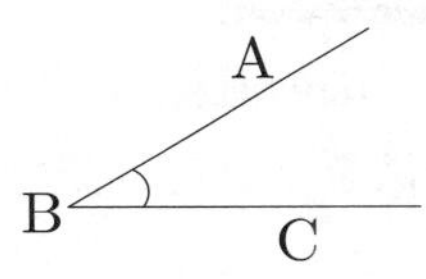

演習 115（解答は P.313）

右の図において、$\angle a$，$\angle b$ をそれぞれA，B，C，D，Eのうち3点を使って表せ。

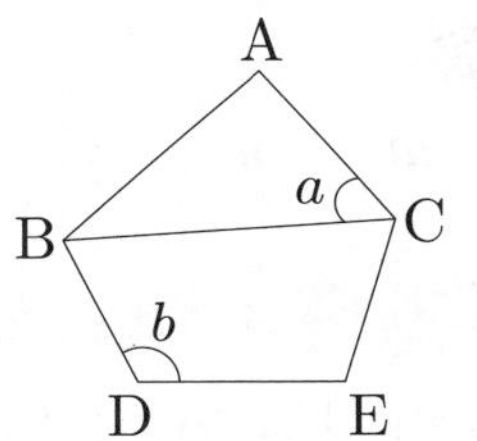

平面上に異なる2直線 l，m があるとき、l と m の位置関係は ① 一致する、② 交わらない、③ 1点で交わる、の3通りに分けられます。2直線が1点で交わるとき、その交わる点を2直線の**交点**（こうてん）といいます。

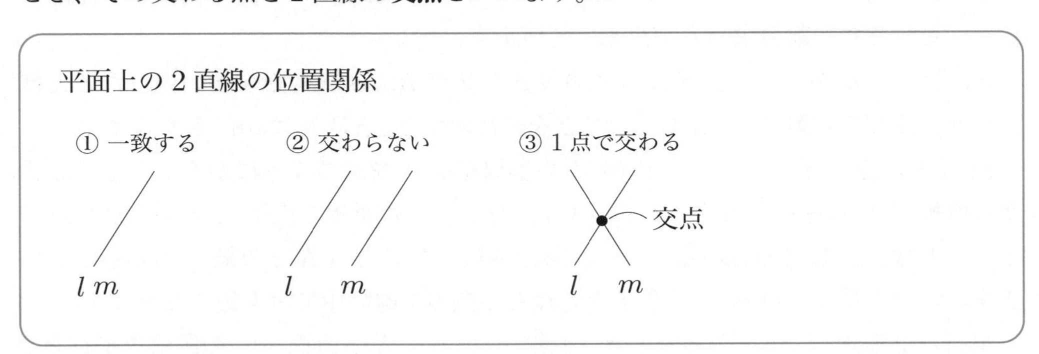

l, m が交わらないとき、l と m の位置関係を**平行**(へいこう)といい、記号 $/\!/$ を使って $\boldsymbol{l} /\!/ \boldsymbol{m}$ と表します。l, m が一致するときの位置関係は、平行に含める場合とそうでない場合があります。

l, m が1点で交わり、2直線でできる角が直角であるとき、l と m の位置関係を**垂直**(すいちょく)といい、記号 $\perp$ を使って $\boldsymbol{l} \perp \boldsymbol{m}$ と表します。2直線が垂直であるとき、一方の直線をもう一方の**垂線**(すいせん)といいます。

下の図の2直線 l, m に付けられた記号は、それぞれ平行、垂直を表す記号です。

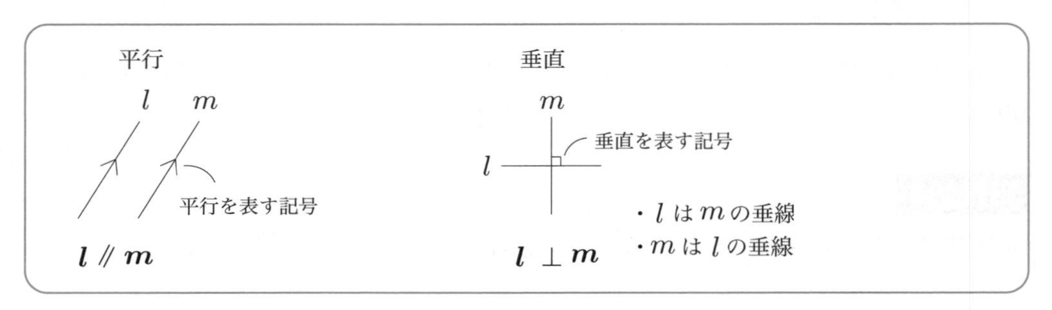

例題 116

右の図の直線 l と直線 m 、直線 m と直線 n の位置関係をそれぞれ記号を用いて表せ。

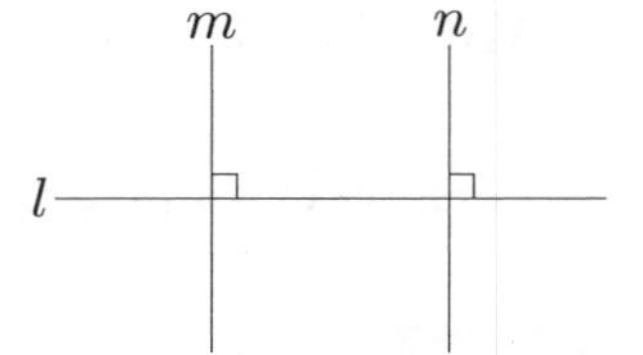

解答

$\boldsymbol{l} \perp \boldsymbol{m}$　　$\boldsymbol{m} /\!/ \boldsymbol{n}$

演習 116 (解答は P.313)

ある平面上に直線 l と直線 m があり、直線 m は直線 l に垂直である。同じ平面上で、直線 m に垂直な直線 n を、直線 l と直線 m の交点を通らずに引いたとき、直線 l と直線 n の位置関係を記号を用いて表せ。

点と点、点と直線、平行な2直線の間がどれだけ離れているかを表す量を**距離**(きょり)といい、それぞれ距離の求め方が決まっています。

2点A, Bがあるとき、線分ABの長さを2点A, B間の距離といい、たとえば2点A, B間の距離が3cmであることを式に表すと　AB = 3cm　となります。

点Aと直線 l があるとき、直線 l の垂線を点Aを通るようにかくことを「点Aから直線 l に垂線を下(お)ろす」といいます。そのような垂線と直線 l との交点を点Bとするとき、点Bを**垂線の足**(あし)といい、線分ABの長さを点Aと直線 l の距離といいます。この距離は、点Aと直線 l 上の点との間の距離の中で最も短くなります。

平行な2直線 l, m があるとき、直線 l 上の点Aと直線 m の距離を平行な2

直線 l, m 間の距離といいます。点Aを直線 l 上のどこにとっても、点Aと直線 m の距離は一定です。

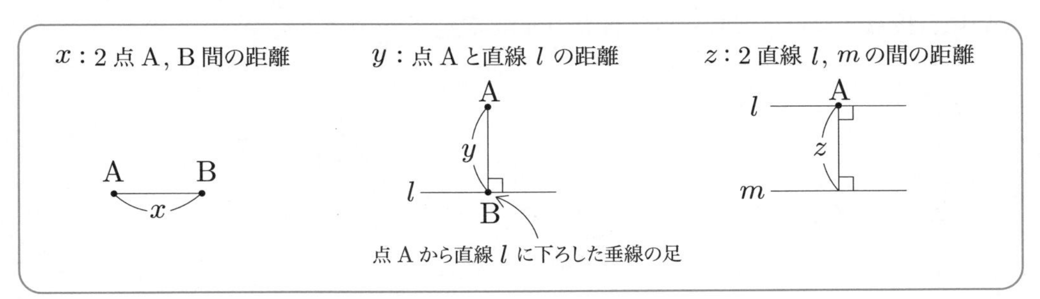

〈円〉

点Oから等しい距離にある点を集めると円ができ、この円を円Oと表します。下の図の太線の部分のように、円周の一部のことを**弧**（こ）といい、両端の点がA，Bである弧を弧ABといいます。弧ABは記号を使って、$\overset{\frown}{AB}$ と表します。実際には、円周上の太線以外の部分のことも弧ABといい、区別したいときは長い方を優弧（ゆうこ）、短い方を劣弧（れっこ）といいますが、特に断りがない場合は短い方を弧ABと呼ぶことが多いです。

それから、円周上の2点を結んだ線分を**弦**（げん）といい、両端の点がA，Bである弦を弦ABといいます。

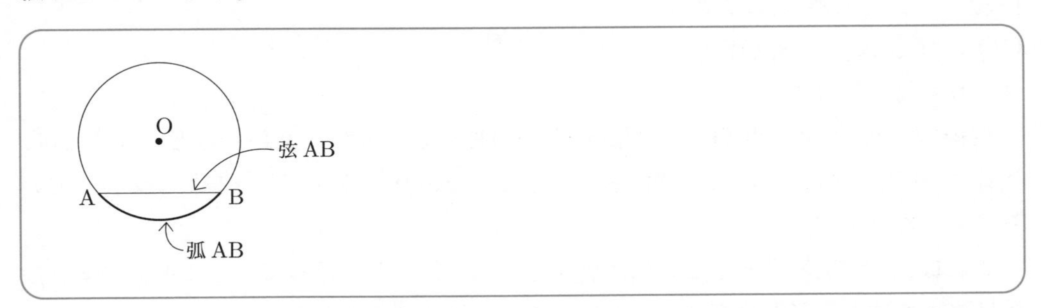

円周上に弧ABがあり、弧AB上にはない円周上の点Pと点A，Bのそれぞれを線分で結ぶとき、∠APBを弧ABに対する**円周角**（えんしゅうかく）といいます。また、円の中心Oと点A，Bのそれぞれを線分で結ぶとき、∠AOBを弧ABに対する**中心角**（ちゅうしんかく）といいます。

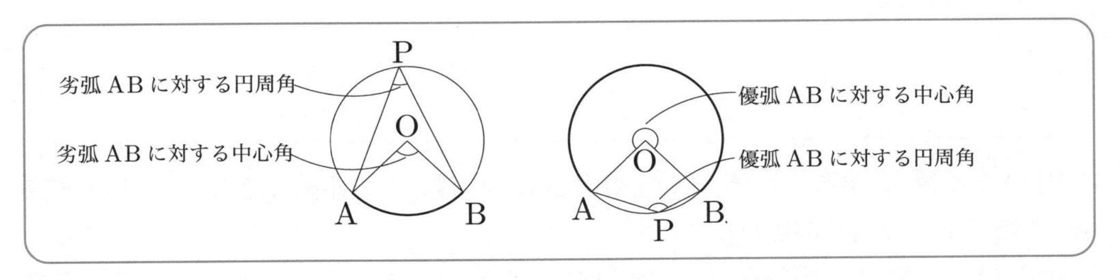

円上の１点でその円に接する直線を円の**接線**（せっせん）といい、円とその接線が接する点を**接点**（せってん）といいます。２つの線が同じ１点を通るとき、その点のことを２つの線の**共有点**（きょうゆうてん）といい、接点と交点はどちらも共有点の種類です。

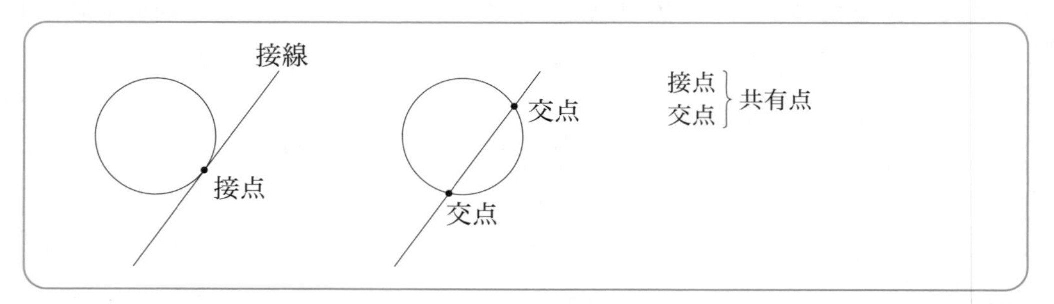

右の図のように、円Ｏの接線 l は、接点Ｐを通る円の半径と垂直になっています。この理由を確認しておきましょう。

もし接線 l が半径と垂直でないと仮定すると、円の中心Ｏから接線に下ろした垂線の足Ｑは接点Ｐとは異なる点になります。このとき、点Ｏと接線 l との距離である線分ＯＱの長さは、半径ＯＰの長さよりも短くなります。

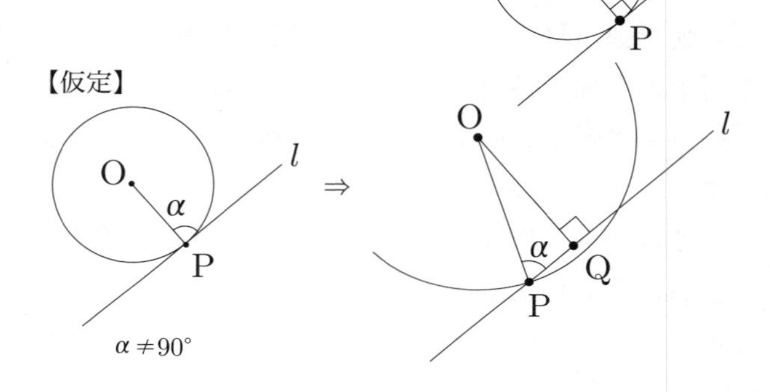

接線 l 上の点で、点Ｏとの距離が半径の長さよりも短い点があるということは、接線 l が円Ｏの内側に入っているということであり、接線 l と円Ｏは交わっていることになります。

これは、l が接線であることに矛盾するため、仮定が間違っていること、つまり接線は接点を通る半径と垂直であるということが確認できました。

円の接線は、その接点を通る円の半径と垂直である。

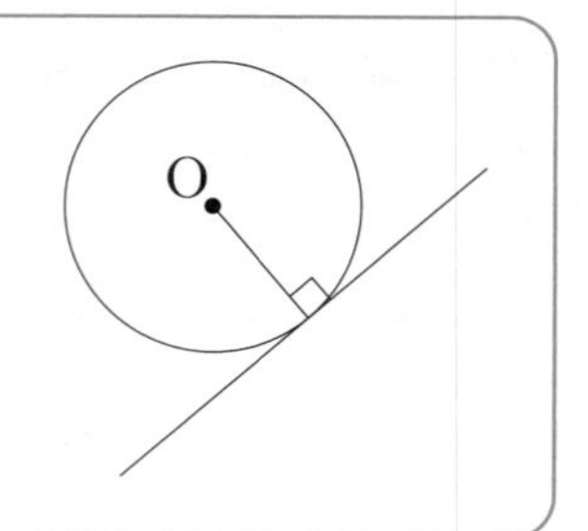

円Ｏと直線 l があるとき、円Ｏの中心Ｏと直線 l の距離によって、円Ｏと直線 l の共有点の個数が変わります。

中心Ｏと直線 l の距離を d 、円Ｏの半径を r とすると、$d=r$ のとき、直線

l は円 O の接線となり、円 O と直線 l の共有点は 1 個になります。これより d が短いとき、つまり $d<r$ のとき、直線 l は円 O の内側を通り、円 O と直線 l の共有点は 2 個になります。反対に $d>r$ のとき、直線 l は円 O に接することがなく、共有点は 0 個になります。

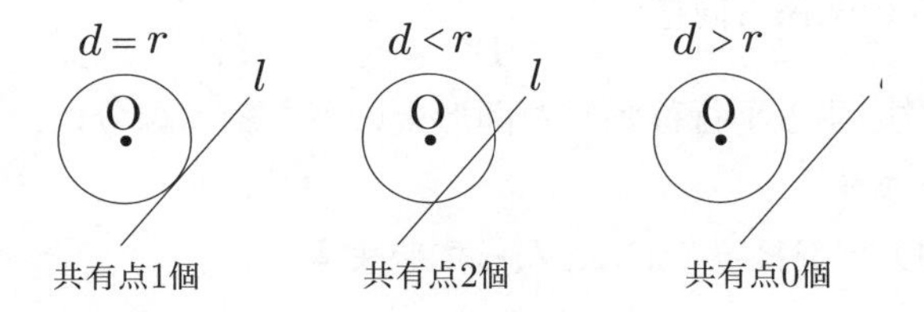

例題 117

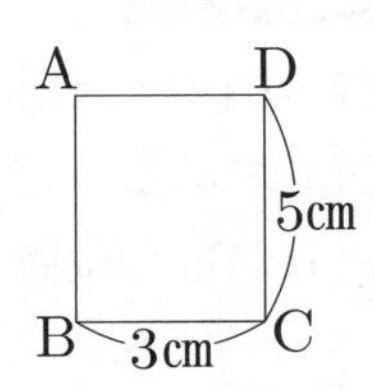

右の図の長方形 ABCD において、2 点 A，B 間の距離、点 A と直線 CD の距離、直線 AD と直線 BC の間の距離をそれぞれ求めよ。

解答

2 点 A，B 間の距離は **5 cm**
点 A と直線 CD の距離は **3 cm**
直線 AD と直線 BC の間の距離は **5 cm**

演習 117 （解答は P.313）

半径 4 cm の円 O と直線 l があり、円 O と直線 l は異なる 2 点で交わっている。点 O と直線 l の距離を d cm とするとき、d の範囲を答えよ。

7.2 図形の移動

図形を平面上で移動させる方法として、平行移動（へいこういどう）、回転移動（かいてんいどう）、対称移動（たいしょういどう）があります。それぞれ順に見ていきましょう。

〈平行移動〉

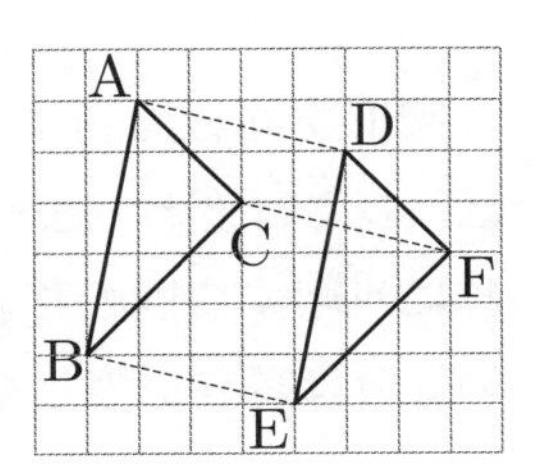

平行移動とは図形を一定の向きに一定の距離だけずらすことです。右の図に三角形 ABC があり、これを記号△を使って△ ABC と表します。この△ ABC を右に 4 目盛り、下に 1 目盛りだけ平行移動した図形が△ DEF です。

> 平行移動：図形を一定の向きに一定の距離だけずらすこと

図形を平行移動すると、もとの図形の辺とそれに対応する平行移動した図形の辺は、平行で長さが等しくなります。

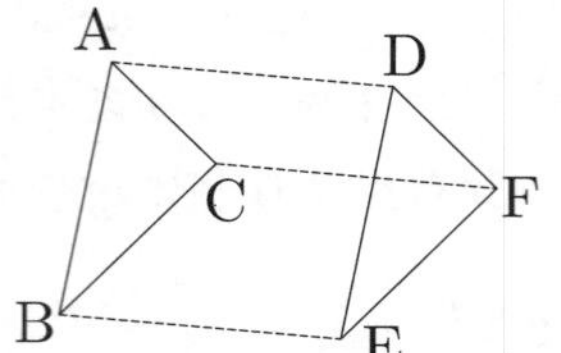

例 △ABC を平行移動した図形が△DEF の場合
辺 AB と辺 DE が対応 ⇒ AB // DE, AB = DE
辺 BC と辺 EF、辺 CA と辺 FD の関係も同様

また、もとの図形上の点とそれに対応する平行移動した図形上の点を結ぶ線分は、すべて平行で長さが等しい線分となります。

上の例では、 AD // BE // CF, AD = BE = CF となっています。

例題 118

右の図の△DEF は、△ABC を平行移動した図形である。辺 CA と辺 FD および線分 CF と線分 BE の位置と長さの関係をそれぞれ答えよ。

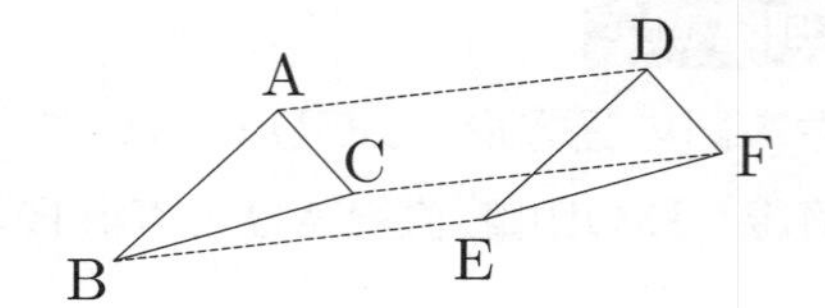

解答

CA // FD　CA = FD　CF // BE　CF = BE

演習 118 （解答は P.313）

右の図において、四角形 ABCD を矢印の向きに矢印の長さだけ平行移動した図形をかけ。

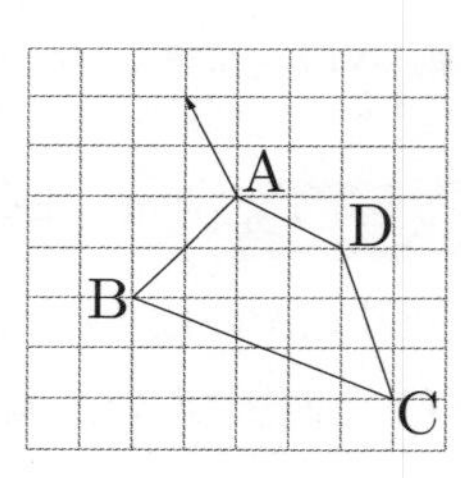

〈回転移動〉

回転移動とは図形をある 1 点を中心として一定の角度だけ回すことです。たとえば、右の図で△ABC を点 O を中心として時計まわりに 90° だけ回転移動した図形が△DEF です。このとき、中心とした点のことを**回転の中心**（かいてん ちゅうしん）といいます。

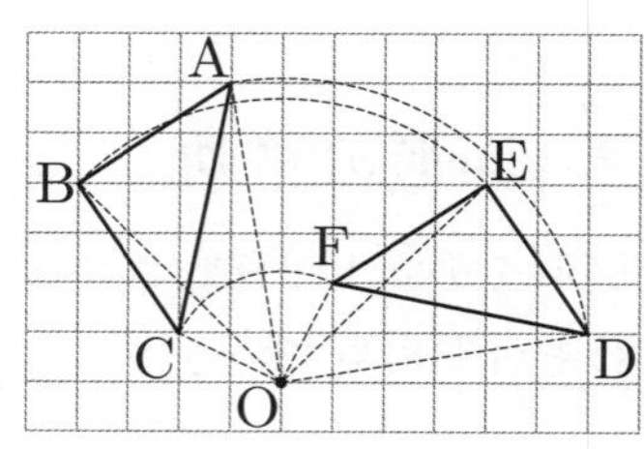

図形を回転移動すると、もとの図形の辺とそれに対応する回転移動した図形の辺は、長さは変わりませんが、基本的に平行ではなくなります。もとの図形上の点とそれに対応する回転移動した図形上の点のそれぞれを回転の中心と結んでできる 2 つの線分は長さが等しく、2 つの線分によってできる角は回転した角度となっています。

例 △ABCを点Oを中心に90°回転移動した図形が△DEFの場合
AO = DO, BO = EO, CO = FO,
∠AOD = ∠BOE = ∠COF = 90°

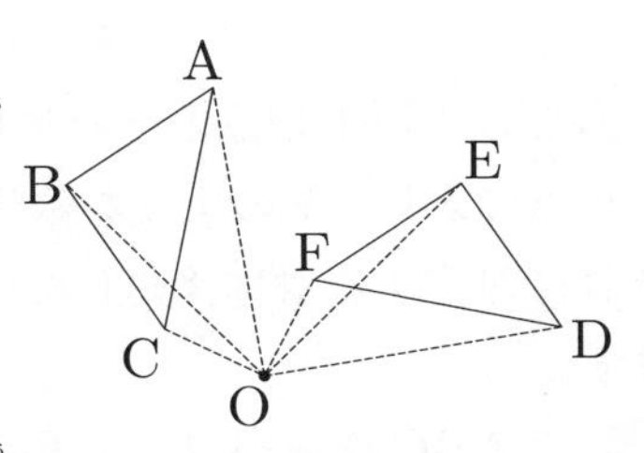

回転移動の中でも、180°の回転移動を**点対称移動**(てんたいしょういどう)といいます。回転移動の中で0°の回転移動（移動しない）と点対称移動の場合だけ、もとの図形の辺とそれに対応する回転移動した図形の辺が平行になります。

> 回転移動：図形をある1点を中心として一定の角度だけ回すこと
> 回転の中心：図形を回転移動するときに中心とする点
> 点対称移動：180°の回転移動

例題 119

右の図の△DEFは、△ABCを点Oを中心として反時計まわりに120°だけ回転移動した図形である。∠AODと大きさの等しい角をすべて答えよ。

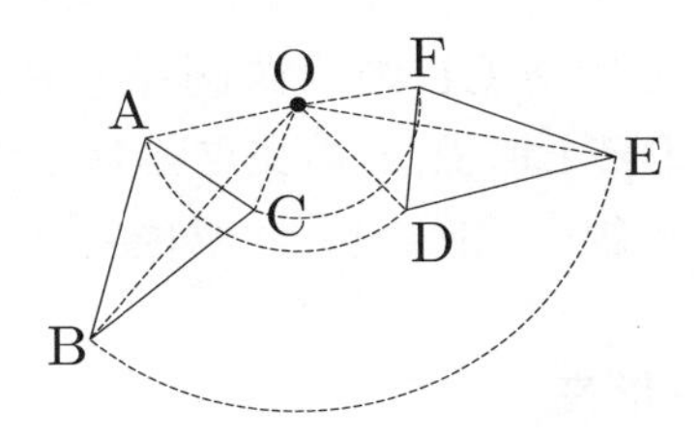

解答

∠BOE, ∠COF

演習 119 （解答は P.313）

右の図において、四角形ABCDを点Oを中心として点対称移動した四角形EFGHをかけ。

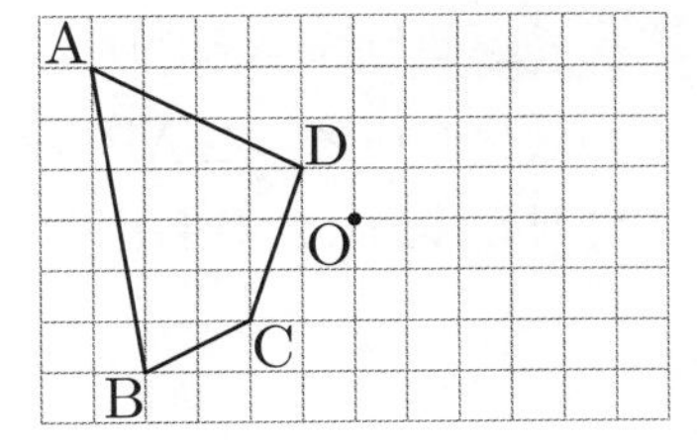

〈対称移動〉

対称移動とは図形を1つの直線を折り目として折り返すことです。このとき、折り目とする直線を**対称の軸**(たいしょうのじく)といいます。たとえば、右の図で△ABCを直線 l を対称の軸として対称移動した図形が△DEFです。

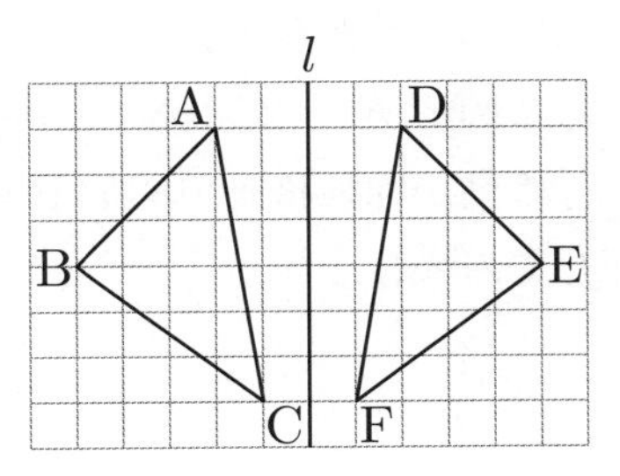

> 対称移動：図形を1つの直線を折り目として折り返すこと
> 対称の軸：図形を対称移動するときに折り目とする直線

もとの図形上の点とそれに対応する対称移動した図形上の点を結ぶ線分は直線 l と垂直であり、そのような線分どうしはすべて平行です。また、もとの図形上の点とそれに対応する対称移動した図形上の点のそれぞれと直線 l との距離は等しくなります。

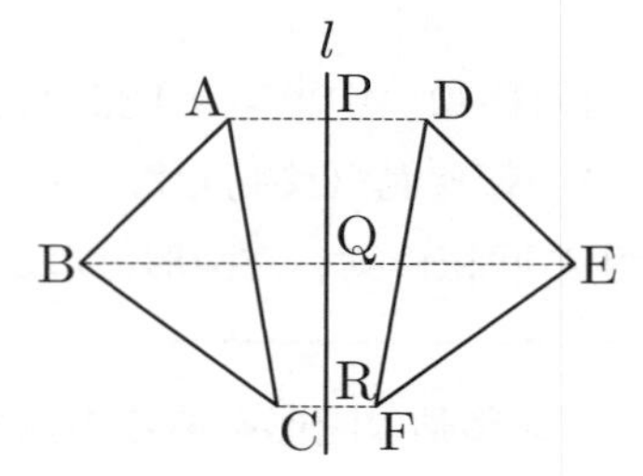

例 △ABC を直線 l を対称の軸として対称移動した図形が△DEF の場合
線分 AD, BE, CF と直線 l の交点をそれぞれ P, Q, R とすると、
AD // BE // CF,　AP = DP,
BQ = EQ,　CR = FR

例題 120

右の図の△DEF は、△ABC を直線 l を対称の軸として対称移動した図形である。線分 AD と線分 CF の位置関係を答えよ。また、線分 BE と直線 l の交点を P とするとき、線分 BP と線分 EP の長さの関係を答えよ。

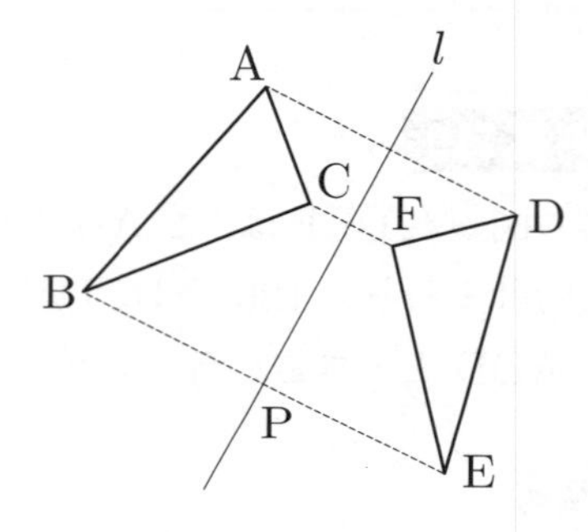

解答

AD // CF　BP = EP

演習 120 (解答は P.314)

右の図において、△ABC を直線 l を対称の軸として対称移動した△DEF をかけ。

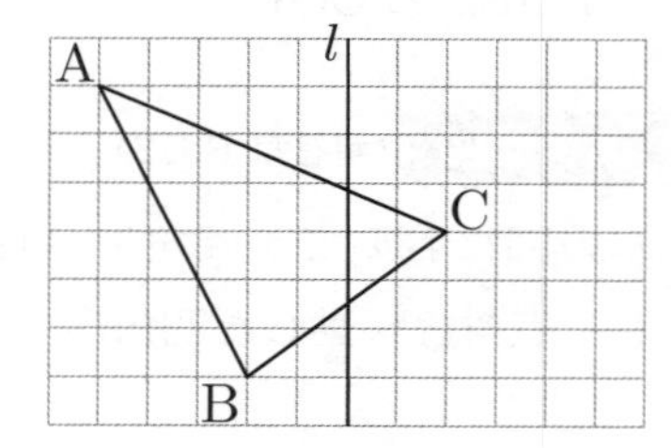

図形の移動の方法として、平行移動、回転移動、対称移動がありました。ここで、ある図形 A を 2 回続けて対称移動した図形を図形 B とすると、図形 A を 1 回の平行移動か回転移動で図形 B に移動することができます。問題を通して具体的に確認してみましょう。

例題 121

右の図で、$\angle POQ = 45^\circ$ である。△DEF は△ABC を直線 OP を対称の軸として対称移動した図形であり、△GHI は△DEF を直線 OQ を対称の軸として対称移動した図形である。△ABC を1回の移動で△GHI に重ねるには、どのように移動すればよいか答えよ。

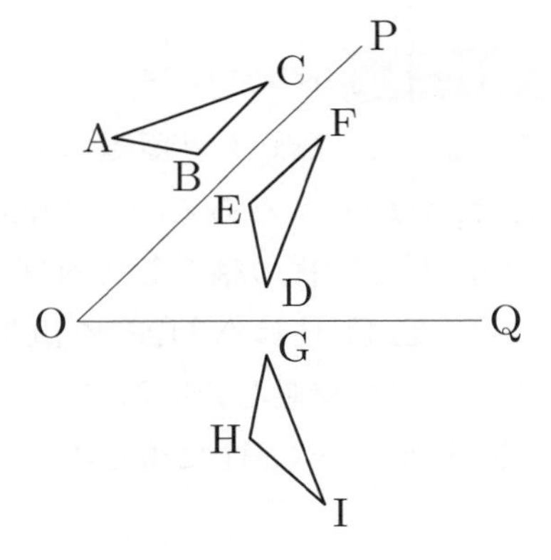

△ABC と△DEF は直線 OP を軸として対称なので $AO = DO$ であり、△DEF と△GHI は直線 OQ を軸として対称なので $DO = GO$ です。そのため、

$AO = GO$ …①

となります。同じ理由で $\angle AOP = \angle DOP$, $\angle DOQ = \angle GOQ$ であり、これを使って $\angle AOG$ の大きさを求めると、

$$\angle AOG = \angle AOP + \angle DOP + \angle DOQ + \angle GOQ$$
$$= 2 \times \angle DOP + 2 \times \angle DOQ = 2 \times \angle POQ = 90^\circ \quad \cdots ②$$

となります。①, ② から、点 A を点 O を中心として時計まわりに 90° 回転移動した点が点 G であることが分かります。

点 B, 点 C についても同じように考えると、点 B, 点 C を点 O を中心として時計まわりに 90° 回転移動した点が点 H, 点 I であり、結局△ABC を点 O を中心として時計まわりに 90° 回転移動した図形が△GHI であることが分かります。

以上のことをまとめて書くと次のような解答になります。

解答

$AO = DO$, $DO = GO$ なので $AO = GO$

同様に、$BO = HO$, $CO = IO$

また、$\angle AOP = \angle DOP$, $\angle DOQ = \angle GOQ$, $\angle DOP + \angle DOQ = 45^\circ$ より

$\angle AOG = 45^\circ \times 2 = 90^\circ$

同様に、$\angle BOH = 90^\circ$, $\angle COI = 90^\circ$

よって、**△ABC を△GHI に重ねるには、点 O を中心として時計まわりに 90° 回転移動すればよい。**

演習 121（解答は P.314）

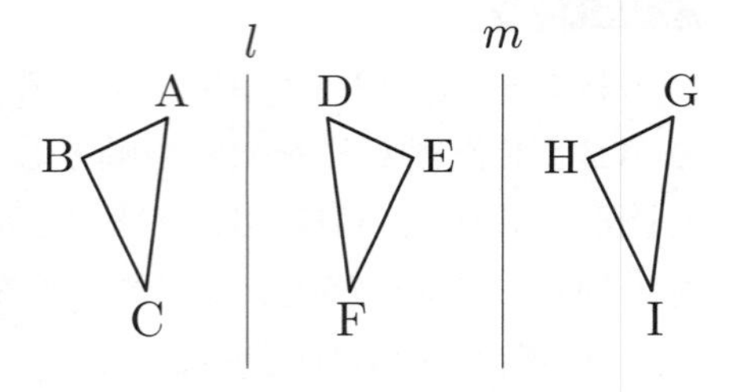

右の図で、直線 l と直線 m は平行で、その距離は 15 cm である。△ DEF は△ ABC を直線 l を対称の軸として対称移動した図形であり、△ GHI は△ DEF を直線 m を対称の軸として対称移動した図形である。△ ABC を 1 回の移動で△ GHI に重ねるには、どのように移動すればよいか答えよ。

7.3　面積と長さ

算数で学んだ三角形、四角形の面積の求め方を復習しておきましょう。

面積の求め方
三角形＝(底辺)×(高さ) ÷ 2
長方形＝(縦)×(横)
平行四辺形＝(底辺)×(高さ)
台形＝(上底＋下底)×(高さ) ÷ 2

下の図のように、平行四辺形は三角形の部分を移動すれば長方形になります。台形は、対角線で 2 つの三角形に分けて考えると、

(上底) × (高さ) ÷ 2 ＋ (下底) × (高さ) ÷ 2 ＝ (上底＋下底) × (高さ) ÷2

と面積を求められます。

平行四辺形

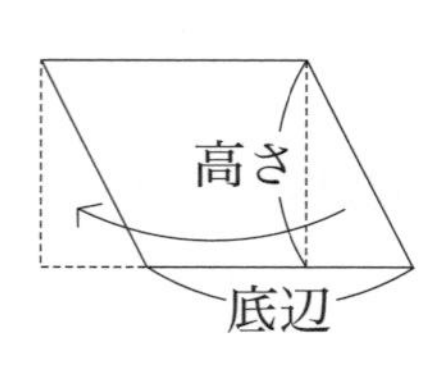

台形

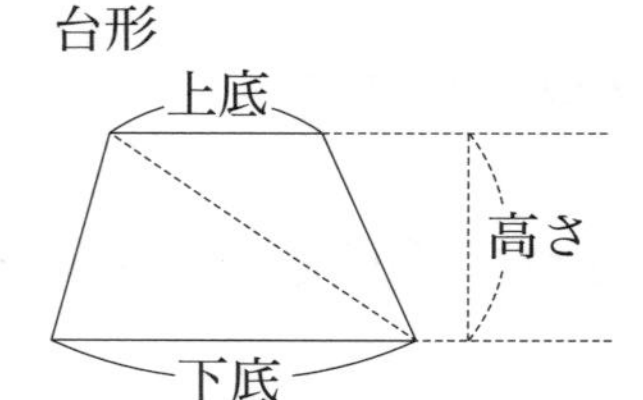

円の面積は、算数では (半径) × (半径) × 3.14　で求めました。この 3.14 という数は**円周率**（えんしゅうりつ）といい、実際には有限小数や循環小数で表すことのできない無理数です。

そこで数学では、円周率を π（パイ）という記号で表します。円の半径を r とすると、円の面積は「πr^2」と表せるということです。

また、円周の長さは (直径)×(円周率)、つまり (半径)× 2 ×(円周率) で求められます。文字式で表すと「$2\pi r$」です。

「π」は特定の数を表しているので、計算で使う a, b, c や x, y のような文字とは別物です。数や文字と π の積を表すときは、「$2\pi r$」のように「数、π、文字」

の順で書きましょう。

P.98 参照　無理数を小数で表すと、小数点以下の数字が無限に続き、循環しない小数となります。

> π ：円周率
> 半径が r の円の面積は πr^2 、円周の長さは $2\pi r$

例題 122

半径が 5 cm の円の面積と円周の長さを求めよ。

解答

面積は　$5\times5\times\pi=\mathbf{25\pi}$ **(cm²)**
円周の長さは　$5\times2\times\pi=\mathbf{10\pi}$ **(cm)**

演習 122 （解答は P.314）

直径が 7 cm の円の面積と円周の長さを求めよ。

円から弧を切り取り、その両端と円の中心を結ぶ線分（半径）を引くとき、この 2 つの半径と弧でできる図形を**扇形**といいます。また、2 つ半径でできる角のうち弧が付いているほうを扇形の**中心角**といいます。

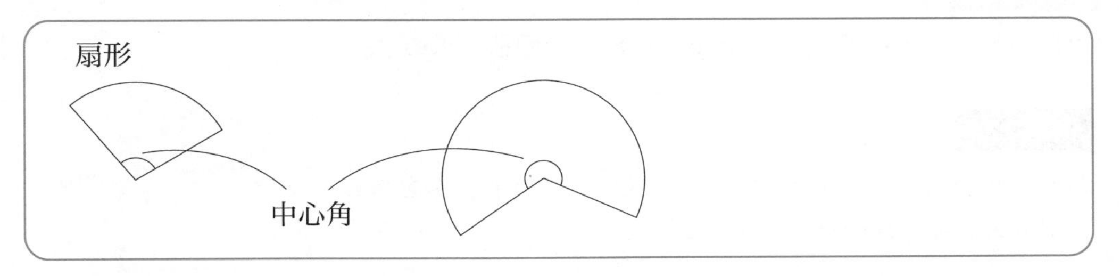

扇形の面積は同じ半径の円全体をもとにしてどれだけの割合であるかで考えることができます。

例　中心角が 60° の扇形

⇒　同じ半径の円の面積に対する扇形の面積の割合が $\dfrac{60}{360}$

⇒　（扇形の面積）＝（円の面積）× $\dfrac{60}{360}$

60°
360°

同じように、中心角が 60° の扇形の弧の長さは同じ半径の円の円周の長さに $\dfrac{60}{360}$ をかければ求められます。また、扇形の弧の長さに半径 2 つ分を加えると扇形の周の長さとなります。

同じ半径の円と扇形があるとき、$\dfrac{\text{扇形の面積}}{\text{円の面積}}=\dfrac{\text{扇形の弧の長さ}}{\text{円周の長さ}}=\dfrac{\text{扇形の中心角}}{360}$

半径が r、中心角が $a°$ の扇形の面積は　$\pi r^2 \times \dfrac{a}{360}$

弧の長さは　$2\pi r \times \dfrac{a}{360}$

例題 123

半径が 5 cm、中心角が 288° の扇形の面積と周の長さを求めよ。

解答

面積は　$5 \times 5 \times \pi \times \dfrac{288}{360} = \mathbf{20\pi}$ **(cm²)**

周の長さは　$5 \times 2 \times \pi \times \dfrac{288}{360} + 5 \times 2 = \mathbf{8\pi + 10}$ **(cm)**

$\dfrac{288}{360}=\dfrac{4}{5}$ です。周の長さは、弧の長さに半径 2 つ分の長さを加えて求めます。**π を含む式の計算では π を文字と同じように扱うので、$3\pi + 2\pi = 5\pi$ のような計算はできますが、$8\pi + 10$ はこれ以上計算することができません**。

演習 123 （解答は P.315）

半径が 8 cm、弧の長さが 6π cm の扇形の面積を求めよ。

例題 124

扇形と正方形を組み合わせた右の図形について、影を付けた部分の面積と周の長さを求めよ。

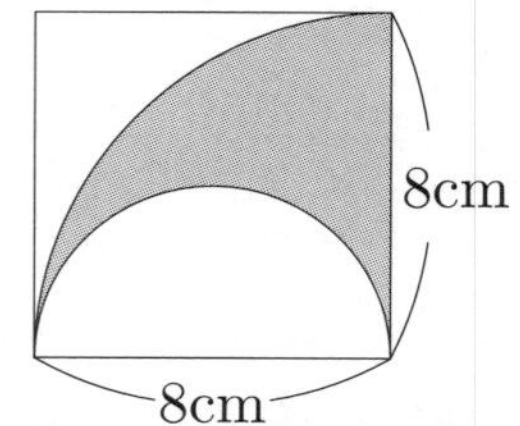

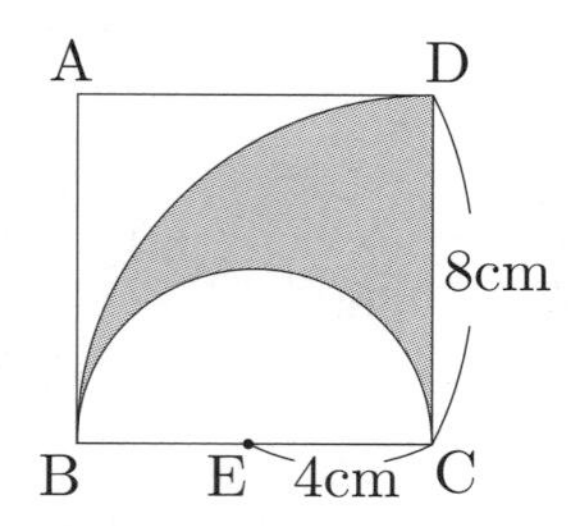

左の図のように各点を定め、扇形に名前を付けます。

㋐ 点 C を中心とする
半径 8 cm、中心角 90° の扇形

㋑ 点 E を中心とする
半径 4 cm、中心角 180° の扇形

> 複雑な図形は扇形や三角形、四角形の部分に分けて考えましょう

影を付けた部分の面積は、㋐ の面積から ㋑ の面積を引けば求められます。周の長さは、㋐ と ㋑ のそれぞれの弧の長さと辺 DC の 8 cm を足した長さです。

解答

面積は　$8 \times 8 \times \pi \times \frac{90}{360} - 4 \times 4 \times \pi \times \frac{180}{360} = 16\pi - 8\pi = \mathbf{8\pi}$ **(cm²)**

周の長さは　$8 \times 2 \times \pi \times \frac{90}{360} + 8 \times \pi \times \frac{180}{360} + 8 = 4\pi + 4\pi + 8 = \mathbf{8\pi + 8}$ **(cm)**

演習 124 （解答は P.315）

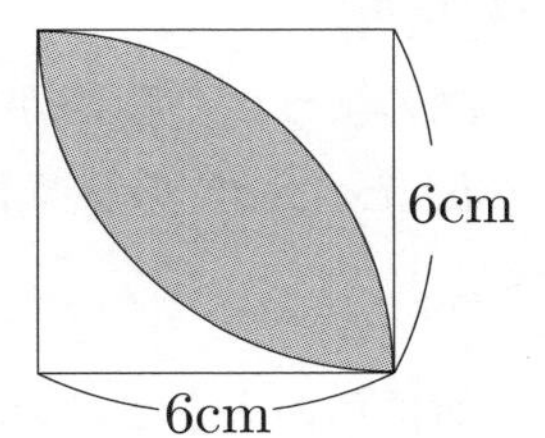

扇形と正方形を組み合わせた右の図形について、影を付けた部分の面積と周の長さを求めよ。

例題 125

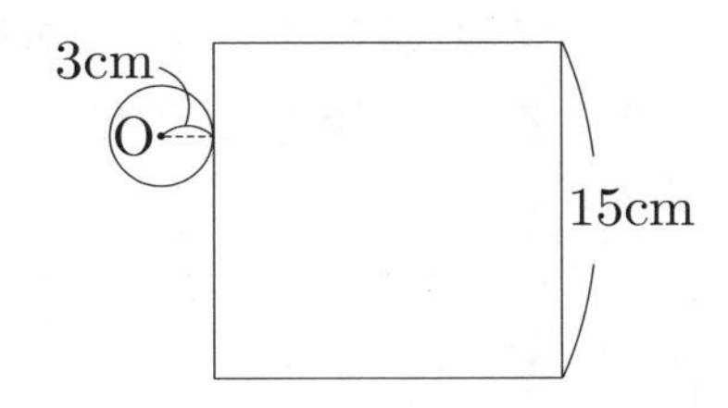

点Oを中心とする半径3 cmの円が、1辺の長さが15 cmの正方形の辺にそって、正方形の外側をすべることなく転がって1周する。このとき、点Oが動いてできる線の長さおよび、点Oが動いてできる線と正方形の辺で囲まれた部分の面積を求めよ。

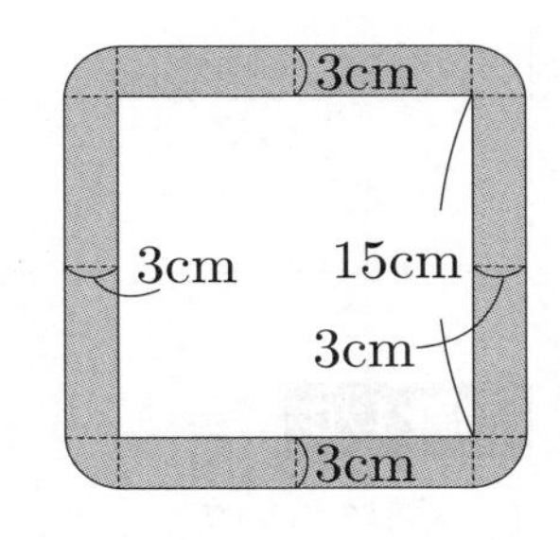

点Oが動いてできる線と正方形の辺で囲まれた部分は、右の図の影を付けた部分です。

円が正方形の辺にそって転がっているときは、点Oと正方形の辺との距離は常に3 cmであり、点Oが動いてできる線は正方形の辺に平行な線分になります。

円が正方形の1辺の端まで転がった後、次の辺を転がり始めるまでの間は、円Oは正方形の頂点を中心として回転移動し、点Oが動いてできる線は正方形の頂点を中心とした半径3 cm、中心角 90° の扇形となります。このようにしてできる扇形の部分をすべて合わせると円になることを利用して解答しましょう。

解答

線の長さは　$15 \times 4 + 3 \times 2 \times \pi = \mathbf{60 + 6\pi}$ **(cm)**

面積は　$15 \times 3 \times 4 + 3 \times 3 \times \pi = \mathbf{180 + 9\pi}$ **(cm²)**

演習 125 （解答は P.315）

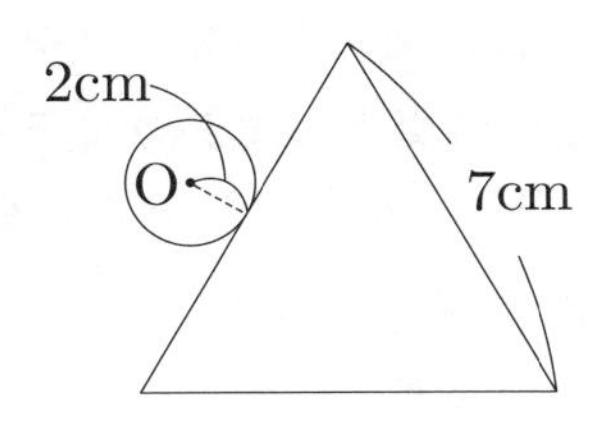

半径2 cmの円Oが、1辺の長さが7 cmの正三角形の辺にそって、正三角形の外側をすべることなく転がって1周する。このとき、点Oが動いてできる線の長さおよび、点Oが動いてできる線と正三角形の辺で囲まれた部分の面積を求めよ。

8　図形と合同

8.1　平行線と角

〈対頂角〉

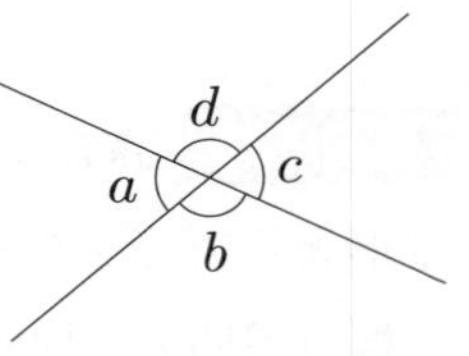

図のように2直線が交わってできる角のうち、$\angle a$ と $\angle c$、$\angle b$ と $\angle d$ のように向かい合う2つの角を**対頂角**（たいちょうかく）といいます。

対頂角の大きさはいつでも等しくなっています。

たとえば $\angle a$ と $\angle c$ であれば、$\angle a + \angle b = 180°$, $\angle c + \angle b = 180°$ なので、$\angle a = 180° - \angle b$, $\angle c = 180° - \angle b$ となり、等しいことが確認できます。

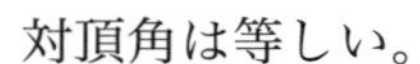
対頂角は等しい。

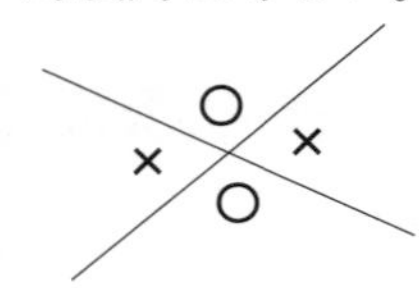

例題 126

右の図において、$\angle a$, $\angle b$ の大きさをそれぞれ求めよ。

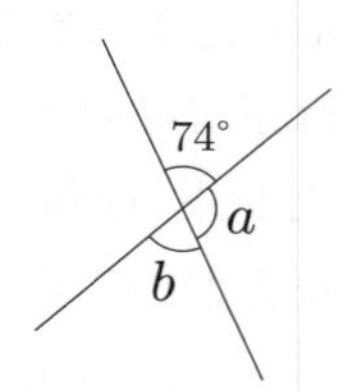

解答

$\angle a = 180° - 74° = \mathbf{106°}$

対頂角は等しいので　$\angle b = \mathbf{74°}$

演習 126 （解答は P.316）

右の図において、$\angle a$, $\angle b$ の大きさをそれぞれ求めよ。

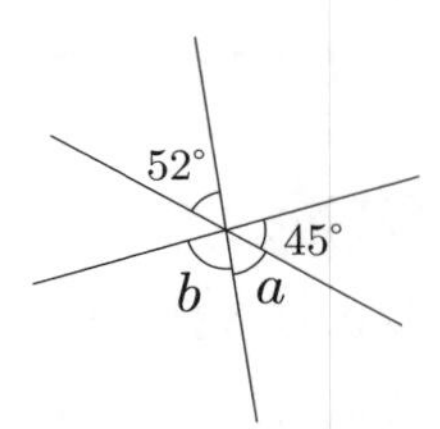

〈同位角・錯角〉

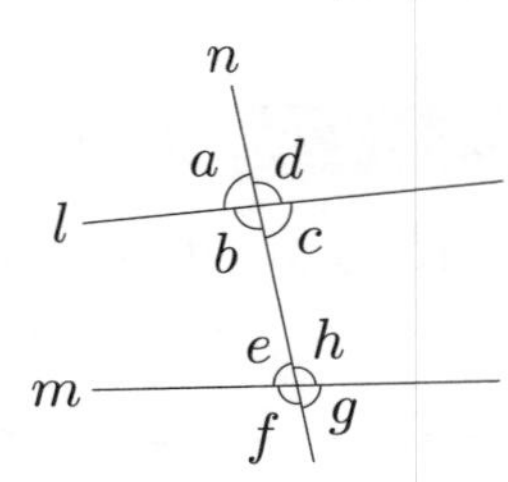

右の図のように2直線 l, m に1つの直線 n が交わると、2つの交点のまわりにそれぞれ4つずつ角ができます。このとき $\angle a$ と $\angle e$、$\angle b$ と $\angle f$、$\angle c$ と $\angle g$、$\angle d$ と $\angle h$ のように2つの交点で同じ位置関係にある角を**同位角**（どういかく）といいます。

また、$\angle b$ と $\angle h$、$\angle c$ と $\angle e$ のように2直線の内側で斜め向かいに位置する角を**錯角**(さっかく)といいます。

2直線に1つの直線が交わるとき、同位角は4組、錯角は2組できます。このとき、同位角が等しいならば、あるいは錯角が等しいならば、2直線は平行であるといえます。反対に、2直線が平行であれば、同位角は等しくなり、錯角も等しくなります。

2直線に他の直線が交わるとき、
- 同位角が等しいならば2直線は平行である。
- 錯角が等しいならば2直線は平行である。

平行な2直線が他の直線と交わるとき、同位角、錯角は等しい。

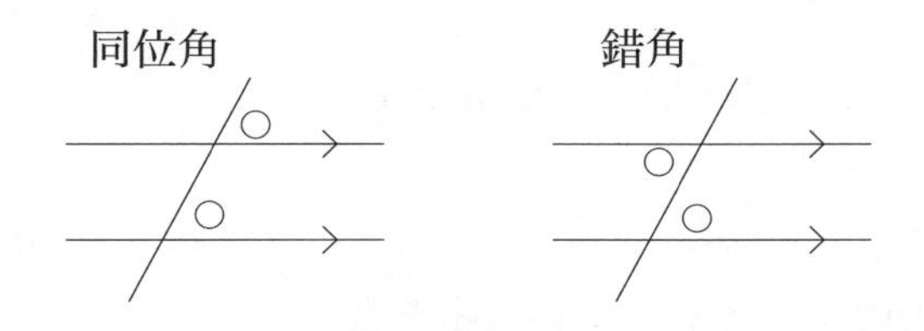

発展 1点補足しておきます。2つの事柄A, Bがあるとき、「AならばBである」と「BならばAである」はそれぞれ違うことを意味していて、どちらかが正しいからといってもう一方も正しいとは限りません。

たとえば、「人間であるならば動物である」というのは正しいです。しかし「動物であるならば人間である」というのは、動物であっても犬や鳥であるかもしれず正しいとはいえません。

同じように、2直線と他の1つの直線が交わるとき「同位角が等しいならば2直線は平行である」と「2直線が平行であるならば同位角は等しい」はそれぞれ異なる内容であることを理解しておいてください。

例題 127

右の図の4本の直線 a, b, c, d の中から、平行な直線の組を選べ。

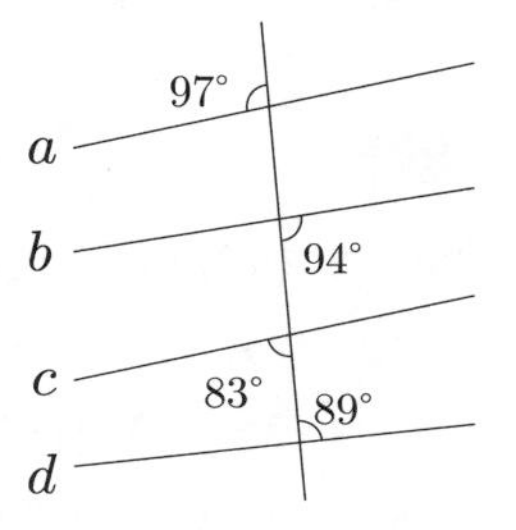

2直線が1つの直線と交わってできる同位角または錯角が等しいことが確認できれば、2直線が平行であることが分かります。反対に、2直線が平行であるならば必ず同位角、錯角は等しいので、同位角、錯角が等しくなければ2直線が平行ではないことが分かります。

解答

図のように $\angle x$, $\angle y$, $\angle z$ を定めると、

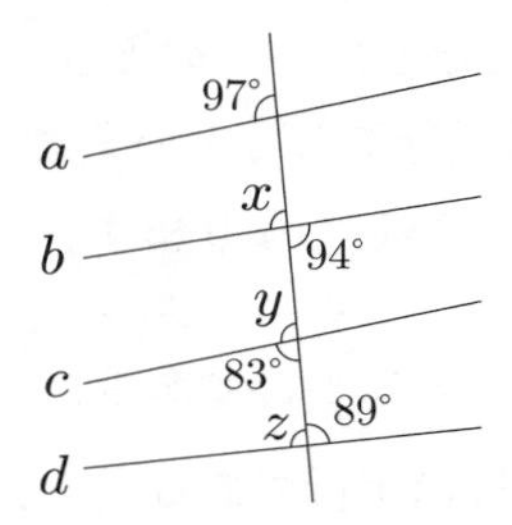

対頂角は等しいので　$\angle x = 94°$

$\angle y = 180° - 83° = 97°$

$\angle z = 180° - 89° = 91°$

よって、a と c のみ同位角が等しいので、平行な直線は **$\boldsymbol{a}$ と $\boldsymbol{c}$**

演習 127 （解答は P.316）

右の図の 4 本の直線 a, b, c, d の中から、平行な直線の組を選べ。

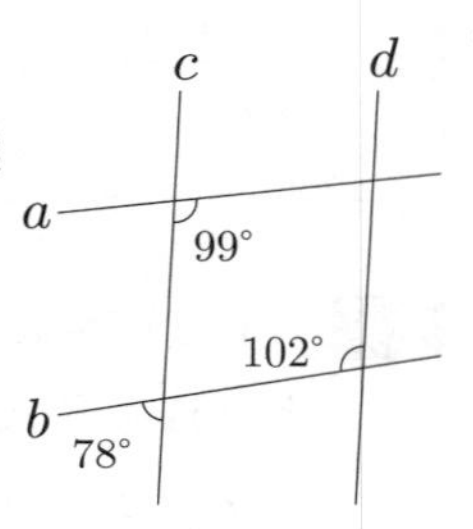

例題 128

右の図で　$l \parallel m$　のとき、$\angle x$ の大きさを求めよ。

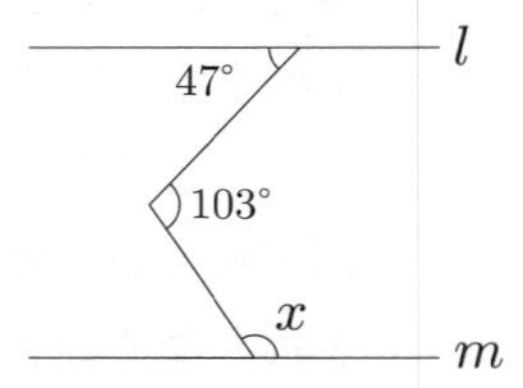

図にある直線と平行な補助線を引いて考えます。

解答

図のように点Pを定め、点Pを通り l に平行な直線 n を引き、$\angle a$, $\angle b$, $\angle c$ を定める。

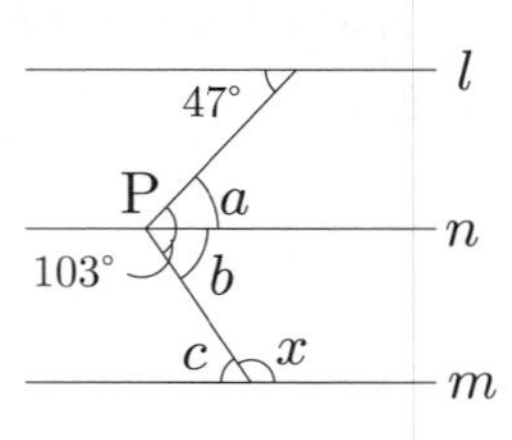

$l \parallel n$　で、錯角は等しいので　$\angle a = 47°$

$\angle b = 103° - 47° = 56°$

$n \parallel m$　で、錯角は等しいので　$\angle c = 56°$

よって、$\angle x = 180° - 56° = \mathbf{124°}$

演習 128（解答は P.316）

右の図は、長方形の紙 ABCD を線分 EF を折り目として折り返したものである。$\angle x$ の大きさを求めよ。

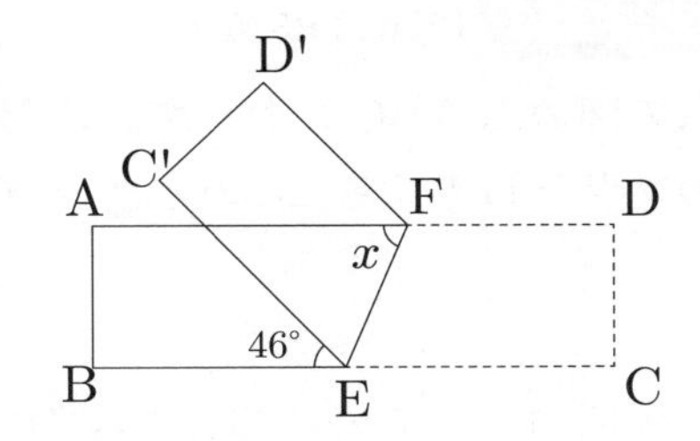

8.2 多角形の内角、外角

多角形の内側にある角を**内角**（ないかく）といい、三角形の 3 つの内角の和は 180° になっています。

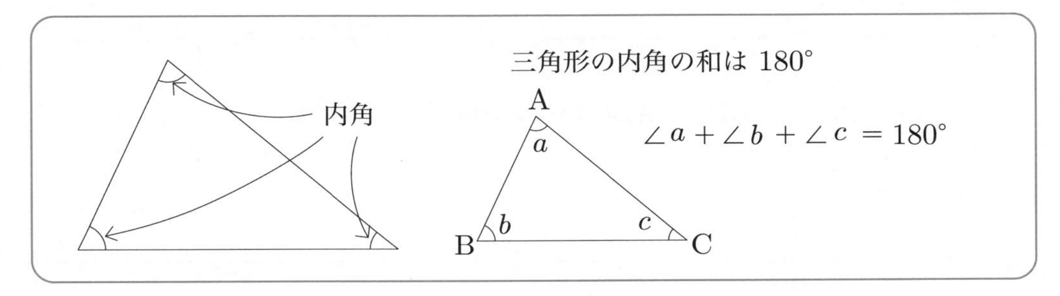

三角形の内角の和が 180° であることは次のように確認できます。

右の図のように、△ABC の頂点 A を通り、辺 BC に平行な直線を引くと、$\angle b$ と $\angle b'$、$\angle c$ と $\angle c'$ は平行な 2 直線の錯角で等しく、

$\angle a + \angle b + \angle c = \angle a + \angle b' + \angle c' = 180°$

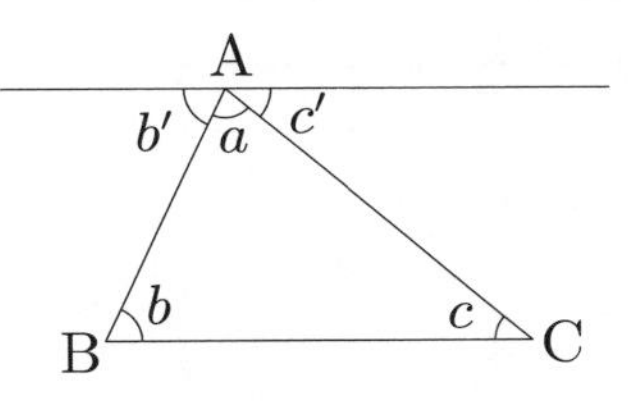

例題 129

右の図の三角形において、$\angle x$ の大きさを求めよ。

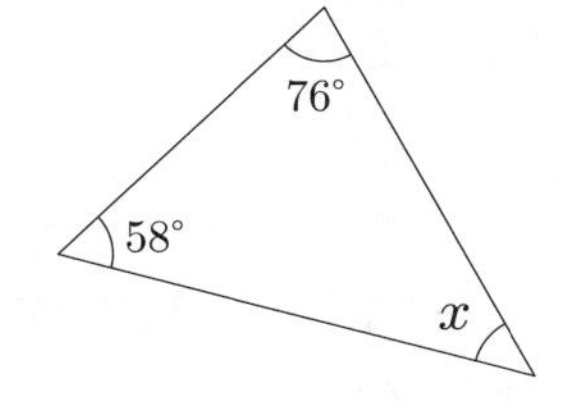

解答

三角形の内角の和は 180° なので　$\angle x = 180° - (76° + 58°) = \mathbf{46°}$

演習 129 （解答は P.316）

右の図の△ ABC において、∠ B, ∠ C の二等分線の交点を D とする。このとき、∠ x の大きさを求めよ。

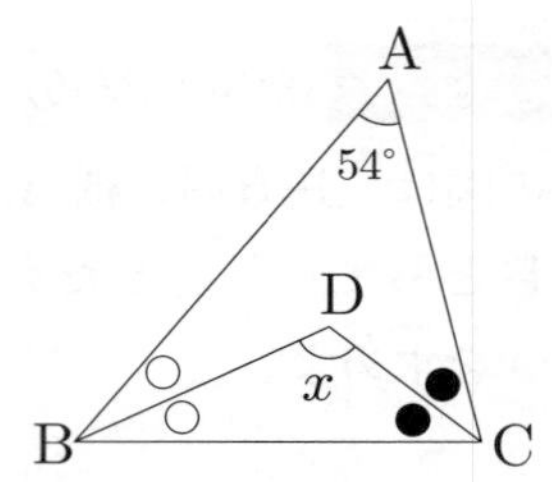

ヒント　1つの角を二等分する半直線をその角の**二等分線**（にとうぶんせん）といいます。
この問題では、∠ ABC, ∠ ACB のそれぞれの大きさを求めることはできませんが、∠ ABC + ∠ ACB の大きさや、その半分の ∠ DBC + ∠ DCB の大きさを求めることはでき、それらを使って ∠ x の大きさを求めることができます。

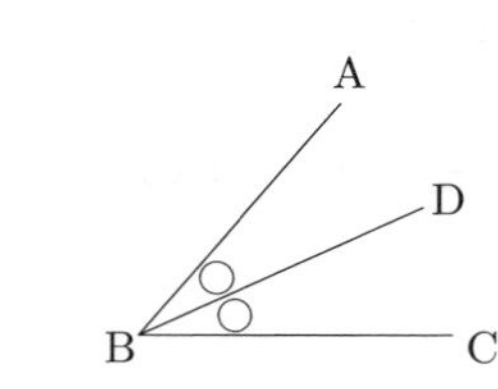

BD：∠ABC の二等分線

多角形の１辺とその隣の辺の延長線（えんちょうせん）とでできる角を**外角**（がいかく）といい、三角形の外角はそれと隣り合わない２つの内角の和に等しくなっています。

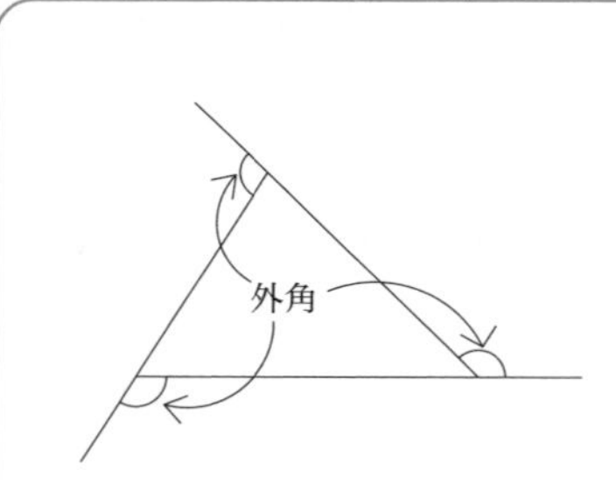

三角形の外角はそれと隣り合わない２つの内角の和と等しい。

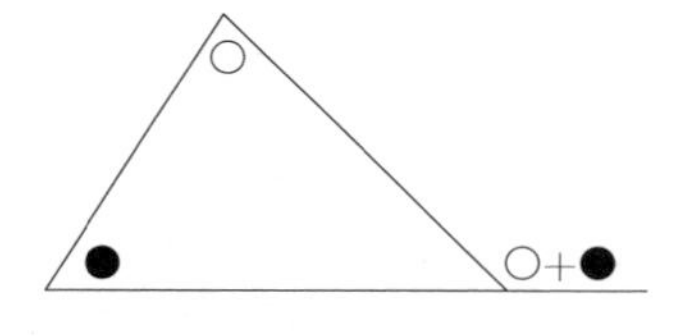

右の図の△ ABC であれば、$\angle f = \angle a + \angle b$ が成り立ちます。

これは、

$\angle f = 180° - \angle c = 180° - (180° - \angle a - \angle b)$

$= \angle a + \angle b$

として確認できます。

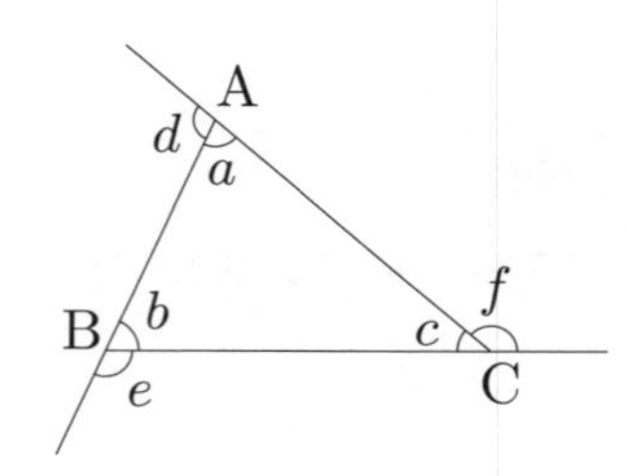

例題 130

右の図において、$\angle x$ の大きさを求めよ。

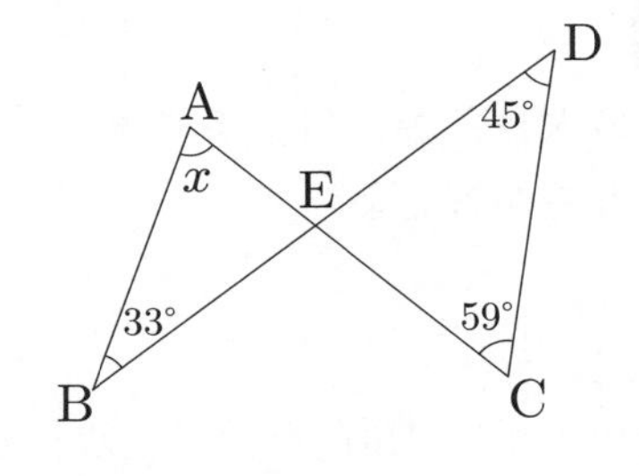

解答

$\triangle$ CDE において、内角と外角の関係から　$\angle \mathrm{AED} = 45° + 59° = 104°$

$\triangle$ ABE において、内角と外角の関係から　$\angle x = 104° - 33° = \mathbf{71}°$

三角形の内角と外角の関係を使わずに、

$\triangle$ CDE の内角の和は 180° なので　$\angle \mathrm{DEC} = 180° - (45° + 59°) = 76°$

$\angle \mathrm{AEB} = \angle \mathrm{DEC} = 76°$

$\triangle$ ABE の内角の和は 180° なので　$\angle x = 180° - (76° + 33°) = 71°$

としても $\angle x$ の大きさを求めることができますが、解答で示した方法のほうが楽に計算ができます。

演習 130（解答は P.317）

右の図において、$\angle x$ の大きさを求めよ。

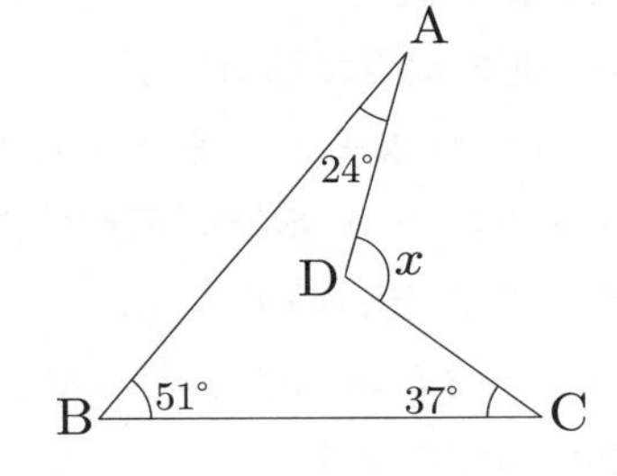

90° のことを直角といい、0° より大きく 90° より小さい角のことを**鋭角**（えいかく）、90° より大きく 180° より小さい角のことを**鈍角**（どんかく）といいます。

三角形は内角の大きさによって、次の 3 つに分類することができます。

鋭角三角形 … 3 つの内角がすべて鋭角の三角形

直角三角形 … 1 つの内角が直角の三角形

鈍角三角形 … 1 つの内角が鈍角の三角形

三角形の 1 つの内角が直角や鈍角の場合、他の内角の大きさが 1 つでも 90° 以上であれば内角の和が 180° を超えてしまうため、他の 2 つの内角はどちらも鋭角です。

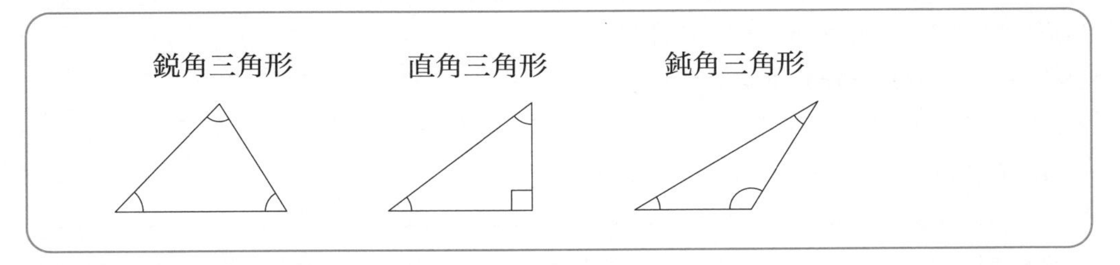

例題 131

2つの内角の大きさが、41°，53° の三角形は、鋭角三角形、直角三角形、鈍角三角形のどれになるか答えよ。

解答

三角形の内角の和は 180° なので、残りの内角の大きさは

$180° - (41° + 53°) = 86°$

よって、内角がすべて鋭角なので、**鋭角三角形**

演習 131 （解答は P.317）

2つの内角の大きさが、39°，48° の三角形は、鋭角三角形、直角三角形、鈍角三角形のどれになるか答えよ。

頂点の数が4つ以上の多角形の内角について考えます。右の図のような n 角形があるとき、1つの頂点から他の頂点に線分を引いて n 角形を三角形に分けていきます。そうすると、1番目の頂点から2番目や n 番目の頂点に線分を引いても三角形ができないので、三角形を作るような線分は（$n-3$）本引くことができ、三角形は（$n-2$）個できます。

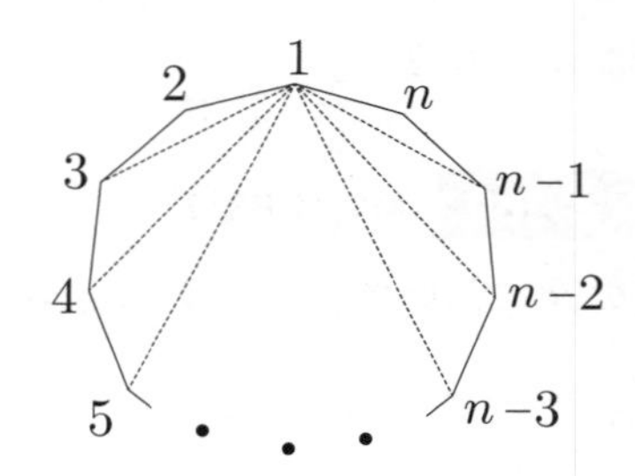

このように考えると、n 角形の内角の和は（$n-2$）個の三角形の内角の和と等しく、$180° \times (n-2)$ であることが分かります。これは n 角形が三角形であるとき、つまり $n=3$ のときでも正しく、n が $3 \leqq n$ となるすべての自然数のときに成り立ちます。

上の図のようにすべての内角が 180° 未満である多角形を**凸多角形**（とつたかくけい）といい、右の図のように少なくとも1つの内角が 180° より大きい多角形を**凹多角形**（おうたかくけい）といいます。凹 n 角形の場合でも同じように三角形に分けることができ、内角の和は

$180° \times (n-2)$ となります。

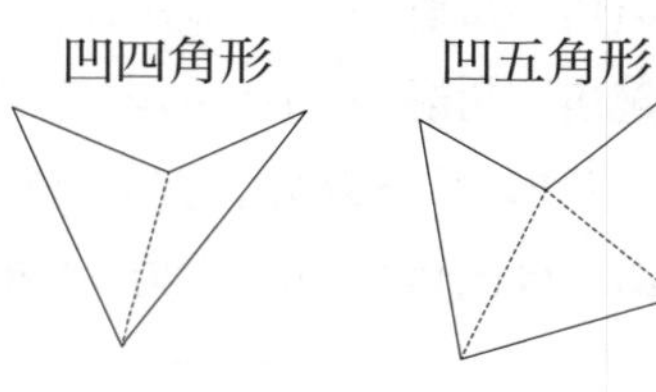

> n 角形の内角の和は $180° \times (n-2)$

多角形の外角の和についても考えてみましょう。凸 n 角形において、1つの頂点

にできる内角と外角の和は 180° なので、すべての内角と外角の和は $180° \times n$ です。そこから内角の和を引いた大きさが外角の和であり、計算すると $180° \times n - 180° \times (n - 2) = 360°$ となります。つまり、凸 n 角形の外角の和は n の値に関係なくいつでも 360° となっています。

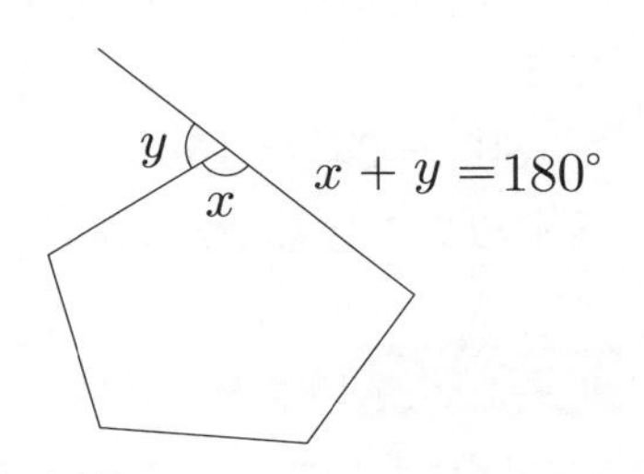

凹 n 角形の外角については、1つの頂点にできる内角と外角の和を 180° とすると、凸 n 角形の場合と同じように外角の和が 360° となります。このとき、内角が 180° より大きい頂点の外角の大きさは負の値となります。

たとえば下の図の凹五角形 ABCDE で、頂点 E にできる内角が 250° であるとすると、外角は $180° - 250° = -70°$ になるということです。右側の図のように辺 AE と辺 DE の部分だけ取り出して考えると、頂点 A が A' のような位置にあるときは頂点 E にできる外角が正の値であり、頂点 A が辺 DE の延長線を通り越して A' と反対側にあれば頂点 E にできる外角が負の値になると理解することができます。

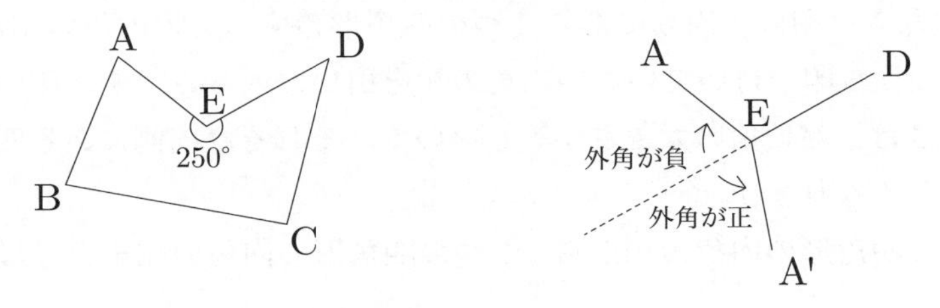

> 多角形の外角の和は 360°

例題 132

正十五角形の1つの内角の大きさを求めよ。

正多角形は、内角どうしの大きさがすべて等しく、外角どうしの大きさもすべて等しいので、内角の和や外角の和を頂点の数で割れば、1つの内角、外角の大きさが求められます。

解答

正十五角形の内角の和は　$180° \times (15 - 2) = 2340°$

よって、正十五角形の1つの内角の大きさは　$2340° \div 15 =$ **156°**

正十五角形の１つの外角の大きさは　$360° \div 15 = 24°$　なので、１つの内角の大きさを

$180° - 24° = 156°$

と求めることもできます。

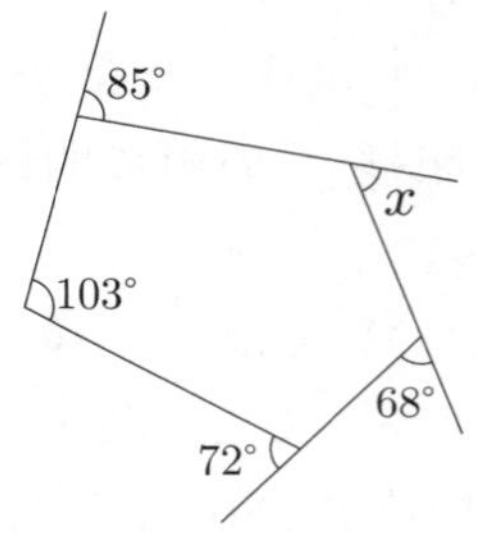

演習 132（解答は P.318）

右の図において、$\angle x$ の大きさを求めよ。

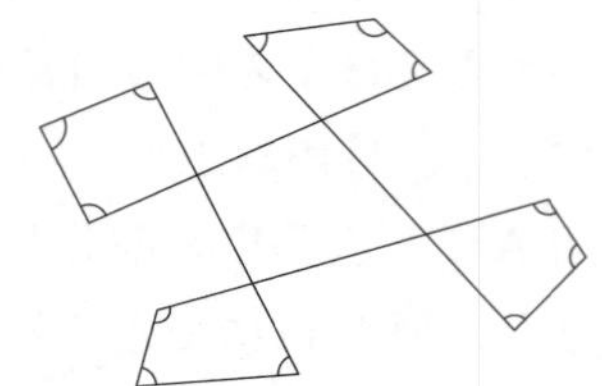

例題 133

右の図において、印を付けた角の大きさの和を求めよ。

印の付いた角の大きさの和は、周りにある４つの四角形のすべての内角の和から、４つの四角形の内角のうち印の付いていない内角の和を引いた大きさです。印の付いていない内角の大きさは、対頂角の大きさが等しいので、それぞれ内側にある四角形の内角の大きさと等しくなります。

したがって、４つの四角形の内角の和から、１つの四角形の内角の和を引けばよいということです。

解答

図のように角の大きさを文字で表す。

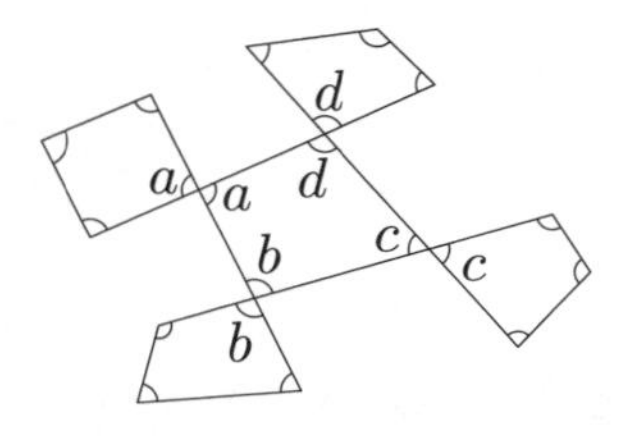

求める角の大きさの和に $(a + b + c + d)$ を加えると、四角形の内角の和の４つ分になり、$(a + b + c + d)$ は四角形の内角の和であるので、求める角の大きさの和は四角形の内角の和の３つ分となる。

よって、求める角の大きさの和は　$180° \times (4 - 2) \times 3 =$ **1080°**

演習 133（解答は P.318）

右の図において、印を付けた角の大きさの和を求めよ。

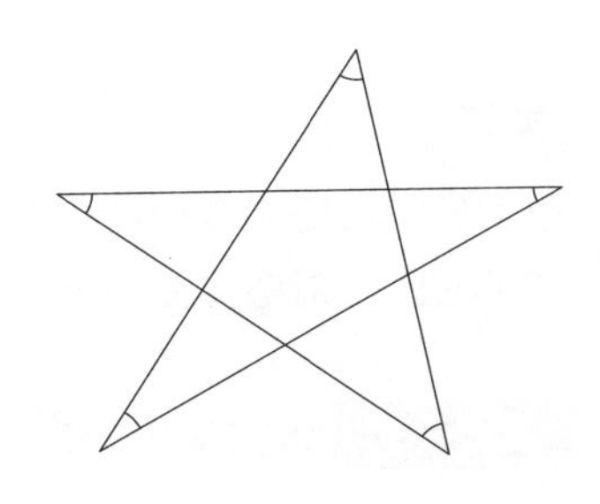

8.3　三角形の合同

2つの図形があり、その一方を平行移動、回転移動、対称移動によってもう一方に重ねることができるとき、2つの図形は**合同**（ごうどう）であるといいます。このとき、ぴったり重なる辺を「対応する辺」と表現します。

> 合同：2つの図形が平行移動、回転移動、対称移動によって重ねられること

2つの図形が合同であるとき、対応する辺の長さは等しく、対応する角の大きさも等しくなっています。

例　△ABC と△DEF が合同であるとき、
AB = DE, BC = EF, CA = FD, ∠A = ∠D, ∠B = ∠E, ∠C = ∠F

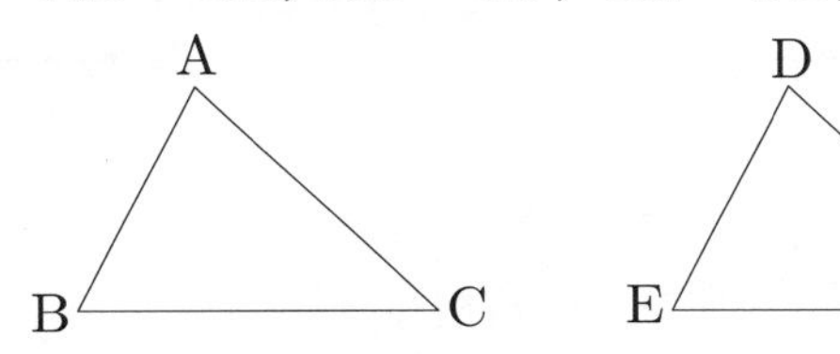

△ABC と△DEF が合同であることを記号 ≡ を用いて、△ABC ≡ △DEF と表します。

注意　このとき、対応する頂点どうしが同じ順番になるように書いてください。つまり、△BCA ≡ △EFD と書くのは問題ありませんが、たとえば △ABC ≡ △EFD は、頂点 A と頂点 E などが対応しているわけではないので正しくありません。

例題 134

下の図において、△ABC ≡ △DEF であるとき、辺 EF の長さ、∠DEF の大きさを求めよ。

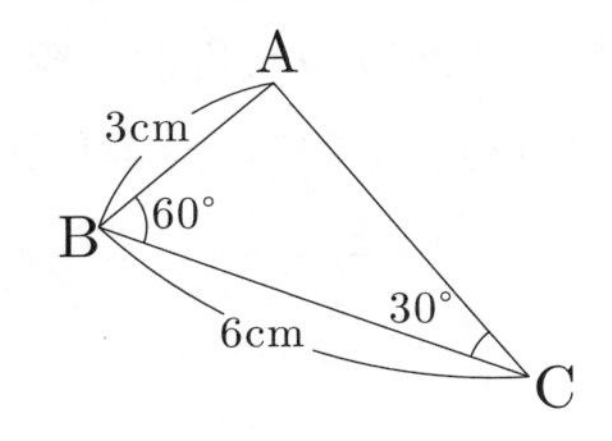

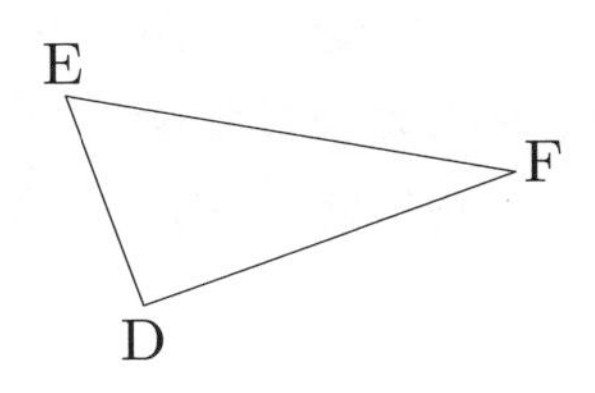

解答

辺 EF に対応する辺は辺 BC なので　EF ＝ BC ＝ **6 cm**
∠ DEF に対応する角は ∠ ABC なので　∠ DEF ＝ ∠ ABC ＝ **60°**

演習 134（解答は P.318）

下の図において、四角形 ABCD ≡ 四角形 EFGH　であるとき、辺 FG の長さ、∠ FEH の大きさを求めよ。

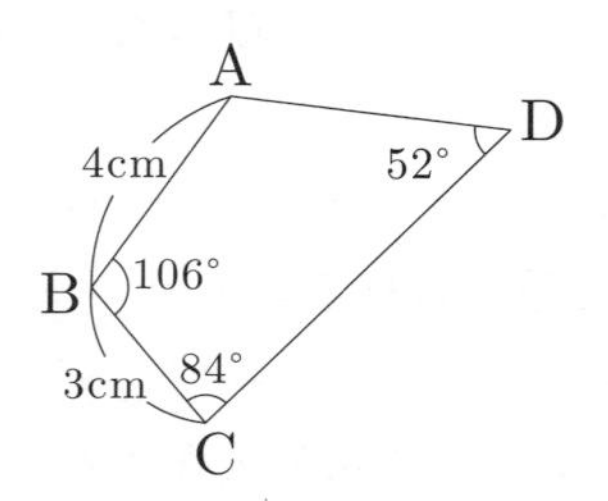

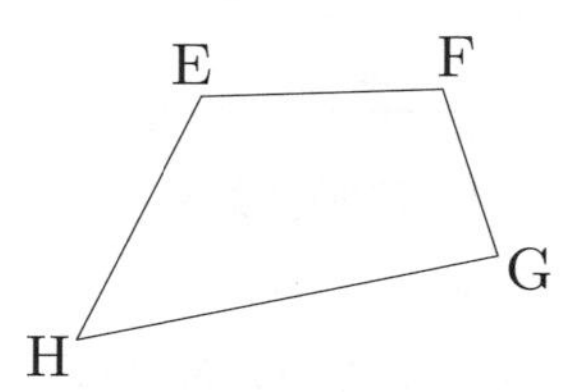

2 つの図形が合同であるための条件のことを**合同条件**（ごうどうじょうけん）といいます。三角形の合同条件には次の 3 つがあります。

三角形の合同条件
① 3 組の辺がそれぞれ等しい。（「三辺相等（そうとう）」ともいいます。）
② 2 組の辺とその間の角がそれぞれ等しい。（「二辺夾角（きょうかく）相等」）
③ 1 組の辺とその両端の角がそれぞれ等しい。（「一辺両端角（りょうたんかく）相等」）

合同条件に出てくる「辺」は「辺の長さ」、「角」は「角の大きさ」のことですが、上のように「辺」や「角」と書くだけで十分です。

それでは、3 つの条件を順に確認していきましょう。

①「3 組の辺がそれぞれ等しい」

△ ABC を作るとして、まず辺 AB の長さを決めます。次に、辺 AC の長さを決めると、点 C は点 A を中心とした円周上の点になります。さらに、辺 BC の長さを決めると、点 C は点 B を中心とした円周上の点になり、点 C の位置は 2 か所に決まります。

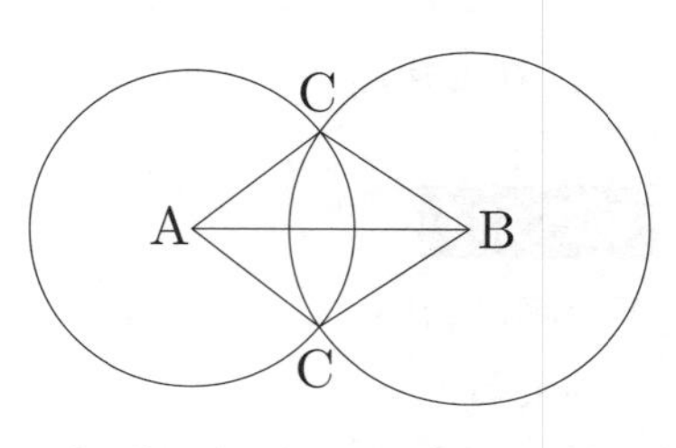

このとき、2 通りの△ ABC ができますが、一方の三角形は他方の三角形を線分 AB を対称の軸として対称移動した図形なので 2 つの三角形は合同です。つまり、3 つの辺の長さが決まっている三角形は 1 種類しか作れないということです。

②「2組の辺とその間の角がそれぞれ等しい」

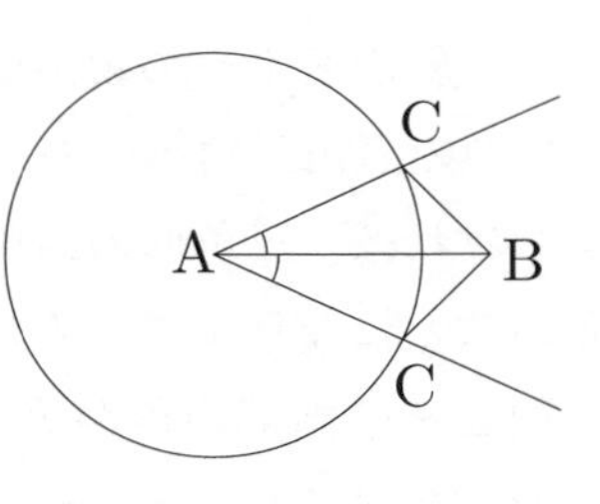

△ABCを作るとして、まず辺ABの長さを決めます。次に、辺ACの長さを決めると、点Cは点Aを中心とした円周上の点になります。さらに、辺ABと辺ACの間にできる ∠BAC の大きさを決めると、点Cは点Aを端とする半直線上の点になります。

このとき、点Cの位置は2か所に決まり、① と同様に、2つの辺の長さとその間の角の大きさが決まっている三角形は1種類しか作れないことが分かります。

③「1組の辺とその両端の角がそれぞれ等しい」

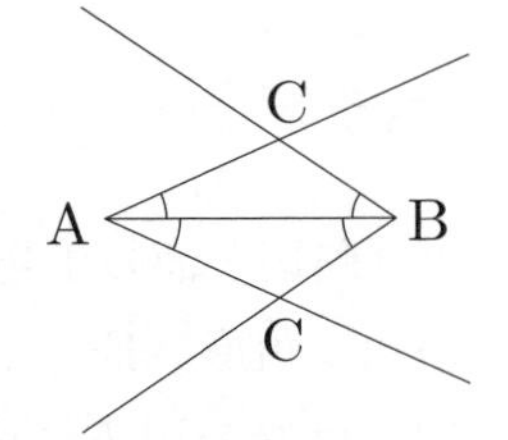

△ABCを作るとして、まず辺ABの長さを決めます。次に、∠BAC の大きさを決めると、点Cは点Aを端とする半直線上の点になります。さらに ∠ABC の大きさを決めると、点Cは点Bを端とする半直線上の点になります。

このとき、点Cの位置は2か所に決まり、① と同様に、1つの辺の長さとその両端の角の大きさが決まっている三角形は1種類しか作れないことが分かります。

三角形の合同条件3つを確認しました。どれも辺の長さや角の大きさに関する条件が3つそろったときに1つの合同条件となっています。

この他に、直角三角形の場合に使える合同条件もあります。

直角三角形の合同条件
① 斜辺と1つの鋭角がそれぞれ等しい。
② 斜辺と他の1辺がそれぞれ等しい。

直角三角形には直角を作る2つの辺があり、そのどちらでもない辺のことを**斜辺**(しゃへん)といいます。

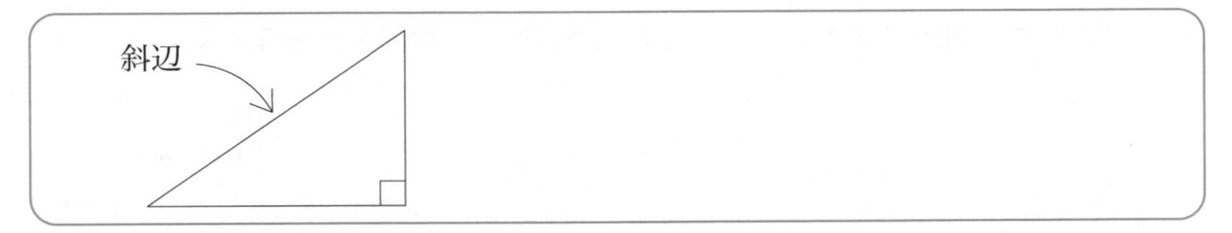

直角三角形の場合は1つの角が直角であり、さらに斜辺の長さが等しいという条件がそろえば、他の1つの角の大きさか1つの辺の長さが等しいときに合同であるといえます。それぞれ確認しておきましょう。

①「斜辺と１つの鋭角がそれぞれ等しい」

２つの直角三角形があるとき、１つの角が直角で等しく、もう１つの角の大きさも等しければ、三角形の内角の和は 180° で一定なので、最後の１つの角の大きさも等しいことになります。そのため､２つの直角三角形で斜辺と１つの鋭角が等しければ、斜辺とその両端の角が等しいことになり、三角形の合同条件によって２つの直角三角形が合同であるといえます。

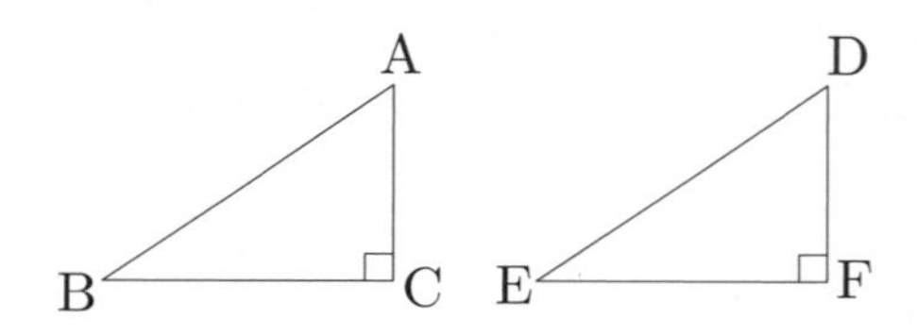

∠C ＝ ∠F
∠A ＝ ∠D
ならば
∠B ＝ ∠E

②「斜辺と他の１辺がそれぞれ等しい」

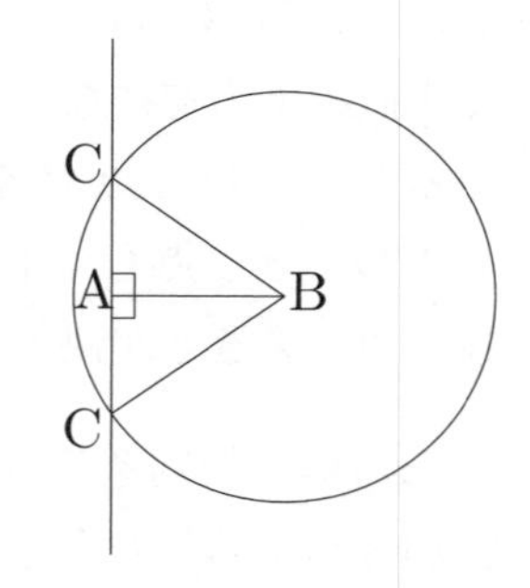

直角三角形 ABC を作るとします。∠BAC＝90° として、斜辺ではない辺 AB の長さを決めると、点 C は点 A を通る線分 AB の垂線上の点になります。さらに斜辺 BC の長さを決めると、点 C は点 B を中心とする円周上の点になります。

このとき、点 C の位置は２か所に決まり、１種類の三角形しか作れないことが分かります。そのため、２つの直角三角形で斜辺と他の１つの辺が等しければ、その２つの直角三角形は合同であるといえます。

三角形の合同条件を確認してきました。頂点が４つ以上の多角形については、頂点どうしを結んで多角形をいくつかの三角形に分けることができ、２つの多角形でそのように分けた三角形どうしがすべて合同であれば２つの多角形が合同であるといえます。

例題 135

下の図において、三角形の合同条件を使って合同であるといえる三角形の組を見つけ出し、記号 ≡ を用いて表せ。また、そのときに使った合同条件を答えよ。

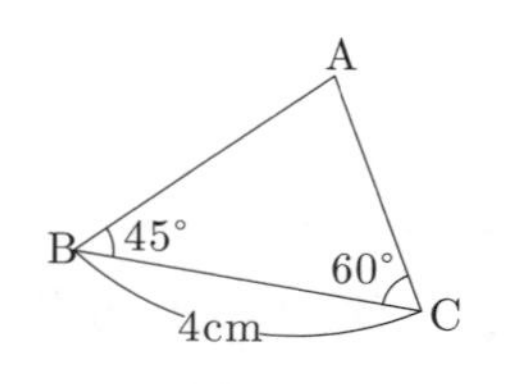

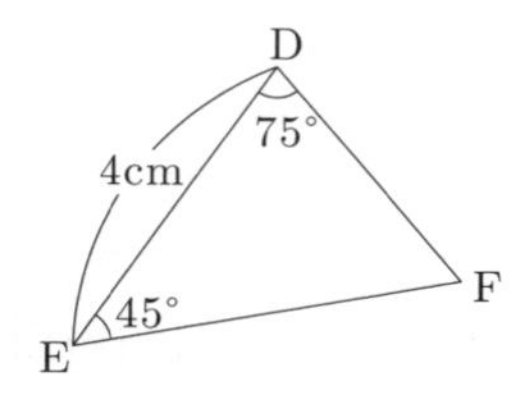

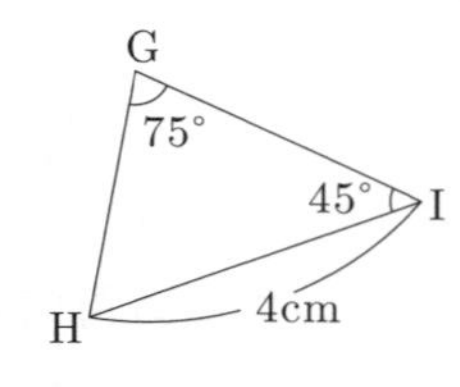

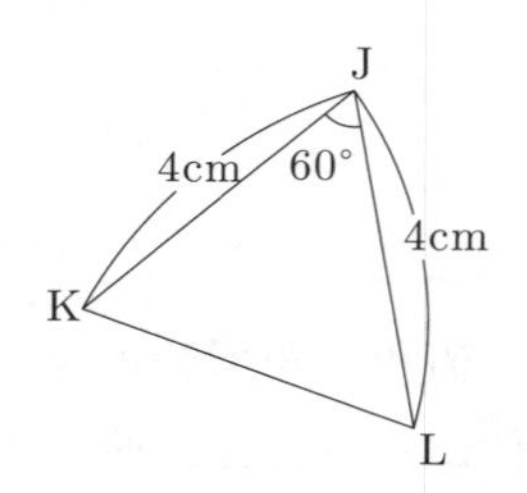

解答

$\triangle$ GIH において、三角形の内角の和は 180° なので

$\angle$ GHI $= 180° - (75° + 45°) = 60°$

よって、**$\triangle$ ABC $\equiv$ $\triangle$ GIH**

使った合同条件は、**1 組の辺とその両端の角がそれぞれ等しい**

$\triangle$ABC と$\triangle$GIH は BC = IH, $\angle$ABC = $\angle$GIH, $\angle$ACB = $\angle$GHI から、「1 組の辺とその両端の角がそれぞれ等しい」という合同条件を満たし、他には合同条件を満たす三角形の組はありません。

演習 135 （解答は P.318）

右の図において、AC = DB, $\angle$ACB = $\angle$DBC である。このとき、$\triangle$ABC と合同な三角形を見つけ出し、記号 $\equiv$ を用いて表せ。また、そのときに使った合同条件を答えよ。

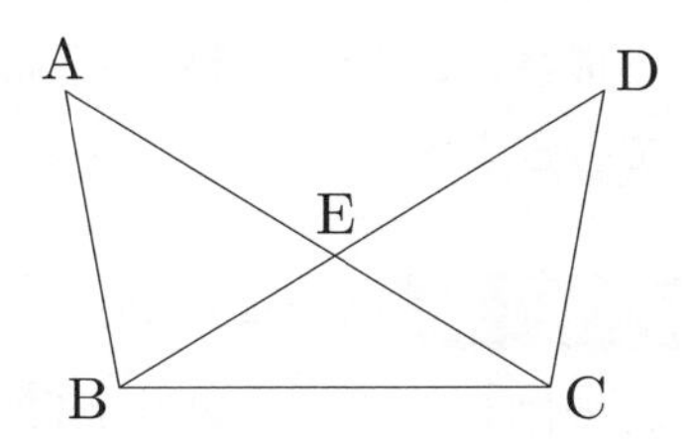

8.4 証明

ある事柄が事実であると示すことを証明といいました。三角形の合同条件を使うと、2 つの三角形が合同であることを証明することができます。証明の方法を問題を通して具体的に見てみましょう。

例題 136

右の図において、半直線 OA は $\angle$BOC の二等分線であり、点 P, Q, R はそれぞれ半直線 OA, OB, OC 上の点である。このとき、OQ = OR ならば $\triangle$OPQ と$\triangle$OPR が合同であることを証明せよ。

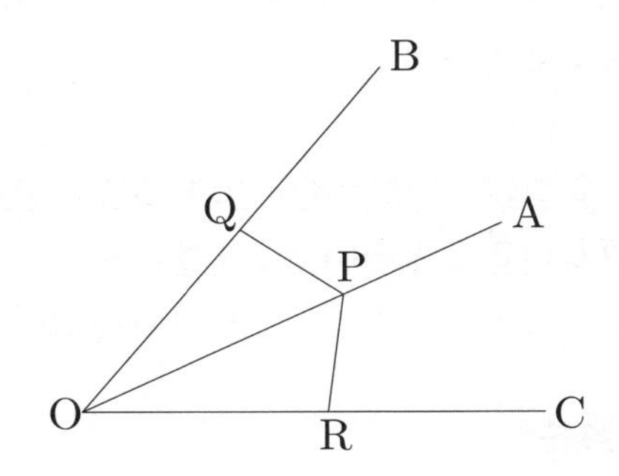

解答

$\triangle$ OPQ と$\triangle$ OPR において、

仮定より　$\angle$ POQ = $\angle$ POR　… ①

OQ = OR　… ②

OP は共通な辺であるから　OP = OP　… ③

①, ②, ③ より、2 組の辺とその間の角がそれぞれ等しいので　$\triangle$ OPQ $\equiv$ $\triangle$ OPR

まず、解答の１行目にあるように、どの三角形について書くのかを明確にします。

次に、証明したい事柄が成り立つことを示す条件を書きます。この問題では△OPQと△OPRの合同条件として ①, ②, ③ の３つを書いています。このとき、それぞれの条件が成り立つ理由を書いてください。最初の２つの条件 $\angle \mathrm{POQ} = \angle \mathrm{POR}$, $\mathrm{OQ} = \mathrm{OR}$ は問題文に仮定として示されているので「仮定より」と書き、最後の条件 $\mathrm{OP} = \mathrm{OP}$ は共通の辺で長さが等しいので「OPは共通な辺であるから」と書いています。

条件として辺の長さや角の大きさが等しいことを表すときは、対応する頂点どうしが同じ順番になるようにしてください。また、それぞれの条件に番号を付けると解答が書きやすくなります。

最後に、３つの条件から言える合同条件を書き、$\triangle \mathrm{OPQ} \equiv \triangle \mathrm{OPR}$ を結論として書きます。

演習 136（解答は P.319）

右の図において、△ABCと△ADEはともに二等辺三角形で、$\angle \mathrm{BAC} = \angle \mathrm{DAE}$ である。頂点BとD、CとEをそれぞれ結ぶとき、△ABDと△ACEが合同であることを証明せよ。

例題 137

右の図において、四角形ABCDと四角形DEFGはともに正方形である。このとき、頂点AとE、CとGをそれぞれ結ぶと、$\mathrm{AE} = \mathrm{CG}$ となることを証明せよ。

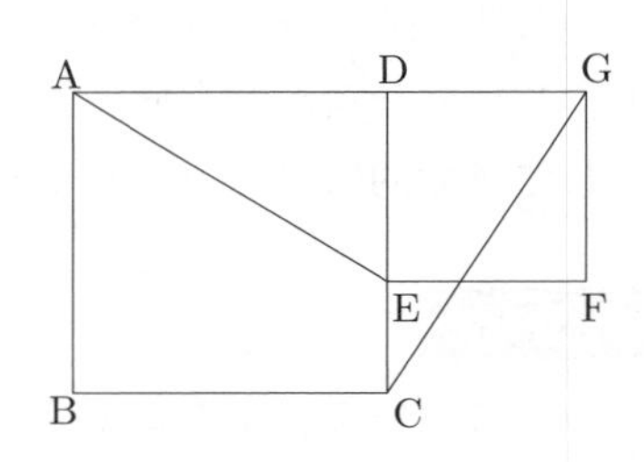

<u>**２つの三角形が合同であることが証明できれば、対応する辺の長さや角の大きさが等しいことも証明できます**</u>。そのため、２つの辺の長さや２つの角の大きさが等しいことを示すためには、それらの辺や角を含む三角形で合同な三角形を探しましょう。

解答

△ADEと△CDGにおいて、

四角形ABCDと四角形DEFGは正方形なので

$\mathrm{AD} = \mathrm{CD}$ …①

$\mathrm{DE} = \mathrm{DG}$ …②

$\angle \mathrm{ADE} = \angle \mathrm{CDG}$ …③

①, ②, ③ より、２組の辺とその間の角がそれぞれ等しいので $\triangle \mathrm{ADE} \equiv \triangle \mathrm{CDG}$

合同な三角形で対応する辺の長さは等しいので　AE = CG

AE = CG　を証明したいので、線分 AE と CG が対応する辺となるような 2 つの合同な三角形を探すと、△ ADE と△ CDG であれば合同を証明できることが分かります。

注意　△ ADE ≡ △ CDG　が証明できるまでは　AE = CG　であるかは分かりません。合同を証明するための条件として　AE = CG　を使わないように注意してください。

演習 137（解答は P.319）

右の図において、∠ POQ の辺 OP，OQ 上にそれぞれ点 A，B を　OA = OB　となるようにとる。点 A から辺 OQ に下ろした垂線の足を C、点 B から辺 OP に下ろした垂線の足を D とするとき、OC = OD　となることを証明せよ。

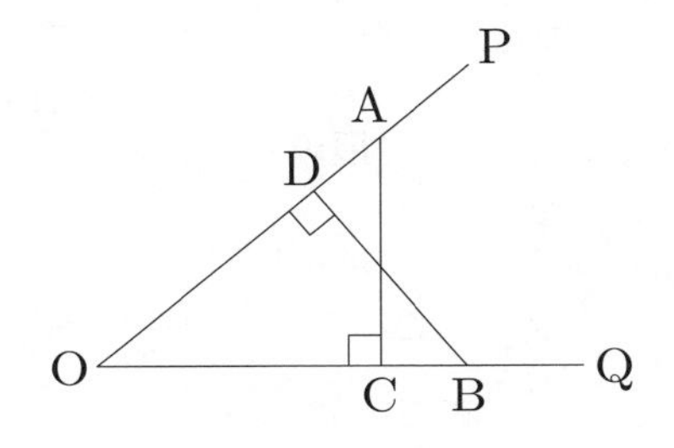

ヒント　直角三角形の合同条件を使って証明します。その場合は、2 つの三角形で直角となる角どうしが等しいことだけでなく、90° であることも条件として書いてください。

9　三角形と四角形

9.1　三角形

〈二等辺三角形〉

2 辺の長さが等しい三角形を**二等辺三角形**（にとうへんさんかくけい）といいます。図のように、△ ABC で　AB = AC　であれば△ ABC は二等辺三角形です。

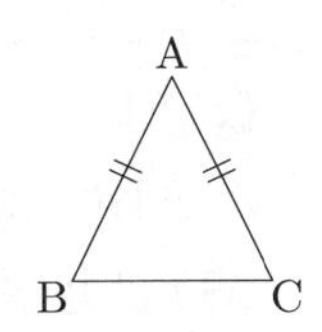

今、「2 辺の長さが等しい三角形を二等辺三角形という」と説明しました。このように言葉の意味を述べたものを**定義**（ていぎ）といいます。

また、P.135 で学んだ「三角形の内角の和は 180° である」のように、証明された重要な事柄を**定理**（ていり）といいます。「重要な」というのは、たとえば「△ ABC と△ DEF は合同である」のような事柄が証明された場合と区別して、様々な証明に使えるような事柄を定理とするということです。

いろいろな問題について何もない状態から考えることはできないので、まず最初に正しいと決めた事柄が定義であり、定義をもとに議論を進めて証明された事柄が定理です。そのため、たとえば「2辺の長さが等しい三角形は二等辺三角形である」ということを証明できないように、定義そのものを証明することはできません。

二等辺三角形において、長さの等しい2つの辺で作られた角を**頂角**（ちょうかく）、頂角ではない2つの角を**底角**（ていかく）、両端に底角がある辺を**底辺**といいます。$AB = AC$ の二等辺三角形ABCでは、$\angle BAC$ が頂角、$\angle ABC$ と $\angle ACB$ が底角、辺BCが底辺です。

二等辺三角形

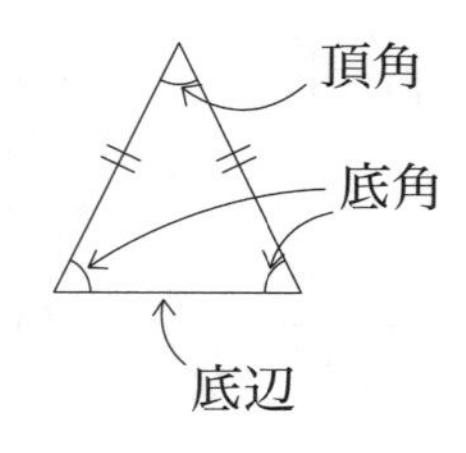

二等辺三角形の定義
2辺の長さが等しい三角形を二等辺三角形という。

定義：言葉の意味を述べたもの
定理：証明された重要な事柄

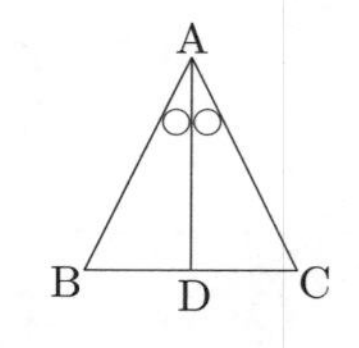

二等辺三角形の2つの底角の大きさは等しくなっています。たとえば、$AB = AC$ である二等辺三角形ABCがあるとき、$\angle ABC = \angle ACB$ が成り立ちます。

また、点Dを辺BC上の点として $\angle BAC$ の二等分線となるように線分ADを引くと、$AD \perp BC$, $BD = CD$ となります。

これらは次のように確認することができます。

△ABDと△ACDにおいて、
仮定より　$\angle BAD = \angle CAD$ …①
△ABCは二等辺三角形なので　$AB = AC$ …②
ADは共通な辺なので　$AD = AD$ …③
①, ②, ③より、2組の辺とその間の角がそれぞれ等しいので
$\triangle ABD \equiv \triangle ACD$
合同な三角形で対応する角の大きさは等しいので
$\angle ABD = \angle ACD$, $\angle ADB = \angle ADC$
ここで、$\angle ADB + \angle ADC = 180^\circ$ より　$\angle ADB = \angle ADC = 90^\circ$

また合同な三角形で対応する辺の長さは等しいので　$BD = CD$

線分 AD が $\angle BAC$ の二等分線であることを仮定して　$\angle ABD = \angle ACD$　を証明しました。ところが、$\triangle ABC$ が二等辺三角形であるときにはいつでもそのような線分 AD を引くことができるので、$\triangle ABC$ で　$AB = AC$　であればいつでも $\angle ABC = \angle ACB$　であるといえます。一般に、二等辺三角形では次の 2 つのことが成り立ちます。

> 二等辺三角形の 2 つの底角の大きさは等しい。
> 二等辺三角形の頂角の二等分線は底辺に垂直であり、底辺を二等分する。

今、$\triangle ABC$ が　$AB = AC$　の二等辺三角形であれば $\angle ABC = \angle ACB$　となることを確認しました。この逆で、$\triangle ABC$ で　$\angle ABC = \angle ACB$　であれば $\triangle ABC$ は　$AB = AC$　の二等辺三角形であるということもできます。このことも確認しておきましょう。

右の図の $\triangle ABC$ において、$\angle ABC = \angle ACB$　である。このとき、
頂点 A から辺 BC に垂線を下ろし、垂線の足を D とする。
$\triangle ABD$ と $\triangle ACD$ において
仮定より　$\angle ABD = \angle ACD$　… ①
　　　　　$\angle ADB = \angle ADC$　… ②
三角形の内角の和は 180° なので、
$\angle BAD = 180^\circ - (\angle ABD + \angle ADB)$
$\angle CAD = 180^\circ - (\angle ACD + \angle ADC)$
であり、①, ② より　$\angle BAD = \angle CAD$　… ③
AD は共通な辺なので　$AD = AD$　… ④
②, ③, ④ より、1 組の辺とその両端の角がそれぞれ等しいので
$\triangle ABD \equiv \triangle ACD$
合同な三角形で対応する辺の長さは等しいので　$AB = AC$

> 2 つの内角が等しい三角形は、その 2 つの角を底角とする二等辺三角形である。

例題 138

右の図において、$\triangle ABC$ は　$AB = AC$　の二等辺三角形である。
$BC = BD$　であるとき、$\angle x$ の大きさを求めよ。

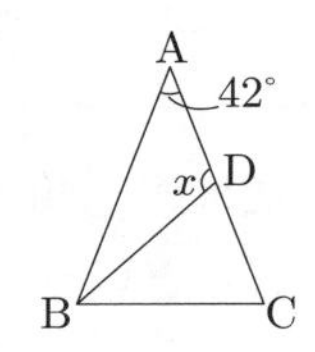

解答

△ABC は　AB = AC　の二等辺三角形なので　∠ABC = ∠ACB

よって、$\angle \mathrm{ACB} = \frac{1}{2}(180^\circ - 42^\circ) = 69^\circ$

△BCD は　BC = BD　の二等辺三角形なので　∠BDC = ∠BCD = 69°

よって、$\angle x = 180^\circ - \angle \mathrm{BDC} = 180^\circ - 69^\circ = \mathbf{111^\circ}$

この問題のように　AB = AC　の二等辺三角形 ABC であれば、2 つの底角 ∠ABC, ∠ACB は　$\angle \mathrm{ABC} = \angle \mathrm{ACB} = \frac{1}{2}(180^\circ - \angle \mathrm{BAC})$ と表すことができます。これに ∠BAC の大きさを代入すれば、∠ABC や ∠ACB の大きさが分かります。

演習 138 （解答は P.319）

右の図において、△ABC は　AB = AC　の二等辺三角形である。AD = DC = BC であるとき、∠BAC の大きさを求めよ。

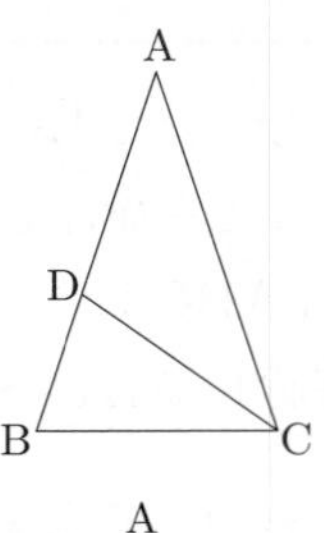

〈正三角形〉

3 辺の長さが等しい三角形のことを**正三角形**（せいさんかくけい）といいます。右の図のように、△ABC で　AB = BC = CA　であれば、△ABC は正三角形です。

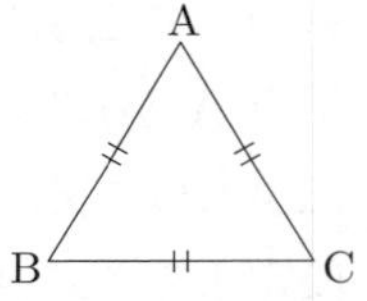

> 正三角形の定義
> 3 辺の長さが等しい三角形を正三角形という。

AB = AC　であるような △ABC は二等辺三角形であり、その中でさらに　AB = BC　であれば △ABC は正三角形となるので、正三角形は二等辺三角形であるともいえます。そのため、二等辺三角形で成り立つ事柄は正三角形でも成り立ちます。

また、正三角形の 3 つの内角はすべて等しく、60° になっています。

> 正三角形の 3 つの内角はすべて 60° で等しい。

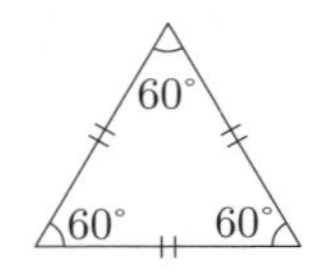

逆に、三角形の 3 つの内角の大きさがすべて等しければ、その三角形は正三角形であるということもでき、これは次のように確認できます。

△ ABC において、∠ A ＝ ∠ B ＝ ∠ C　であるとすると、
∠ B ＝∠ C　より、△ ABC は　AB ＝ AC　の二等辺三角形である。
∠ A ＝∠ C　より、△ ABC は　BA ＝ BC　の二等辺三角形でもある。
よって、AB ＝ AC ＝ BC　となり、△ ABC は正三角形である。

3つの内角がすべて等しい三角形は正三角形である。

例題 139

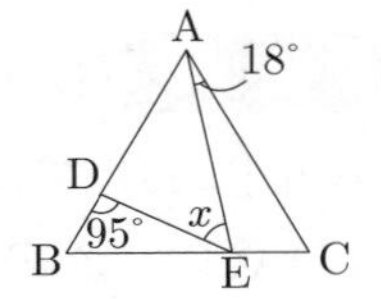

右の図において、△ ABC は正三角形である。このとき、∠ x の大きさを求めよ。

正三角形の内角が 60° であることを使って考えます。

解答

△ ABC は正三角形なので　∠ BAC ＝ 60°
よって、∠ DAE ＝ 60° − 18° ＝ 42°
△ ADE において、内角と外角の関係から
∠ x ＝ ∠ BDE − ∠ DAE ＝ 95° − 42° ＝ **53**°

演習 139（解答は P.320）

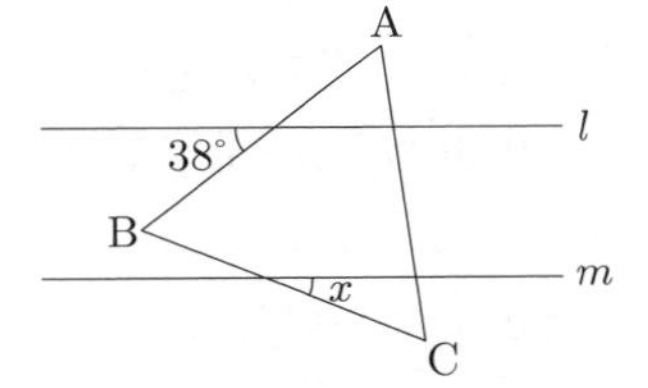

右の図において、△ ABC は正三角形である。 l // m であるとき、∠ x の大きさを求めよ。

例題 140

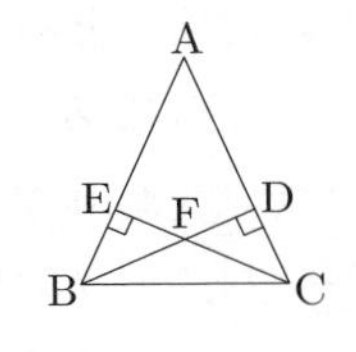

右の図の△ ABC は　AB ＝ AC　の二等辺三角形である。点 B から辺 AC に下ろした垂線の足を点 D、点 C から辺 AB に下ろした垂線の足を点 E とし、線分 BD と線分 CE の交点を点 F とする。このとき、FB ＝ FC　であることを証明せよ。

幾何のいろいろな事柄を証明するのに三角形の合同だけでなく、二等辺三角形、正三角形の定義や性質を使うこともできます。この問題では、∠ FBC ＝ ∠ FCB　であることを示すことができれば△ FBC が　FB ＝ FC　の二等辺三角形であることを証明できます。

解答

仮定より　∠BDC＝∠CEB　…①

△ABCはAB＝ACの二等辺三角形なので　∠EBC＝∠DCB　…②

△DBC，△ECBにおいて、三角形の内角の和は180°なので

∠DBC＝180°－∠BDC－∠DCB

∠ECB＝180°－∠CEB－∠EBC

であり、①，②より　∠DBC＝∠ECB

よって、△FBCは二等辺三角形であり、FB＝FC

演習 140（解答は P.320）

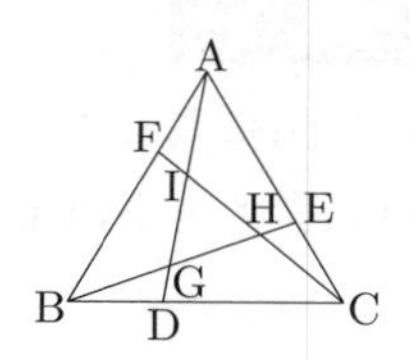

右の図において、△ABCは正三角形である。

∠DAC＝∠EBA＝∠FCB　であるとき、△GHIが正三角形であることを証明せよ。

9.2　平行四辺形

四角形には向かい合う辺の組が2組あり、これらがどちらも平行である四角形を**平行四辺形**（へいこうしへんけい）といいます。

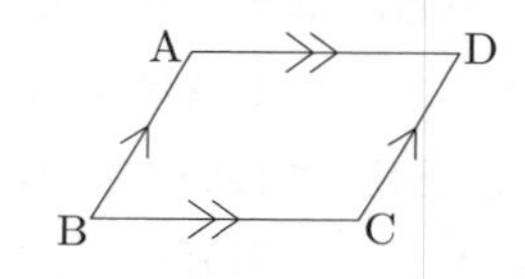

> 平行四辺形の定義
> 2組の向かい合う辺がそれぞれ平行である四角形を平行四辺形という。

四角形の向かい合う辺のことを**対辺**（たいへん）といい、向かい合う角のことを**対角**（たいかく）といいます。ある四角形が平行四辺形であるとき、その四角形の2組の対辺はそれぞれ等しく、2組の対角もそれぞれ等しくなっています。また、ある線分上の点で線分の両端から等しい距離にある点をその線分の**中点**（ちゅうてん）といい、平行四辺形の2つの対角線はそれぞれの中点で交わります。

例　四角形ABCDが平行四辺形であり、点Eが対角線ACとBDの交点であるとき、

AB＝DC，AD＝BC，∠BAD＝∠BCD，

∠ABC＝∠ADC，AE＝EC，BE＝ED

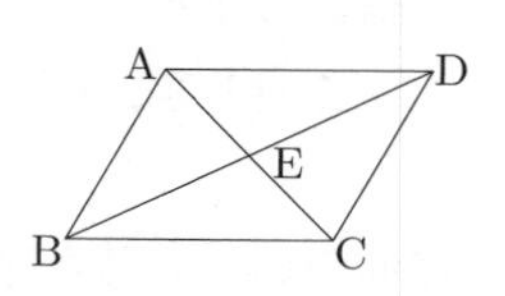

これらが成り立つ理由を確認しておきましょう。

△ABDと△CDBにおいて、

AB∥DCで、錯角は等しいので　∠ABD＝∠CDB　…①

$AD /\!/ BC$ で、錯角は等しいので　$\angle ADB = \angle CBD$ … ②
BD は共通な辺なので　$BD = DB$ … ③
①，②，③ より、1 組の辺とその両端の角がそれぞれ等しいので
$\triangle ABD \equiv \triangle CDB$
合同な図形で対応する辺の長さは等しいので　$AB = CD$ … ④
$AD = CB$
合同な図形で対応する角の大きさは等しいので　$\angle DAB = \angle BCD$
$\angle ABC = \angle ABD + \angle CBD$，$\angle ADC = \angle ADB + \angle CDB$ と ①，② より
$\angle ABC = \angle ADC$
また、$\triangle ABE$ と $\triangle CDE$ において、
$AB /\!/ DC$ で、錯角は等しいので　$\angle BAE = \angle DCE$ … ⑤
①，④，⑤より、1 組の辺とその両端の角がそれぞれ等しいので
$\triangle ABE \equiv \triangle CDE$
合同な図形で対応する辺の長さは等しいので　$AE = CE$，$BE = DE$

対辺：四角形の向かい合う辺、または三角形の 1 つの頂点と向かい合う辺
対角：四角形の向かい合う角、または三角形の 1 つの辺と向かい合う角
中点：1 つの線分上にあり、その両端から等しい距離にある点

例題 141

右の平行四辺形 ABCD において、$\angle BAD = 108°$，$AC = 10\ \text{cm}$ であるとき、$\angle ADC$ の大きさ、AE の長さをそれぞれ求めよ。

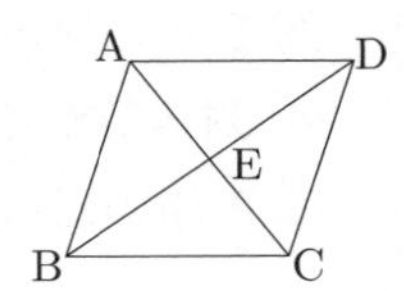

解答

平行四辺形において対角は等しいので　$\angle BAD = \angle BCD$，$\angle ABC = \angle ADC$ であり、
四角形の内角の和は 360° なので　$\angle BAD + \angle ADC = 360° \div 2 = 180°$
よって、$\angle ADC = 180° - \angle BAD = 180° - 108° = \mathbf{72°}$
平行四辺形において、対角線はそれぞれの中点で交わるので
$AE = AC \div 2 = 10 \div 2 = \mathbf{5}$ **(cm)**

この解答で、$\angle BAD + \angle ADC = 180°$　となることを確認しました。これを一般化して、次のことが成り立ちます。

平行四辺形の隣り合う2つの内角の和は 180° である。

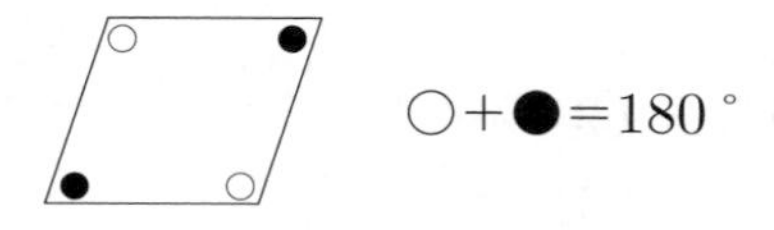

$○+●=180°$

演習 141（解答は P.321）

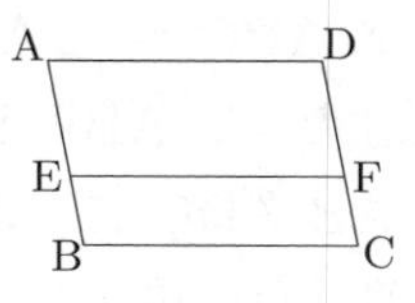

右の平行四辺形 ABCD において、AD∥EF，∠EFD＝79°，AB＝8cm，DF＝5cm　であるとき、∠ABC の大きさ、EB の長さをそれぞれ求めよ。

ある四角形が平行四辺形であるときに成り立つ性質を確認しました。逆に、次の5つの条件のうちどれか1つが成り立つことを示せれば、ある四角形が平行四辺形であるということができます。

四角形が平行四辺形になるための条件
① 2組の対辺がそれぞれ平行である。
② 2組の対辺がそれぞれ等しい。
③ 2組の対角がそれぞれ等しい。
④ 対角線がそれぞれの中点で交わる。
⑤ 1組の対辺が平行で長さが等しい。

①は平行四辺形の定義なので、四角形で①が成り立つ場合には、その四角形は平行四辺形となります。

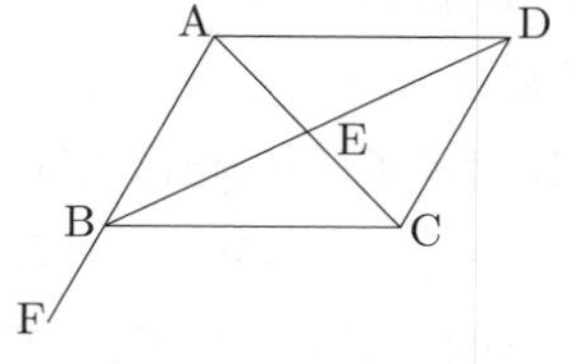

②，③，④，⑤の条件で四角形が平行四辺形であるといえるということは、②，③，④，⑤の条件で、四角形の2組の対辺がそれぞれ平行であることを証明できるということです。これを図の四角形 ABCD で確認しますが、証明をすべて書くと長くなるので、どのように証明できるかを簡単に示しておきます。

②「2組の対辺がそれぞれ等しい」
AB＝CD，BC＝DA，CA＝AC　より　△ABC≡△CDA
合同な図形で対応する角は等しいので　∠BAC＝∠DCA，∠ACB＝∠CAD

よって、錯角が等しいので $AB /\!/ DC$, $AD /\!/ BC$

③「2組の対角がそれぞれ等しい」

$\angle BAD = \angle BCD$, $\angle ABC = \angle ADC$,

$\angle BAD + \angle ABC + \angle BCD + \angle ADC = 360°$ より

$\angle BAD + \angle ABC = 180°$

これと $\angle FBC + \angle ABC = 180°$ より $\angle BAD = \angle FBC$

よって、同位角が等しいので $AD /\!/ BC$

$\angle FBC = \angle BAD$, $\angle BAD = \angle BCD$ より $\angle FBC = \angle BCD$

よって、錯角が等しいので $AB /\!/ DC$

④「対角線がそれぞれの中点で交わる」

$AE = CE$, $BE = DE$, $\angle AEB = \angle CED$ より $\triangle ABE \equiv \triangle CDE$

合同な図形で対応する角は等しいので $\angle BAE = \angle DCE$

よって、錯角が等しいので $AB /\!/ DC$

$AE = CE$, $DE = BE$, $\angle AED = \angle CEB$ より $\triangle AED \equiv \triangle CEB$

合同な図形で対応する角は等しいので $\angle EAD = \angle ECB$

よって、錯角が等しいので $AD /\!/ BC$

⑤「1組の対辺が平行で長さが等しい」

辺ADと辺BCが平行で長さが等しいとする。

$AD = CB$, $\angle ADB = \angle CBD$, $BD = DB$ より $\triangle ABD \equiv \triangle CDB$

合同な図形で対応する角は等しいので $\angle ABD = \angle CDB$

よって、錯角が等しいので $AB /\!/ DC$

ところで、正方形、長方形、ひし形も平行四辺形に含まれます。これらの定義を確認しておきましょう。

定義

正方形：4つの角が等しく、4つの辺が等しい四角形

長方形：4つの角が等しい四角形

ひし形：4つの辺が等しい四角形

さらに、台形は「1組の対辺が平行な四角形」と定義されているので、平行四辺形は台形の条件を満たします。これらの四角形の関係を図に表すと次のようになります。

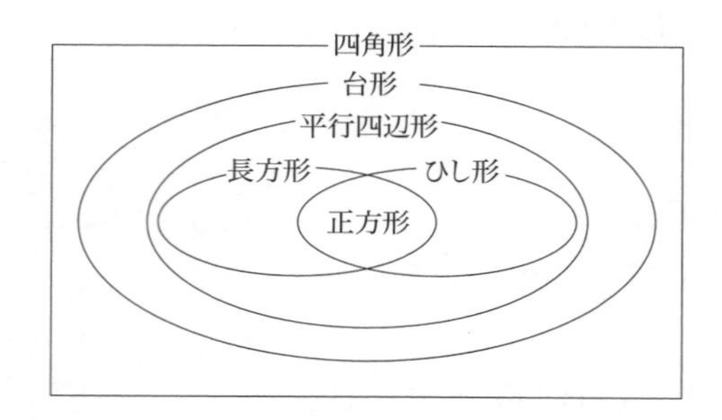

四角形の中で、１組の対辺が平行であれば台形、台形の中でもう１組の対辺も平行であれば平行四辺形、平行四辺形の中で４つの角が等しければ長方形、４つの辺が等しければひし形、長方形とひし形の両方の条件がそろっていれば正方形、というように名前が付いているということです。

例題 142

右の図の平行四辺形 ABCD において、辺 AB, CD 上に $AE = CF$ となる点 E, F をとる。このとき、四角形 EBFD が平行四辺形であることを証明せよ。

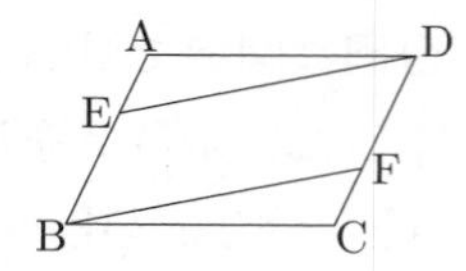

四角形が平行四辺形になるための５つの条件のうち１つを示すことができれば、その四角形が平行四辺形であることを証明できます。

解答

四角形 ABCD は平行四辺形であり、AB // DC なので　EB // DF　… ①
四角形 ABCD は平行四辺形なので　$AB = DC$　… ②
仮定より　$AE = CF$　… ③
ここで、　$EB = AB - AE$
**　　　　　$DF = DC - FC$**
であり、②, ③ より　$EB = DF$　… ④
①, ④ より、１組の対辺が平行で長さが等しいので、四角形 EBFD は平行四辺形である。

演習 142（解答は P.322）

右の図の平行四辺形 ABCD において、対角線 AC 上に $AF = CG$ となる点 F, G をとる。このとき、四角形 FBGD が平行四辺形であることを証明せよ。

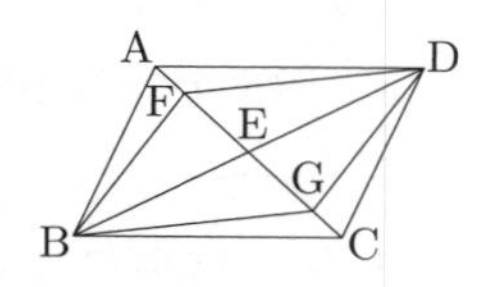

9.3 平行線と面積

図のように、△PABと△QABの頂点P，Qが直線ABに関して同じ側にあるとき、PQ∥AB　であれば△PABと△QABの面積は等しくなります。このとき、「△PAB」は△PABの面積という意味で使うこともでき、△PAB＝△QAB　と表すことができます。

逆に、△PAB＝△QAB　ならば、PQ∥AB　となります。

これらが成り立つ理由を確認しておきましょう。

点P，Qから直線ABに下ろした垂線の足をH，Iとします。

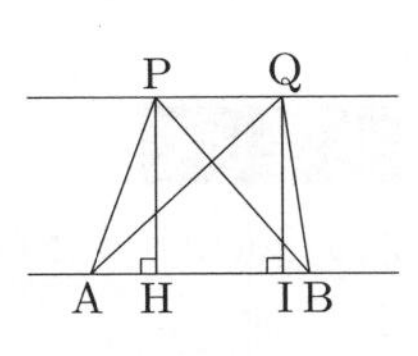

PQ∥AB　であれば、PH，QIの長さはどちらも平行な2直線PQ，ABの距離なので　PH＝QI　となります。△PAB，△QABの底辺をどちらも辺ABとすると、高さはそれぞれ線分PH，QIとなり、△PAB＝△QAB　となります。

逆に、△PAB＝△QAB　ならば、△PAB，△QABの底辺をどちらも辺ABとすると、高さはそれぞれ線分PH，QIであり、PH＝QI　となります。また、線分PH，QIはどちらも直線ABに垂直なので、PH∥QI　です。四角形PHIQは1組の対辺が平行で長さが等しいので平行四辺形であり、平行四辺形の対辺は平行なので、PQ∥AB　となります。

△PABと△QABの頂点P，Qが直線ABに関して同じ側にあるとき、次の2つが成り立つ。

(1) PQ∥AB　ならば　△PAB＝△QAB
(2) △PAB＝△QAB　ならば　PQ∥AB

例題 143

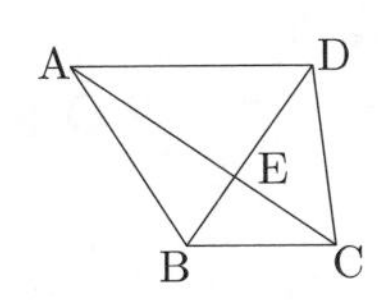

右の図の四角形ABCDは　AD∥BC　の台形である。このとき、△ABEと面積が等しい三角形はどれか答えよ。

AD∥BC　なので　△ABC＝△DBC　です。この2つの三角形の面積からそれぞれ△EBCの面積を引くと△ABE，△DECの面積になるので、△ABE＝△DEC　となります。

解答

AD // BC　なので　△ ABC ＝ △ DBC　であり、

△ ABE ＝ △ ABC －△ EBC ＝ △ DBC －△ EBC ＝ △ DEC

よって、△ ABE と面積が等しい三角形は　**△ DEC**

演習 143 （解答は P.322）

右の図の四角形 ABCD は平行四辺形である。AC // EF, AE ≠ EB　であるとき、△ AED と面積が等しい三角形をすべて答えよ。

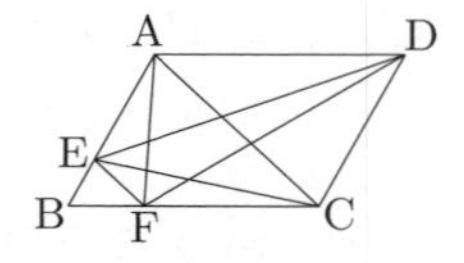

例題 144

右の図のように四角形 ABCD がある。直線 BC 上で点 C より右側に点 P をとり、四角形 ABCD と△ ABP の面積が等しくなるようにするには、点 P をどのような位置にとればよいか答えよ。

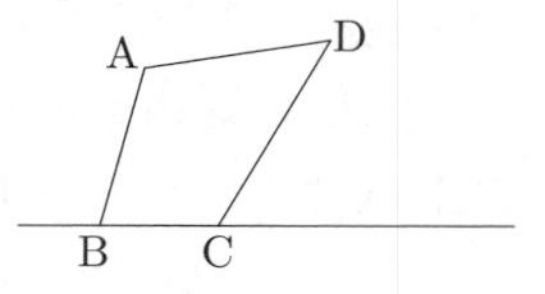

点 P を直線 BC 上で点 C より右側にとると、△ ABP は△ ABC と△ ACP を合わせた図形になります。また、四角形 ABCD は△ ABC と△ ACD を合わせた図形であり、△ ACD を面積を変えずに△ ACP に変形できれば四角形 ABCD と△ ABP の面積が等しくなります。

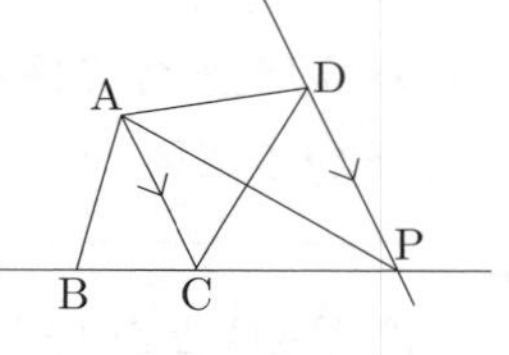

△ ACD と△ ACP は、辺 AC が共通なのでこれを底辺とすると、点 D, P が辺 AC と平行な直線上にあればよいことが分かります。

解答

AC // DP　であれば　△ ACD ＝ △ ACP　となり、四角形 ABCD ＝ △ ABP　となる。

よって、**点 D を通り線分 AC に平行な直線と直線 BC との交点を点 P とすればよい。**

このように、図形の面積を変えずに形を変えることを等積変形（とうせきへんけい）といいます。

演習 144 （解答は P.322）

右の図のように△ ABC があり、点 M は辺 AC の中点、点 P は辺 AB 上の点であり、AP ＞ PB　である。線分 BM が△ ABC の面積を二等分することを利用して、点 P を通り△ ABC の面積を二等分する直線が辺 AC 上のどのような位置を通るか答えよ。

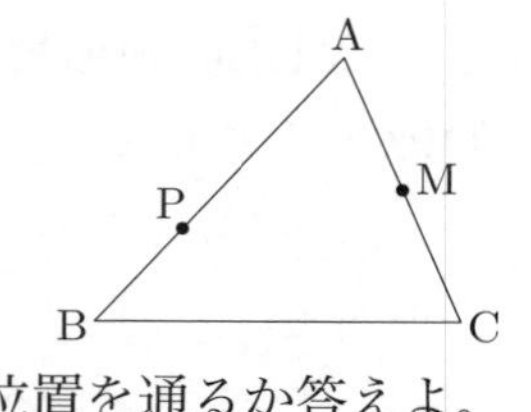

10 図形と相似

10.1 三角形の相似

2つの図形があり、その一方を均等に拡大(かくだい)または縮小(しゅくしょう)した図形がもう一方と合同になるとき、2つの図形は**相似**(そうじ)であるといいます。

△ABCと△DEFが相似であることを記号 ∽ を用いて、△ABC ∽ △DEF と表します。合同のときと同様に、対応する頂点どうしが同じ順番になるように書いてください（P.141参照）。

2つの図形が相似であるとき、対応する辺の長さの比は等しく、対応する角は大きさが等しくなっています。また、対応する辺どうしの長さの比を**相似比**(そうじひ)といいます。

例 △ABC∽△DEF　のとき

AB : DE = BC : EF = CA : FD, ∠A = ∠D, ∠B = ∠E, ∠C = ∠F

AB = 3 cm, DE = 2 cm ならば △ABCと△DEFの相似比は 3 : 2

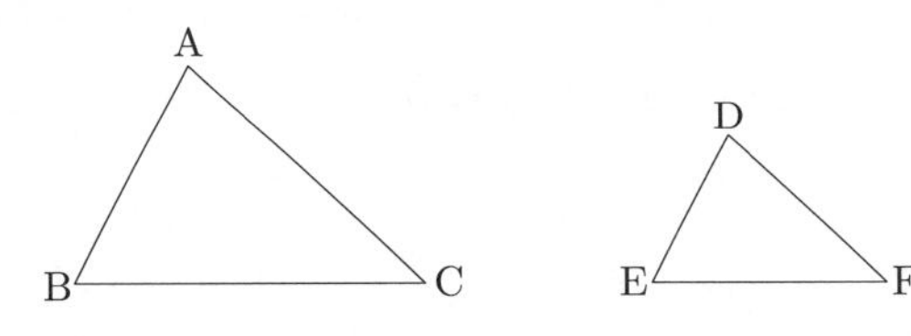

相似：2つの図形が、一方を均等に拡大または縮小することで他方と合同になること

相似比：相似な図形において対応する辺どうしの長さの比

例題 145

下の図において、△ABC ∽ △DEF　であるとき、辺DEの長さ、∠DFEの大きさを求めよ。

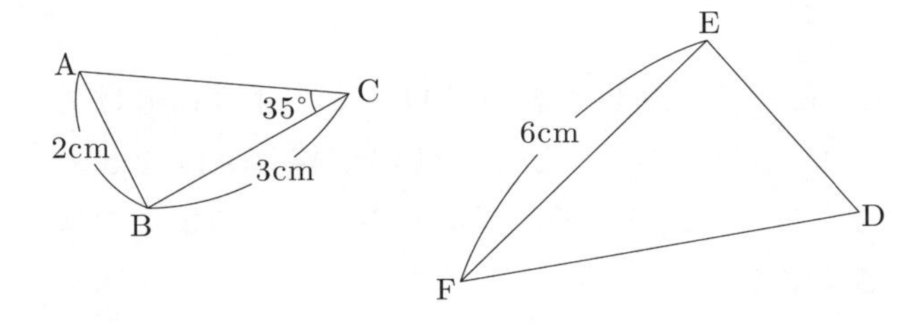

解答

辺ABと辺DE、辺BCと辺EFが対応するので、AB : DE = BC : EF

すなわち　$2:\mathrm{DE}=3:6$
これを解いて　$\mathrm{DE}\times 3=2\times 6$
$\therefore\ \mathrm{DE}=$ **4 cm**
$\angle\mathrm{DFE}$ に対応する角は $\angle\mathrm{ACB}$ なので　$\angle\mathrm{DFE}=\angle\mathrm{ACB}=$ **35°**

$a:b=c:d$　という比例式は、$ad=bc$　と変形できます（P.60 参照）。さらに、この式の両辺を　cd　で割ると　$\dfrac{a}{c}=\dfrac{b}{d}$　となり、　$a:c=b:d$　と変形できます。つまり、$a:b=c:d$　という比例式は、$a:c=b:d$　と書き換えられるということです。

これを相似な図形の辺の比に当てはめると、$\triangle\mathrm{ABC}\backsim\triangle\mathrm{DEF}$　のときに
$\mathrm{AB}:\mathrm{DE}=\mathrm{BC}:\mathrm{EF}$　という関係だけでなく、$\mathrm{AB}:\mathrm{BC}=\mathrm{DE}:\mathrm{EF}$　という関係も成り立つことが分かります。他の辺についても同様に考えると、次のようになります。

$\triangle\mathrm{ABC}\backsim\triangle\mathrm{DEF}$　であれば　$a:b:c=d:e:f$　が成り立つ。

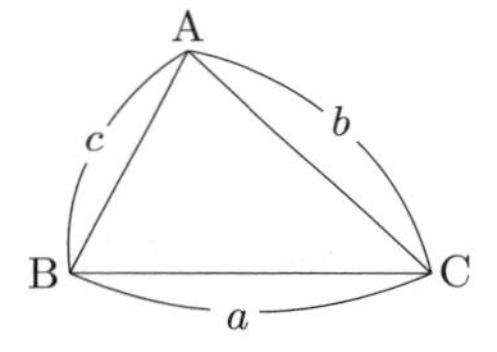

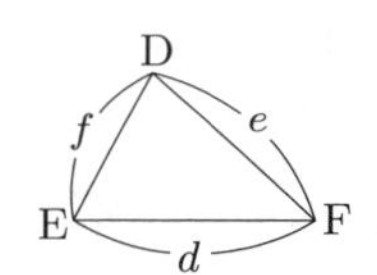

1 点補足しておきます。今、$a,\ b,\ c$　の比を 1 つの比　$a:b:c$　で表しました。これを　$a,\ b,\ c$　の連比（れんぴ）といいます。これは、$a,\ b,\ c$　の 3 つの値の比を 1 つの基準で表したものになっています。

それでは、下の図のように線分 AD 上に点 B, C があり、$\mathrm{AB}:\mathrm{BD}=1:3$, $\mathrm{AC}:\mathrm{CD}=2:1$　であるとき、$\mathrm{AB}:\mathrm{BC}:\mathrm{CD}$ はどのように求められるでしょうか。

$\mathrm{AB}:\mathrm{BD}=1:3$　は　$\mathrm{AD}=4$　として、点 B が線分 AD をどのように分けているかを表し、$\mathrm{AC}:\mathrm{CD}=2:1$　は　$\mathrm{AD}=3$　として、点 C が線分 AD をどのように分けているかを表しています。2 つの比で基準が異なるので、そのままでは $\mathrm{AB}:\mathrm{BC}:\mathrm{CD}$ を求めることができません。

そこで、$\mathrm{AD}=12$　に基準をそろえられるように比を書き換えると、
$\mathrm{AB}:\mathrm{BD}=1:3=3:9$
$\mathrm{AC}:\mathrm{CD}=2:1=8:4$

となります。そうすると、$AD = 12$ として $AB = 3$, $BD = 9$, $AC = 8$, $CD = 4$ であることが分かるので、$BC = AC - AB = 8 - 3 = 5$ あるいは $BC = BD - CD = 9 - 4 = 5$ のように $AD = 12$ に対するBCの長さを求めることができ、$AB : BC : CD = 3 : 5 : 4$ となります。

演習 145 （解答は P.322）

右の図において、$\triangle ABC \backsim \triangle ACD$ であるとき、辺ADの長さを求めよ。

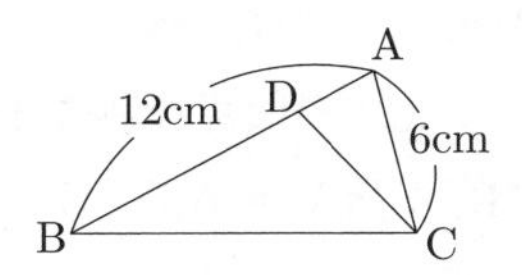

〈三角形の相似条件〉

２つの図形が相似であることを示すための条件を**相似条件**（そうじじょうけん）といいます。三角形の相似条件は次の３つです。

三角形の相似条件
① ３組の辺の比がすべて等しい。 $(a : d = b : e = c : f)$
② ２組の辺の比とその間の角がそれぞれ等しい。
（例 $a : d = b : e$, $\angle C = \angle F$）
③ ２組の角がそれぞれ等しい。 （例 $\angle A = \angle D$, $\angle B = \angle E$）

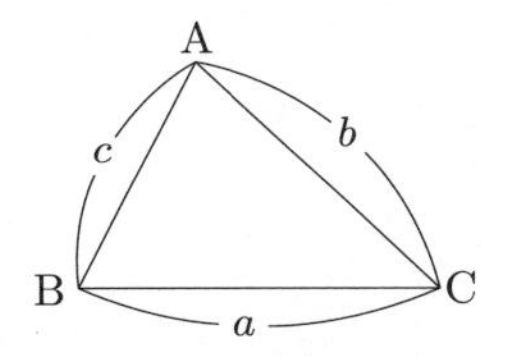

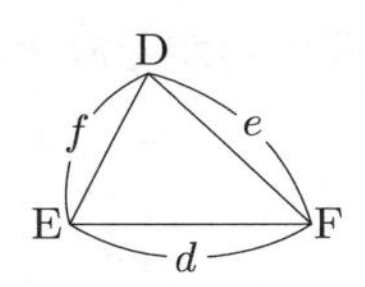

よく見ると合同条件と似ており、辺の長さが辺の比に変わっていることが分かります（P.142参照）。つまり、合同な２つの三角形があり、一方の三角形のそれぞれの辺が同じ割合で長くなったり短くなったりした場合に、２つの三角形が相似になるということです。

また、合同な２つの図形も相似比が $1 : 1$ の相似な図形であるといえます。

例題 146

下の図において、相似な三角形を見つけ出し、記号 ∽ を用いて表せ。また、そのときに使った相似条件を答えよ。

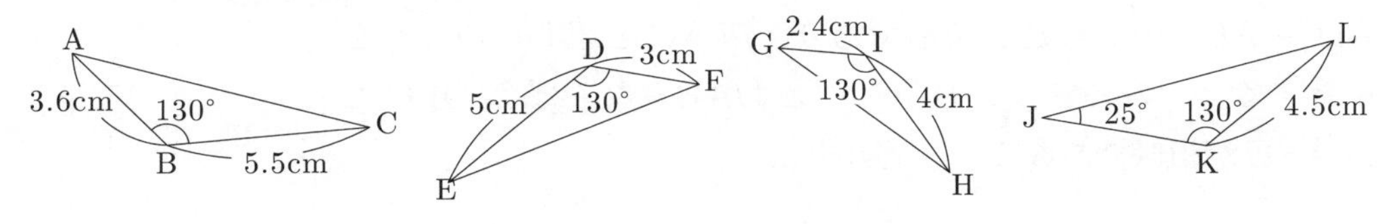

4つの三角形はすべて、内角が 130° の頂点がある鈍角三角形です。残り2つの内角はどちらも鋭角なので、この中で相似な三角形どうしは、内角が 130° の頂点どうしが対応する頂点となるはずです。また、その頂点を挟む2つの辺の長さが異なれば、長い辺どうし、短い辺どうしが対応する辺となります。これらのことを踏まえて見ていきましょう。

左の三角形から順に ①, ②, ③, ④ と番号をつけます。①, ②, ③ において、内角が 130° の頂点を挟む長い方の辺と短い方の辺の比を調べると、

① BC：BA = 5.5：3.6 = 55：36

② DE：DF = 5：3

③ IH：IG = 4：2.4 = 5：3

となるので、② と ③ が相似であることが分かります。

④ については、三角形の内角の和が 180° であることから、∠JLK = 180° −(25° + 130°)=25° となり、KJ = KL の二等辺三角形であることが分かります。つまり、内角が 130° の頂点を挟む2つの辺の比が 1：1 であり、①, ②, ③ のどれとも相似にはなりません。

以上のことから、相似な三角形は△DEF と△IHG だけであることが確認できました。

解答

△DEF ∽ △IHG　2組の辺の比とその間の角がそれぞれ等しい

演習 146 (解答は P.323)

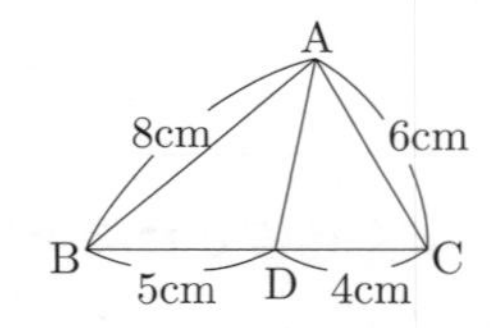

右の図において、△ABC と相似な三角形を見つけ出し、記号 ∽ を用いて表せ。また、そのときに使った相似条件を答えよ。

〈相似の証明と利用〉

2つの三角形が相似であることは、相似条件を使って合同の場合と同じように証明することができます。

例題 147

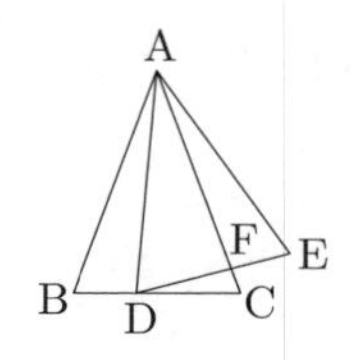

右の図において、△ABC, △ADE はそれぞれ AB = AC, AD = AE の二等辺三角形であり、辺 AC と辺 DE の交点を F とする。このとき、∠BAC = ∠DAE ならば△DFC と△AFE が相似であることを証明せよ。

解答

△ DFC と△ AFE において、

対頂角は等しいので　∠ DFC ＝ ∠ AFE　… ①

また、△ ABC と△ ADE は二等辺三角形なので、

$$\angle \mathrm{DCF} = \angle \mathrm{ACB} = \frac{1}{2} \times (180^\circ - \angle \mathrm{BAC}) = 90^\circ - \frac{1}{2}\angle \mathrm{BAC}$$

$$\angle \mathrm{AEF} = \angle \mathrm{AED} = \frac{1}{2} \times (180^\circ - \angle \mathrm{DAE}) = 90^\circ - \frac{1}{2}\angle \mathrm{DAE}$$

であり、仮定より　∠ BAC ＝ ∠ DAE なので　∠ DCF ＝ ∠ AEF　… ②

①, ② より、2 組の角がそれぞれ等しいので　△ DFC ∽ △ AFE

演習 147 （解答は P.323）

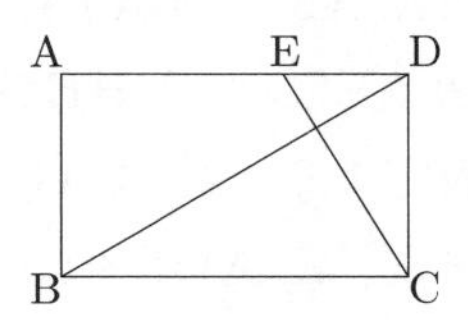

右の図において、四角形 ABCD は長方形であり、点 E は $\mathrm{ED} \times \mathrm{CB} = \mathrm{DC}^2$　となる辺 AD 上の点である。このとき、△ EDC と△ DCB が相似であることを証明せよ。

例題 148

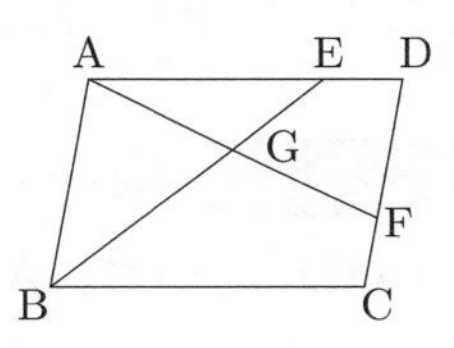

右の図の平行四辺形 ABCD において、点 E は辺 AD 上の AE：ED ＝ 3：1　となる点であり、点 F は辺 DC 上の DF：FC ＝ 2：1　となる点である。また、線分 AF と線分 BE の交点を G とする。このとき、EG：GB を求めよ。

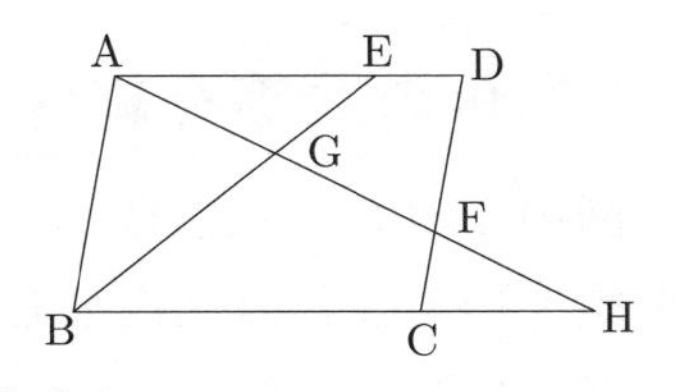

図形の相似を利用すれば線分の比について考えられるので、まず相似な三角形を作ります。具体的には右の図のように線分 AF と辺 BC を延長し、その交点を H とします。そうすると、△ AEG と△ HBG が相似であり、EG：GB ＝ AE：HB となります。

相似条件を確認しておくと、AE∥BH　で錯角が等しいので　∠ EAG ＝ ∠ BHG, ∠ AEG ＝ ∠ HBG　であり、2 組の角がそれぞれ等しいので　△ AEG ∽ △ HBG　となります。△ ADF と△ HCF についても同様に△ ADF ∽ △ HCF が確認できます。

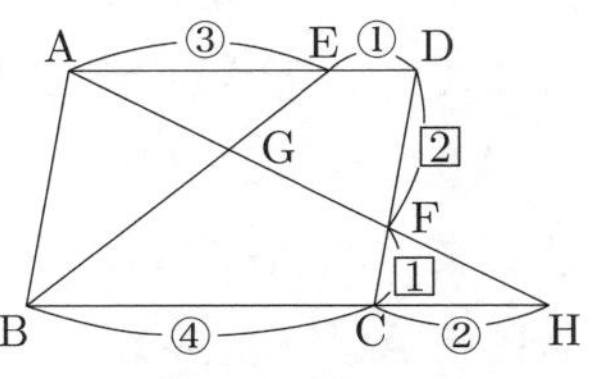

ここで、図に辺の長さの比を書き入れると右のようになります。

辺の長さの比は○や□などの記号で数字を囲んで書き入れます。このとき、同じ長さを基準とした比を同じ記号を使って表します。

たとえば、線分 ED, CH の長さはどちらも○の記号で表されているので　ED：CH ＝ 1：2　が成り立ちますが、線分 ED, DF は○と□で記号が異なるので　ED：DF ＝ 1：2　という意味ではありません。

問題文から　AE：ED：BC ＝ 3：1：4　であることが分かるので、線分 AE, ED, BC をそれぞれ ③, ①, ④ としています。線分 HC については、△ ADF ∽ △ HCF　から　AD：HC ＝ DF：CF ＝ 2：1 ＝ 4：2　なので、HC が ② となります。

そうすると、AE：BH ＝ 3：(4 ＋ 2) ＝ 3：6 ＝ 1：2　と求めることができます。

解答

直線 AF と直線 BC の交点を H とする。
△ AEG ∽ △ HBG　より　EG：GB ＝ AE：HB　… ①
仮定より　AE：AD：BC ＝ 3：4：4
また、△ ADF ∽ △ HCF　より　AD：HC ＝ DF：CF ＝ 2：1 ＝ 4：2
よって、AE：HB ＝ AE：(BC ＋ HC) ＝ 3：(4 ＋ 2) ＝ 3：6 ＝ 1：2
これと ① より　EG：GB ＝ **1：2**

演習 148 （解答は P.323）

右の図において、AB ∥ CD ∥ EF　である。このとき、CD の長さを求めよ。

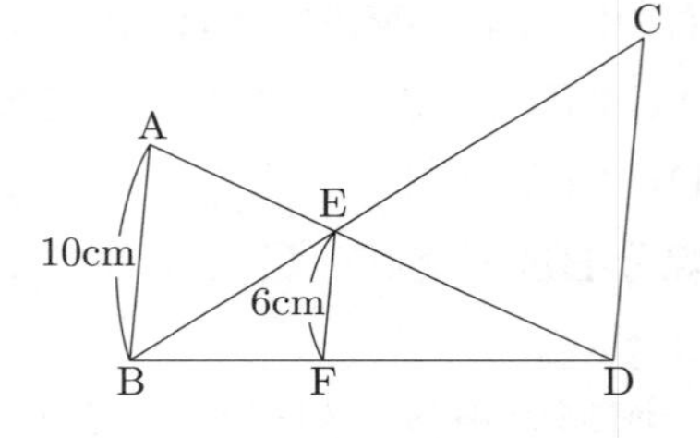

10.2 角の二等分線と比

図のように、△ ABC において ∠ A の二等分線と辺 BC との交点を D とすると、AB：AC ＝ BD：DC　となっています。

この理由は、次のように説明できます。

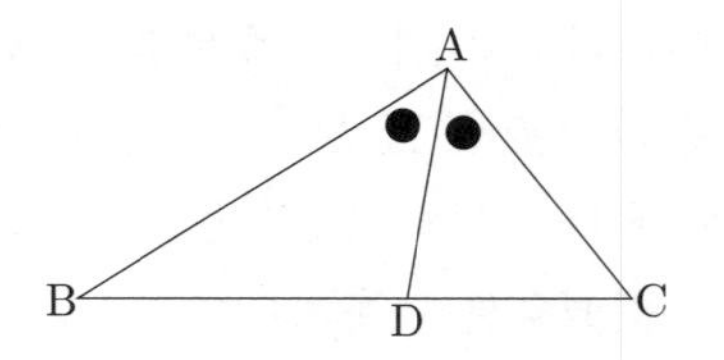

点 C を通り、線分 AD に平行な直線を引き、辺 BA の延長線との交点を E とする。

AD ∥ EC　で同位角が等しいので　∠ BAD ＝ ∠ AEC
　　　　　錯角が等しいので　∠ CAD ＝ ∠ ACE
ここで、∠ BAD ＝ ∠ CAD　なので
∠ AEC ＝ ∠ ACE
よって、△ AEC は二等辺三角形であり
AE ＝ AC　… (＊)
また、△ EBC と△ ABD において

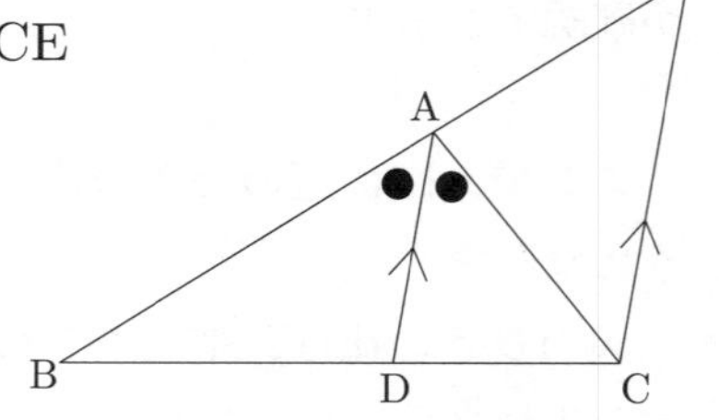

$\angle \mathrm{BEC} = \angle \mathrm{BAD}$, $\angle \mathrm{EBC} = \angle \mathrm{ABD}$ より、2組の角がそれぞれ等しいので
$\triangle \mathrm{EBC} \backsim \triangle \mathrm{ABD}$
よって $\mathrm{BE} : \mathrm{BA} = \mathrm{BC} : \mathrm{BD}$
これを変形すると、

$$\frac{\mathrm{BE}}{\mathrm{BA}} = \frac{\mathrm{BC}}{\mathrm{BD}}$$

$$\frac{\mathrm{BA} + \mathrm{AE}}{\mathrm{BA}} = \frac{\mathrm{BD} + \mathrm{DC}}{\mathrm{BD}}$$

$$1 + \frac{\mathrm{AE}}{\mathrm{BA}} = 1 + \frac{\mathrm{DC}}{\mathrm{BD}}$$

$$\frac{\mathrm{AE}}{\mathrm{BA}} = \frac{\mathrm{DC}}{\mathrm{BD}}$$

$\mathrm{AE} : \mathrm{BA} = \mathrm{DC} : \mathrm{BD}$
これと（*）から、$\mathrm{AB} : \mathrm{AC} = \mathrm{BD} : \mathrm{DC}$

図のように三角形の１つの内角を二等分したとき $a : b = m : n$ となる。

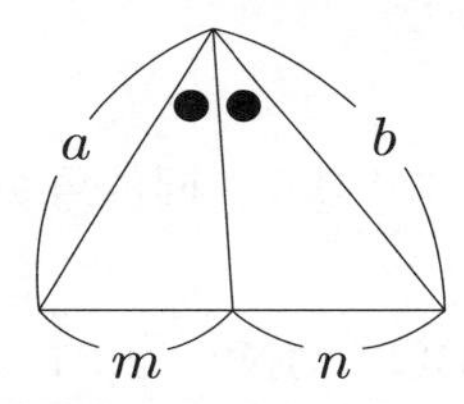

例題 149

右の図において、$\angle \mathrm{BAD} = \angle \mathrm{CAD}$ であるとき、BD の長さを求めよ。

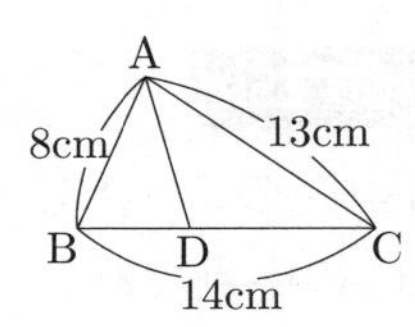

解答

$\triangle \mathrm{ABC}$ において、AD は $\angle \mathrm{BAC}$ の二等分線なので
$\mathrm{BD} : \mathrm{DC} = \mathrm{AB} : \mathrm{AC} = 8 : 13$
よって、$\mathrm{BD} = 14 \times \frac{8}{8 + 13} = \mathbf{\frac{16}{3}}$ **(cm)**

演習 149 （解答は P.324）

右の図において、$\angle \mathrm{BAD} = \angle \mathrm{CAD}$, $\angle \mathrm{ABE} = \angle \mathrm{CBE}$ であるとき、BF : FE を求めよ。

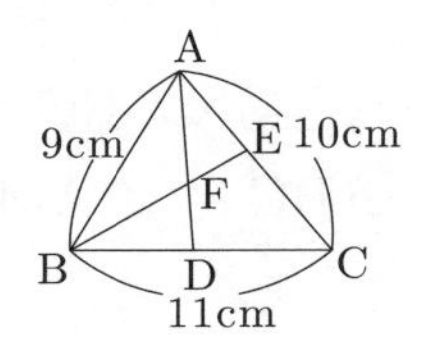

10.3 中点連結定理

三角形の２つの辺の中点をとり、それらを結ぶと**中点連結定理**(ちゅうてんれんけつていり)が成り立ちます。

中点連結定理

△ ABC において、M，N が辺 AB，AC の中点であるとき

MN // BC，$MN = \frac{1}{2}BC$

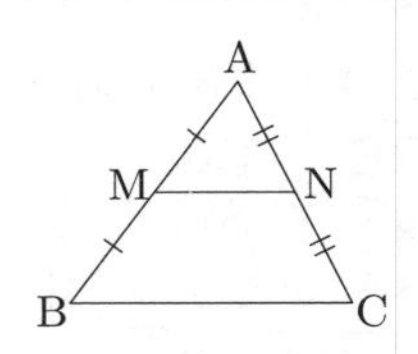

中点連結定理は次のように証明することができます。

△ ABC の辺 AB，AC の中点を M，N とする。
△ ABC と△ AMN において、
仮定より　AB：AM ＝ AC：AN ＝ 2：1　… ①
共通な角なので　∠ BAC ＝ ∠ MAN　… ②
①，② より、2 組の辺の比とその間の角がそれぞれ等しいので
△ ABC ∽ △ AMN　であり、その相似比は 2：1 である。
相似な図形で対応する角は等しいので ∠ ABC ＝ ∠ AMN　であり、同位角が等しいので　MN // BC
また、相似な図形で対応する辺の比は相似比と等しいので　BC：MN ＝ 2：1
したがって、$MN = \frac{1}{2}BC$

例題 150

右の図の△ ABC において、点 M，N はそれぞれ辺 AB，AC の中点である。このとき、MN の長さと ∠ ABC の大きさを求めよ。

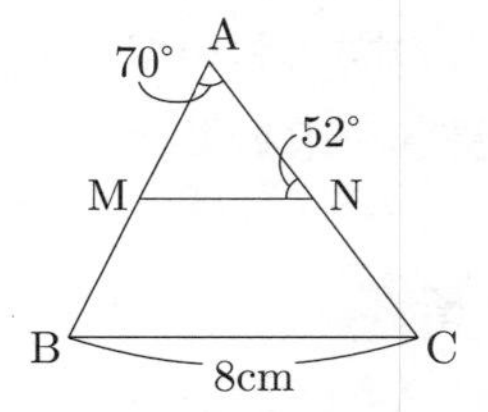

解答

△ ABC において、中点連結定理により　$MN = \frac{1}{2}BC$，MN // BC

よって、$MN = \frac{1}{2} \times 8 = \mathbf{4}$ **(cm)**

また、MN // BC で、同位角は等しく、三角形の内角の和は 180° なので

∠ ABC ＝ ∠ AMN ＝ 180° −（70° ＋ 52°）＝ **58°**

△ AMN ∽ △ ABC を確認して MN の長さや ∠ ABC の大きさを求めることもできますが、中点連結定理を使えば、△ AMN ∽ △ ABC を確認しなくてもそれらの値を求めることができます。

演習 150 （解答は P.324）

右の図において、四角形 ABCD は $AD /\!/ BC$ の台形である。点 E, F, G, H がそれぞれ線分 AB, DB, AC, DC の中点であるとき、FG の長さを求めよ。

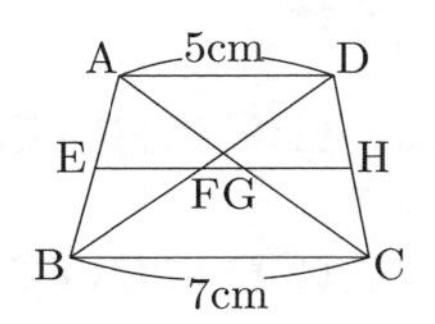

演習 150 と関連した内容を１つ確認します。

右の図のような台形 ABCD において、E, F がそれぞれ辺 AB, CD の中点であるとき、EF と台形の対角線 BD, AC との交点を G, H とすると、G, H はそれぞれ BD, AC の中点になります。

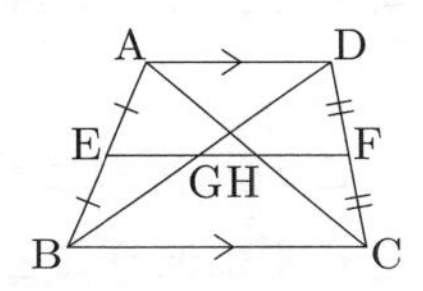

これを証明しておきましょう。

図のように、点 D を通り辺 AB と平行な直線と辺 BC との交点を P とし、線分 DP の中点を Q とする。

$AB /\!/ DP$, $AD /\!/ BP$ より、

四角形 ABPD は平行四辺形であり $AB = DP$

よって、$EB /\!/ QP$, $EB = QP$ となり、四角形 EBPQ は

平行四辺形なので $EQ /\!/ BP$ … ①

また、△DPC において、中点連結定理により $QF /\!/ PC$ … ②

BP, PC は同じ直線上の線分なので、①, ② より $EQ /\!/ QF$

つまり、E, Q, F は同一直線上にあり $EF /\!/ BC$ である。

よって、△ABD∽△EBG となり、

$BG : BD = BE : BA = 1 : 2$

したがって、G は BD の中点である。

同様に、H は AC の中点である。

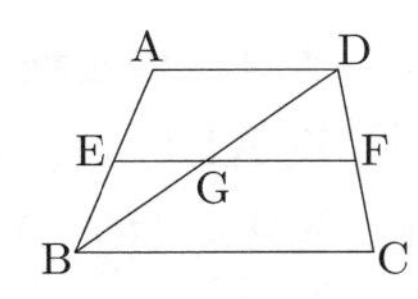

例題 151

右の図の四角形 ABCD において、$BC = CD$ であり、点 L, M, N はそれぞれ対角線 AC, 辺 AB, AD の中点である。このとき、△LMN が二等辺三角形であることを証明せよ。

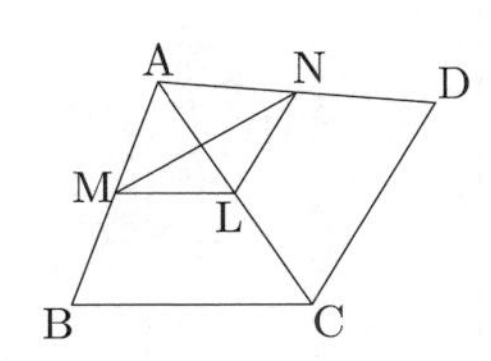

△AML∽△ABC, △ALN∽△ACD をそれぞれ証明して、どちらも相似比が 1 : 2 であることから△LMN が二等辺三角形であると証明してもよいですが、中点連結定理を使えばずっと簡単に△LMN が二等辺三角形であることを証明できます。

解答

△ ABC において、中点連結定理により $\mathrm{ML} = \dfrac{1}{2}\mathrm{BC}$

△ ACD において、中点連結定理により $\mathrm{LN} = \dfrac{1}{2}\mathrm{CD}$

仮定より BC = CD なので　ML = LN

よって、△ LMN は二等辺三角形である。

この解答のように、**定理を他の事柄の証明で使うときには、定理そのものの証明をせずに使うことができます**。

演習 151 （解答は P.324）

右の図の四角形 ABCD において、点 E，F，G，H は辺 AB，BC，CD，DA の中点である。このとき、四角形 EFGH が平行四辺形であることを証明せよ。

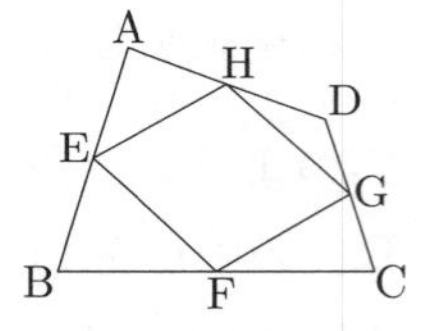

10.4 チェバの定理

三角形があり、その内部または外部にある 1 つの点と三角形の 3 つの頂点それぞれを直線で結ぶとき、**チェバの定理**（ていり）が成り立ちます。

> チェバの定理
> △ ABC と、△ ABC の辺上にも辺の延長線上にもない点 P があり、
> AP ∦ BC，BP ∦ CA，CP ∦ AB　のとき、頂点 A，B，C と点 P を結ぶ各直線と対辺またはその延長線との交点をそれぞれ点 K，L，M とする。
> このとき、$\dfrac{\mathrm{AM}}{\mathrm{MB}} \cdot \dfrac{\mathrm{BK}}{\mathrm{KC}} \cdot \dfrac{\mathrm{CL}}{\mathrm{LA}} = 1$　が成り立つ。

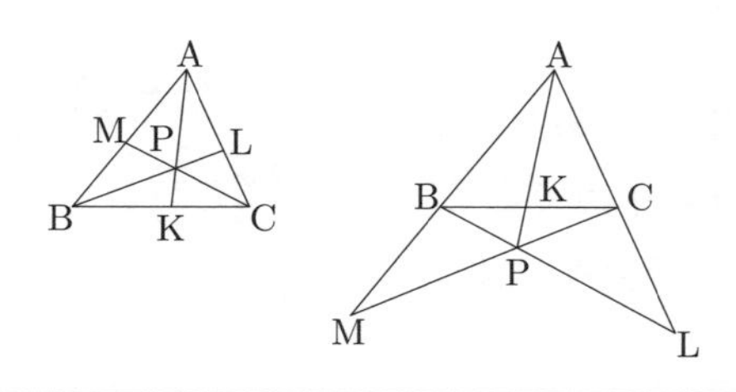

線分 AB 上に点 M があり　AM：MB ＝ $p:q$　であるとき、点 M は線分 AB を $p:q$ に**内分**（ないぶん）するといい、点 M を**内分点**（ないぶんてん）といいます。

一方、線分 AB の延長線上に点 M があり　AM：MB ＝ $p:q$　であるとき、点 M は線分 AB を $p:q$ に**外分**（がいぶん）するといい、点 M を**外分点**（がいぶんてん）といいます。点 M が線分

AB を $p:q$ に外分するとき、$p>q$ であれば点 M は点 B の外側の点に、$p<q$ であれば点 M は点 A の外側の点になります。

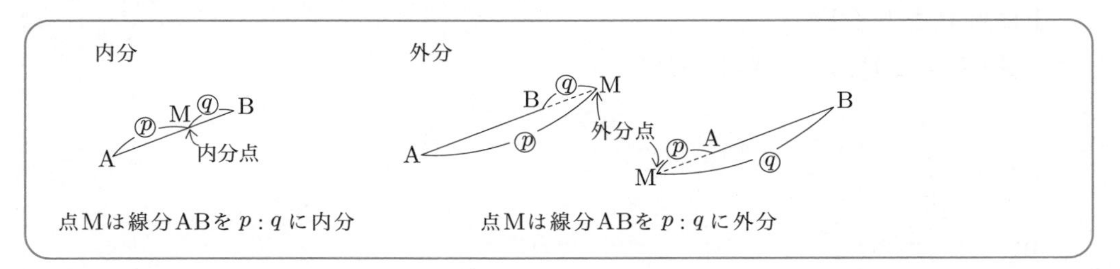

チェバの定理を証明するために、いくつか準備をしておきます。

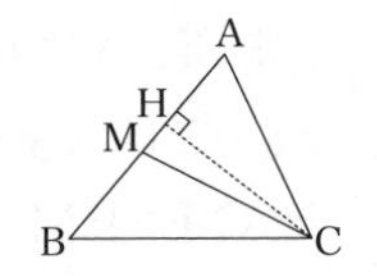

まず、図のように△ ABC を線分 CM で 2 つに分けるとき、△ AMC と△ BMC の面積比は

$$\triangle \mathrm{AMC} : \triangle \mathrm{BMC} = \frac{1}{2}\mathrm{AM} \times \mathrm{CH} : \frac{1}{2}\mathrm{BM} \times \mathrm{CH} = \mathrm{AM} : \mathrm{BM} \quad \cdots (*)$$

となります。

高さが等しい三角形の面積比は、底辺の長さの比と等しい。

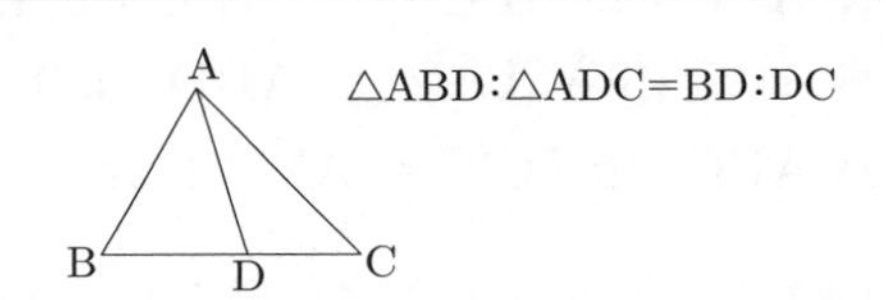

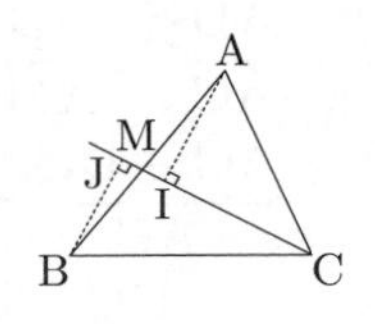

次に、△ AMC と△ BMC の底辺を MC と考えると、

$$\triangle \mathrm{AMC} : \triangle \mathrm{BMC} = \frac{1}{2}\mathrm{MC} \times \mathrm{AI} : \frac{1}{2}\mathrm{MC} \times \mathrm{BJ} = \mathrm{AI} : \mathrm{BJ}$$

となり、(*) から $\mathrm{AI} : \mathrm{BJ} = \mathrm{AM} : \mathrm{BM}$ であることが分かります。

ここで線分 MC 上に点 P をとり、△ APC と△ BPC の面積比を底辺を PC として考えると、

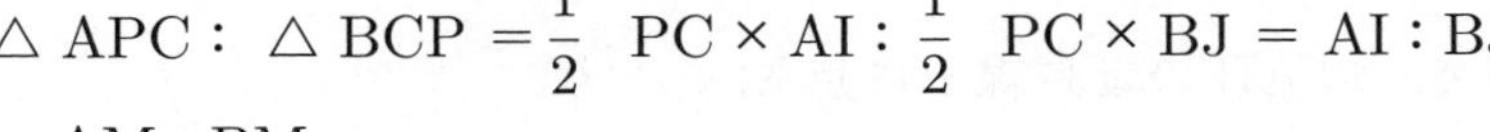
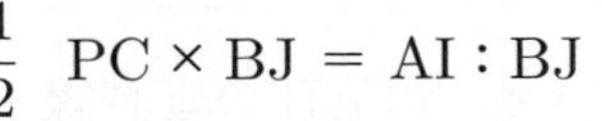

$$\triangle \mathrm{APC} : \triangle \mathrm{BCP} = \frac{1}{2}\ \mathrm{PC} \times \mathrm{AI} : \frac{1}{2}\ \mathrm{PC} \times \mathrm{BJ} = \mathrm{AI} : \mathrm{BJ}$$

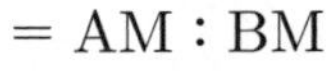

$$= \mathrm{AM} : \mathrm{BM}$$

となります。

これは、右の図のように点 P を線分 MC の延長線上にとった場合でも同じです。

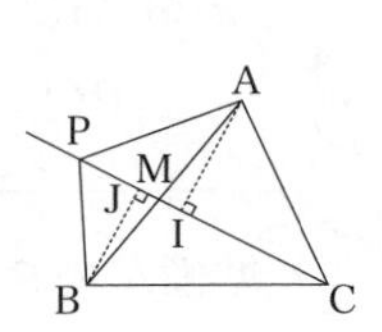

$\triangle$ABCにおいて、辺AB上に点Mをとり、線分MC上またはその延長線上に点Pをとると

$\triangle APC : \triangle BPC = AM : BM$

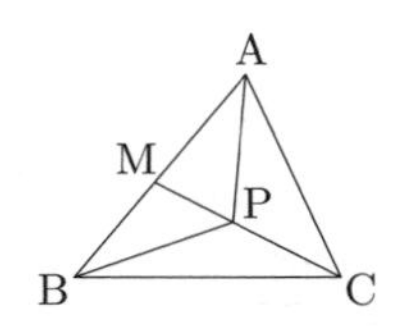

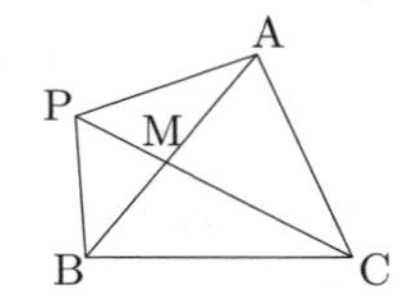

また、右の図のように点Mを辺ABの延長線上にとり、点Pを線分MC上にとっても　$\triangle APC : \triangle BPC = AM : BM$　が成り立ちます。

この理由は次のように説明できます。

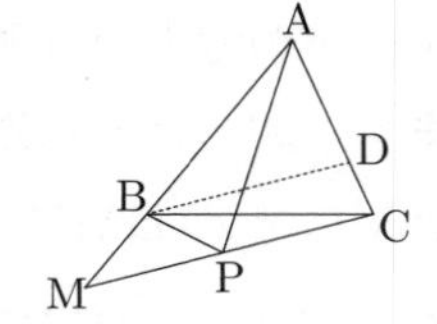

$BD /\!/ MC$　となるように辺AC上に点Dをとると　$\triangle BPC = \triangle DPC$　であり、

$\triangle APC : \triangle BPC = \triangle APC : \triangle DPC = AC : DC$

さらに、$\triangle AMC \backsim \triangle ABD$　より、$AC : DC = AM : BM$　(*)なので

$\triangle APC : \triangle BPC = AM : BM$

(*)についてより丁寧に書くと、$\triangle AMC \backsim \triangle ABD$　から　$AC : AD = AM : AB$　であり、これを変形して

$$\frac{AD}{AC} = \frac{AB}{AM}$$

$$\frac{AC - DC}{AC} = \frac{AM - BM}{AM}$$

$$1 - \frac{DC}{AC} = 1 - \frac{BM}{AM}$$

$$AC : DC = AM : BM$$

となります。

$\triangle$ABCにおいて、辺ABの延長線上に点Mをとり、線分MC上に点Pをとると

$\triangle APC : \triangle BPC = AM : BM$

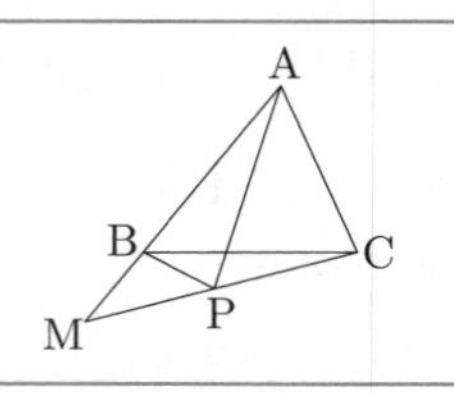

準備ができたので、チェバの定理を証明します。

図のように、$\triangle$ABCの内部または外部に点Pをとり、頂点A, B, Cと点Pを結ぶ各直線と対辺またはその延長線との交点をそれぞれ点K, L, Mとする。

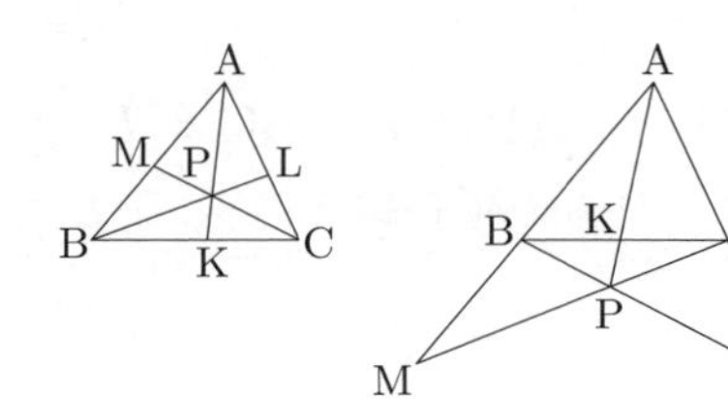

$\text{AM}:\text{MB} = \triangle\text{PAC}:\triangle\text{PBC}$ より $\dfrac{\text{AM}}{\text{MB}} = \dfrac{\triangle\text{PAC}}{\triangle\text{PBC}}$

同様に、$\dfrac{\text{BK}}{\text{KC}} = \dfrac{\triangle\text{PAB}}{\triangle\text{PAC}},\ \dfrac{\text{CL}}{\text{LA}} = \dfrac{\triangle\text{PBC}}{\triangle\text{PAB}}$

よって、$\dfrac{\text{AM}}{\text{MB}} \cdot \dfrac{\text{BK}}{\text{KC}} \cdot \dfrac{\text{CL}}{\text{LA}} = \dfrac{\triangle\text{PAC}}{\triangle\text{PBC}} \cdot \dfrac{\triangle\text{PAB}}{\triangle\text{PAC}} \cdot \dfrac{\triangle\text{PBC}}{\triangle\text{PAB}} = 1$

例題 152

右の図において、$\text{AR}:\text{RB} = 3:2,\ \text{AQ}:\text{QC} = 5:4$ であるとき、$\text{BP}:\text{PC}$ を求めよ。

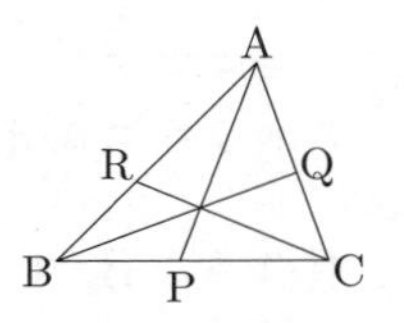

チェバの定理を使って線分の長さの比を求めることができます。

解答

チェバの定理により $\dfrac{\text{AR}}{\text{RB}} \cdot \dfrac{\text{BP}}{\text{PC}} \cdot \dfrac{\text{CQ}}{\text{QA}} = 1$ すなわち $\dfrac{3}{2} \cdot \dfrac{\text{BP}}{\text{PC}} \cdot \dfrac{4}{5} = 1$

これを変形して $\dfrac{\text{BP}}{\text{PC}} = \dfrac{5}{6}$

よって、$\text{BP}:\text{PC} = \mathbf{5:6}$

演習 152 (解答は P.324)

右の図において、x の値を求めよ。

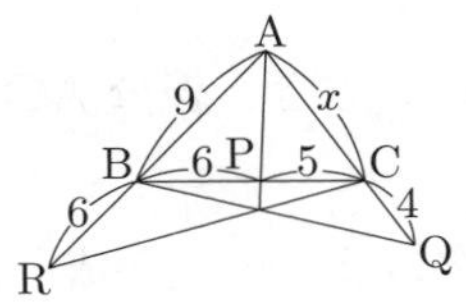

10.5 メネラウスの定理

三角形の各辺またはその延長線と1つの直線が交わるとき、**メネラウスの定理**(ていり)が成り立ちます。

メネラウスの定理

△ABCと△ABCの頂点を通らない直線 l があり、$AB \not\parallel l$，$BC \not\parallel l$，$CA \not\parallel l$ であるとき、辺AB，BC，CAまたはそれらの延長線と直線 l との交点をそれぞれ点P，Q，Rとする。

このとき、$\dfrac{AP}{PB}\cdot\dfrac{BQ}{QC}\cdot\dfrac{CR}{RA}=1$ が成り立つ。

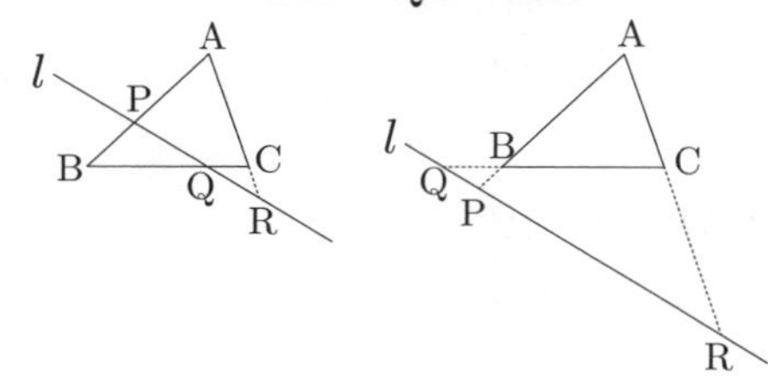

メネラウスの定理は次のように証明できます。

頂点A，B，Cから直線 l に下ろした垂線の足をそれぞれK，L，Mとする。

△APK∽△BPL より $\dfrac{AP}{PB}=\dfrac{AK}{BL}$

△BQL∽△CQM より $\dfrac{BQ}{QC}=\dfrac{BL}{CM}$

△CRM∽△ARK より $\dfrac{CR}{RA}=\dfrac{CM}{AK}$

よって $\dfrac{AP}{PB}\cdot\dfrac{BQ}{QC}\cdot\dfrac{CR}{RA}=\dfrac{AK}{BL}\cdot\dfrac{BL}{CM}\cdot\dfrac{CM}{AK}=1$

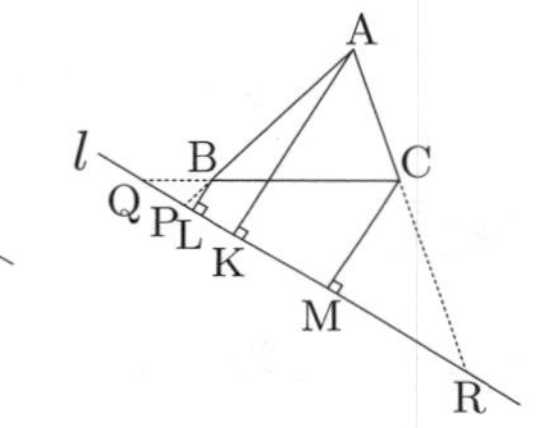

例題 153

右の図において $AC=9$ のとき、線分AQの長さを求めよ。

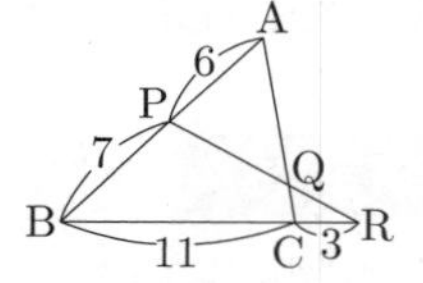

メネラウスの定理から次の2つの式が成り立ちます。

$\dfrac{BP}{PA}\cdot\dfrac{AQ}{QC}\cdot\dfrac{CR}{RB}=1$ （△ABCに直線PRが交わると考えた場合）

$\dfrac{BC}{CR}\cdot\dfrac{RQ}{QP}\cdot\dfrac{PA}{AB}=1$ （△PBRに直線ACが交わると考えた場合）

このうち、上の式を使えば AQ：QC を求めることができます。

解答

メネラウスの定理により $\dfrac{BP}{PA}\cdot\dfrac{AQ}{QC}\cdot\dfrac{CR}{RB}=1$ すなわち $\dfrac{7}{6}\cdot\dfrac{AQ}{QC}\cdot\dfrac{3}{14}=1$

これを変形して AQ：QC＝4：1

よって、 $AQ=9\times\dfrac{4}{4+1}=\boldsymbol{\dfrac{36}{5}}$

演習 153 （解答は P.325）

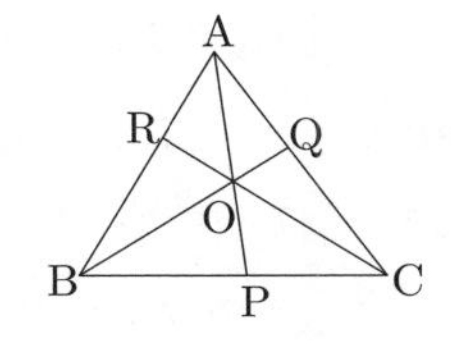

右の図において、AR：RB＝5：8, AQ：QC＝3：4 である。このとき、AO：OP を求めよ。

チェバの定理とメネラウスの定理の結論は同じ形の式であり、どちらも三角形の頂点と辺の内分点または外分点を交互に通って一周する形と覚えておきましょう。

チェバの定理

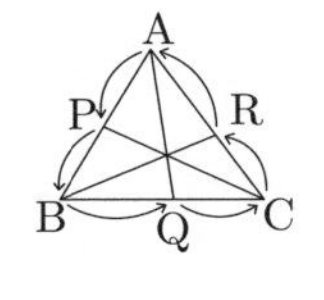

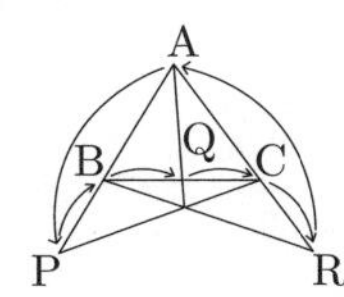

メネラウスの定理

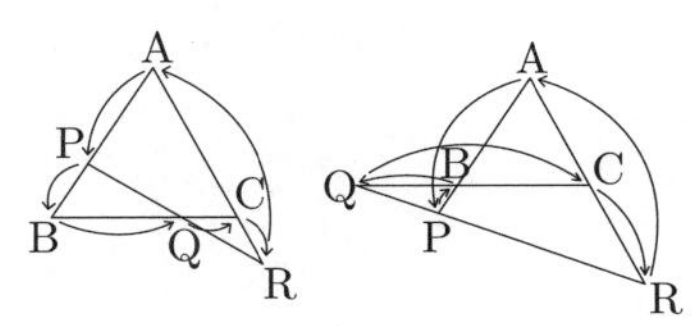

$$\frac{\mathrm{AP}}{\mathrm{PB}}\cdot\frac{\mathrm{BQ}}{\mathrm{QC}}\cdot\frac{\mathrm{CR}}{\mathrm{RA}}=1$$

10.6 相似な図形の面積比

2つの相似な図形の面積の比は次のようになっています。

> 相似比が $m:n$ である2つの相似な図形の面積比は $m^2:n^2$ である。

2つの相似な図形があり、相似比が 2：3 であれば、その面積比は 4：9 $(=2^2:3^2)$ になるということです。

このことを、三角形で確認してみましょう。下の図にある2つの相似な三角形の相似比が $m:n$ であるとき、底辺の長さはそれぞれ ma, na 、高さはそれぞれ mb, nb と表すことができます。そのため、2つの三角形の面積比は

$$\frac{1}{2}\cdot ma\cdot mb:\frac{1}{2}\cdot na\cdot nb=\frac{1}{2}m^2ab:\frac{1}{2}n^2ab=m^2:n^2$$

となります。

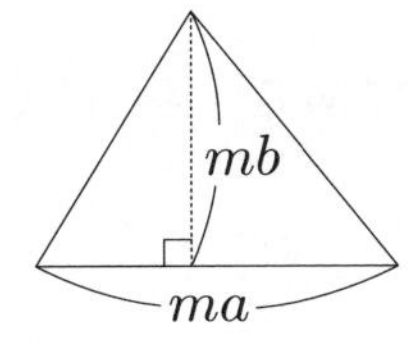

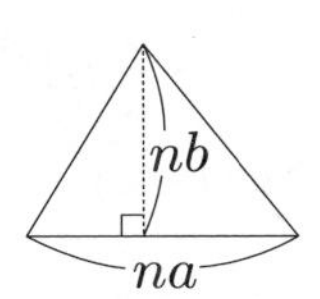

三角形以外の図形の場合も考えておきましょう。

多角形の場合は、図形全体を三角形に分割（ぶんかつ）することができ、2つの相似な多角形の相似比が $m:n$ であれば分割したそれぞれの三角形の面積比は $m^2:n^2$ となります。

1つの多角形を k 個の三角形に分割し、その面積をそれぞれ m^2S_1, m^2S_2, $\cdots$, m^2S_k と表すと、それと相似な多角形を同じように分割してできる三角形の面積はそれぞれ n^2S_1, n^2S_2, $\cdots$, n^2S_k と表すことができ、2つの多角形全体の面積比は
$(m^2S_1+m^2S_2+\cdots+m^2S_k):(n^2S_1+n^2S_2+\cdots+n^2S_k)$
$=m^2(S_1+S_2+\cdots+S_k):n^2(S_1+S_2+\cdots+S_k)=m^2:n^2$ となります。

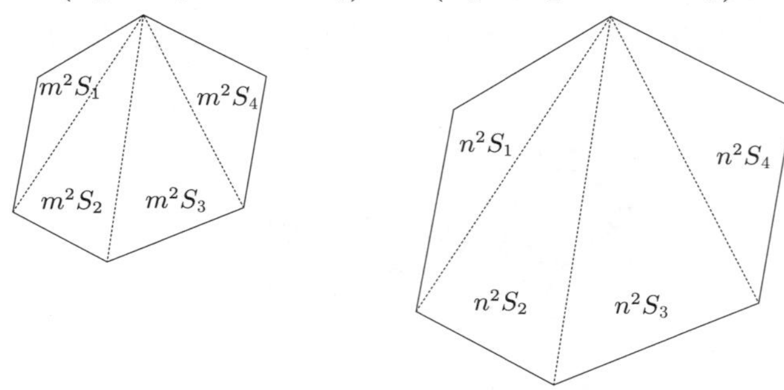

円のように多角形でない図形の場合は、図形全体を1つ1つが長方形と見なせるほどに細く分割して考えることができます。

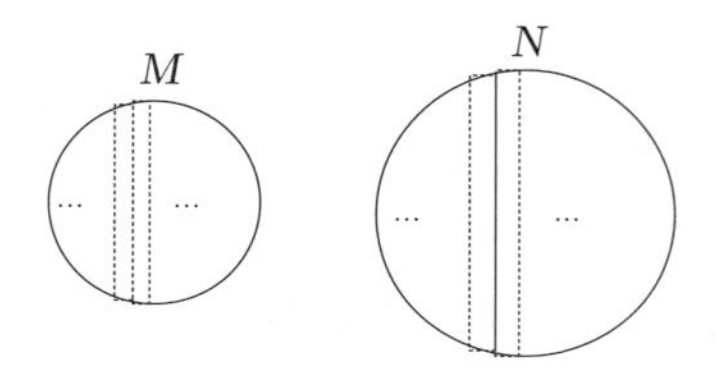

相似比が $m:n$ である図形 M と N を同じ個数の長方形（と見なせる図形）に分割し、1番左の長方形どうし、左から2番目の長方形どうし、…と順に比べると、どれも相似比が $m:n$ の相似な図形であり、その面積比は $m^2:n^2$ となっています。M, N それぞれの面積はこれらの長方形の面積の和と考えることができ、M, N の面積比も $m^2:n^2$ となります。これについては高校数学でもう少し詳（くわ）しく学ぶので、今はイメージで理解できれば十分です。

例題 154

△ABCと△DEFがあり、△ABC∽△DEF, $\frac{2}{3}\mathrm{AB}=\mathrm{DE}$ である。△ABCの面積が45 cm^2 であるとき、△DEFの面積を求めよ。

$\frac{2}{3}\mathrm{AB}=\mathrm{DE}$ から $\mathrm{AB}:\mathrm{DE}=1:\frac{2}{3}$ であり、△ABCと△DEFの相似比が $1:\frac{2}{3}$ であることが分かります。

解答

△ ABC と△ DEF は相似であり、相似比が $1:\dfrac{2}{3}$ なので

面積比は　$1^2:\left(\dfrac{2}{3}\right)^2=1:\dfrac{4}{9}$

よって、△ DEF $=45\times\dfrac{4}{9}=$ **20（cm²）**

相似比が整数の比になるように $1:\dfrac{2}{3}=3:2$ と直してから、面積比を $3^2:2^2=9:4$ と求めても、△ DEF の面積が△ ABC の面積の $\dfrac{4}{9}$ 倍であることが分かります。

演習 154（解答は P.325）

右の図において、∠ BAC =∠ CBD　であるとき、△ ABC と△ BDC の面積比を求めよ。また、△ ABD の面積は△ ABC の面積の何倍であるか求めよ。

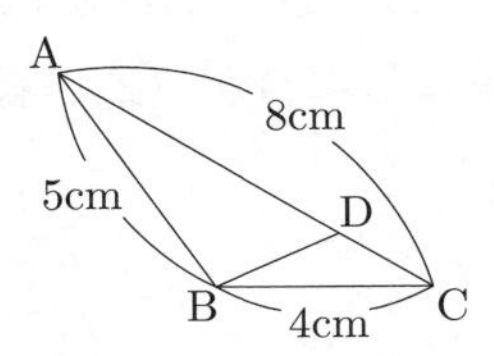

11　円

11.1 円周角の定理

図のように、円 O の円周上に点 A，B，P をとるとき、∠ APB を $\overset{\frown}{AB}$ に対する円周角といいました。

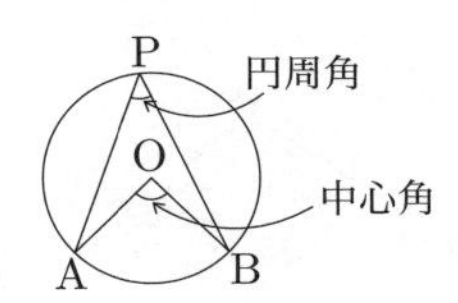

点 P を円周上で動かすと、$\overset{\frown}{AB}$ に対する円周角をいろいろな位置にとることができます。このとき、同じ $\overset{\frown}{AB}$ に対する円周角の大きさは一定であり、その大きさは中心角の大きさの半分になっています。式で表すと、点 P を円周上のどこにとっても ∠ APB $=\dfrac{1}{2}$∠ AOB　という関係が成り立つということです。

これを、**円周角の定理**（えんしゅうかくのていり）といいます。

円周角の定理

1つの弧に対する円周角の大きさは、その弧に対する中心角の大きさの半分である。

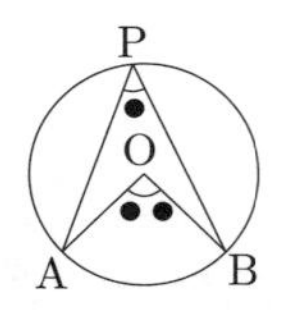

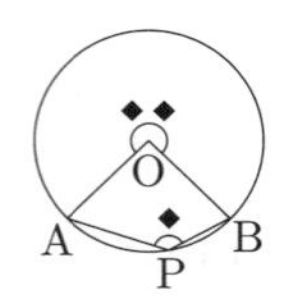

円周角の定理を図のように（1），(2)，(3）の3つの場合に分けて証明してみましょう。線分AP，BPが線分AO，BOと交わらない場合が（1）、線分BPが線分BOと重なる場合が（2）、線分BPが線分AOと交わる場合が（3）です。

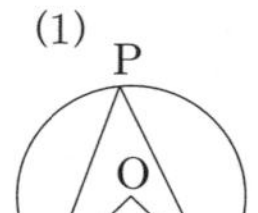

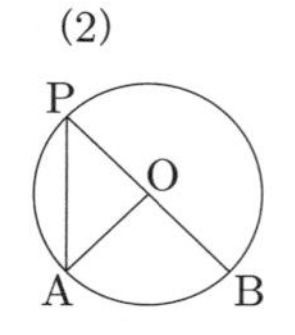

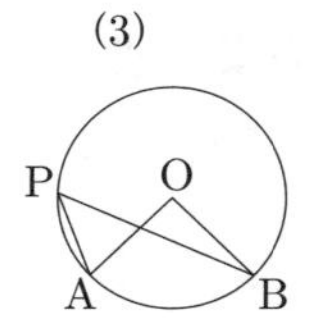

(2)' のように、線APが線分AOと重なる場合は（2）と同様に証明でき、(3)' のように線分APが線分BOと交わる場合は（3）と同様に証明できるので省略します。また、(4）のように線分ABが円の直径となる場合や、(5）のように弧ABの長さが円周の半分より長い場合は、点Pがどこにあっても（1）の場合に含まれ、同様に証明することができます。

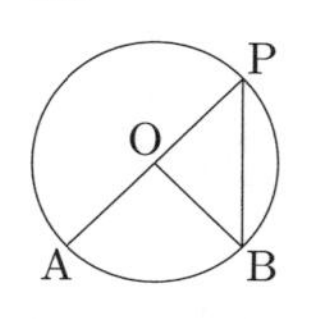

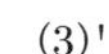

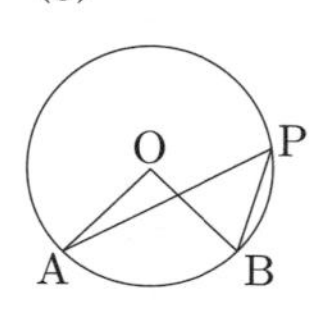

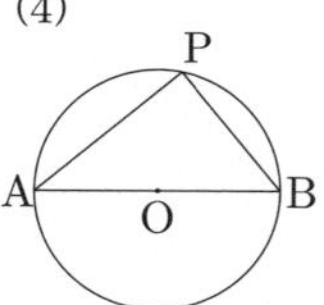

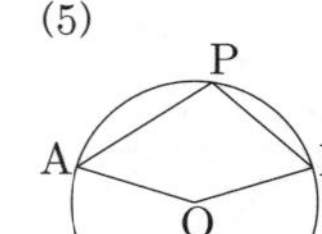

(1）の場合の証明

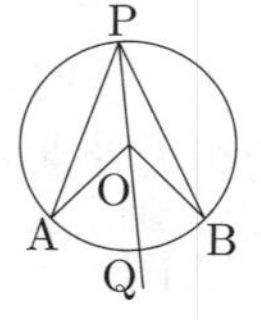

半直線POと円Oとの交点をQとする。

△APOにおいて、内角と外角の関係により

∠APO＋∠PAO＝∠AOQ

また、△APOは OP＝OA の二等辺三角形なので ∠APO＝∠PAO

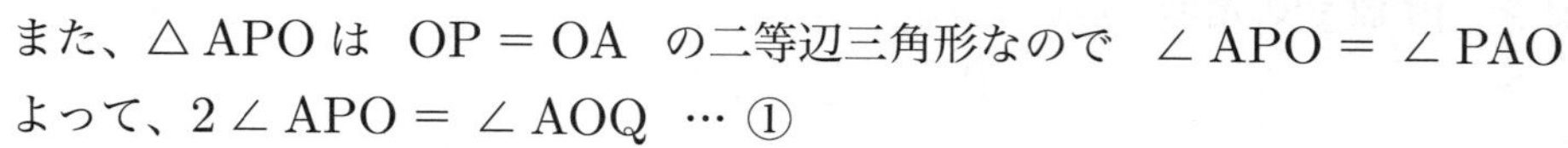

よって、2∠APO＝∠AOQ …①

△BPOにおいても同様に 2∠BPO＝∠BOQ …②

①，② より 2∠APO＋2∠BPO＝∠AOQ＋∠BOQ

したがって、$2\angle \mathrm{APB} = \angle \mathrm{AOB}$　すなわち　$\angle \mathrm{APB} = \dfrac{1}{2}\angle \mathrm{AOB}$

(2) の場合の証明

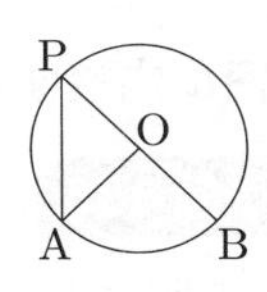

$\triangle \mathrm{APO}$ において、内角と外角の関係により

$\angle \mathrm{APO} + \angle \mathrm{PAO} = \angle \mathrm{AOB}$

また、$\triangle \mathrm{APO}$ は　$\mathrm{OP} = \mathrm{OA}$　の二等辺三角形なので

$\angle \mathrm{APO} = \angle \mathrm{PAO}$

よって、$2\angle \mathrm{APO} = \angle \mathrm{AOB}$　すなわち　$\angle \mathrm{APB} = \dfrac{1}{2}\angle \mathrm{AOB}$

(3) の場合の証明

半直線 PO と円 O との交点を Q とする。

$\triangle \mathrm{APO}$ において、内角と外角の関係により

$\angle \mathrm{APO} + \angle \mathrm{PAO} = \angle \mathrm{AOQ}$

また、$\triangle \mathrm{APO}$ は　$\mathrm{OP} = \mathrm{OA}$　の二等辺三角形なので　$\angle \mathrm{APO} = \angle \mathrm{PAO}$

よって、$2\angle \mathrm{APO} = \angle \mathrm{AOQ}$　… ①

$\triangle \mathrm{BPO}$ においても同様に　$2\angle \mathrm{BPO} = \angle \mathrm{BOQ}$　… ②

①, ② より　$2\angle \mathrm{APO} - 2\angle \mathrm{BPO} = \angle \mathrm{AOQ} - \angle \mathrm{BOQ}$

したがって、$2\angle \mathrm{APB} = \angle \mathrm{AOB}$　すなわち　$\angle \mathrm{APB} = \dfrac{1}{2}\angle \mathrm{AOB}$

点 P がどのような位置にあったとしても、$\overset{\frown}{\mathrm{AB}}$ に対する円周角の大きさが $\overset{\frown}{\mathrm{AB}}$ に対する中心角の大きさの半分になっていることが確認できました。

例題 155

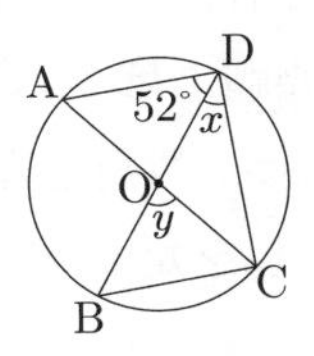

右の図において、$\angle x$, $\angle y$ の大きさを求めよ。

解答

$\angle \mathrm{ADC}$ は $\overset{\frown}{\mathrm{AC}}$ に対する円周角なので　$\angle \mathrm{ADC} = \dfrac{1}{2}\angle \mathrm{AOC} = \dfrac{1}{2} \times 180^\circ = 90^\circ$

よって、$\angle x = \angle \mathrm{ADC} - \angle \mathrm{ADB} = 90^\circ - 52^\circ = \mathbf{38}^\circ$

$\angle y$ は $\overset{\frown}{\mathrm{BC}}$ に対する中心角なので　$\angle y = 2\angle x = 2 \times 38^\circ = \mathbf{76}^\circ$

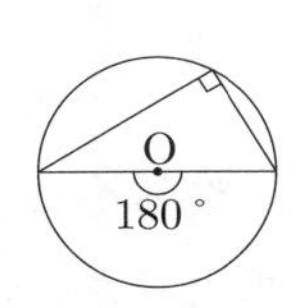

弧の両端(りょうたん)の点を結んだ線分が円の直径になる場合、その弧に対する中心角は 180° となり、円周角は中心角の半分なので 90° となります。円周角が 90° となる状況は円周角に関する問題でよく出てくるので、すぐに気付けるようにしておいてください。

演習 155 （解答は P.325）

右の図において、$\angle x$ の大きさを求めよ。

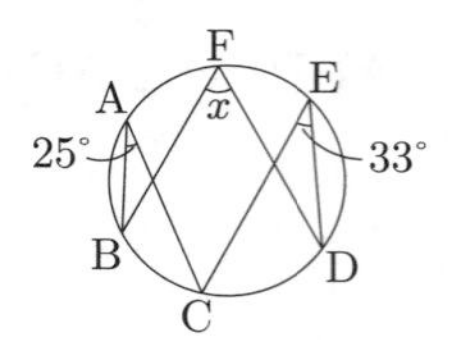

〈円に内接する四角形〉

例題 156

右の図において、$\angle x$, $\angle y$ の大きさを求めよ。

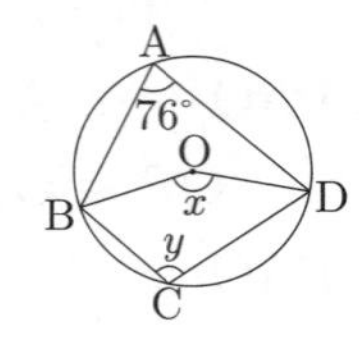

解答

$\angle x$ は点Cを含む $\overset{\frown}{BD}$ に対する中心角なので $\angle x = 2\angle BAD = 2 \times 76° = \mathbf{152°}$

このとき、点Aを含む $\overset{\frown}{BD}$ に対する中心角は $\angle BOD = 360° - 152° = 208°$

$\angle y$ は 点Aを含む $\overset{\frown}{BD}$ に対する円周角なので $\angle y = \frac{1}{2}\angle BOD = \frac{1}{2} \times 208° = \mathbf{104°}$

この問題の図のように、四角形のすべての頂点がある円の円周上にあるとき、四角形は円に**内接**（ないせつ）するといい、円は四角形に**外接**（がいせつ）するといいます。

また、このような円を四角形の**外接円**（がいせつえん）といいます。

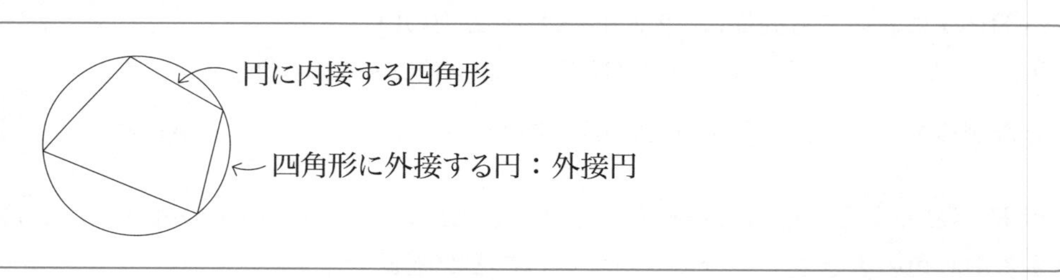

円に四角形が内接している場合、四角形の対角の和はいつでも 180° になります。たとえば、この問題では $\angle BAD$ （$= 76°$）と $\angle y$ （$= 104°$）を足すと 180° になっています。これは、対角となるそれぞれの角について同じ弧に対する中心角を考え、その中心角どうしを足すと 360° であり、円周角は同じ弧に対する中心角の半分になっているからです。

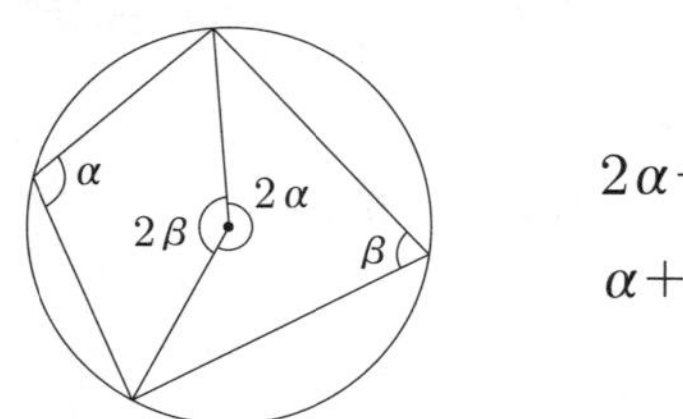

$2\alpha + 2\beta = 360°$

$\alpha + \beta = 180°$

解答では、$\angle x$ と異なる $\angle BOD$ の大きさを求めてから、それを半分にして $\angle y$ の大きさを求めていますが、四角形 ABCD が円に内接しているので

$\angle y = 180° - 76° = 104°$ と答えてもよいということです。

また、円に内接する四角形の対角の和が 180° なので、右の図で ∠ ABC ＋ ∠ ADC ＝ 180° であり、∠ ADE ＋ ∠ ADC ＝ 180° なので、∠ ABC ＝ ∠ ADE となります。

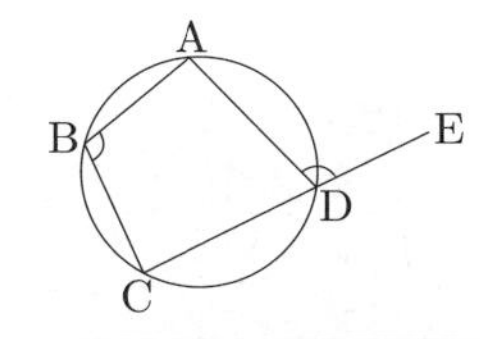

四角形が円に内接するとき、四角形の対角の和は 180° であり、四角形の外角の大きさはそれと隣り合う内角の対角の大きさと等しい。

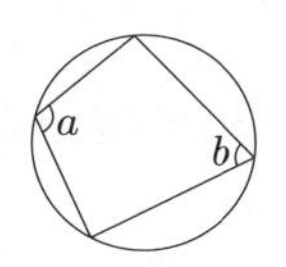

$\angle a + \angle b = 180°$

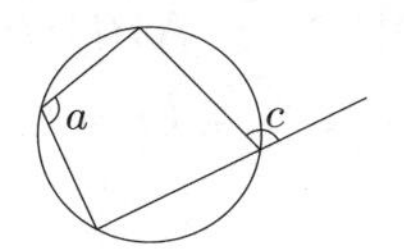

$\angle a = \angle c$

演習 156（解答は P.325）

右の図において、$\angle x$ の大きさを求めよ。

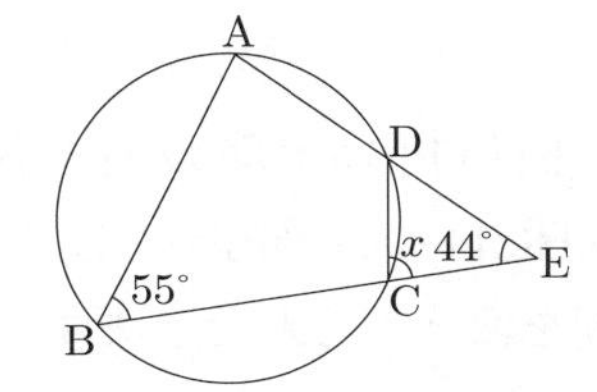

〈円周角の定理の逆〉

円周角の定理は、その逆が成り立ちます。

円周角の定理の逆
図のように、2 点 P，Q が直線 AB について同じ側にあるとき、∠ APB ＝∠ AQB ならば、4 点 A，B，P，Q は 1 つの円周上にある。

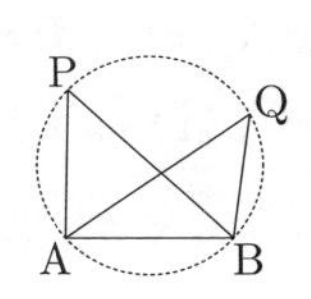

すでに学んだように、「A ならば B である」という定理が成り立つときに、その逆の「B ならば A である」という事柄が必ず成り立つとは限りませんが（P.133 参照）、円周角の定理の逆は次のように証明することができ、成り立つことが確認できます。

次の図のように、△ ABP とその外接円があり、直線 AB について点 P と同じ側に点 Q をとる。
△ ABP の外接円の内側に点 Q をとるとき、直線 AQ と円との交点を Q' とする。
このとき、△ QBQ' において、内角と外角の関係および円周角の定理により
∠ AQB ＝ ∠ QQ'B ＋ ∠ QBQ' ＞ ∠ AQ'B ＝ ∠ APB … ①
△ ABP の外接円の外側に点 Q をとるとき、直線 AQ と円との交点を Q' とする。
このとき、△ QBQ' において、内角と外角の関係および円周角の定理により
∠ AQB ＝ ∠ Q'QB ＝ ∠ AQ'B － ∠ Q'BQ ＞ ∠ AQ'B ＝ ∠ APB … ②

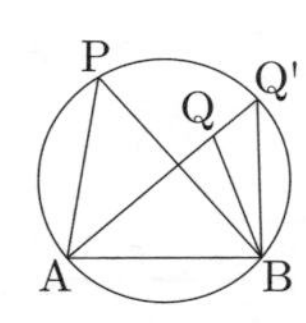

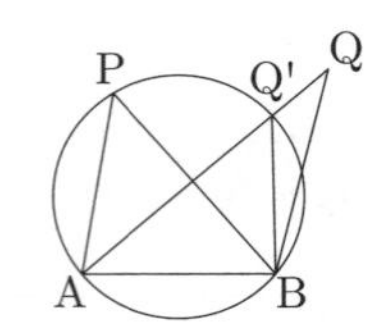

2点P，Qが直線ABについて同じ側にあるとき、点Qが△ABPの外接円の内側にあると仮定すると ① より∠AQB＞∠APBであり、点Qが△ABPの外接円の外側にあると仮定すると ② より∠AQB＞∠APBである。
これらは ∠APB＝∠AQB と矛盾するので、点Qは△ABPの外接円の円周上にある。

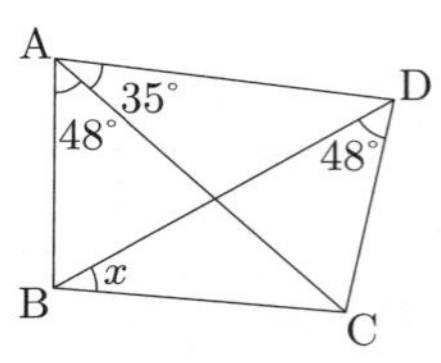

例題 157

右の図において、∠x の大きさを求めよ。

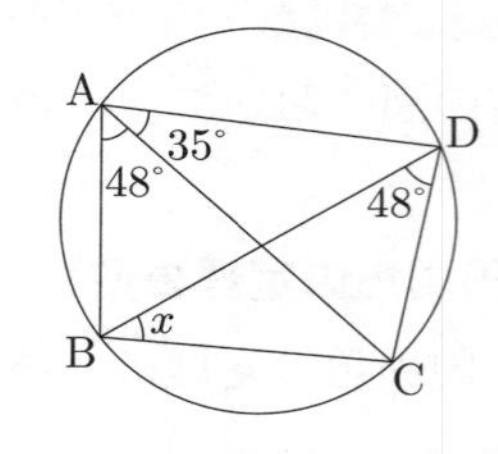

円周角の定理の逆を使って、右の図のように四角形ABCDの外接円がかけることを確認できれば、円周角の定理を使うことができます。

解答

2点A，Dは直線BCについて同じ側にあり、∠BAC＝∠BDC なので、4点A，B，C，Dは1つの円周上にある。
このとき、∠x は $\overset{\frown}{\mathrm{CD}}$ に対する円周角なので ∠x ＝∠CAD＝**35°**

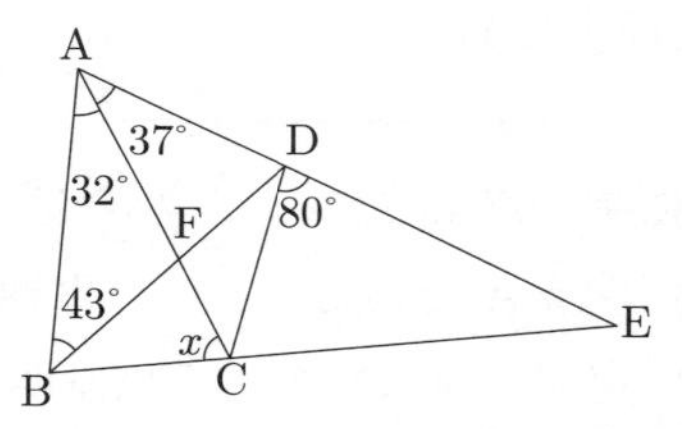

演習 157 （解答は P.325）

右の図において、∠x の大きさを求めよ。

〈円周角と弧〉

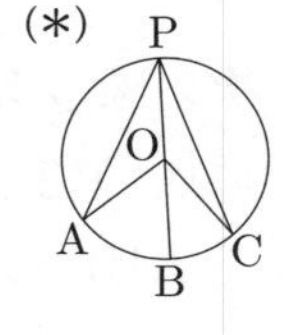

1つの円において、2つの弧の長さの比とそれらに対する円周角の大きさの比は一致します。たとえば右の図で、$\overset{\frown}{\mathrm{AB}}$ と $\overset{\frown}{\mathrm{BC}}$ の長さの比が $m:n$ であれば、それらに対する円周角の ∠APB と∠BPC の大きさの比も $m:n$ となります。
これは、次のように説明することができます。

右の図のように、半径 r 、中心角 $a°$ の扇形の弧の長さを l とします。このとき、中心角と弧の長さの関係は、$2\pi r \times \dfrac{a}{360} = l$ であり、これを

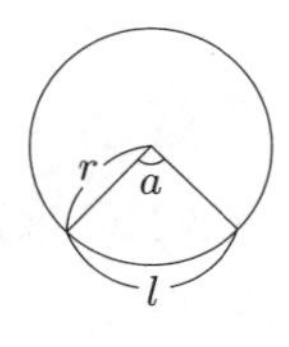

$$\frac{a}{l} = \frac{180}{\pi r}$$

と変形することができます。1つの円で半径の長さ r は変わらず、$\dfrac{180}{\pi r}$ は一定の値なので、この式から $\dfrac{a}{l}$ も一定の値となることが分かります。つまり、$a : l$ は一定であり、(＊) の図において $\angle\mathrm{AOB} : \overset{\frown}{\mathrm{AB}} = \angle\mathrm{BOC} : \overset{\frown}{\mathrm{BC}}$ となります。これを変形すると、$\angle\mathrm{AOB} : \angle\mathrm{BOC} = \overset{\frown}{\mathrm{AB}} : \overset{\frown}{\mathrm{BC}}$ が確認できます。

また、円周角は同じ弧に対する中心角の半分なので、

$$\angle\mathrm{APB} : \angle\mathrm{BPC} = \frac{1}{2}\angle\mathrm{AOB} : \frac{1}{2}\angle\mathrm{BOC} = \angle\mathrm{AOB} : \angle\mathrm{BOC} = \overset{\frown}{\mathrm{AB}} : \overset{\frown}{\mathrm{BC}}$$

となります。

P.160 参照 $a : b = c : d$ ならば $a : c = b : d$ より、$\angle\mathrm{AOB} : \overset{\frown}{\mathrm{AB}} = \angle\mathrm{BOC} : \overset{\frown}{\mathrm{BC}}$ ならば $\angle\mathrm{AOB} : \angle\mathrm{BOC} = \overset{\frown}{\mathrm{AB}} : \overset{\frown}{\mathrm{BC}}$

1つの円において、2つの弧の長さの比とそれらに対する円周角の大きさの比は一致する。

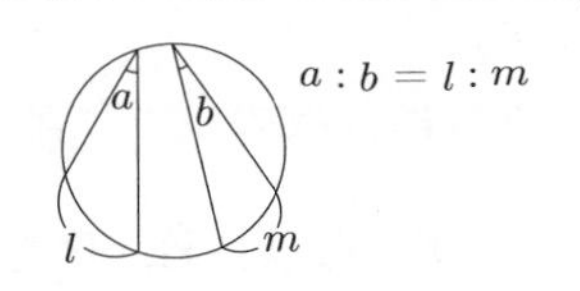

例題 158

右の図において、△ABC は正三角形であり、円 O に内接している。辺 BC の延長線上に $\angle\mathrm{ADC} = 45°$ となるように点 D をとり、線分 AD と円 O との交点を E とする。このとき、点 B を含まない $\overset{\frown}{\mathrm{AC}}$ の長さは点 B を含まない $\overset{\frown}{\mathrm{EC}}$ の長さの何倍であるか答えよ。

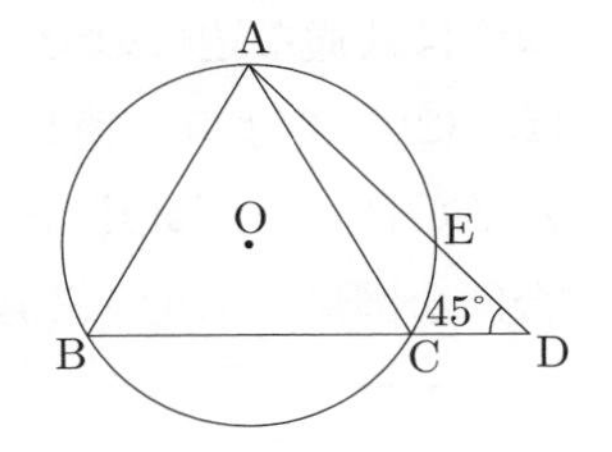

$\overset{\frown}{\mathrm{AC}}$ の長さが $\overset{\frown}{\mathrm{EC}}$ の長さの何倍かを求めるということは、$\overset{\frown}{\mathrm{AC}}$ と $\overset{\frown}{\mathrm{EC}}$ の長さの比を求めるということで、それぞれの円周角の比を求めればよいことが分かります。$\overset{\frown}{\mathrm{AC}}$ に対する円周角は $\angle\mathrm{ABC} = 60°$ であることが分かっているので、$\overset{\frown}{\mathrm{EC}}$ に対する円周角 $\angle\mathrm{EAC}$ の大きさを考えましょう。

解答

$\triangle$ ABC は正三角形なので　$\angle \mathrm{ABC} = \angle \mathrm{ACB} = 60^\circ$

$\triangle$ ADC において、内角と外角の関係により

$\angle \mathrm{EAC} = \angle \mathrm{ACB} - \angle \mathrm{ADC} = 60^\circ - 45^\circ = 15^\circ$

弧の長さの比は円周角の大きさの比と一致するので

$\overset{\frown}{\mathrm{AC}} : \overset{\frown}{\mathrm{EC}} = \angle \mathrm{ABC} : \angle \mathrm{EAC} = 60^\circ : 15^\circ = 4 : 1$

よって、$\overset{\frown}{\mathrm{AC}}$ の長さは $\overset{\frown}{\mathrm{EC}}$ の長さの **4 倍**である。

演習 158 （解答は P.325）

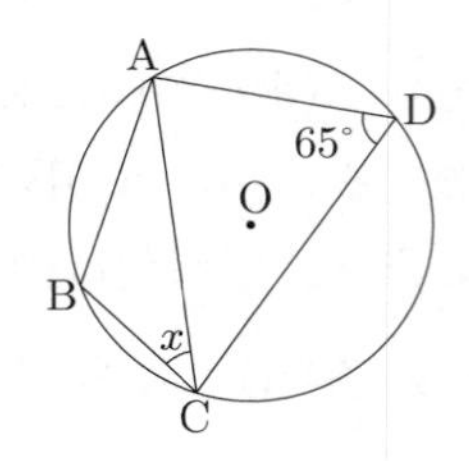

右の図において、4 点 A, B, C, D は円 O の円周上の点である。$\angle \mathrm{ADC} = 65^\circ$, $\overset{\frown}{\mathrm{AB}} : \overset{\frown}{\mathrm{BC}} = 3 : 2$　であるとき、$\angle x$ の大きさを求めよ。

11.2 円の接線

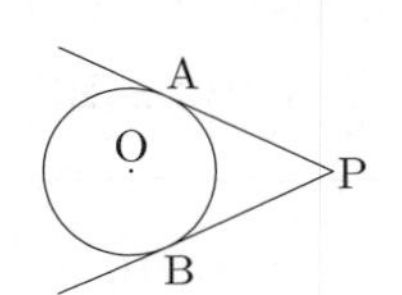

図のように、円 O の外にある点 P から円 O に接線を 2 本引き、接点を A, B とすると、線分 PA と線分 PB の長さは等しくなります。

これは、次のように証明できます。

点 O と点 A, B, P をそれぞれ結ぶ。

$\triangle$ AOP と $\triangle$ BOP において、

辺 OA, OB は円 O の半径なので　OA = OB　… ①

円の接線は接点を通る半径に垂直なので　$\angle \mathrm{OAP} = \angle \mathrm{OBP} = 90^\circ$　… ②

OP は共通な辺なので　OP = OP　… ③

①, ②, ③ より、直角三角形で、斜辺と他の 1 辺がそれぞれ等しいので

$\triangle \mathrm{AOP} \equiv \triangle \mathrm{BOP}$

合同な図形で対応する辺の長さは等しいので　PA = PB

円外の点から円に 2 接線を引くとき、円外の点から 2 接点までの距離は等しい。

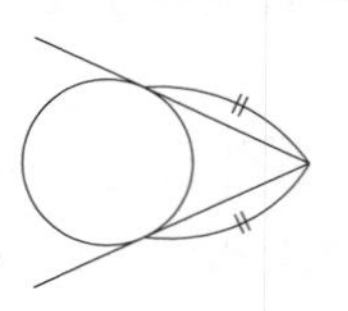

例題 159

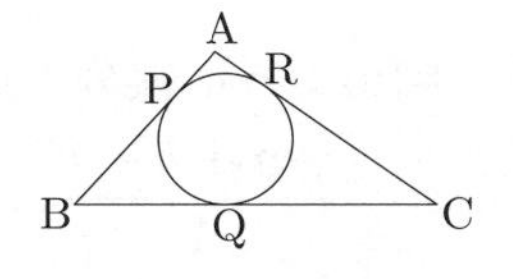

右の図のように、△ABC に円が内接しており、辺 AB, BC, CA と接する点をそれぞれ P, Q, R とする。AB = 7, BC = 12, CA = 9 であるとき、線分 AP の長さを求めよ。

問題の図のように、三角形の 3 つの辺すべてに円が接するとき、円は三角形に内接するといい、この円を三角形の**内接円**(ないせつえん)といいます。

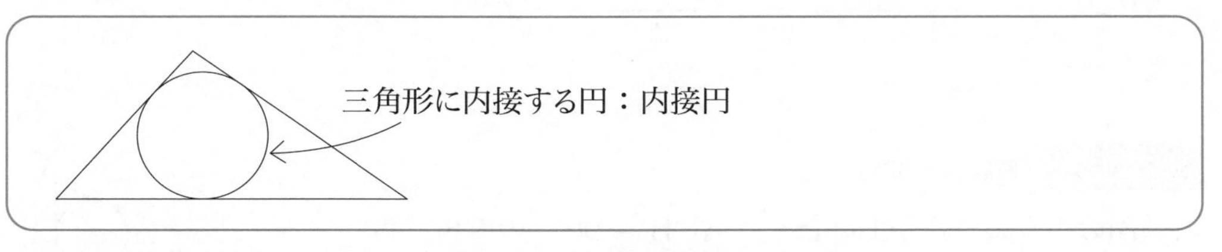

AP = x とおくと、円外の点から接点までの距離が等しいことを利用して、他の線分の長さも x を使って表せるようになります。

解答

AP = x とおくと、BP = $7 - x$

よって、BQ = BP = $7 - x$

また、AR = AP = x なので RC = $9 - x$

よって、QC = RC = $9 - x$

ここで、BC = BQ + QC より $12 = 7 - x + 9 - x$

これを解いて $x = 2$

したがって、**AP = 2**

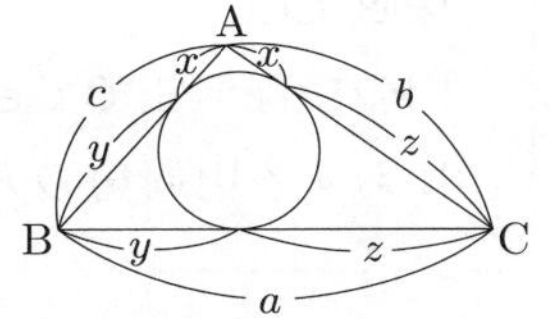

この問題を、より一般的に考えると次のようになります。

△ABC について、図のように線分の長さを定めます。このとき、$a = y + z$ であり、ここに $y = c - x$, $z = b - x$ を代入すると、$a = c - x + b - x$ となります。

さらに、この式を x について解くと、

$$x = \frac{-a + b + c}{2}$$

となります。y, z についても同様に a, b, c だけを使って表すことができます。

図のように線分の長さを定めると、
$x=\dfrac{-a+b+c}{2}$, $y=\dfrac{a-b+c}{2}$, $z=\dfrac{a+b-c}{2}$

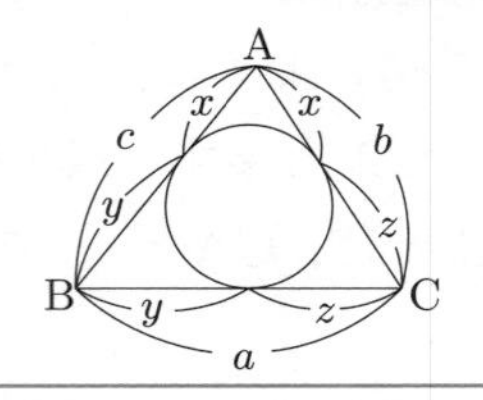

これを使って例題 159 を解くと、

$$\mathrm{AP}=\frac{-\mathrm{BC}+\mathrm{CA}+\mathrm{AB}}{2}=\frac{-12+9+7}{2}=2$$

となります。

演習 159 (解答は P.326)

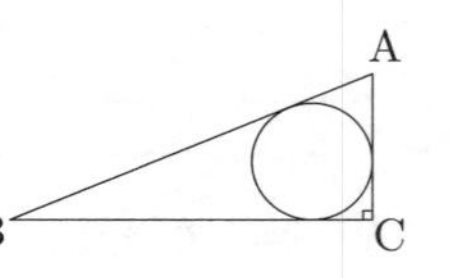

右の図のように、△ ABC は ∠ ACB = 90° の直角三角形であり、△ ABC に円が内接している。AB = 13 cm, BC = 12 cm, CA = 5 cm であるとき、この円の半径を求めよ。

11.3 接弦定理

図のように、円とその接線があるとき、接点を通る弦 AC と接線 AD の作る角 ∠ CAD の大きさは、その角の内部に含まれる $\overset{\frown}{\mathrm{AC}}$ に対する円周角 ∠ ABC の大きさと等しくなっています。これを**接弦定理**(せつげんていり)といいます。

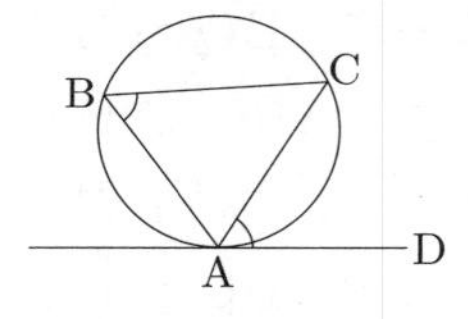

接弦定理
円の接線と弦でできる角の大きさは、その角の内部にある弧に対する円周角の大きさと等しい。

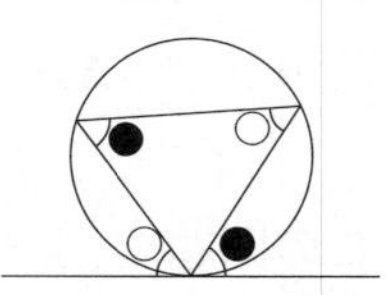

接弦定理は、上の図の ∠ CAD が (1) 鋭角のとき、(2) 直角のとき、(3) 鈍角のときの 3 つの場合に分けて証明することができます。

(1) ∠ CAD が鋭角のとき
線分 AE が直径となるように点 E をとると、
円周角の定理により ∠ ABC = ∠ AEC
ここで、$\overset{\frown}{\mathrm{AE}}$ に対する円周角は直角なので
∠ ABC = ∠ AEC = 180° − (∠ ACE +∠ EAC) = 180° − (90° + ∠ EAC) = 90° − ∠ EAC

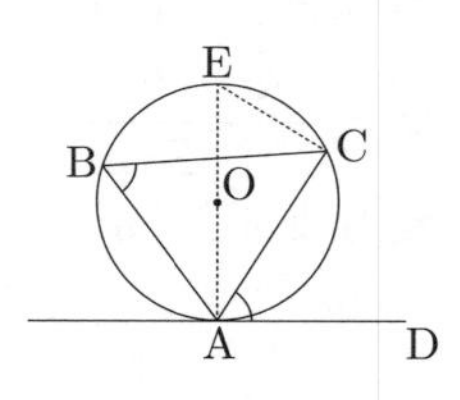

また、接線とその接点を通る直径とのなす角は直角なので

$\angle \mathrm{CAD} = \angle \mathrm{EAD} - \angle \mathrm{EAC} = 90^\circ - \angle \mathrm{EAC}$

よって、$\angle \mathrm{ABC} = \angle \mathrm{CAD}$

(2) $\angle \mathrm{CAD}$ が直角のとき

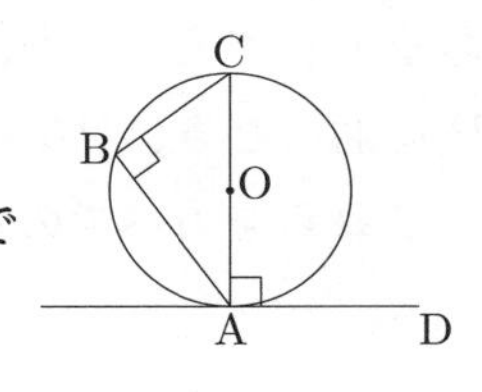

仮定より、$\angle \mathrm{CAD} = 90^\circ$

線分 AC は円の直径であり、$\overset{\frown}{\mathrm{AC}}$ に対する円周角は直角なので

$\angle \mathrm{ABC} = 90^\circ$

よって、$\angle \mathrm{CAD} = \angle \mathrm{ABC}$

(3) $\angle \mathrm{CAD}$ が鈍角のとき

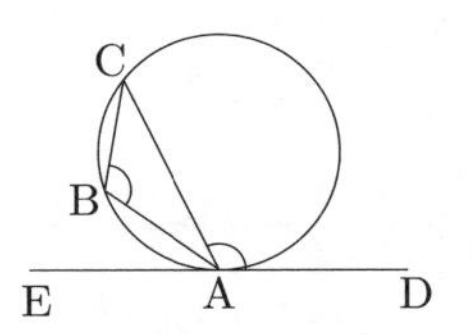

接線上で点 A に関して点 D と反対側に点 E をとる。

(1) より、$\angle \mathrm{BAE} = \angle \mathrm{ACB}$

よって、$\angle \mathrm{CAD} = 180^\circ - \angle \mathrm{BAC} - \angle \mathrm{BAE} = 180^\circ - \angle \mathrm{BAC} - \angle \mathrm{ACB} = \angle \mathrm{ABC}$

したがって、$\angle \mathrm{CAD} = \angle \mathrm{ABC}$

例題 160

右の図において、直線 DC は円の接線であり、点 C は接点である。このとき、$\angle x$, $\angle y$ の大きさを求めよ。

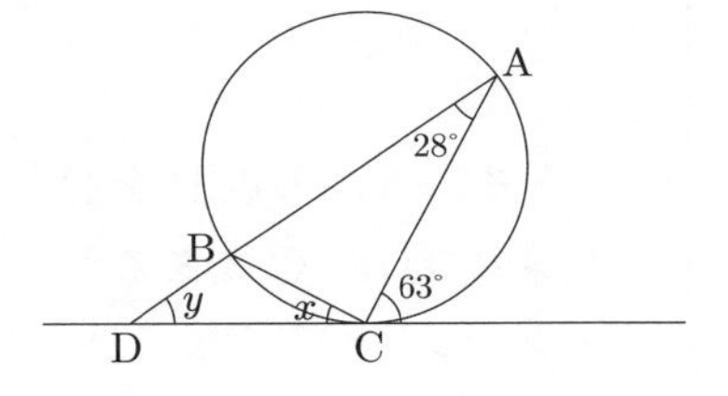

解答

接弦定理により　$\angle x = \mathbf{28^\circ}$

$\angle \mathrm{ABC} = 63^\circ$

$\triangle \mathrm{BDC}$ において、内角と外角の関係により

$\angle y = \angle \mathrm{ABC} - \angle x = 63^\circ - 28^\circ = \mathbf{35^\circ}$

演習 160 (解答は P.327)

右の図において、直線 l は円 O, O' の接線であり、点 P, Q はそれぞれ円 O, O' との接点である。また、点 A, B は円 O と円 O' の交点である。$\angle \mathrm{BPQ} = 22^\circ$, $\angle \mathrm{BQP} = 31^\circ$ であるとき、$\angle \mathrm{PAQ}$ の大きさを求めよ。

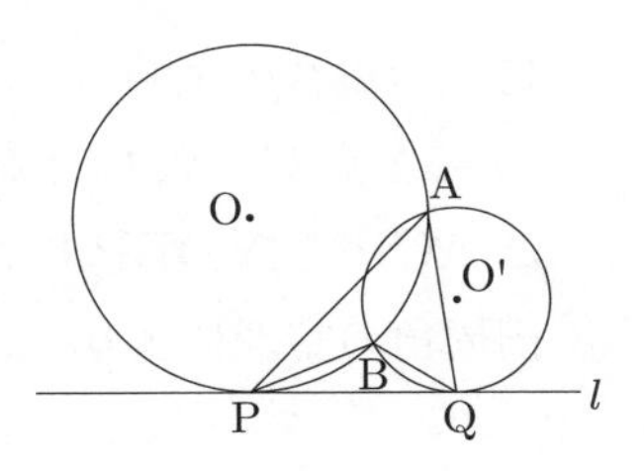

11.4 方べきの定理

図（1）のように、2本の直線 AB，CD が円の内部にある点 P を通るとき、PA × PB = PC × PD　が成り立ちます。また、図（2）のように、2本の直線 AB，CD が円の外部にある点 P を通るときも同様に、PA × PB = PC × PD　が成り立ちます。さらに、図（3）のように、直線 AB と接点 C を通る接線が円の外部の点 P を通るとき、PA × PB = PC² が成り立ちます。

これらを**方べきの定理**といいます。

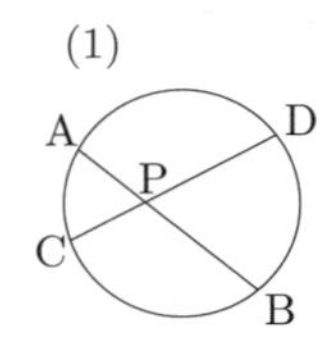

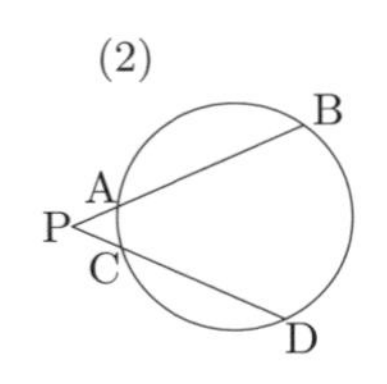

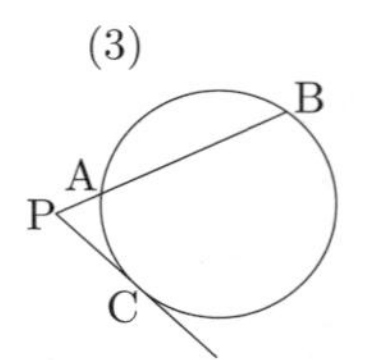

方べきの定理
円と点 P を通る 2 直線がそれぞれ 2 点 A，B および 2 点 C，D で交わるとき、
PA × PB = PC × PD

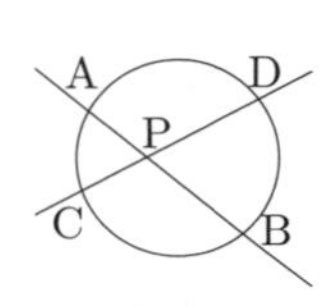

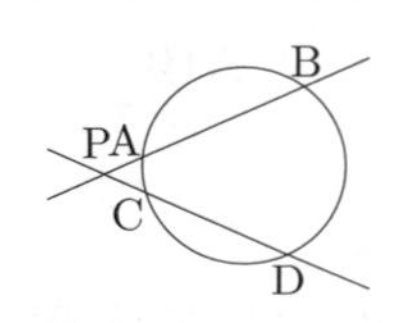

円とその外部の点 P を通る直線が 2 点 A，B で交わり、点 P から円に引いた接線の接点が C であるとき、PA × PB = PC²

上の図（1），（2），（3）のそれぞれの場合について、方べきの定理を証明しておきましょう。

（1）の場合の証明

点 A と点 C、点 B と点 D を結ぶ。

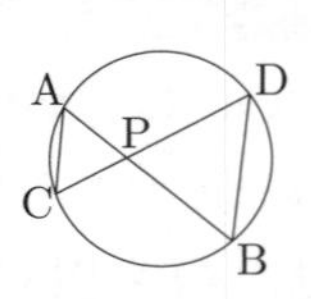

△ ACP と △ DBP において、

円周角の定理により　∠ CAP = ∠ BDP　… ①

∠ ACP = ∠ DBP　… ②

①，② より、2 組の角がそれぞれ等しいので　△ ACP ∽ △ DBP

相似な図形で対応する辺の比は等しいので　PA : PD = PC : PB

よって、PA × PB = PC × PD

(2) の場合の証明

点 A と点 C、点 B と点 D を結ぶ。

△ ACP と△ DBP において、

四角形 ACDB は円に内接しているので　∠ PAC ＝ ∠ PDB　… ①

共通な角なので　∠ APC ＝ ∠ DPB　… ②

①, ② より、2 組の角がそれぞれ等しいので　△ ACP ∽ △ DBP

相似な図形で対応する辺の比は等しいので　PA : PD ＝ PC : PB

よって、PA × PB ＝ PC × PD

(3) の場合の証明

点 A と点 C、点 B と点 C を結ぶ。

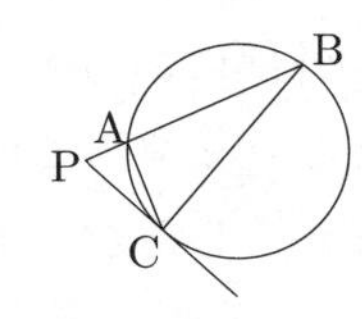

△ ACP と△ CBP において、

接弦定理により　∠ PCA ＝ ∠ PBC　… ①

共通な角なので　∠ APC ＝ ∠ CPB　… ②

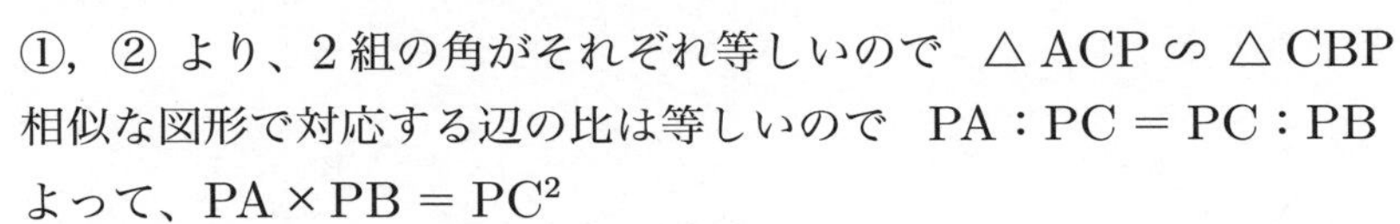

①, ② より、2 組の角がそれぞれ等しいので　△ ACP ∽ △ CBP

相似な図形で対応する辺の比は等しいので　PA : PC ＝ PC : PB

よって、PA × PB ＝ PC^2

例題 161

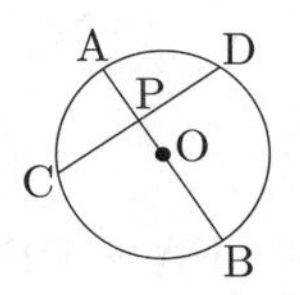

右の図において、円 O の半径は 5 であり、線分 AB, CD は円の内部の点 P を通る弦である。PC × PD ＝ 21　であるとき、線分 OP の長さを求めよ。

円 O の半径から線分 OP の長さを引けば線分 PA の長さを、半径に線分 OP の長さを足せば線分 PB の長さを表すことができ、方べきの定理を使うことができます。

解答

方べきの定理により、PA × PB ＝ PC × PD

すなわち　(OA － OP)(OB ＋ OP) ＝ 21

ここで、OA ＝ OB ＝ 5　なので　(5 － OP)(5 ＋ OP) ＝ 21

すなわち　25 － OP^2 ＝ 21

よって、OP^2 ＝ 4

OP ＞ 0　なので　OP ＝ **2**

円 O の内部または外部の点 P を通る 2 直線 AB，CD を引くとき、CD が円の中心を通るようにすると、線分 PC，PD の長さを円の半径 r と線分 OP の長さで表すことができます。

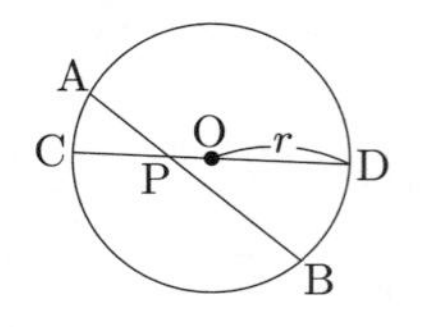

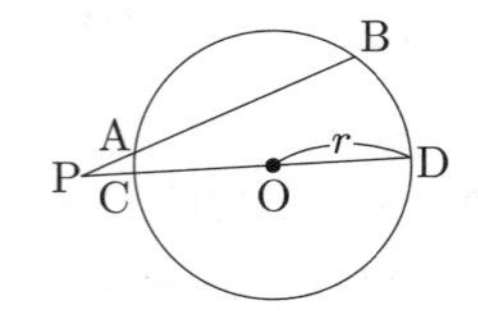

上の図のように $PC \leqq PD$ として、点 P が円の内部、外部にあるときはそれぞれ、

内部にあるとき： $PA \times PB = PC \times PD = (r - OP)(r + OP) = r^2 - OP^2$

外部にあるとき： $PA \times PB = PC \times PD = (OP - r)(OP + r) = OP^2 - r^2$

となります。このとき、OP，r の長さは一定なので、$PA \times PB$ は一定の値となります。したがって、方べきの定理は次のようにまとめることができます。

点 P を定点とするとき

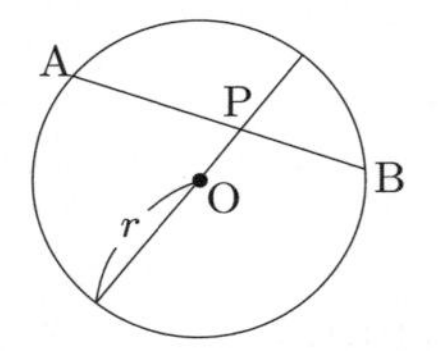

$PA \times PB = r^2 - OP^2$ ： 一定

$PA \times PB = OP^2 - r^2$ ： 一定
（これは $A = B$ のときも表す）

演習 161 （解答は P.327）

右のように、半径が 4 の円 O とその外部の点 P があり、点 P から円 O と点 Q で接する接線 PQ を引く。$OP = 7$ であるとき、線分 PQ の長さを求めよ。

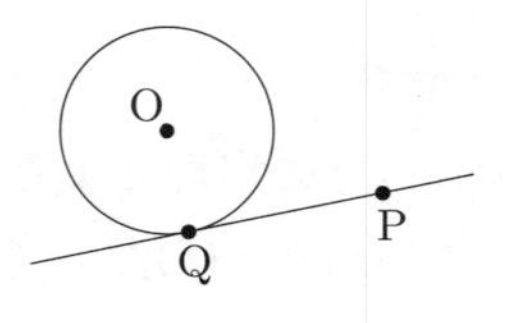

11.5 三角形の五心

三角形には、重心、内心、外心、垂心、傍心と呼ばれる点があり、これらをまとめて**三角形の五心**といいます。それぞれ順に確認していきましょう。

〈重心〉

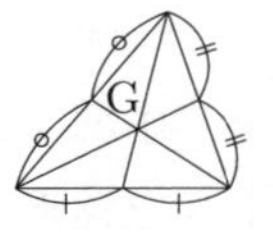

三角形の頂点と対辺の中点を結んだ線分を**中線**（ちゅうせん）といい、3本の中線は1点で交わります。この点を三角形の**重心**（じゅうしん）といい、Gで表します。

三角形の3本の中線が1点で交わることは次のように確認できます。

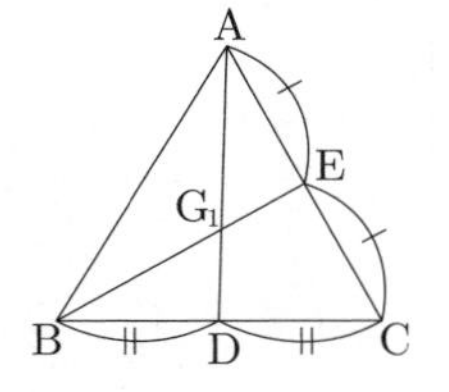

△ABCにおいて、辺BCの中点をD、辺ACの中点をEとし、線分AD，BEの交点をG_1とします。

このとき、中点連結定理により AB∥ED，AB：ED＝2：1 となるので △ABG_1∽△DEG_1 であり、その相似比は2：1です。よって、AG_1：G_1D＝2：1 となります。

P.166参照　中点連結定理により、△ABCにおいてD，Eが辺BC，ACの中点であれば AB∥ED，AB：ED＝2：1

P.161参照　AB∥ED より錯角は等しいので ∠G_1AB＝∠G_1DE，∠G_1BA＝∠G_1ED であり、2組の角がそれぞれ等しいので △ABG_1∽△DEG_1

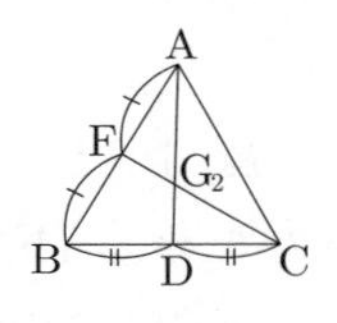

同様に、辺ABの中点をFとし、線分AD，CFの交点をG_2とすると、中点連結定理により AC∥FD，AC：FD＝2：1 となるので △ACG_2∽△DFG_2 であり、その相似比は2：1です。よって、AG_2：G_2D＝2：1 となります。

今、中線ADを基準にして、それと中線BEが交わる点をG_1、中線CFが交わる点をG_2としたわけですが、AG_1：G_1D＝2：1，AG_2：G_2D＝2：1 が成り立つということは、G_1とG_2が同一の点であるということであり、△ABCの3本の中線が1点で交わることが確認できました。

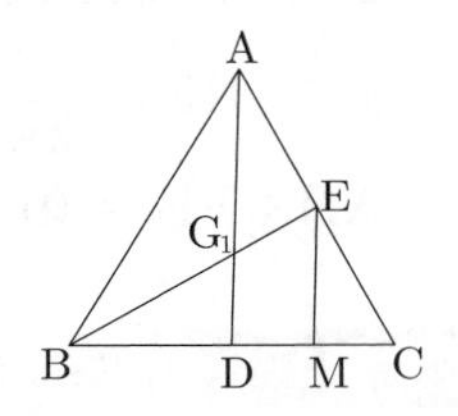

ちなみに、AG_1：G_1D＝2：1 であることは、線分CDの中点をMとすると、中点連結定理により AD∥EM，AD＝2EM となり、△BDG_1∽△BME より $G_1D=\frac{2}{3}EM$ となることから確認することもできます。

上の説明で、中線ADとBEの交点G_1が△ABCの重心Gであり、AG_1：G_1D＝2：1 つまり AG：GD＝2：1 となることを確認しました。同じようにして BG：GE＝2：1，CG：GF＝2：1 を確認することができるので、三角形の重心はそれぞれの中線を頂点から見て2：1に内分する点であるといえます。

中線：三角形の頂点と対辺の中点を結んだ線分
三角形の重心：三角形の３本の中線の交点
三角形の重心はそれぞれの中線を頂点から見て $2:1$ に内分する。

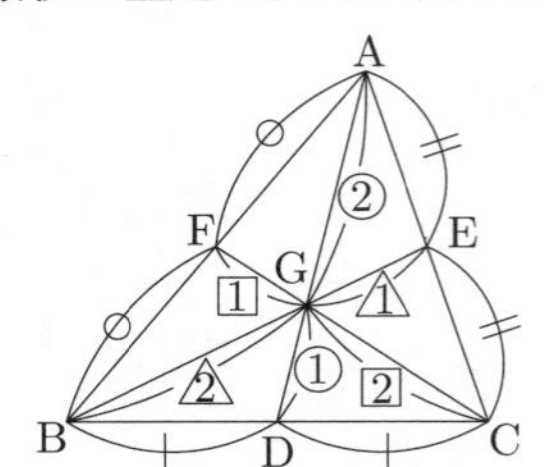

G：△ ABC の重心
AD，BE，CF：△ ABC の中線

例題 162

右の図の△ ABC について、辺 AB, BC の中点をそれぞれ D, E とし、線分 AE，CD の交点を F とする。また、線分 CF の中点を G とし、線分 BG，AE の交点を H とする。このとき、AH：HE を求めよ。

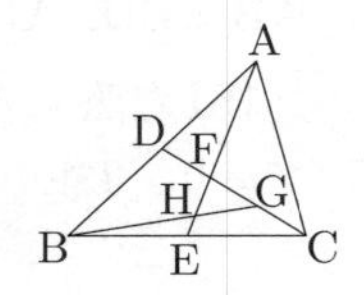

線分 AE，CD は△ ABC の中線なので、その交点 F は△ ABC の重心です。そのため、AF：FE ＝ 2：1　であることが分かります。同様に、線分 BG，FE は△ FBC の中線なので、その交点 H は△ FBC の重心であり　FH:HE ＝ 2:1　です。これらを使えば AH：HE を求めることができます。

解答

点 F は△ ABC の重心なので　AF：FE ＝ 2：1
また、点 H は△ FBC の重心なので　FH：HE ＝ 2：1
よって、$\mathrm{HE}=\dfrac{1}{2+1}\mathrm{FE}=\dfrac{1}{3}\times\dfrac{1}{2+1}\mathrm{AE}=\dfrac{1}{9}\mathrm{AE}$
$\therefore$ AH：HE ＝ (9 － 1)：1 ＝ **8：1**

演習 162（解答は P.327）

右の図の四角形 ABCD は平行四辺形である。辺 AD の中点を M とし、線分 AC と線分 BM，BD との交点をそれぞれ P，Q とする。AC ＝ 30　であるとき、線分 PQ の長さを求めよ。

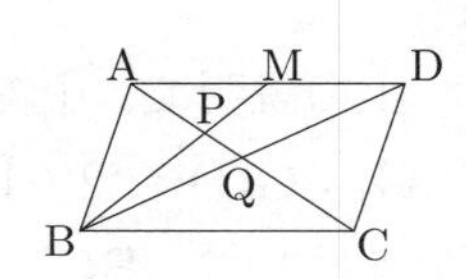

〈内心〉

三角形の３つの内角の二等分線は１点で交わります。この点を三角形の**内心**（ないしん）といい、I で表します。

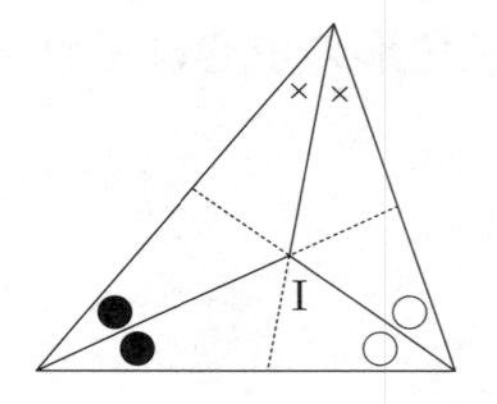

三角形の３つの内角の二等分線が１点で交わる理由は次のように説明できます。

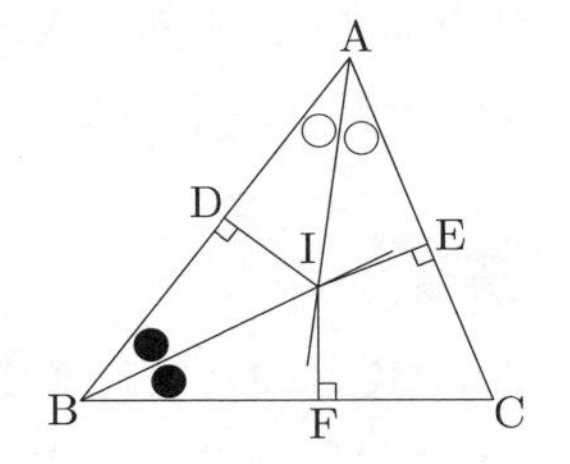

△ABC において、∠A の二等分線と ∠B の二等分線の交点をＩとし、Ｉから辺 AB，AC，BC に下ろした垂線の足をそれぞれ D，E，F とします。

このとき、△AID ≡ △AIE なので ID＝IE であり、△BID ≡ △BIF なので ID＝IF となります。

P.143 参照　∠IAD＝∠IAE，∠IDA＝∠IEA＝90°，IA＝IA であり、直角三角形で斜辺と１つの鋭角が等しいので △AID ≡ △AIE

よって、IE＝IF です。したがって、△CIE ≡ △CIF であり ∠ICE＝∠ICF なので、Ｉは ∠C の二等分線上の点であること、つまり、△ABC の３つの内角の二等分線が１点で交わることが分かります。

この説明の中で、ID ⊥ AB，IE ⊥ AC，IF ⊥ BC，ID＝IE＝IF を確認しました。このことから、点 D，E，F は点Ｉを中心とする同一の円周上にあり、辺 AB，AC，BC はこの円の接線となっていることが分かります。

つまり、この円は△ABC の内接円であり、内心Ｉは△ABC の内接円の中心になっています。

三角形の内心：三角形の内接円の中心

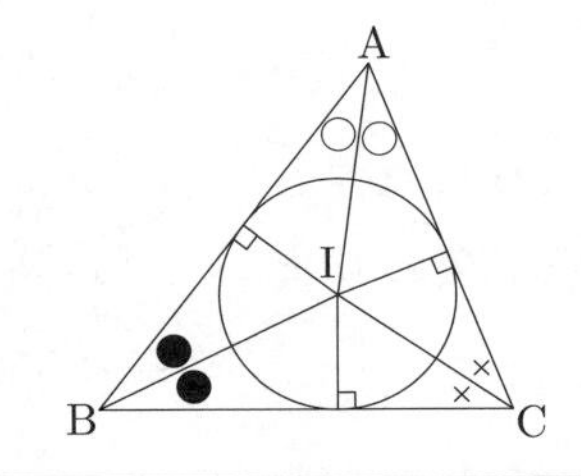

Ｉ：△ABC の内心

三角形に円が内接するとき、三角形の各頂点から接点までの距離が三角形の３辺の長さで表せること（P.184 参照）や三角形の面積が３辺の長さと内接円の半径で表せること（P.326 参照）は、すでに学んだので確認しておいてください。

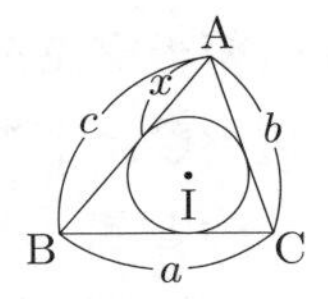

たとえば右の図の x は $x=\dfrac{-a+b+c}{2}$ と表され、△ABC の面積 S は内接円の半径 r を用いて $S=\dfrac{r(a+b+c)}{2}$ と表されます。

例題 163

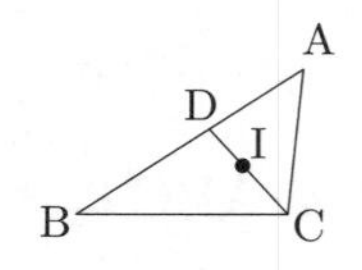

右の図において、点 I は△ ABC の内心であり、辺 AB と CI の交点を D とする。AB = 9, BC = 7, CA = 5　であるとき、AD の長さを求めよ。

解答

△ ABC において、CD は ∠ ACB の二等分線なので

AD : DB = AC : BC = 5 : 7

よって、$AD = 9 \times \dfrac{5}{5+7} = \mathbf{\dfrac{15}{4}}$

点 I が△ ABC の内心であるならば　∠ ACD = ∠ BCD　です。このとき、AD : DB = AC : BC　となることを利用して問題を解いています（P.165 参照）。

この例題の△ ABC に内接円をかき、辺 AB と内接円の接点を E とすると、$AE = \dfrac{-BC + AB + AC}{2} = \dfrac{-7+9+5}{2} = \dfrac{7}{2}$ となることを例題の直前で確認しました。この点 E は例題の点 D（辺 AB と CI の交点）とは異なる点であることに気を付けてください。

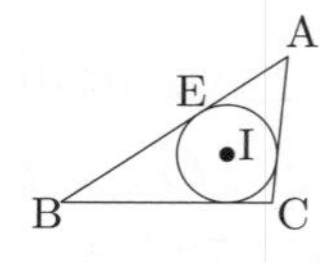

演習 163 （解答は P.327）

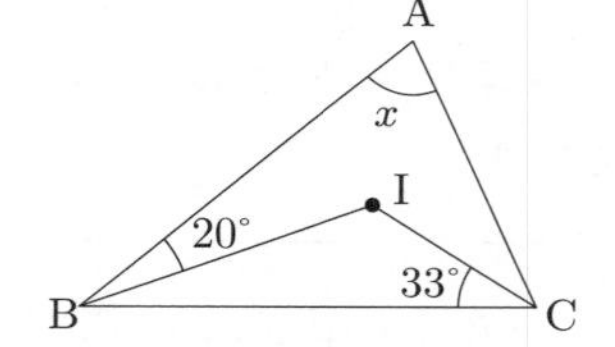

右の図において、点 I は△ ABC の内心である。このとき、∠ x の大きさを求めよ。

〈外心〉

ある線分に垂直な直線で、その交点が線分を二等分するような直線を**垂直二等分線**（すいちょくにとうぶんせん）といい、三角形の各辺の垂直二等分線は 1 点で交わります。この点を三角形の**外心**（がいしん）といい、O で表します。

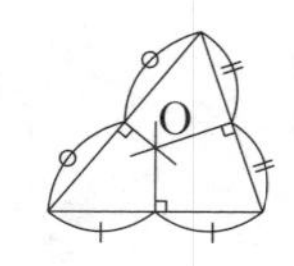

三角形の各辺の垂直二等分線が 1 点で交わる理由については、三角形の 3 つの内角の二等分線が 1 点で交わる理由と似たような説明ができます。これを確認しておきましょう。

△ ABC において、辺 AB の垂直二等分線と辺 AC の垂直二等分線の交点を O、辺 AB, AC の中点をそれぞれ D, E、O から辺 BC に下ろした垂線の足を F とします。

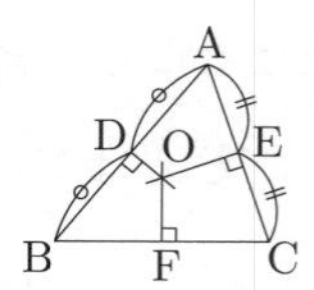

このとき、△ OAD ≡ △ OBD　なので　OA = OB　であり、△ OAE ≡ △ OCE　なので　OA = OC　となります。

よって、OB = OC　です。したがって、△ OBF ≡ △ OCF　であり　BF = CF

なので、F は辺 BC の中点であり、O は辺 BC の垂直二等分線上の点であること、つまり、△ ABC の各辺の垂直二等分線が 1 点で交わることが分かります。

今確認したように、OA = OB = OC　なので、点 O は△ ABC の外接円の中心になっています。

> 垂直二等分線：ある線分に垂直で、その線分の中点を通る直線
> 三角形の外心：三角形の外接円の中心
>
> 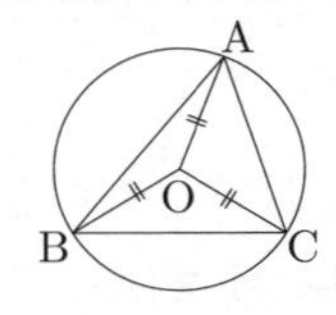
>
>
> O：△ ABC の外心

△ ABC が鋭角三角形のときは、その外心 O は△ ABC の内部にあります。

△ ABC が　$\angle A = 90°$　の直角三角形のときは、辺 BC の中点が O になります。つまり、直角三角形 ABC において、斜辺の中点を O として　OA = OB = OC　が成り立つということです。これは直角三角形の特徴でもあるので覚えておきましょう。

P.176 参照　円周角の定理により、$\angle BAC = 90°$　ならば　$\angle BOC = 180°$　であり、O は辺 BC 上の点になります。

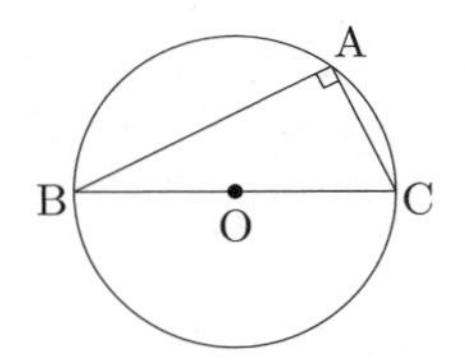

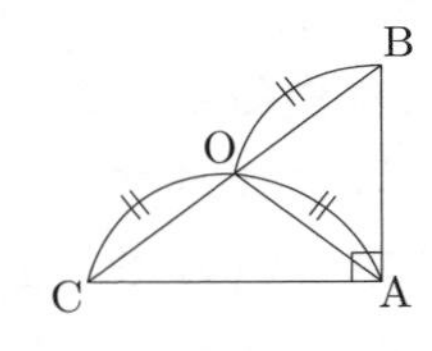

また、△ ABC が鈍角三角形のときは、その外心 O は△ ABC の外部の点になります。

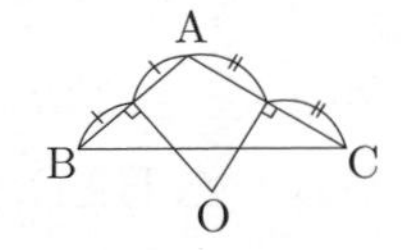

例題 164

右の図において、点 O は△ ABC の外心である。このとき、$\angle x$　の大きさを求めよ。

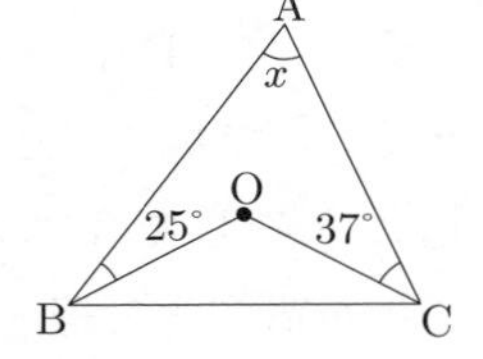

解答

点 A と点 O を結ぶ。

点 O は△ ABC の外心なので　$\angle OAB = \angle OBA = 25°$, $\angle OAC = \angle OCA = 37°$

よって、$\angle x = \angle OAB + \angle OAC = 25° + 37° = \mathbf{62°}$

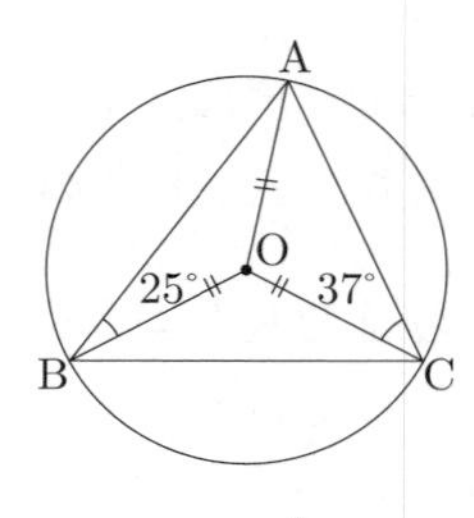

点 O は△ ABC の外接円の中心なので、OA ＝ OB ＝ OC です。そのため、△ OAB と△ OAC はどちらも二等辺三角形であり、∠ OAB ＝ ∠ OBA, ∠ OAC ＝ ∠ OCA となります。

演習 164（解答は P.327）

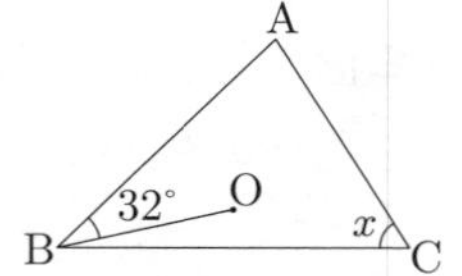

右の図において、点 O は△ ABC の外心である。このとき、∠ x の大きさを求めよ。

重心、内心、外心については、それぞれの特徴を整理して覚えておいてください。

この先の垂心と傍心は高校数学の範囲ですが、中学数学の幾何だけを使って説明できる内容です。これまでの復習もかねて学習しておきましょう。

〈垂心〉

三角形の各頂点から対辺に下ろした 3 本の垂線は 1 点で交わります。この点を三角形の**垂心**（すいしん）といい、H で表します。

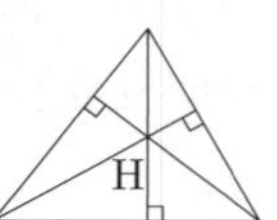

三角形の各頂点から対辺に下ろした 3 本の垂線が 1 点で交わる理由は、三角形の外心が存在すること（三角形の各辺の垂直二等分線が 1 点で交わること）を使って次のように説明できます。

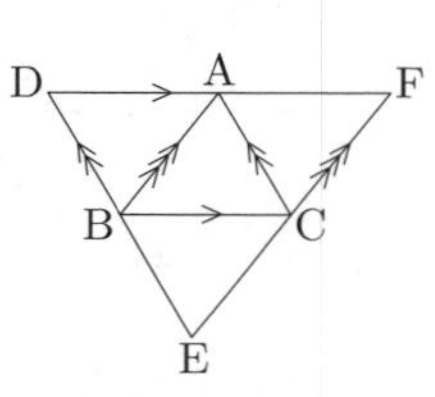

△ ABC の各頂点を通り、対辺に平行な直線を引き、それらの直線どうしの交点を図のように D, E, F とします。

このとき、DF // BC より錯角が等しいので ∠ DAB ＝ ∠ ABC であり、同様にして、下の図に印を付けたように角の大きさが等しいことが分かります。そのため、1 辺とその両端の角が等しいことから、△ BAD, △ ECB, △ CFA はすべて△ ABC と合同となります。

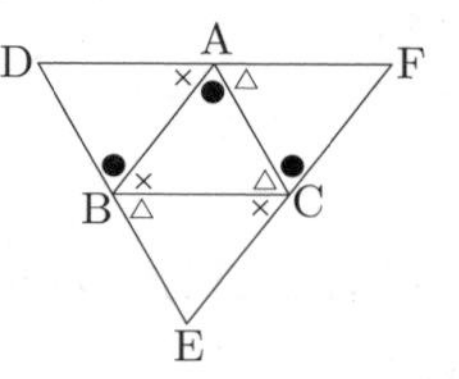

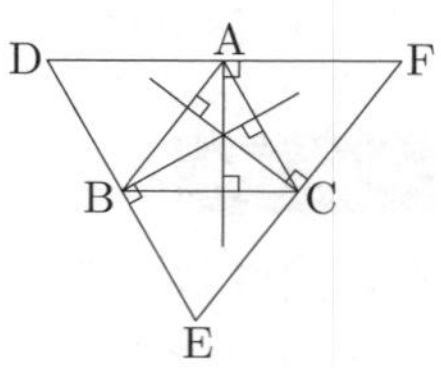

よって、DA ＝ AF, DB ＝ BE, EC ＝ CF であり、△ ABC の各頂点から対辺に下ろした 3 本の垂線は△ DEF の各辺の垂直二等分線と同じなので、1 点で交わることが分かります。

△ ABC が鋭角三角形のとき、その垂心 H は△ ABC の内部の点になります。また、△ABCが ∠ A ＝90° の直角三角形のときは H ＝ A となり、△ ABC が鈍角三角形のと

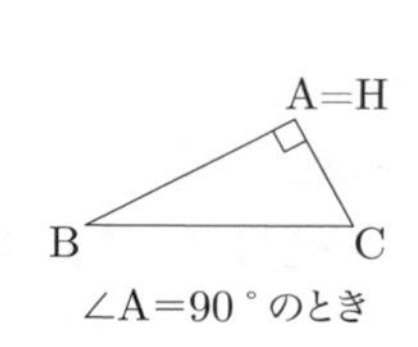

∠A＝90 ° のとき

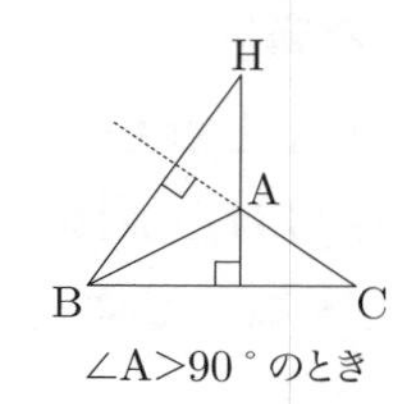

∠A＞90 ° のとき

きはHは△ABCの外部の点になります。右側の図では、Aから辺BCに下ろした垂線と、Bから辺ACの延長線に下ろした垂線の交点としてHの位置を求めています。

三角形の垂心：三角形の各頂点から対辺に下ろした3本の垂線の交点

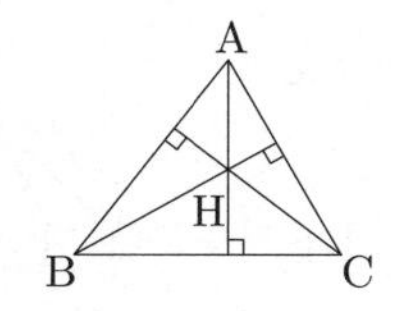

H：△ABCの垂心

三角形の重心、外心、垂心については、次の関係が成り立ちます。

三角形の重心G、外心O、垂心Hは一直線上にあり、Gは線分OHを 1：2 に内分する。

これは、次のように説明できます。

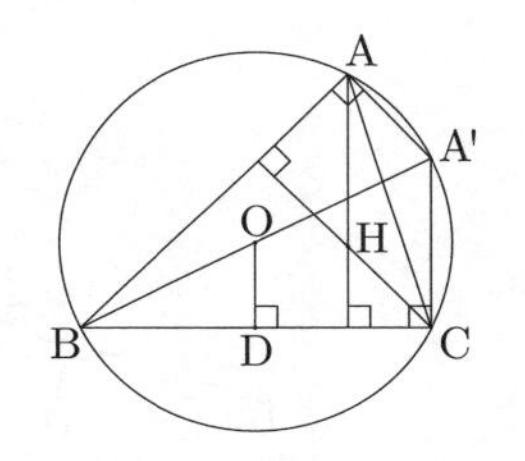

△ABCの外接円上にBA'が直径になるようにA'をとります。また、辺BCの中点をDとします。

このとき、AH // A'C, AA' // HC　なので、四角形AHCA'は平行四辺形であり、AH＝A'C　となります。

また、△BCA'において、中点連結定理により OD // A'C, OD＝$\frac{1}{2}$A'C　なので、OD // AH, OD＝$\frac{1}{2}$AH　です。

ここで、重心GはAD上にあり　AG：GD＝2：1　なので、△AGH ∽ △DGO　となり、相似比は 2：1 となります。よって、∠AGH＝∠DGO となるので、O, G, Hは一直線上にあり、GはOHを 1：2 に内分します。

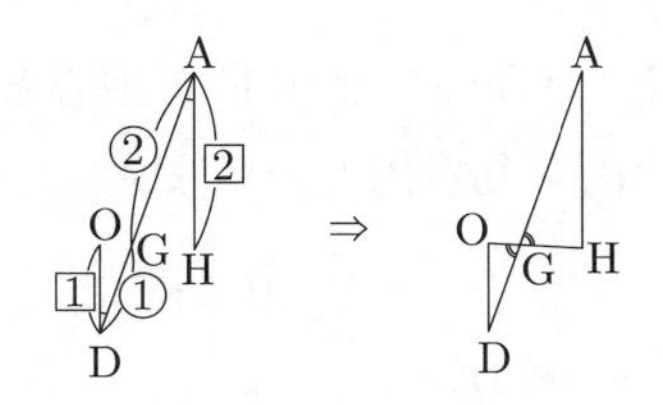

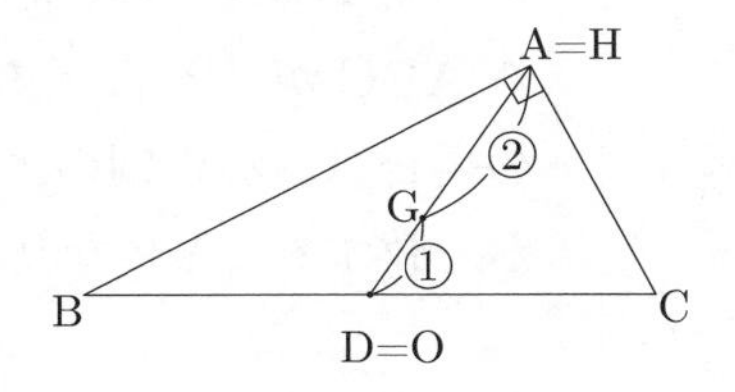

以上の説明は△ABCが鋭角三角形でない場合も同様です。ただし、△ABCが直角三角形の場合、たとえば ∠A＝90°　の場合は垂心Hと点A、外心Oと点Dがそれぞれ一致します。

もう少し説明を続けますが、この先は発展的な内容なので読み飛ばしても構いません。

発展　前の説明の中で　$OD \parallel AH$, $OD = \frac{1}{2}AH$　を確認したので、AH の中点を E とすると　$OD \parallel EH$, $OD = EH$　です。そのため、四角形 ODHE は平行四辺形となり、対角線 OH, DE の交点を F とすると　$FO = FH$, $FD = FE$　となります。

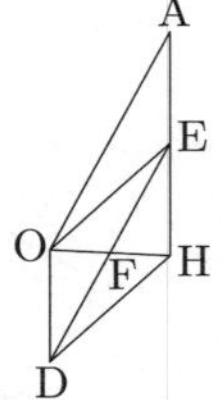

ここで、△ HAO において中点連結定理を用いると　$FE = \frac{1}{2}OA$　なので、$FD = \frac{1}{2}OA$　です。

さらに、下の図のように辺 AC の中点を D'、BH の中点を E'、辺 AB の中点を D''、CH の中点を E'' とすると、ここまでと同様の説明によって、

$FE' = \frac{1}{2}OB$, $FD' = \frac{1}{2}OB$, $FE'' = \frac{1}{2}OC$, $FD'' = \frac{1}{2}OC$

が確認できます。これらは、$OA = OB = OC$　より、E, E', E'' と D, D', D'' がすべて点 F を中心とする 1 つの円周上にあり、この円の半径が△ ABC の外接円の半径の半分であることを示しています。

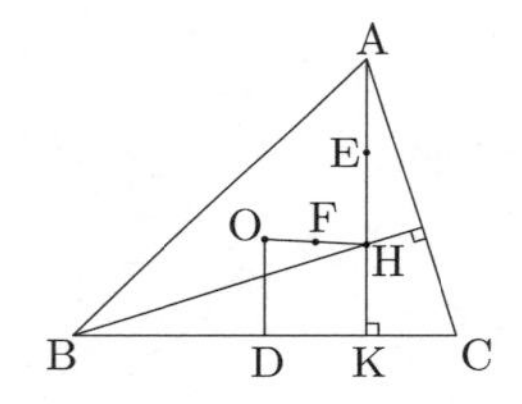

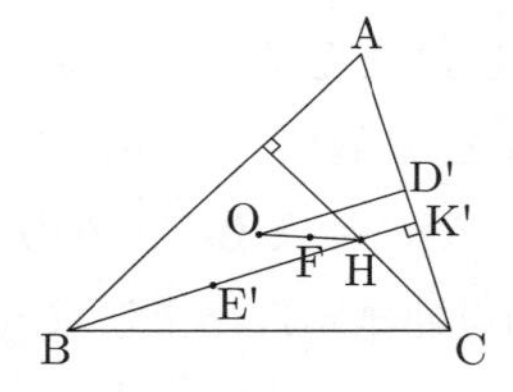

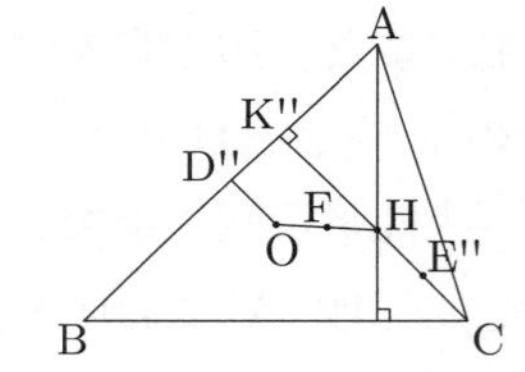

また、線分 ED, E'D', E''D'' はこの円の直径であり、△ ABC の頂点 A, B, C からそれぞれの対辺に下ろした垂線の足を K, K', K'' とすると
$\angle EKD = \angle E'K'D' = \angle E''K''D'' = 90°$　なので、K, K', K'' もこの円周上の点であることが分かります。

結局、E, E', E'', D, D', D'', K, K', K'' の 9 つの点が F を中心とする 1 つの円周上にあるということであり、この円を**九点円**（きゅうてんえん）といいます。

以上の内容は、△ ABC が鋭角三角形でない場合も同様ですが、たとえば△ ABC が　$\angle A = 90°$　の直角三角形の場合は、右の図のようにいくつかの点が一致することになります。

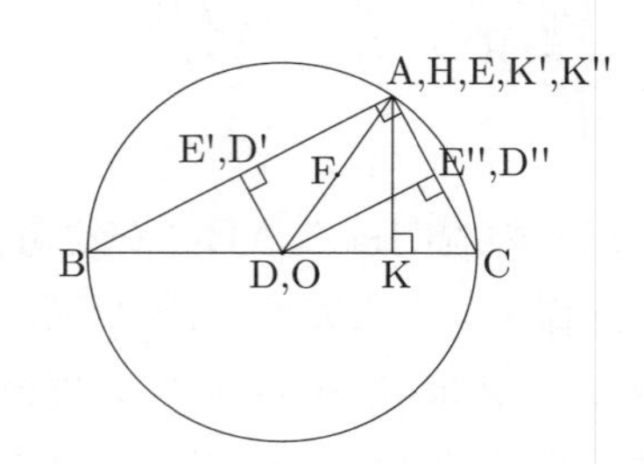

九点円

三角形において、各辺の中点、垂心と各頂点の中点、各頂点から対辺に下ろした垂線の足、の計9つの点を通る円をかくことができる。その中心は外心Oと垂心Hを結んだ線分OHの中点であり、半径は三角形の外接円の半径の半分である。

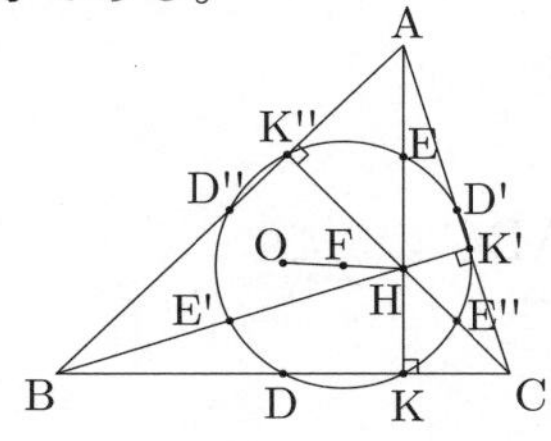

〈傍心〉

三角形の1つの内角の二等分線と、他の2つの角の外角の二等分線は1点で交わり、この点を三角形の**傍心**（ぼうしん）といいます。右の図のように三角形の傍心は3つあり、△ABCの3つの傍心は I_A, I_B, I_C で表されます。

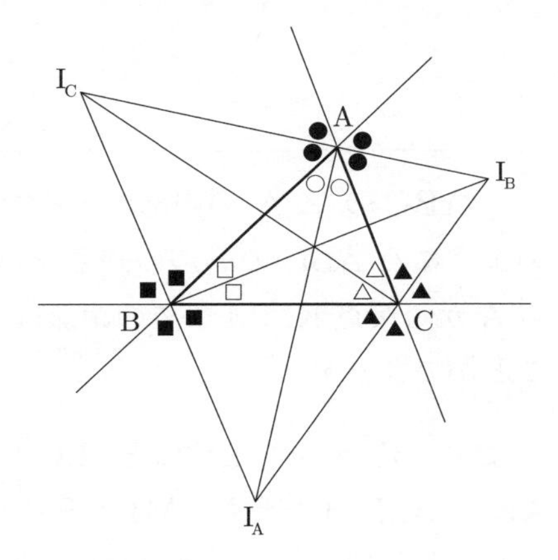

△ABCの ∠A の二等分線と ∠B, ∠C の外角の二等分線が1点で交わる理由を確認しておきましょう。

右の図のように ∠B, ∠C の外角の二等分線を引いて、その交点を I_A とし、I_A から辺AB, BC, CAまたはその延長線に下ろした垂線の足をそれぞれK, L, Mとします。

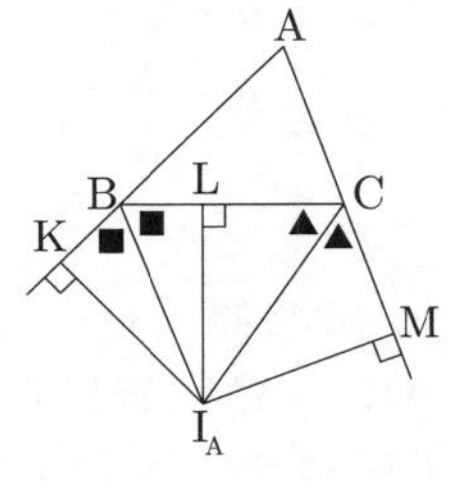

このとき、$\triangle BI_AK \equiv \triangle BI_AL$ なので $I_AK = I_AL$ であり、$\triangle CI_AL \equiv \triangle CI_AM$ なので $I_AL = I_AM$ となります。

よって、$I_AK = I_AM$ です。したがって、$\triangle AI_AK \equiv \triangle AI_AM$ であり $\angle I_AAK = \angle I_AAM$ なので、I_A は ∠A の二等分線上の点であること、つまり、△ABCの∠A の二等分線と ∠B, ∠C の外角の二等分線が1点で交わることが分かります。

今確認したように、$\angle I_AKB = \angle I_ALB = \angle I_AMC = 90°$, $I_AK = I_AL = I_AM$ なので、K, L, Mは I_A を中心とした1つの円周上にあり、辺BCと辺AB, AC

の延長線はその円の接線になっています。同様に、I_B, I_C を中心として辺AB, BC, CA またはその延長線と接する円もかけることが確認できます。

これらの3つの円を△ABCの**傍接円**（ぼうせつえん）といい、3つの傍心 I_A, I_B, I_C はそれぞれ傍接円の中心になっています。

三角形の傍心：三角形の傍接円の中心

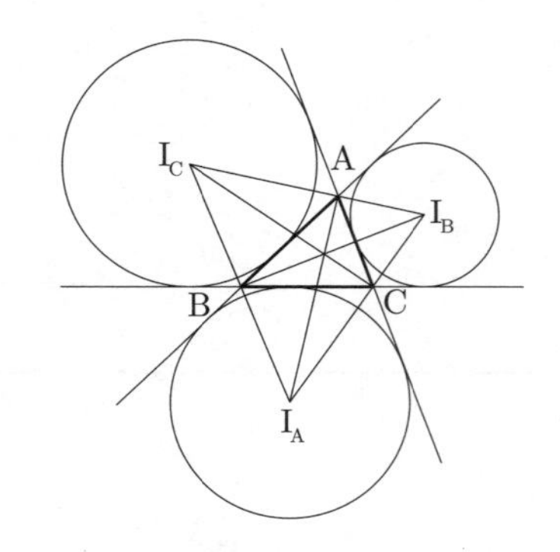

I_A, I_B, I_C：△ABCの傍心

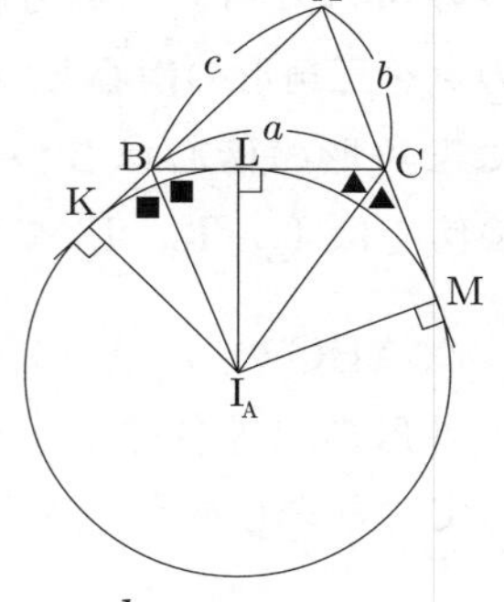

△ABCの ∠A の内部にある傍接円について、右の図のように△ABCの3辺の長さを a, b, c とすると、頂点Aから接点K, Mまでの距離は a, b, c を使って表すことができます。

まず $BL = x$ とすると $LC = a - x$ であり、$AK = AM$ すなわち $AB + BK = AC + CM$ より $c + x = b + a - x$ となります。これを x について解くと $x = \dfrac{a+b-c}{2}$ なので、$AK = c + x = c + \dfrac{a+b-c}{2} = \dfrac{a+b+c}{2}$ となります。

P.182参照　直線AK, AMは点Aから I_A を中心とする傍接円に引ける2本の接線なので、AK = AM。同様に、直線BK, BLは点Bから引いた2接線なので BK = BL、直線CL, CMは点Cから引いた2接線なので CL = CM。

それから、I_A は ∠A の二等分線上の点であり、△ABCの内心 I も ∠A の二等分線上の点なので、A, I, I_A は一直線上にあるということも確認しておきましょう。

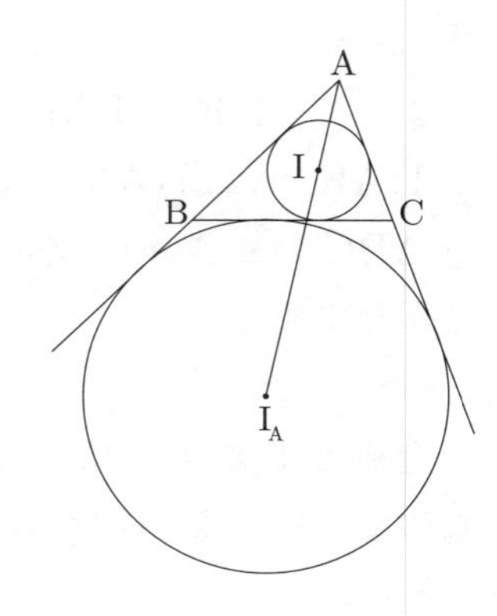

12 作図

12.1 作図

定規とコンパスだけを使って図形をかくことを**作図**（さくず）といいます。このとき、**定規は長さを測るためではなく、線を引くためだけに使い、作図の途中でかいた線は消さずにすべて残しておきます**。角の二等分線、垂直二等分線、垂線をかくのが作図の基本で、それらの組み合わせで様々な図形をかくことができます。

〈角の二等分線の作図〉

角の二等分線の作図

① ∠ AOB の二等分線を作図します。

② 点 O を中心として円をかき、その円と辺 OA，OB との交点を P，Q とします。

③ 点 P，Q を中心として同じ半径の円をかき、その交点を R とします。

④ 半直線 OR をかけば、それが ∠ AOB の二等分線となります。

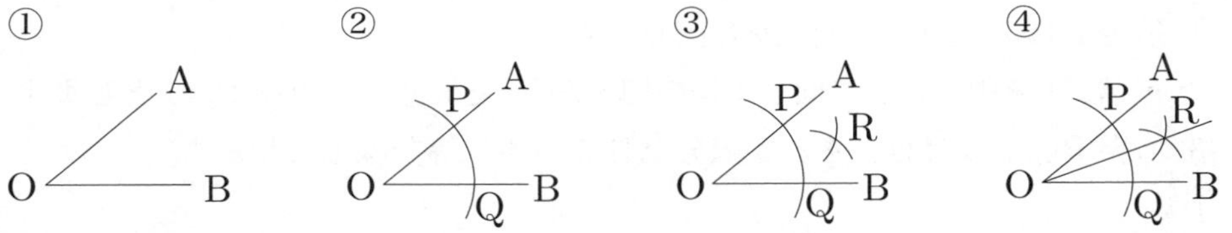

いくつか補足します。

② でかく円の半径はどんな長さでもよいので、かきやすい大きさでかいてください。辺 OA，OB と交わる部分がかけていれば、円の全体をかかなくても構いません。③ でかく円の半径は ② でかいた円の半径とは違っても構いませんが、点 P，Q を中心とする 2 つの円は半径が同じになるようにしましょう。

半直線 OR が ∠ AOB の二等分線になる理由を確認しておきます。

② で円をかいたので　OP ＝ OQ、③ で同じ半径の円をかいたので PR ＝ QR、OR は共通です。これにより、3 辺が等しいので　△ POR ≡ △ QOR　であり、∠ POR ＝ ∠ QOR　となります。

例題 165

右の図の△ ABC について ∠ ACB の二等分線を作図せよ。

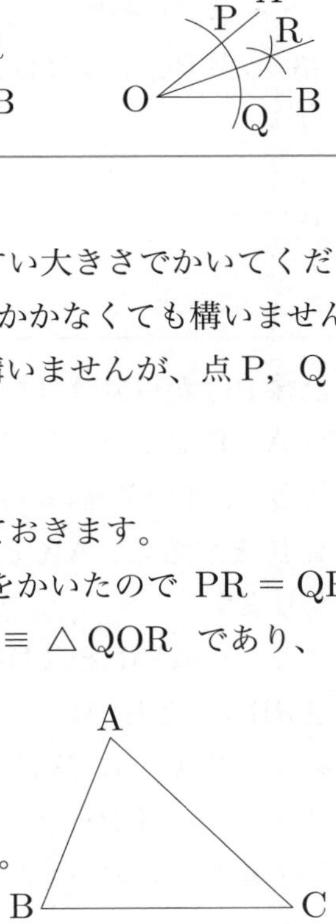

点 C を中心に円をかき、その円と辺 AC，BC との交点から同じ半径の円をかきます。それらの交点と点 C を結べば∠ ACB の二等分線になります。

解答

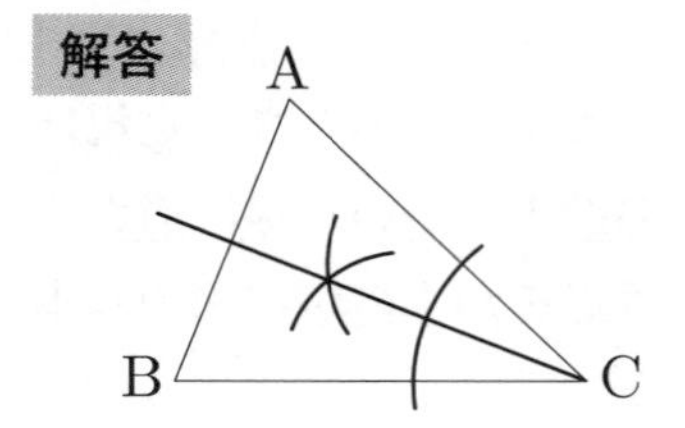

演習 165 （解答は P.328）

右の図のような三角形の紙 ABC について、辺 AC が辺 AB に重なるように折ったとき、折り目となる線を作図せよ。

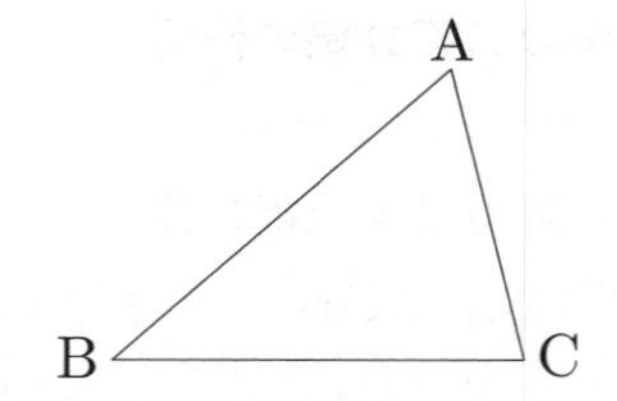

〈垂直二等分線の作図〉

垂直二等分線の作図

① 線分 AB の垂直二等分線を作図します。

② 点 A, B を中心として同じ半径の円をかき、それらの交点を P, Q とします。

③ 直線 PQ をかけば、それが線分 AB の垂直二等分線となります。

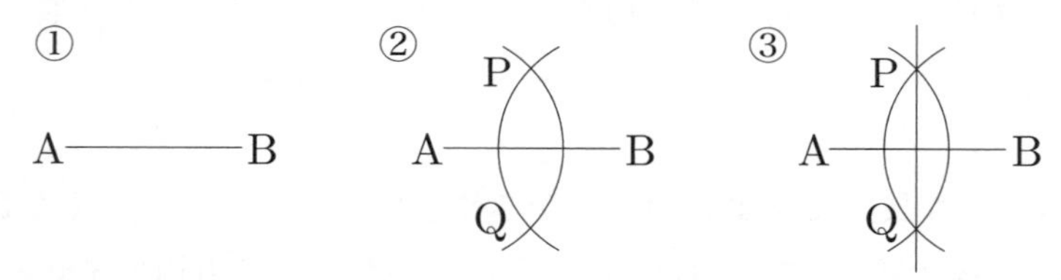

直線 PQ が線分 AB の垂直二等分線になる理由は次の通りです。

点 A，B を中心として同じ半径の円をかいたので、AP ＝ BP，AQ ＝ BQ、PQ は共通で、3 辺が等しいので △ APQ ≡ △ BPQ です。線分 AB と直線 PQ の交点を R とすると、AR と BR は合同な三角形上の対応する線分なので AR ＝ BR となります。

また、△ APR と△ BPR も 3 辺が等しく △ APR ≡ △ BPR なので ∠ ARP ＝ ∠ BRP であり、点 A，R，B は 1 つの直線上にあるので ∠ ARP ＝ ∠ BRP ＝ 90°、つまり線分 AB と直線 PQ は垂直となっています。

〈垂線の作図〉

垂線の作図

① 点Pを通る直線ABの垂線を作図します。

② 点Pを中心とした円を直線ABとの交点が2つできるようにかき、交点をQ, Rとします。

③ 点Q, Rを中心として同じ半径の円をかき、その交点をSとします。

④ 直線PSをかけば、それが点Pを通り直線ABに垂直な直線となります。

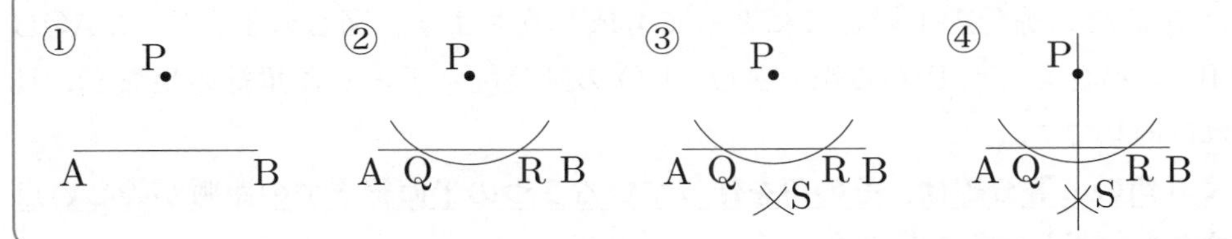

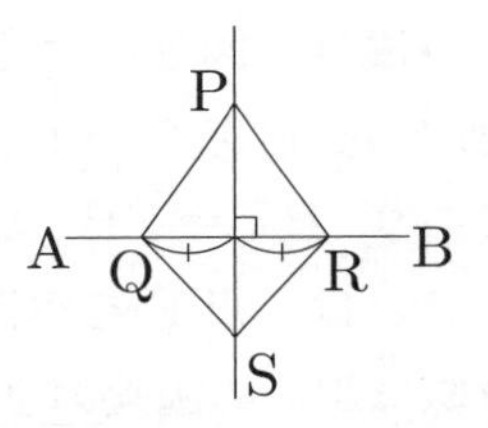

③ でかく2つの円の半径は ② でかいた円の半径とは違っていても構いません。

② で点Pを中心として円をかいたので　PQ = PR、③ で点Q, Rを中心として同じ半径の円をかいたので　QS = RS　であり、垂直二等分線のときと同じ説明で、直線PSは直線ABの垂線となることが確認できます。

例題 166

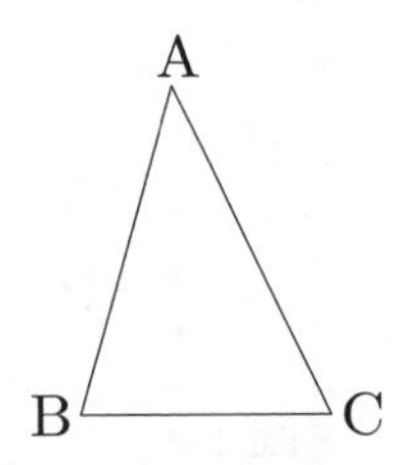

右の図のような三角形の紙ABCについて、点Cが点Aに重なるように折ったとき、折り目となる線を作図せよ。

点Cが点Aに重なるように紙を折ると、折り目は辺ACの垂直二等分線となります。

解答

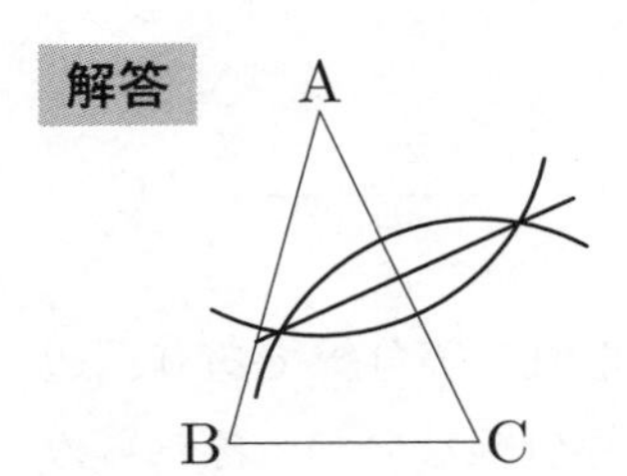

演習 166 （解答は P.328）

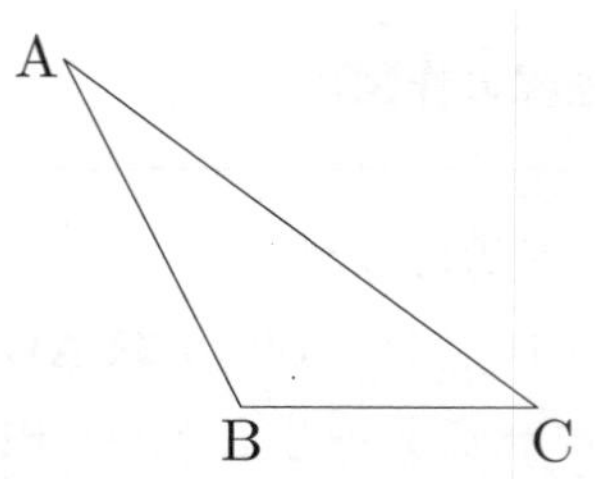

右の図の△ ABC について、辺 BC を底辺とするときの高さ AP を作図せよ。

下の図１のように ∠ AOB の二等分線があるとき、二等分線上に点 P をとり、点 P から線分 AO，BO に下ろした垂線の足をそれぞれ Q，R とすると、△ POQ と△ POR は合同であり　PQ ＝ PR　となります。これは、∠ AOB の大きさに関係なく、点 P を二等分線上のどこにとっても成り立ちます。図２のように ∠ AOB ＞ 180° の場合も、点 P から線分 AO，BO の延長線に下ろした垂線の足を Q，R とすれば同じです。

つまり**角の二等分線は、その角を作っている２つの半直線までの距離が等しい点を集めたものだということです**。

今度は、図３のように線分 AB の垂直二等分線があるとき、線分 AB と垂直二等分線の交点を C とし、垂直二等分線上に点 P をとると、△ PAC と△ PBC は合同であり　PA ＝ PB　となります。

これは、点 P を垂直二等分線上のどこにとっても成り立つので、**線分の垂直二等分線は線分の両端の２点までの距離が等しい点を集めたものになっています**。

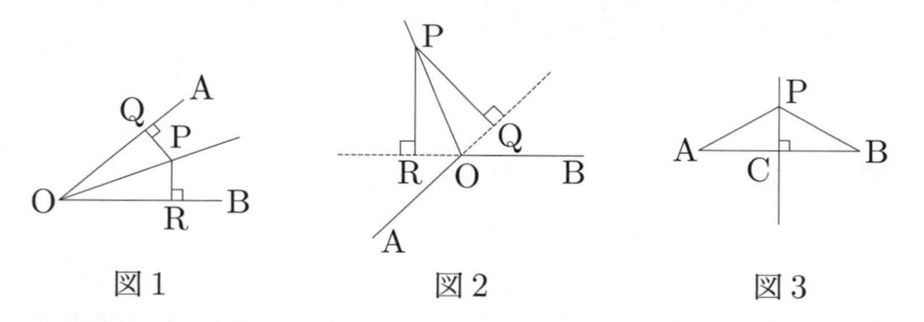

図１　　図２　　図３

例題 167

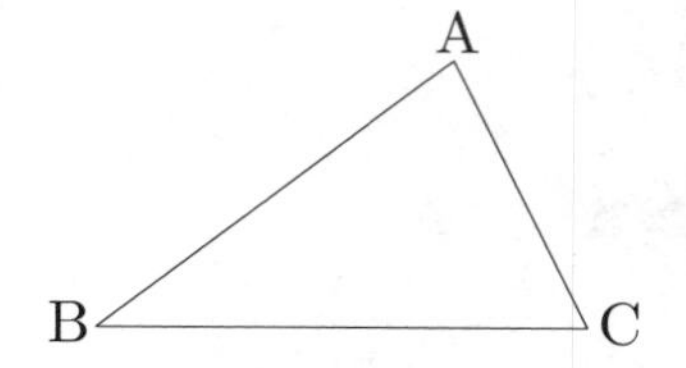

右の図の△ ABC について、点 B，C までの距離が等しく、辺 AC，BC までの距離が等しい点 P を作図によって求めよ。

点 B，C までの距離が等しい点を集めたのが線分 BC の垂直二等分線であり、辺 AC，BC までの距離が等しい点を集めたのが∠ ACB の二等分線なので、それらの交点が２つの条件を満たす点 P となります。

解答

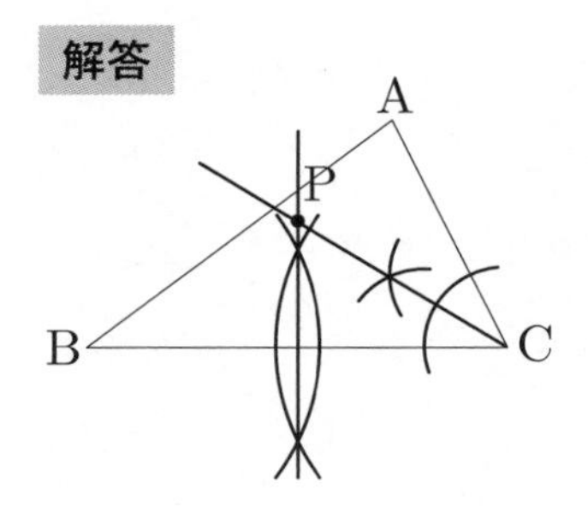

演習 167 （解答は P.328）

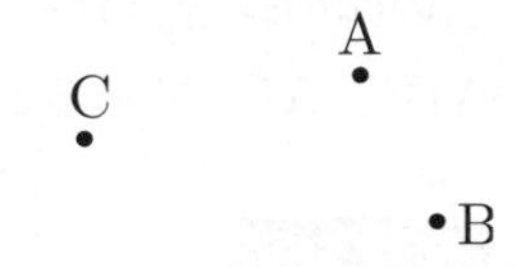

右の図のように、3 点 A, B, C がある。このとき 2 点 A, B までの距離が等しい点で、点 C から最も近い点 P を作図によって求めよ。

作図によっていくつかの角度を作ることもできます。まず、直線を 180° の角とみると、その角の二等分線を作図すれば 90° の角を作ることができます。さらにこの角の二等分線を作図すれば 45° の角ができます。また、正三角形を作図すればその内角は 60° になっており、60° の角の二等分線を作図すれば 30° の角ができます。

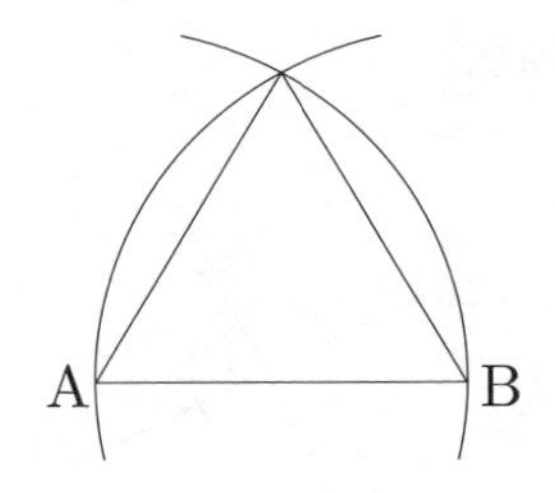

正三角形の作図は、適当な長さの線分 AB をかき、点 A, B を中心として、線分 AB の長さを半径とする 2 つの円をかきます。この交点と点 A, B をそれぞれ結べば、3 辺の長さが等しい三角形、つまり正三角形となります。

例題 168

右の図の線分 AB について、$\angle \mathrm{CAB} = 45^\circ$, $\angle \mathrm{CBA} = 30^\circ$ である $\triangle \mathrm{ABC}$ を作図せよ。

A ―――――――― B

線分 AB を A の方向に延長して 180° の $\angle \mathrm{A}$ を作り、角の二等分線を 2 回作図すれば 45° の角ができます。次に、点 B を中心に適当な半径の円をかき、その円と線分 AB の交点を中心に同じ半径の円をかき、2 つの円の交点と点 B を結ぶと 60° の $\angle \mathrm{B}$ ができます。さらに $\angle \mathrm{B}$ の二等分線を作図すると 30° の角ができます。

解答

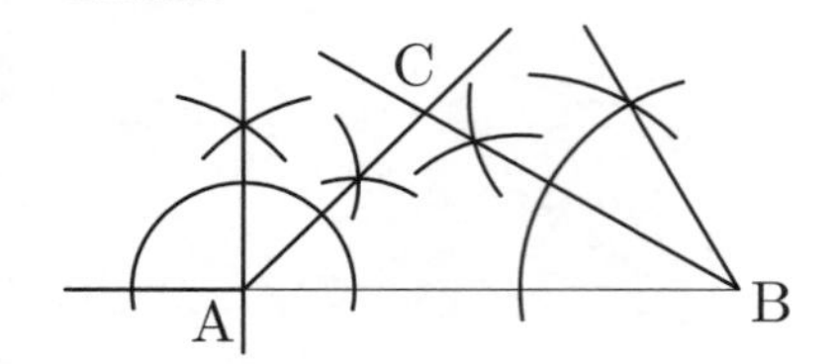

演習 168 （解答は P.328）

右の図の線分 AB について、∠ CAB ＝ 120°,
AB ＝ AC　である△ ABC を作図せよ。

A――B

例題 169

右の図のように、円 O の円周上に点 P がある。点 P を通る円 O の接線を作図せよ。

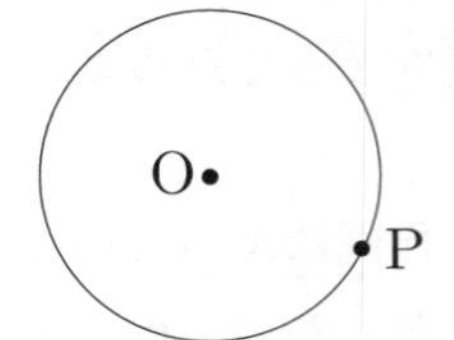

円の接線はその接点を通る半径と垂直であることを利用します。まず半直線 OP をかき、点 P を通る半直線 OP の垂線を作図すると、それが円の接線となります。

解答

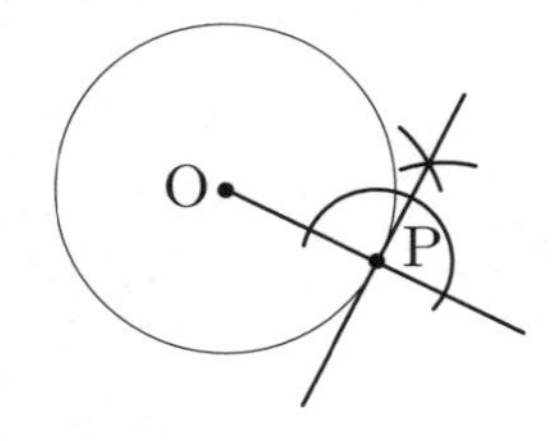

円に関する作図では、円の半径と接線が垂直であることに加えて、もう 1 つよく使うことがあります。それは、下の図のように円の弦 AB に円の中心 O から垂線を下ろし、垂線の足を P とするとき、△ OAP と△ OBP は合同であり、AP ＝ BP である、ということです。

このことを使うと、円の弦としてある線分が与えられたとき、その線分の垂直二等分線上に円の中心があることが分かります。そのため、円の弦が 2 つあれば、それぞれの垂直二等分線の交点が円の中心となります。

円の中心から弦に下ろした垂線の足は、弦の中点となる。
弦の垂直二等分線上に円の中心がある。

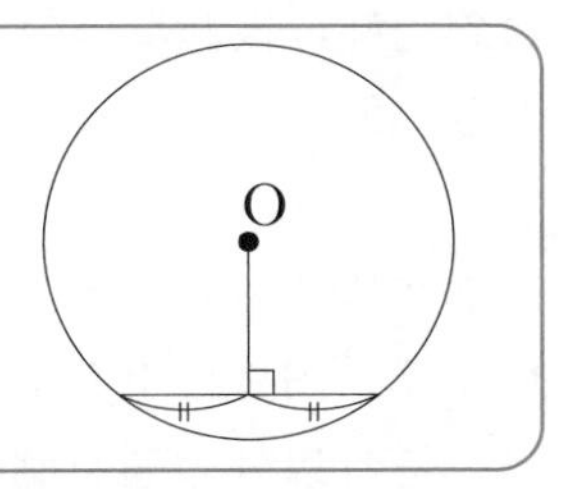

演習 169（解答は P.329）

右の図の３点 A，B，C を通る円を作図せよ。

13 空間図形

13.1 立体

下の図の a，b，c のような立体を**角柱**といい、上と下にある面を**底面**、その他の面を**側面**ということを算数で学びました。中学数学ではさらに d，e，f のような立体について学びます。

これらの立体を**角錐**といい、下にある１つの面を**底面**、それ以外のすべての面を**側面**といいます。

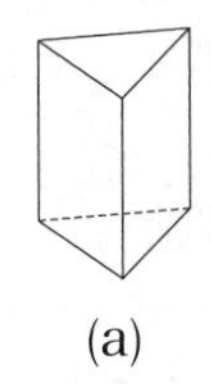
(a)

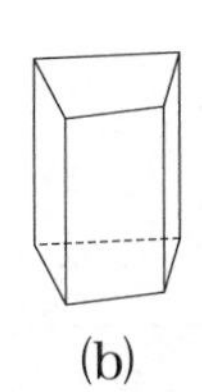
(b)

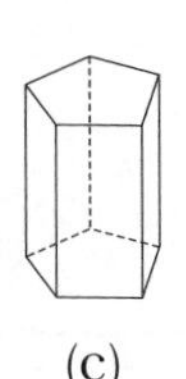
(c)

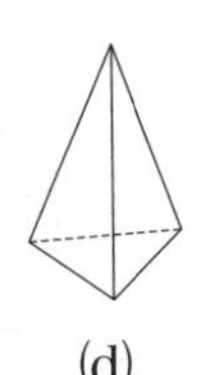
(d)

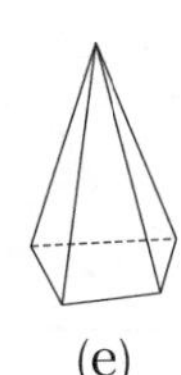
(e)

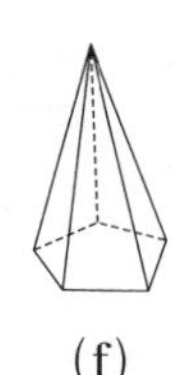
(f)

角柱、角錐の中で、a，d のように底面が三角形のものを三角柱や三角錐、b，e のように底面が四角形のものを四角柱や四角錐 … などといいます。

底面が正多角形で、すべての側面が長方形の角柱、すべての側面が二等辺三角形の角錐は、立体の名前の最初に「正」を付けます。

例 底面が正三角形で側面が長方形の三角柱 ⇒ 正三角柱
底面が正三角形で側面が二等辺三角形の三角錐 ⇒ 正三角錐

斜角柱

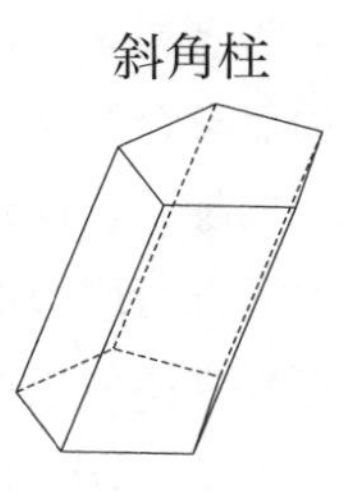

上の図にある角柱は側面がすべて長方形になっており、このような角柱を直角柱といいます。それに対して、右の図のように側面に長方形ではない四角形がある角柱を斜角柱といいます。中学数学で

は斜角柱は扱わないので、これ以降は角柱と書いてあれば直角柱のことだと考えてください。

右の図のgのような立体を**円柱**、hのような立体を**円錐**といいます。円柱の上と下にある面や円錐の下にある面を**底面**といい、それ以外の面を**側面**といいます。円柱と円錐の側面は曲面になっています。

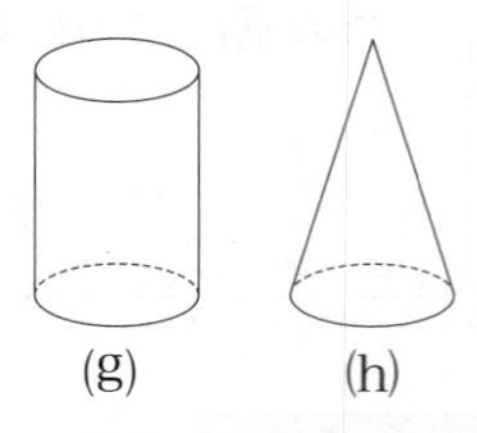

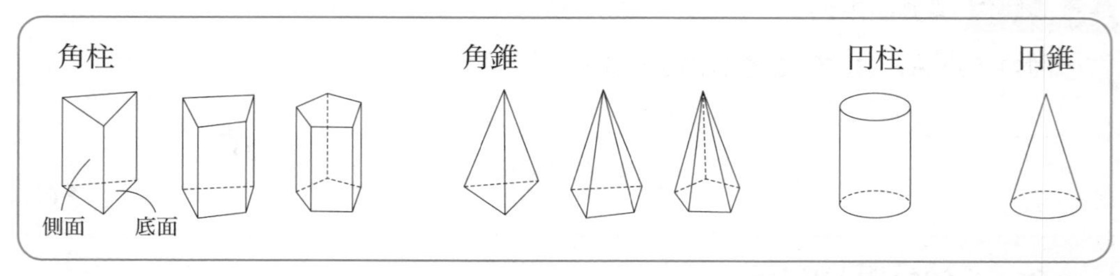

平面で囲まれた立体のことを**多面体**といいます。角柱や角錐は多面体に含まれます。多面体の中でも、下の図のようにすべての面が合同な正多角形で、どの頂点にも同じ数の面が集まるへこみのない多面体を**正多面体**といいます。

多面体：平面で囲まれた立体
正多面体：すべての面が合同な正多角形で、どの頂点にも同じ数の面が集まるへこみのない多面体

正四面体　正六面体　正八面体　正十二面体　正二十面体

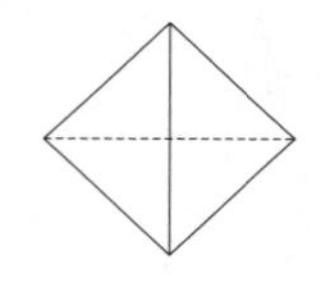
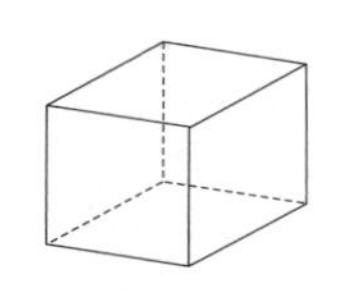
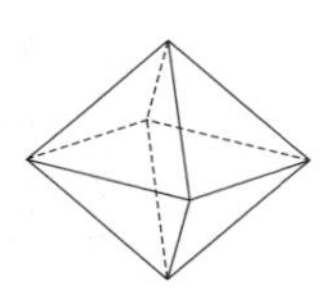
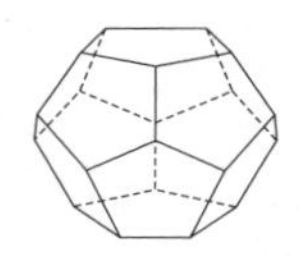
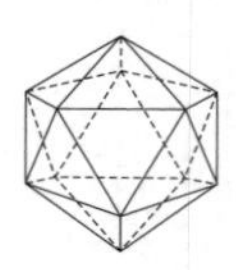

正多面体には、上の図にある5つの種類しかありません。この理由を考えてみましょう。

正多面体の頂点はいくつかの面の頂点が集まってできますが、集まる面の数が2つでは立体の頂点にならないので、3つ以上の面が集まることになります。この面が正三角形の場合、正三角形の1つの内角は 60° なので、3つの正三角形の頂点を集めると集まった内角の和が 180° となります。そのため、それぞれの正三角形の辺と頂点を合わせると立体の頂点を作ることができます。

同様に、面が正方形の場合は1つの内角が 90° なので3つの内角の和が 270°、面が正五角形の場合は1つの内角が 108° なので3つの内角の和が 324° となり、それぞれ立体の頂点を作ることができます。

ところが、面が正六角形の場合は、正六角形の1つの内角が 120° なので　(3つ

の内角の和）＝ 360°＝平面　となり、立体の頂点を作ることができません。このため、正多面体の面の形は正三角形、正方形、正五角形の 3 種類しかありません。

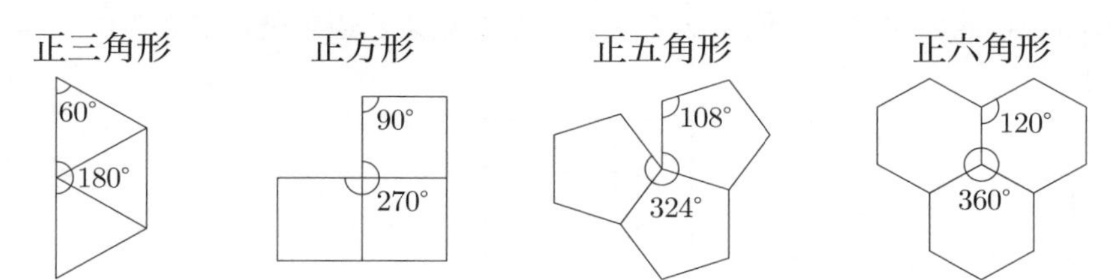

正多角形の面の形が正三角形の場合、立体の頂点に集まる正三角形が 3 つの場合だけでなく、4 つの場合は集まった内角の和が 240°、5 つの場合は集まった内角の和が 300° となり、立体の頂点を作ることができます。

一方、正多角形の面の形が正方形、正五角形の場合は、立体の頂点に集まる面を 4 つにするとそれぞれ集まる内角の和が 360°、432° となり、どちらの場合も立体の頂点に集まる面の数が 3 つでなければ立体を作ることができません。

以上により、正多面体の面の形、1 つの頂点に集まる面の数の組み合わせは、次の表の 5 種類しか作れないことが分かりました。

面の形	頂点に集まる面の数		
正三角形	3	→	正四面体
正三角形	4	→	正八面体
正三角形	5	→	正二十面体
正方形	3	→	正六面体（立方体）
正五角形	3	→	正十二面体

例題 170

正八面体の面の数、辺の数、頂点の数をそれぞれ答えよ。

解答

面の数 … **8**, 辺の数 … **12**, 頂点の数 … **6**

分かりにくければ
図をかいて数えてみましょう。

ところで、多面体の面，辺，頂点の数については、

（頂点の数）−（辺の数）＋（面の数）＝ 2　…（＊）

という公式が成り立ちます。これをオイラーの多面体定理といいます。

例 正八面体の場合　⇒　（頂点の数）−（辺の数）＋（面の数）＝6 − 12 ＋ 8＝2

発展　オイラーの多面体定理が成り立つ理由を確認しておきましょう。
どのような多面体でも同じように説明できるので、ここでは立方体で考える

ことにしましょう。まずは、立体のまま考えるのは難しいので平面に直します。下の図のように、多面体の１つの面を選び（下の図では太線で囲まれた手前の面）、その面から他のすべての面を覗（のぞ）くようにして見える辺を選んだ面の中に書き入れます。

そうすると、内部がいくつかの多角形に分割された平面図形ができます。この平面図形の頂点，辺の数を内部も含めて数えると元の立体の頂点，辺の数と変わらず、平面図形の内部にある多角形の数は元の立体の面の数より１つ少ないので、平面図形において

（頂点の数）－（辺の数）＋（内部の多角形の数）＝１

が確認できれば（＊）が成り立つことになります。

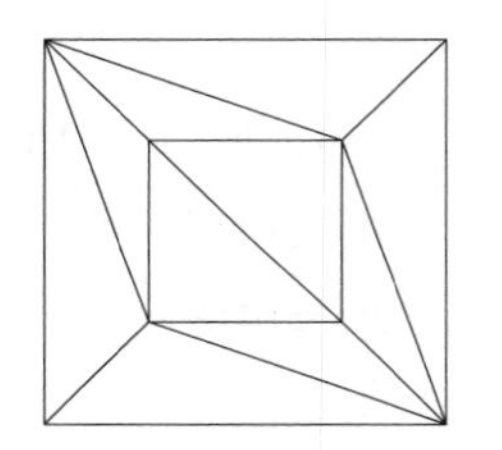

次に、平面図形の内部にある多角形がすべて三角形になるまで、右の図のように辺を加えて分割していきます。このとき、頂点どうしを結んで辺を１つ増やすと内部の多角形の数が１つ増えるので、この操作の前後で（頂点の数）－（辺の数）＋（内部の多角形の数）の値は変わりません。

今度は、平面図形の外側から辺を取り除いて三角形をなくしていきます。このとき、１辺を取り除いて三角形をなくす場合は、頂点の数が変わらず、辺と内部の多角形（三角形）の数が１つずつ減るので（頂点の数）－（辺の数）＋（内部の多角形の数）の値は変わりません。

また、２辺を取り除いて三角形をなくす場合も、頂点と内部の多角形の数が１つずつ減り、辺の数が２つ減るので（頂点の数）－（辺の数）＋（内部の多角形の数）の値は変わりません。

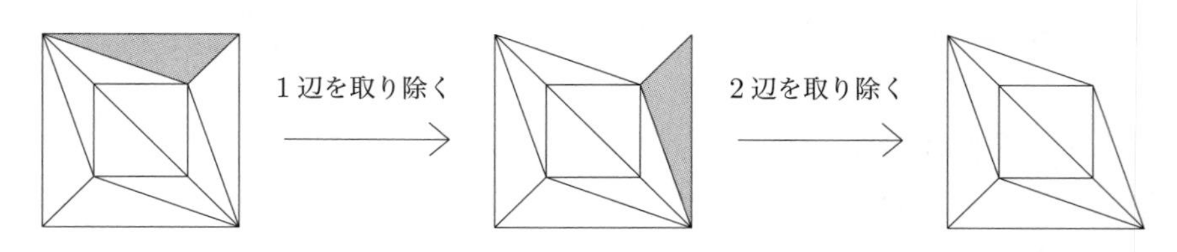

この操作を三角形の数が１つになるまで繰り返すと、三角形は頂点と辺の数がそれぞれ３つずつなので、

（頂点の数）－（辺の数）＋（内部の多角形の数）＝３－３＋１＝１

となります。そのため、最初にできた平面図形でも

(頂点の数) − (辺の数) + (内部の多角形の数) = 1

となっており、(＊) の公式が成り立つことが分かります。

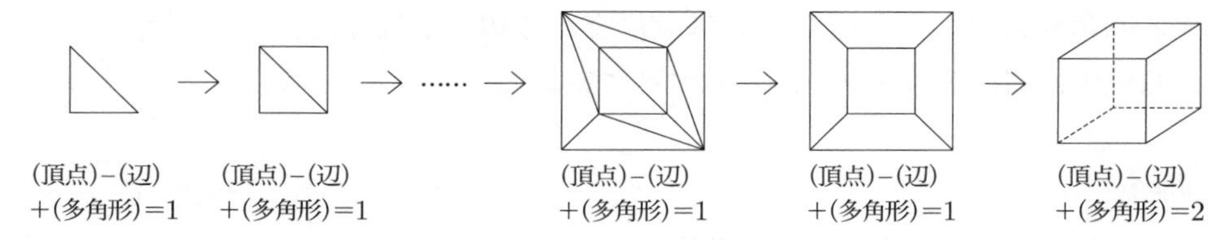

演習 170 (解答は P.329)

五角錐の面の数、辺の数、頂点の数をそれぞれ答えよ。

13.2 平面と直線

空間内で異なる2点を通る直線は1つしかありません。また、空間内で同じ直線上にない3点を含む平面は1つに決まります。

分かりにくければ、ペンを直線だと思って次のことを確認してみてください。ペンを机などから浮かせて持つときに、1か所を持ってその位置を固定しても向きを自由に変えることができますが、2か所持てばペンは一定の向きに定まります。同じようにノートを平面だとすると、2か所で支えても安定せず、1つの直線上にない3か所で支えれば安定することが確認できます。

〈2直線の位置関係〉

空間内に2つの直線があるとき、これらの位置関係は次の3つに分類できます。

空間内の2直線の位置関係

① 2直線が1点で交わる。

② 2直線が平行である。

③ 2直線が交わらず、平行でもない。

このうち、①, ② の場合は2直線が1つの平面上にあります。③ の場合だけ、2直線が1つの平面上にはなく、この位置関係のことを「**ねじれの位置**(いち)**にある**」といいます。

ただし、2直線が一致する場合は、その位置関係を ② に含める場合と、① 〜 ③ のどれにも含めずに考える場合とがあります。

ねじれの位置：空間内で2直線が交わらず、平行でもないこと

例題 171

右の図のような、$AB \perp AD$，$AB \perp BC$ の台形を底面とする四角柱において、辺CDと垂直に交わる辺、平行な辺、ねじれの位置にある辺をそれぞれすべて答えよ。

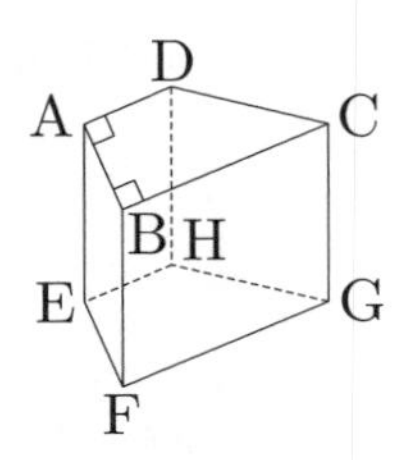

解答

垂直に交わる辺 … **辺CG，辺DH**

平行な辺 … **辺GH**

ねじれの位置にある辺 … **辺AE，辺BF，辺EF，辺FG，辺HE**

辺CDとねじれの位置にある辺のうち、辺AEを辺CDと交わるように平行移動すると辺DHに重ねることができ、辺CDと辺DHは垂直に交わっています。このような場合、高校数学では辺AEと辺CDのなす角は 90° であるとし、辺AEと辺CDは垂直であるといいます。ただし、この問題では辺CDと「垂直な辺」ではなく「垂直に交わる辺」を問われているので、それは辺CGと辺DHだけを答えればよいでしょう。

一方、辺FGは辺CDと交わるように平行移動すると辺BCに重ねることができ、辺BCは辺CDに垂直ではないので、辺FGと辺CDのなす角は 90° ではありません。

演習 171 (解答は P.329)

空間内の異なる3つの直線 l，m，n について、次の事柄が正しいかどうか答えよ。ただし、2直線が一致する場合、その2直線は平行であるとする。

$l \perp m$，$m \perp n$ のとき、$l \parallel n$ である。

〈直線と平面の位置関係〉

空間内に直線と平面があるとき、これらの位置関係は次の3つに分類できます。

> 空間内の直線と平面の位置関係
>
> ① 直線が平面に含まれる。
>
> ② 直線と平面が1点で交わる。
>
> ③ 直線と平面が平行である。(交わらない)

② の場合、直線 l が平面 P と点Oで交わるとすると、直線 l が平面 P 上の点Oを通る2直線に垂直であれば、直線 l は平面 P に垂直となります。

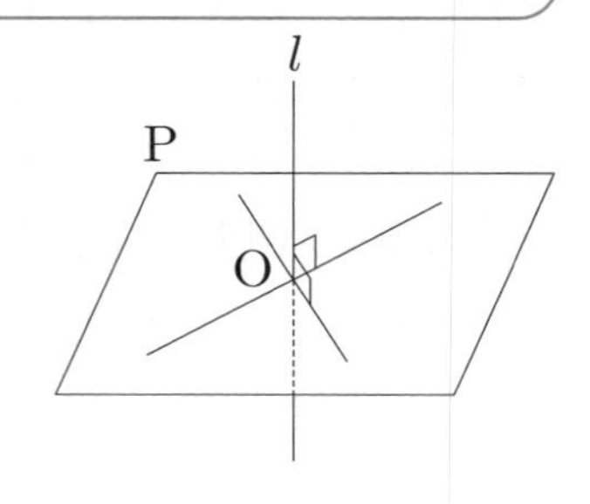

このときの直線 l のように平面に垂直な直線を平面の

法線(ほうせん)といい、次のような性質があります。

平面の法線
(1) 平面上の平行でない2直線のどちらにも垂直であるという条件で決定される。
(2) 平面上のすべての直線と垂直である。

(2) は、法線とねじれの位置にある平面上の直線であっても、その直線と交わるように法線を平行移動すれば垂直に交わるということです。

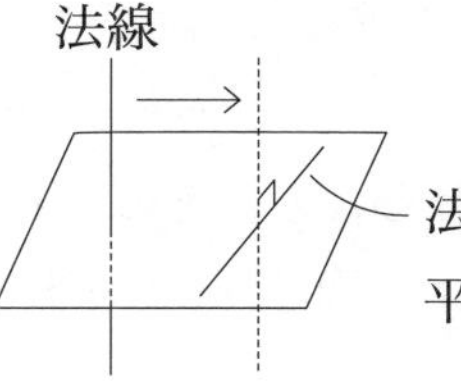

例題 172

右の図のような、AC ⊥ BC の三角形を底面とする三角柱において、面 ADFC と垂直に交わる辺、平行な辺をそれぞれすべて答えよ。

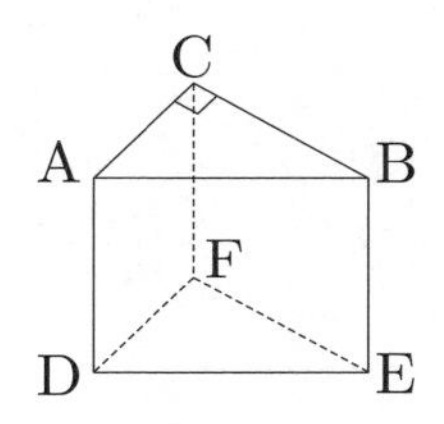

解答

垂直に交わる辺 … **辺 BC, 辺 EF**
平行な辺 … **辺 BE**

辺 BC は面 ADFC 上の辺 AC, 辺 CF にそれぞれ垂直なので、面 ADFC に垂直であることが分かります。辺 AB は面 ADFC 上の辺 AD には垂直ですが、辺 AC には垂直ではないので、面 ADFC に垂直ではありません。

演習 172 (解答は P.330)

空間内の異なる2つの直線 l, m と、平面 P について、次の事柄が正しいかどうか答えよ。ただし、l, m は平面 P 上にない直線とする。
$l \perp P$, $l \parallel m$ のとき、$m \perp P$ である。

〈2 平面の位置関係〉

空間内に2つの平面があるとき、これらの位置関係は次の2つに分類できます。

空間内の2平面の位置関係
① 平面どうしが交わる。
② 平面どうしが平行である。(交わらない)

２つの平面が交わるとき、交わる部分は直線になり、その直線を２つの平面の**交線**(こうせん)といいます。交線上の点 O から２つの平面上にそれぞれ直線 OA，OB を交線に垂直になるように引くと、直線 OA，OB の作る角度が２つの平面の作る角度となります。また、直線 OA，OB が垂直に交わるとき、２つの平面が垂直であるといいます。

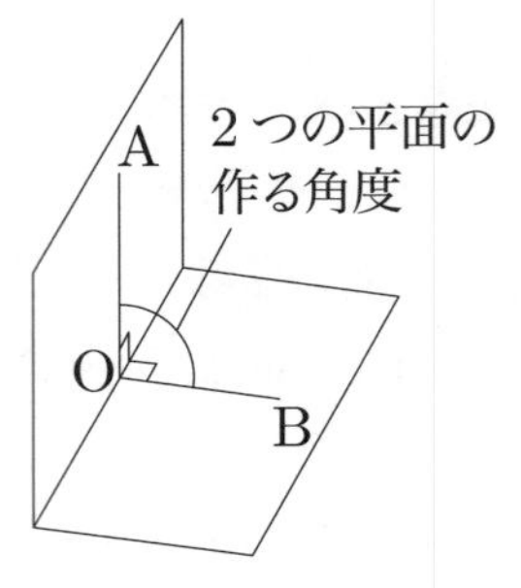

２つの平行な平面があり、そこに１つの平面がそれぞれ交わると、２本の交線ができます。このとき、２本の交線について次のことが成り立ちます。

交線：２つの平面が交わるとき、その交わる部分の直線

２つの平行な平面に１つの平面がそれぞれ交わるとき、２本の交線は平行となる。

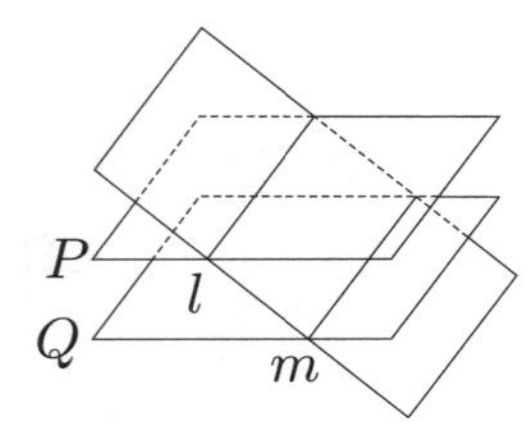

$P \parallel Q$ のとき $l \parallel m$

もし２本の交線が平行でなければ、それらは１つの平面上にあるため１点で交わることになります。そうすると、２本の交線をそれぞれ含んでいる２つの平行な平面が交わることになり、平行な２平面が交わらないことと矛盾します。

例題 173

右の図は正六角柱を底面に平行でない１つの平面で切ったものである。この立体において、面 BCIH に平行な面、辺 BC に平行な辺をそれぞれすべて答えよ。

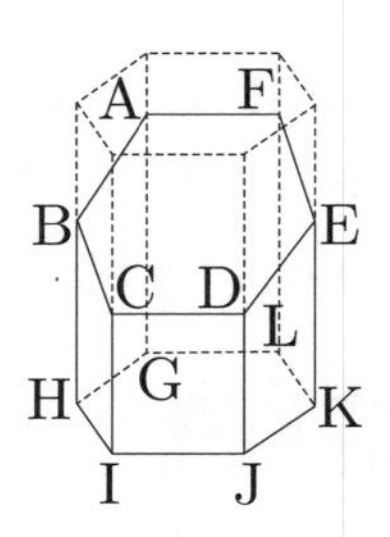

解答

面 BCIH に平行な面 … **面 FEKL**

辺 BC に平行な辺 … **辺 FE**

面 BCIH と面 FEKL は平行であり、面 ABCDEF とのそれぞれの交線が辺 BC，FE なので、辺 BC と辺 FE は平行です。

演習 173（解答は P.330）

空間内の異なる３つの平面 P，Q，R について、次の事柄が正しいかどうか答えよ。

$P \perp Q$ ，$P \perp R$ のとき、$Q \parallel R$ である。

13.3 立体の見方

〈見取図・投影図〉

立体を全体の形が分かるように平面上にかいた図を**見取図**といいます。それに対して、立体を１つの平面上に置き、上方から見た図を**平面図**といい、この平面と垂直なもう１つの平面を定め、その平面の上方から見た図を**立面図**といいます。また、平面図と立面図を組み合わせて表したものを**投影図**といいます。

例　正四面体の場合

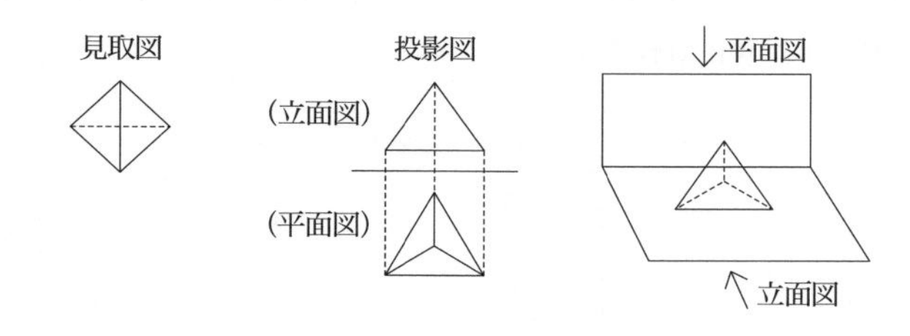

見取図：立体を全体の形が分かるように平面上にかいた図 平面図：立体を１つの平面上に置き、上方から見た図 立面図：平面図において立体を置いた平面と垂直なもう１つの平面を定め、その平面の上方から立体を見た図 投影図：平面図と立面図を組み合わせて表した図

例題 174

右の投影図で表される立体の見取図をかけ。

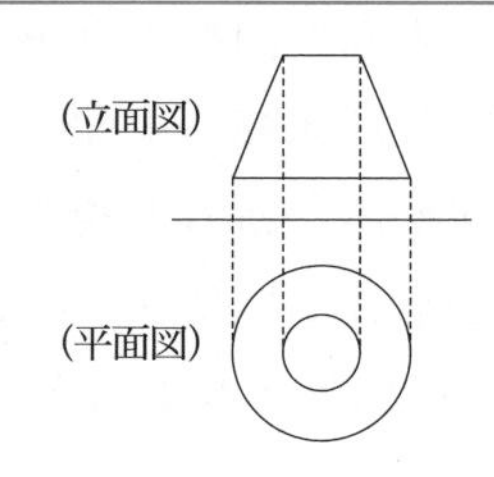

平面図からは底面が２つあり、どちらも円であることが分かり、立面図からは２つの円が平行であり、上の円のほうが小さいことが分かります。

解答

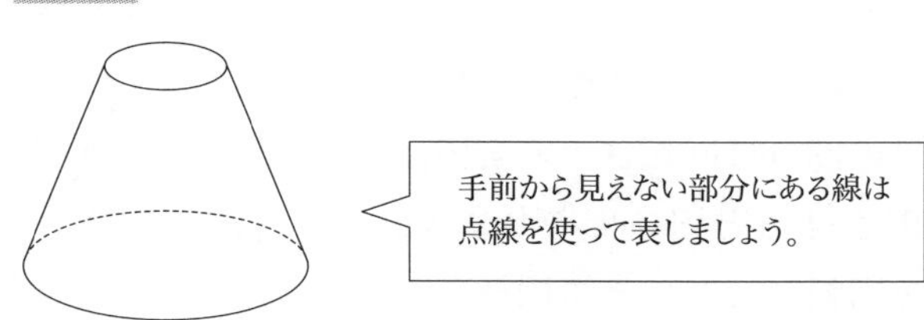

演習 174 （解答は P.330）

右の投影図で表される立体の見取図をかけ。

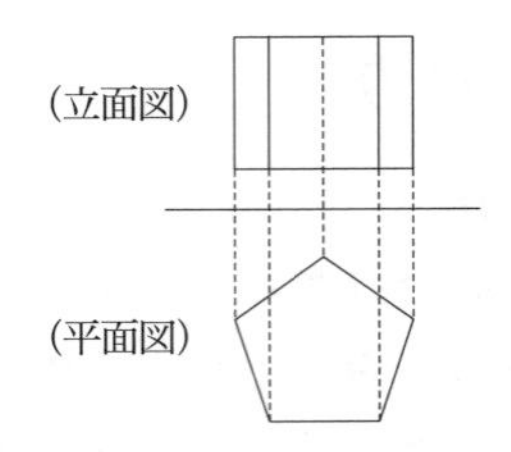

1つの平面図形をその平面上の直線 l の周りに1回転させるとき、平面図形で囲まれる部分が通った範囲の表面を**回転体**（かいてんたい）といい、直線 l を**回転の軸**（かいてん じく）といいます。たとえば、下の直角三角形と長方形をそれぞれ直線 l, m を中心として回転させると円錐と円柱ができるので、円錐や円柱は回転体です。

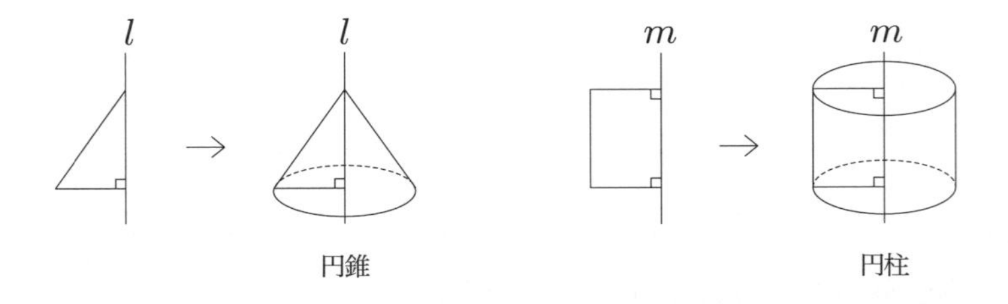

> 回転体：1つの平面図形をその平面上の直線の周りに1回転させるとき、平面図形で囲まれる部分が通った範囲の表面
> 回転の軸：平面を回転させるときに中心となる直線

右の図のように、表面と回転の軸を合わせたものを回転体と呼ぶわけではないという意味で、平面図形で囲まれる部分が通った範囲の「表面」が回転体であると説明しました。しかし、立体の内部を含めて立体と呼ぶこともあるので、「表面」という言葉にこだわって深く考える必要はありません。

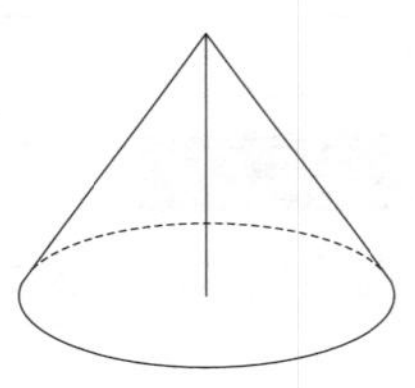

例題 175

右の図形を直線 l を軸として1回転させてできる回転体の見取図をかけ。

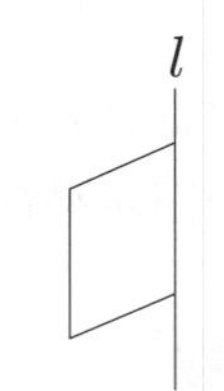

回転させる平面図形を右の図のように区切り、各点を定めます。上から順に見ていくと、△ABF の部分は回転させると円錐になり、長方形 BEDF の部分は回転させると円柱になります。△ECD の部分は、長方形 ECGD を回転させてできる円柱から△CGD を回転させてできる円錐を除いた立体になります。このように分けて考えてから組み合わせると、どのような立体になるかが分かります。

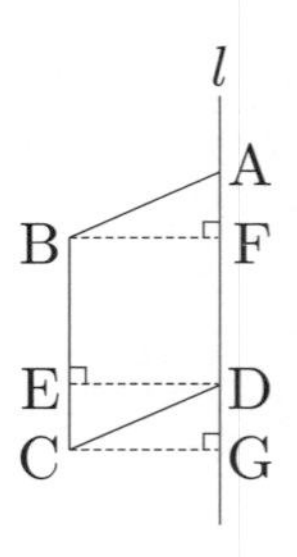

解答

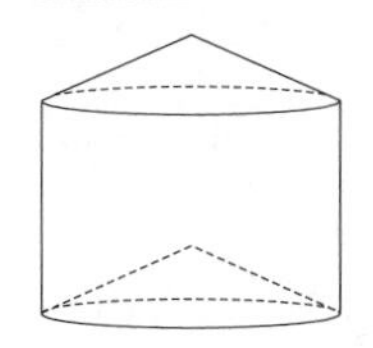

演習 175（解答は P.330）

右の図形を、直線 l を軸として１回転させてできる回転体の見取図をかけ。

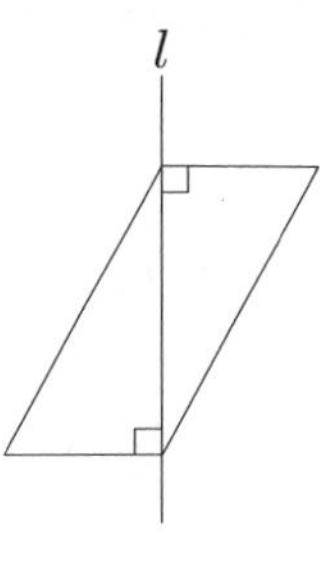

〈展開図〉

立体を切り開いて平面に伸ばした図を**展開図**（てんかいず）といいます。展開図を組み立ててできる立体について考えるときは、どの点や辺が重なるのかを意識しながら、立体をイメージするようにしてください。

> 展開図：立体を切り開いて平面に伸ばした図

例題 176

右の図は立方体の展開図である。この展開図を組み立ててできる立方体について、点 H に重なる点、点 I に集まる面、線分 JF と平行になる線分をそれぞれ答えよ。

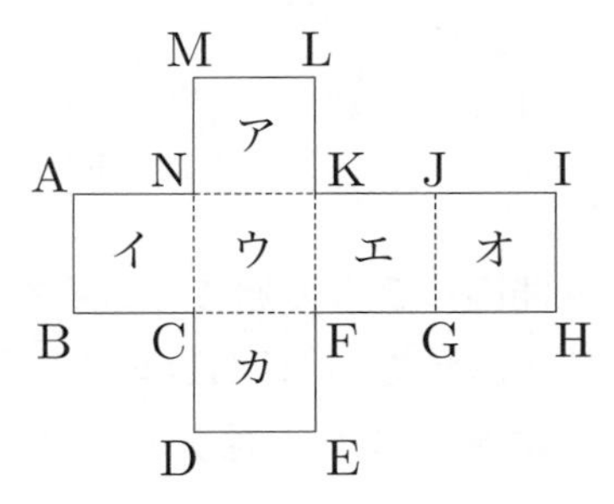

組み立てた立体をイメージするだけでは難しければ、見取図を書いて確認してみてください。面カが底、面イが手前になるように組み立てると右の図のようになります。

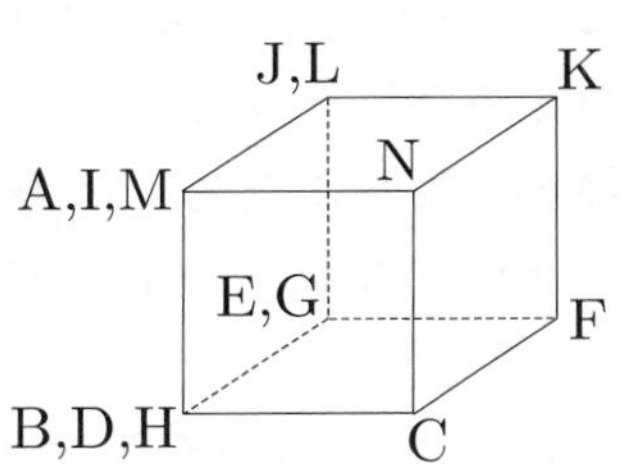

解答

点 H に重なる点 … **点 B，点 D**

点 I に集まる面 … **面ア，面イ，面オ**

線分 JF と平行になる線分 … **線分 AC**

演習 176（解答は P.331）

右の図は正八面体の展開図である。この展開図を組み立ててできる正八面体について、点Fに重なる点、面カと平行になる面、辺JCと平行になる辺をそれぞれ答えよ。

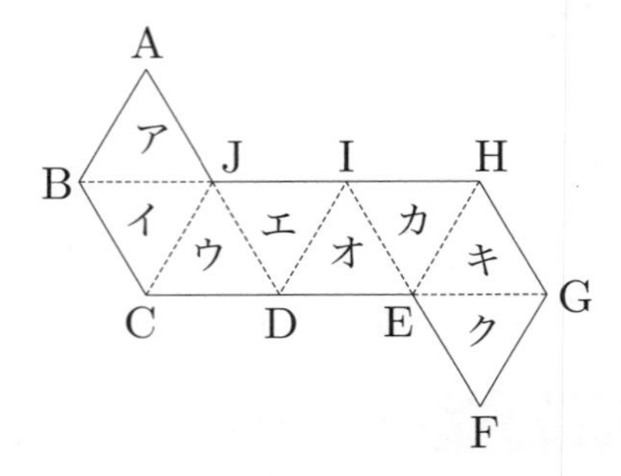

今度は、立体の表面上で、2つの点を通るようにひもをかけることを考えてみてください。このひもの長さが最短になるときにひもが通る線は、展開図では直線になります。このことを問題を通して確認しましょう。

例題 177

下の図のように直方体ABCDEFGHとその展開図がある。立方体の頂点Bから辺CG上の点Pを通って頂点Hまで図のようにひもをかけるとき、ひもの長さが最も短くなるような点Pの位置を展開図にかき入れよ。

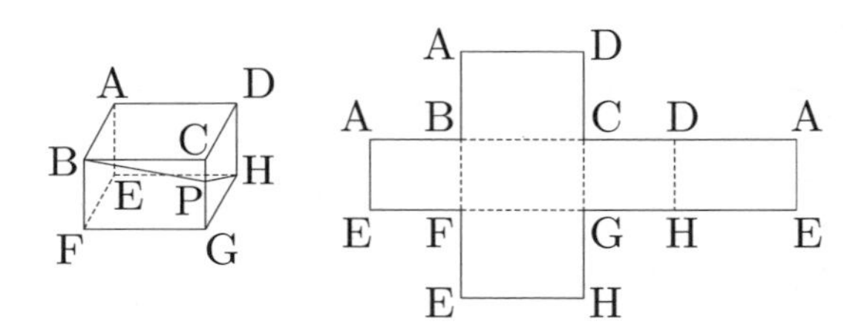

展開図にひもの通るところを線でかき入れると、長方形BFHDの中で、点Bと点Hが両端となり、線分CG上の点Pを通る線になります。ここで、点Pを線分CG上のある点で固定すると、点Bと点Pの間の線が一番短くなるのは線分BPです。同じように、点Pと点Hの間の線も線分PHとなるときに最も短くなります。

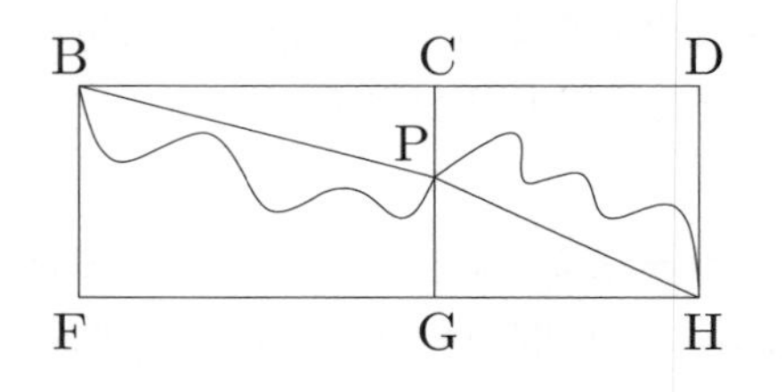

さらに、点Pが線分BH上になければ△BPHができ、三角形の2辺の長さの和は他の1辺の長さよりも必ず長くなるので、線分BPと線分PHの長さの和は線分BHの長さより長くなります。したがって、点Pが線分BH上にあるときに、ひもの長さが最も短くなります。

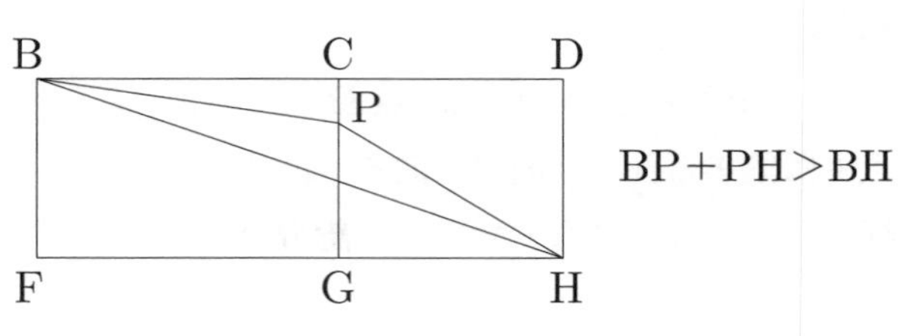

解答

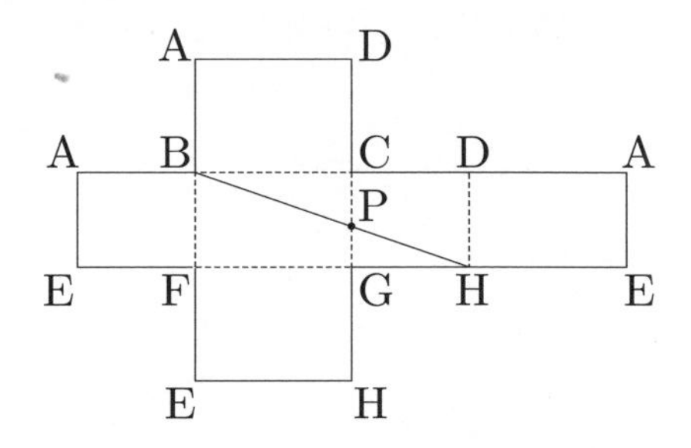

演習 177（解答は P.331）

下の図のように正四面体 ABCD とその展開図がある。正四面体の頂点 B から辺 AC 上の点 P を通って頂点 D まで図のようにひもをかけるとき、ひもの長さが最も短くなるような点 P の位置を展開図にかき入れよ。

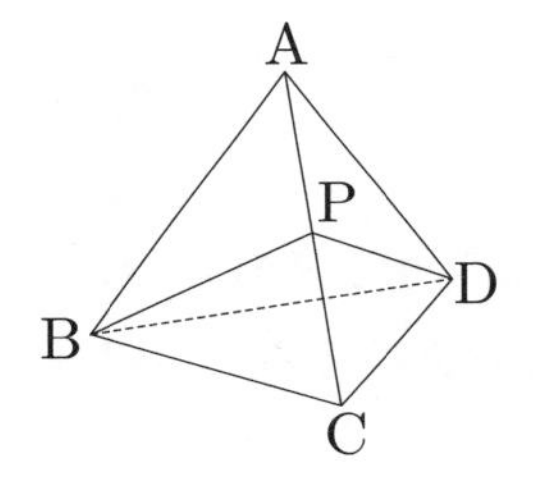

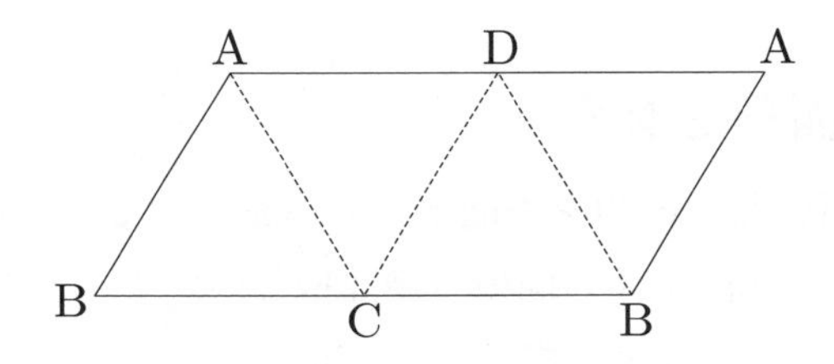

13.4 立体の切断

多面体を 1 つの平面で切断すると、その切り口は多面体の表面上に辺をもつ多角形になります。2 つの平面が交わるときに交わる部分が直線になることや、平行な 2 つの平面に 1 つの平面が交わるときに 2 本の交線が平行になることはすでに学びました（P.212 参照）。これらのことを利用して、多面体を平面で切断したときの切り口がどのような図形になるかを考えます。

例題 178

右の図の立方体について、点 M，N はそれぞれ辺 CD，CG の中点である。この立方体を 3 点 A，M，N を通る平面で切るとき、その切り口はどのような図形になるか答えよ。

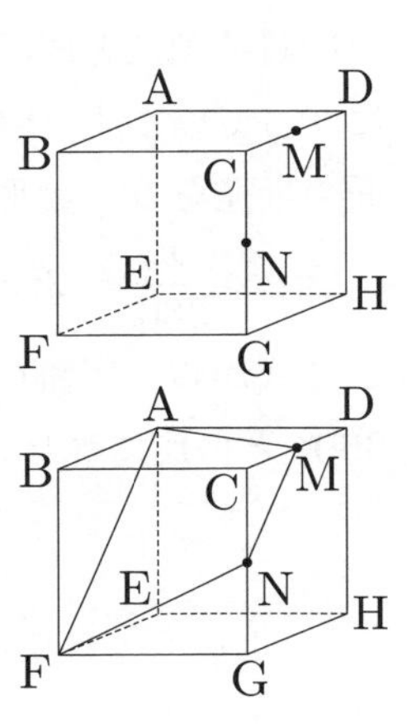

面 ABFE と面 DCGH は平行であり、3 点 A，M，N を通る平面はそのどちらにも交わるので、それぞれの交線は平行になります。そのため、3 点 A，M，N を通る平面と面

ABFE との交線は線分 MN と平行な線分 AF となります。あとは、点 A と点 M、点 F と点 N を結べば切り口の図形ができ、辺 AM と辺 FN は平行ではないので、切り口の図形は台形となります。

解答

台形

演習 178（解答は P.331）

右の図の立方体について、点 M は辺 EF の中点であり、点 N は辺 FG 上の点で、FN:NG = 2:1 となる点である。この立方体を 3 点 A，M，N を通る平面で切り、その切り口の平面が辺 CD 上の点 P および辺 CG 上の点 Q を通るとき、CP : PD，CQ : QG を求めよ。

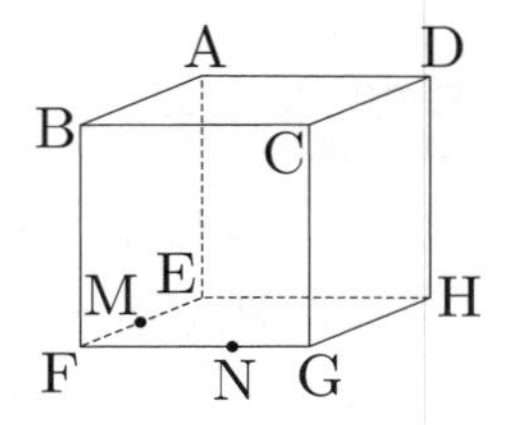

13.5 立体の表面積と体積

立体のすべての面の面積の和を**表面積**（ひょうめんせき）といいます。また、角柱や角錐等の 1 つの底面の面積を**底面積**（ていめんせき）、側面全体の面積を**側面積**（そくめんせき）といいます。表面積を考えるときは、立体の展開図を利用すると分かりやすくなります。

ここで、円錐の展開図について確認しておきましょう。円錐の展開図は、側面の部分が扇形、底面の部分が円なので、下の図のようになります。

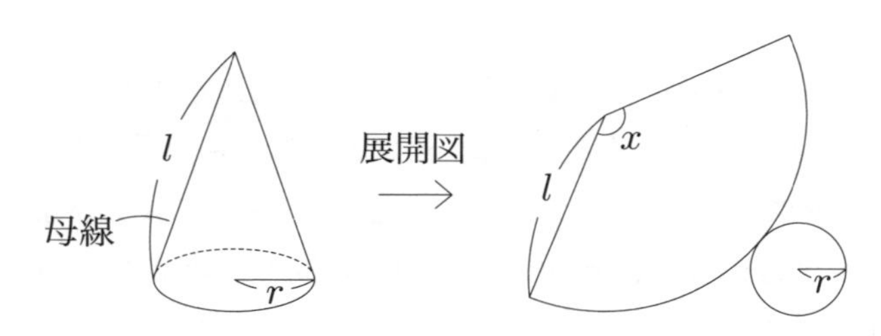

円錐の頂点と底面の円周上の点を結んだ線分を**母線**（ぼせん）といい、展開図では扇形の半径になっています。扇形の弧の長さは底面の円周の長さと等しく、母線の長さを l、底面の半径を r、扇形の中心角を x として次のような関係式が成り立ちます。

$2\pi l \times \frac{x}{360} = 2\pi r$ したがって $\frac{r}{l} = \frac{x}{360}$

この式から、円錐の底面の半径と母線の長さの比は展開図における扇形の中心角と 360° との比に等しいことが分かります。

表面積：立体のすべての面の面積の和
底面積：立体の１つの底面の面積
側面積：立体の側面全体の面積
母線：円錐の頂点と底面の円周上の点を結んだ線分

円錐について、
(底面の半径)：(円錐の母線)＝(展開図の扇形の中心角)：360°　が成り立つ。

立体の体積は、立体の種類によって求め方が変わります。角柱や円柱の場合は、底面積に高さをかけると立体の体積になります。角錐や円錐の場合は、底面積に高さをかけ、その値に $\frac{1}{3}$ をかけると立体の体積になります。なぜ $\frac{1}{3}$ をかけるのかについては、次のように考えます。

まず、１辺の長さが $2h$ の立方体があるとき、その体積は $8h^3$ です。この立方体は、それぞれの面を底面とする、高さが h の６つの正四角錐に分けることができ、その１つを正四角錐 A とします。そうすると、正四角錐 A の体積は立方体の体積の $\frac{1}{6}$ なので $\frac{8h^3}{6} = \frac{4h^3}{3}$ となります。

ここで、正四角錐 A の底面積は $4h^2$ 、高さは h であり、それらの積は $4h^3$ なので、正四角錐 A の体積が底面積と高さの積に $\frac{1}{3}$ をかけた大きさになっていることが確認できます。

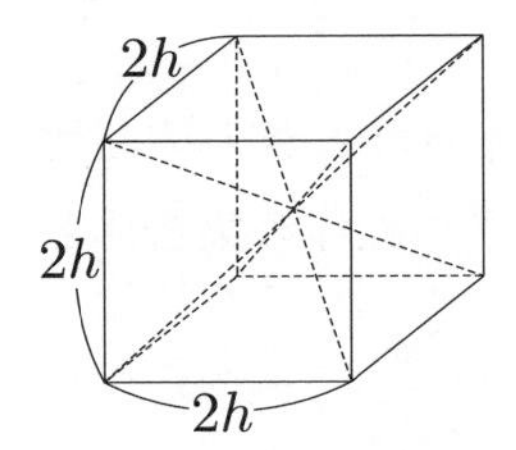

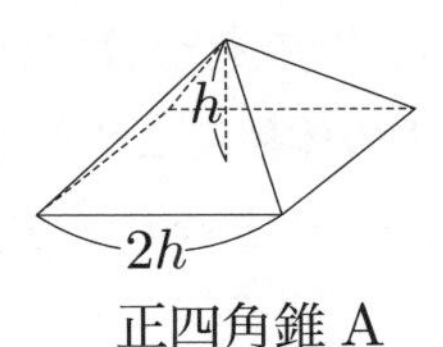

正四角錐 A

次に、正四角錐 A と高さが等しく、底面積が S の錐体 B の体積を考えます。これはどのような立体でもよいので、円錐を例に考えましょう。

正四角錐 A

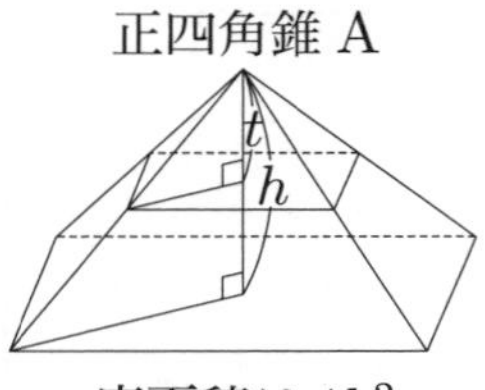

底面積は $4h^2$

錐体 B

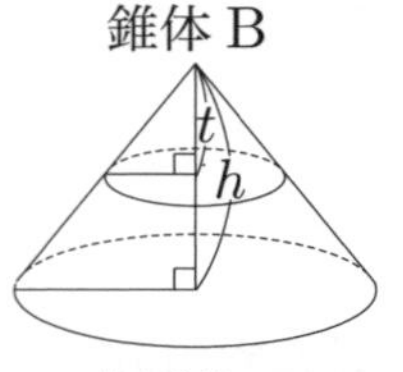

底面積は S

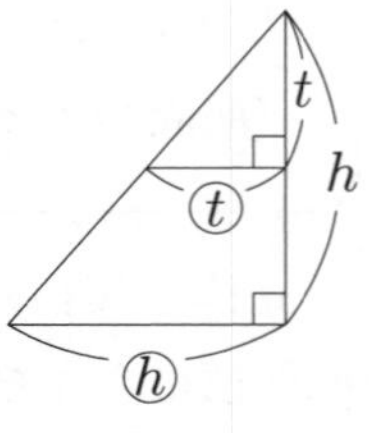

錐体 B を、底面と平行で頂点からの距離が t の平面で切ると、切り口の図形と底面の図形は相似で、その相似比は $t:h$ となります。これは、錐体 B の頂点、底面の周上の点、頂点から底面に下ろした垂線の足の 3 点を結ぶと直角三角形ができ、右の図のように切り口の線分と直角三角形の底辺の長さの比が $t:h$ となっているからです。

同じように、正四角錐 A も、底面と平行で頂点からの距離が t の平面で切ると、切り口の図形と底面の図形は相似で、その相似比は $t:h$ となります。

そのため、正四角錐 A と錐体 B を 1 つの平面上に置き、その平面と平行な 1 つの平面で切ると、切り口の図形はそれぞれの立体の底面の図形と相似で、その相似比が等しいので、2 つの立体の切り口どうしの面積比はいつでも、底面どうしの面積比 $4h^2:S$ と等しくなります。

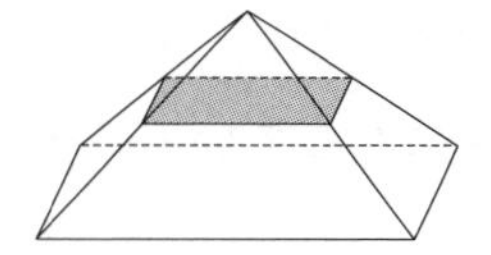

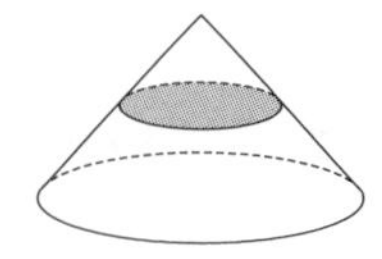

色の付いた部分の面積比は $4h^2:S$

したがって、この切り口に等しく微小（びしょう）な厚みをつけて柱体を作ったときの体積比は $4h^2:S$ であり、正四角錐 A と錐体 B の体積をこの微小な高さの柱体の集合体として考えることにより、その体積比も $4h^2:S$ となります。

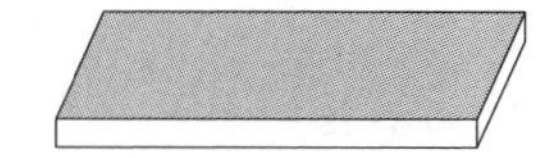

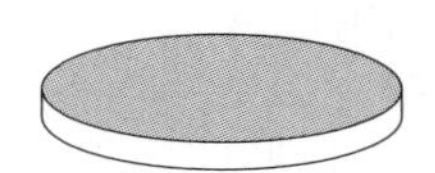

つまり、錐体 B の体積は、正四角錐 A の体積の $\dfrac{S}{4h^2}$ 倍になっており、

$$\frac{4h^3}{3} \times \frac{S}{4h^2} = \frac{1}{3}Sh$$

となります。よって、底面積と高さの積に $\dfrac{1}{3}$ をかけた大きさが錐体の体積となることが確認できました。

高校数学でより一般的な内容を学ぶので、中学数学では「錐体の体積は底面積と高さの積に $\frac{1}{3}$ をかけて求める」とだけ覚えておいてください。

> 柱体の体積 = 底面積×高さ
> 錐体の体積 = 底面積×高さ×$\frac{1}{3}$

立体の中でも球は表面積や体積の求め方が他の立体と異なり、次のような公式で表されます。

> 球の半径を r とするとき、表面積 S と体積 V は
> $S = 4\pi r^2$
> $V = \frac{4}{3}\pi r^3$

なぜこのような公式になるのかについては、高校数学で学ぶのでここでは説明しません。表面積は「心配あるある（$4\pi rr$）」、体積は「身の上に心配あるさ $\left(\frac{4\pi r^3}{3}\right)$」という語呂合わせもあります。

例題 179

右の四角柱の表面積と体積を求めよ。

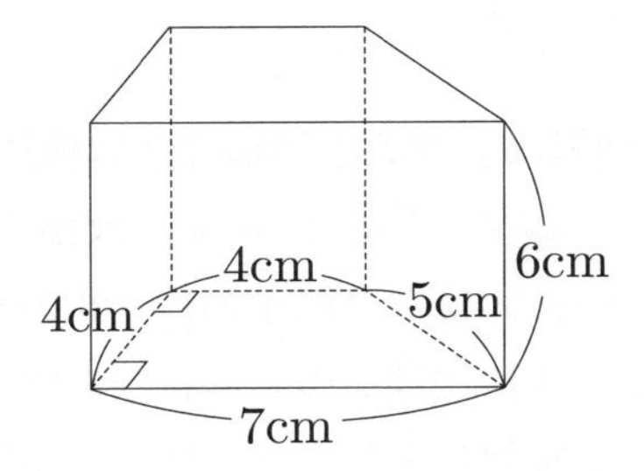

底面は台形なので、台形の面積の公式を使います。側面は、展開図を考えると、底辺が（4 + 4 + 7 + 5）cm で高さが 6 cm の長方形となります。

解答

底面積は（7 + 4）× 4 ÷ 2 = 22
側面積は（4 + 4 + 7 + 5）× 6 = 120
よって、表面積は　22 × 2 + 120 = **164（cm²）**
体積は　22 × 6 = **132（cm³）**

演習 179（解答は P.332）

底面の半径が 2 cm、母線の長さが 6 cm である円錐の表面積を求めよ。

例題 180

右の図の扇形を辺 AC を軸として 1 回転させてできる立体の表面積と体積を求めよ。

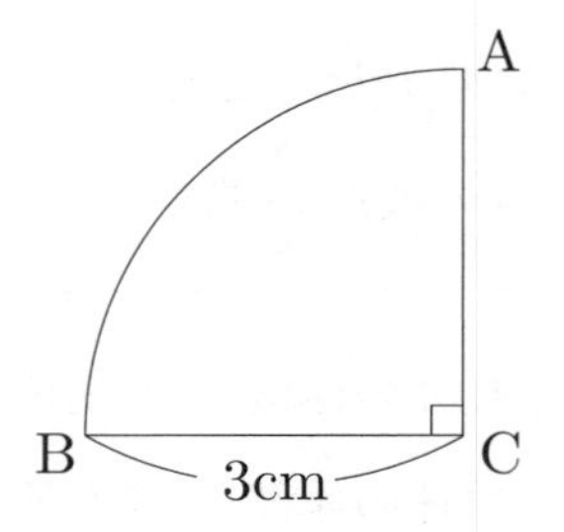

図の扇形を 1 回転させてできる立体は半球です。半球の表面積は、球の表面積の半分に底面の円の面積を足すのを忘れないようにしましょう。半球の体積は球の体積を半分にすれば求められます。

解答

図の扇形を回転させると半径 3 cm の半球ができる。

よって、表面積は　$4 \times \pi \times 3^2 \times \dfrac{1}{2} + 3^2\pi = 18\pi + 9\pi = \mathbf{27\pi}$ **(cm²)**

体積は　$\dfrac{4}{3} \times \pi \times 3^3 \times \dfrac{1}{2} = \mathbf{18\pi}$ **(cm³)**

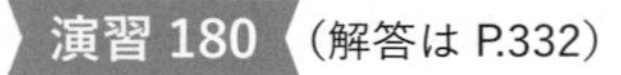

演習 180 （解答は P.332）

右の図形を直線 l を軸として 1 回転させてできる立体の体積を求めよ。

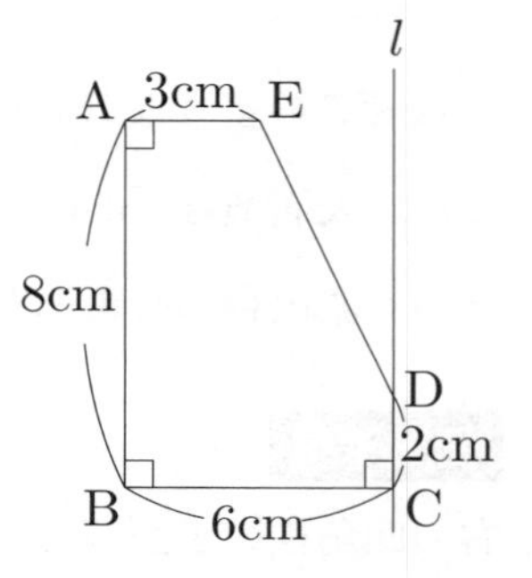

〈相似な立体の表面積比と体積比〉

立体を均等に拡大または縮小してできる立体はもとの立体と相似であるといい、その拡大または縮小の比を相似比といいます。2 つの立体が相似であるときの表面積比、体積比は次のようになります。2 つの平面図形が相似であるときの面積比と比較して確認しましょう（P.173 参照）。

> 相似比が $m : n$ である 2 つの相似な立体の表面積比は $m^2 : n^2$、体積比は $m^3 : n^3$ である。

錐体の体積を考えたときのように、相似比が $m : n$ である 2 つの相似な立体を同じ個数の微小な高さの柱体に分けると、対応する柱体どうしの底面積比が $m^2 : n^2$、高さの比が $m : n$ であり、体積比が $m^3 : n^3$ となります。そのため、柱体の集合としての立体の体積比も $m^3 : n^3$ となります。

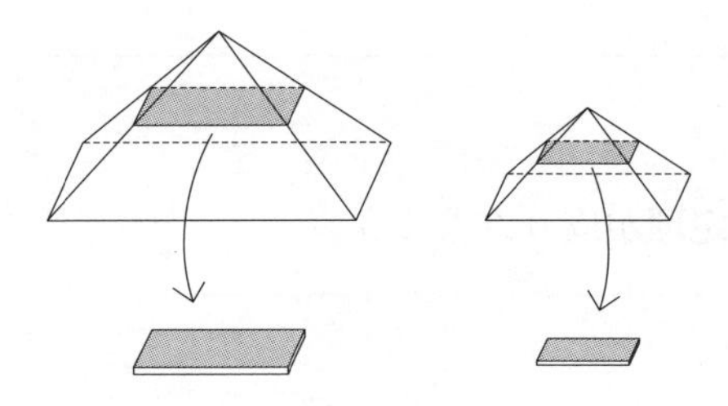

立体の相似比が $m:n$ のとき

微小な高さの柱体の底面積比は $m^2:n^2$
高さの比は $m:n$
体積比は $m^3:n^3$

これについてもイメージで理解できれば十分なので、相似な立体の表面積比と体積比がどのようになるかだけ覚えておいてください。

例題 181

右の図の正四面体 AEFG と ABCD は相似であり、その相似比は $1:3$ である。正四面体 ABCD の体積が $540\ \mathrm{cm}^3$ であるとき、正四面体 AEFG と ABCD の表面積比、正四面体 AEFG の体積をそれぞれ求めよ。

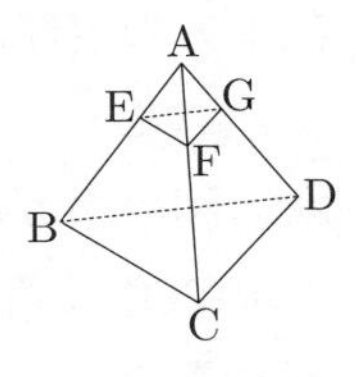

解答

正四面体 AEFG と ABCD の相似比は $1:3$ なので、表面積比は $1^2:3^2=\mathbf{1:9}$
また、正四面体 AEFG, ABCD の体積比は $1^3:3^3=1:27$ なので、
正四面体 AEFG の体積は $540\times\dfrac{1}{27}=\mathbf{20\ (cm^3)}$

演習 181 （解答は P.332）

右の図のような円錐の容器がある。この容器をからにして、コップ１杯（ぱい）分の水を入れ、水面が円錐の底面と平行になるようにすると、円錐の頂点から水面までの高さが容器の高さのちょうど半分になった。この容器を水でいっぱいにするには、あと何杯分の水を入れればよいか求めよ。

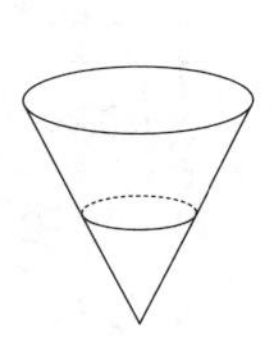

14　三平方の定理

14.1 三平方の定理と平面図形

直角三角形の３辺の長さについては、**三平方の定理**(さんへいほう ていり)が成り立ちます。

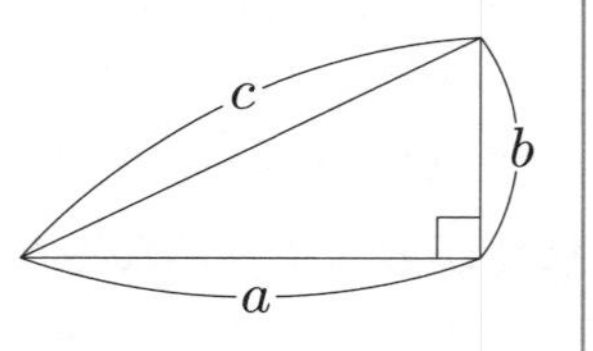

三平方の定理
直角三角形の直角を挟む２辺の長さを a, b、斜辺の長さを c とすると、$a^2+b^2=c^2$ が成り立つ。

三平方の定理は次のように証明することができます。

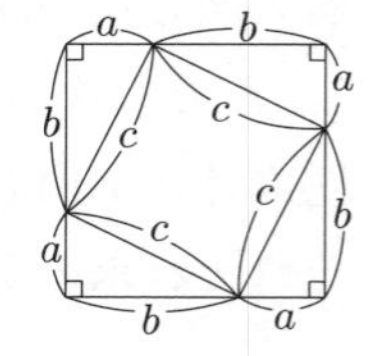

右の図のように、直角を挟む２辺の長さが a, b、斜辺の長さが c の直角三角形を４つ組み合わせ、１辺の長さが $(a+b)$ の正方形を作る。
このとき、内部にある１辺の長さが c の四角形の１つの内角を$\angle x$、直角三角形の直角でない２つの角を $\angle \mathrm{A}$, $\angle \mathrm{B}$、直角の角を$\angle \mathrm{C}$ とすると、
$\angle x = 180^\circ - (\angle \mathrm{A} + \angle \mathrm{B}) = \angle \mathrm{C} = 90^\circ$
となるので、１辺の長さが c の四角形は正方形である。
１辺の長さが $(a+b)$ の正方形の面積は　$(a+b)^2$ $\cdots$ ①
同じ正方形の面積を、４つの直角三角形と１辺の長さが c の正方形の面積の和として表すと、
$\frac{1}{2}ab \times 4 + c^2 = 2ab + c^2$ $\cdots$ ②
① と ② は等しいので　$(a+b)^2 = 2ab + c^2$
すなわち　$a^2 + 2ab + b^2 = 2ab + c^2$
したがって、$a^2 + b^2 = c^2$

三平方の定理はその逆も成り立ちます。

三平方の定理の逆
三角形の３辺の長さを a, b, c として、$a^2+b^2=c^2$ が成り立つならば、この三角形は長さが c の辺を斜辺とする直角三角形である。

これは次のように証明できます。

△ABCにおいて、BC $= a$，CA $= b$，AB $= c$ とし、$a^2 + b^2 = c^2$ が成り立つとする。
また、B'C' $= a$，C'A' $= b$，∠A'C'B' $= 90°$ となる△A'B'C'を作り、A'B' $= x$ とする。

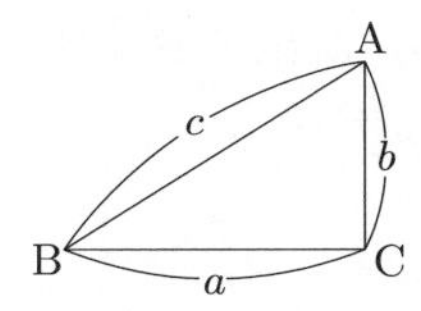

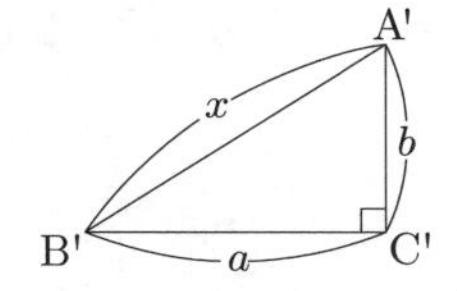

仮定より $a^2 + b^2 = c^2$ … ①
△A'B'C'は直角三角形なので、三平方の定理により $a^2 + b^2 = x^2$ … ②
①，② より $c^2 = x^2$
ここで、$c > 0$，$x > 0$ なので $c = x$
よって、△ABCと△A'B'C'は、3組の辺の長さがそれぞれ等しいので
△ABC ≡ △A'B'C'
合同な図形で対応する角の大きさは等しいので ∠ACB ＝ ∠A'C'B' $= 90°$
したがって、△ABCは辺ABを斜辺とする直角三角形である。

三平方の定理には、前に紹介した以外に多くの証明方法があります。応用範囲が広い一例を挙げておきます。

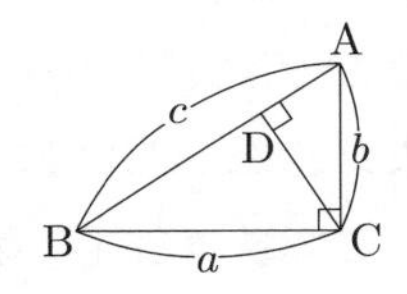

右の図のように、∠ACB $= 90°$ の直角三角形ABCにおいて、頂点Cから辺ABに下ろした垂線の足をDとする。
このとき、△ABC ∽ △ACD で相似比は $c : b$ なので、
AD $= b \times \dfrac{b}{c} = \dfrac{b^2}{c}$ … (＊)
また、△ABC ∽ △CBD で相似比は $c : a$ なので BD $= a \times \dfrac{a}{c} = \dfrac{a^2}{c}$
ここで、AB ＝ AD ＋ BD より $c = \dfrac{b^2}{c} + \dfrac{a^2}{c}$
よって、$a^2 + b^2 = c^2$

(＊) について補足しておくと、△ABC ∽ △ACD で辺ACと辺ADが対応し、相似比が $c : b$ なので AC：AD ＝ $c : b$ であり、 AD ＝ AC $\times \dfrac{b}{c} = b \times \dfrac{b}{c}$ となります。

右の図のように、3辺の長さが3，4，5の三角形は、$3^2 + 4^2 = 5^2$ が成り立つので、三平方の定理の逆により直角三角形となります。
このように、$a^2 + b^2 = c^2$ をみたす整数の組 (a，b，c) を**ピタゴラス数**(すう)といい、

ピタゴラス数は（3, 4, 5）の他に（5, 12, 13), (8, 15, 17), (7, 24, 25), …のように無数にあります。

たとえば、$(l+1)^2-l^2=2l+1$ という等式が成り立つので、$2l+1$ が平方数になるように l の値を選べばピタゴラス数を見つけることができ、$2l+1=49$ つまり $l=24$ とすれば、$(24+1)^2-24^2=7^2$ より（7, 24, 25）が出てきます。

例題 182

右の図において、x の値を求めよ。

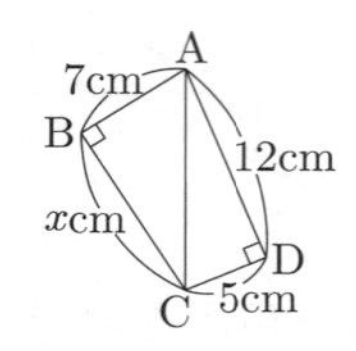

直角三角形の3つの辺のうちどれか1つだけ長さが分からない場合、その長さを三平方の定理を使って求めることができます。

この問題では、△ABCは辺ABの長さしか分かっておらず、x の値を求めることができません。そこで、まず△ACDが直角三角形であることを利用して、辺ACの長さを求めます。そうすると、△ABCが直角三角形であることから x の値を求めることができるようになります。

解答

△ACDにおいて、三平方の定理により $5^2+12^2=\mathrm{AC}^2$ すなわち $\mathrm{AC}^2=169$
ここで、$\mathrm{AC}>0$ なので $\mathrm{AC}=\sqrt{169}=13$
また、△ABCにおいて、三平方の定理により $x^2=13^2-7^2=120$
ここで、$x>0$ なので $x=\sqrt{120}=\mathbf{2\sqrt{30}}$

解答では、$a^2+b^2=c^2$ の等式に分かっている辺の長さを代入して解いています。

たとえば、△ACDで辺ACの長さを求めるときには、$a^2+b^2=c^2$ に $a=5$, $b=12$, $c=\mathrm{AC}$ を代入し、$c>0$ であることを確認してから、$c=\sqrt{a^2+b^2}$ の形に変形しています。これは、$\sqrt{a^2+b^2}$ が2乗して (a^2+b^2) になる数の正のほうを表すため、もし c が負の数であれば $c=-\sqrt{a^2+b^2}$ と変形しなければならないからです。

ところが、a, b, c は辺の長さであり、解答を書くたびに確認しなくても正の数であることが明らかなので、a, b, c を最初から次のように表してもよいでしょう。

$a=\sqrt{c^2-b^2}$
$b=\sqrt{c^2-a^2}$
$c=\sqrt{a^2+b^2}$

これらの等式に分かっている辺の長さを代入すれば、分からない値をよりスムーズに求めることができるので、次の解答からはそのように書くことにします。

演習 182（解答は P.332）

右の図において、x の値を求めよ。

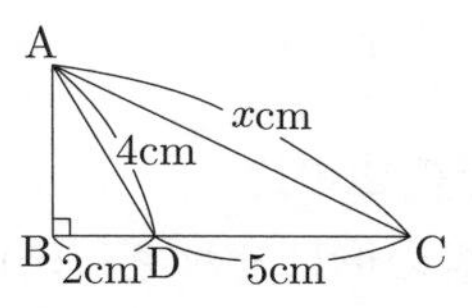

例題 183

右の図において、△ ABC の面積を求めよ。

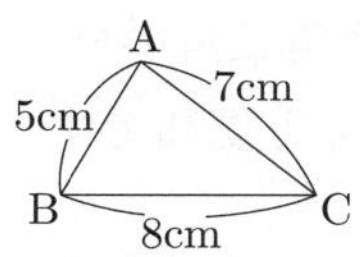

点 A から辺 BC に下ろした垂線の足を D とすると、線分 AD を高さとして△ ABC の面積を求めることができそうです。ところが、2 つの辺の長さが分かっている直角三角形がないので、そのままでは線分 AD の長さを求めることができません。

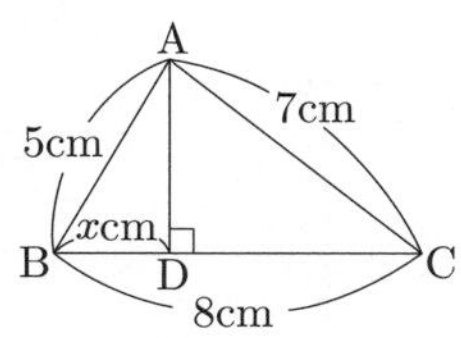

そこで、BD = x とおくと、DC = 8 − x と表すことができます。そうすると、△ ABD と△ ADC の両方で三平方の定理を使って 2 つの式を作ることができ、分からない値が x と線分 AD の長さの 2 つなので、これらを求めることができます。

解答

点 A から辺 BC に下ろした垂線の足を D とし、BD = x とする。

△ ABD において、三平方の定理により　$AD^2 = 5^2 - x^2$　…①

また、△ ADC において、三平方の定理により　$AD^2 = 7^2 - (8 - x)^2$　…②

①, ② より　$5^2 - x^2 = 7^2 - (8 - x)^2$

すなわち　$(8 - x)^2 - x^2 = 49 - 25$

これを変形して　$8(8 - 2x) = 24$

よって、$x = \dfrac{5}{2}$

これと①より　$AD = \sqrt{5^2 - \left(\dfrac{5}{2}\right)^2} = \sqrt{\dfrac{75}{4}} = \dfrac{5\sqrt{3}}{2}$

よって、△ ABC の面積は　$8 \times \dfrac{5\sqrt{3}}{2} \times \dfrac{1}{2} = \mathbf{10\sqrt{3}}$ **(cm²)**

解答の 5 行目から 6 行目への式変形の左辺は、$a^2 - b^2 = (a + b)(a - b)$ の公式を用いて　$(8 - x)^2 - x^2 = 8(8 - 2x)$　と変形しています。

演習 183（解答は P.332）

右の図において、△ ABC の面積を求めよ。

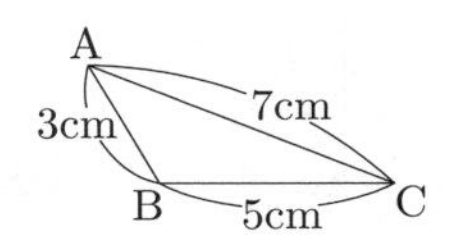

ヒント △ABCの高さが△ABCの外側にくる場合でも、同じように解くことができます。

〈**特別な直角三角形の辺の比**〉

2種類の三角定規の形はそれぞれ内角が30°，60°，90°の直角三角形と内角が45°，45°，90°の直角三角形です。これらは直角三角形の中でも特別な図形として、辺の比を覚えておくと便利です。

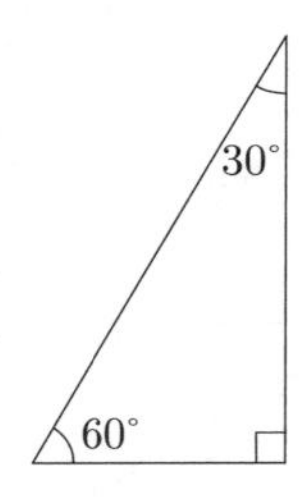

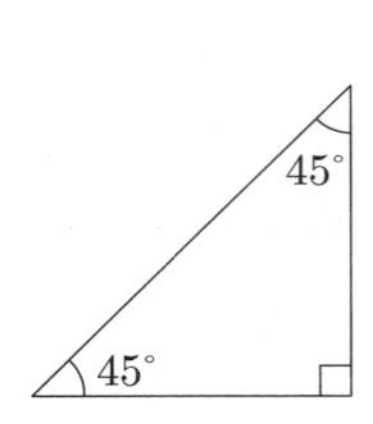

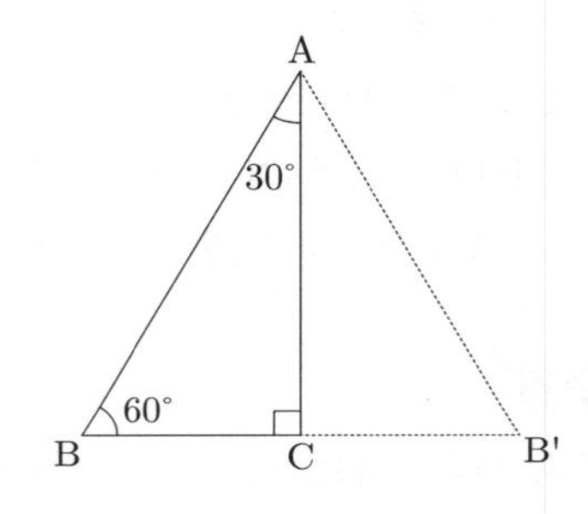

$\angle A = 30°$, $\angle B = 60°$, $\angle C = 90°$ の直角三角形ABCは、右の図のように正三角形を二等分した図形です。辺ABは正三角形の1辺の長さであり、辺BCは正三角形の1辺を二等分した長さなので、AB : BC = 2 : 1 になっています。

$AB = 2k$, $BC = k$ とすると、三平方の定理により、

$AC = \sqrt{(2k)^2 - k^2} = \sqrt{3k^2} = \sqrt{3}k$

となるので、BC : AB : AC = 1 : 2 : $\sqrt{3}$ となっています。

$\angle D = 45°$, $\angle E = 45°$, $\angle F = 90°$ の直角三角形DEFは、EF = FD の二等辺三角形でもあるので、EF:FD = 1 : 1 です。

EF = FD = l とすると、三平方の定理により、

$DE = \sqrt{l^2 + l^2} = \sqrt{2l^2} = \sqrt{2}l$

となるので、EF : FD : DE = 1 : 1 : $\sqrt{2}$ となっています。

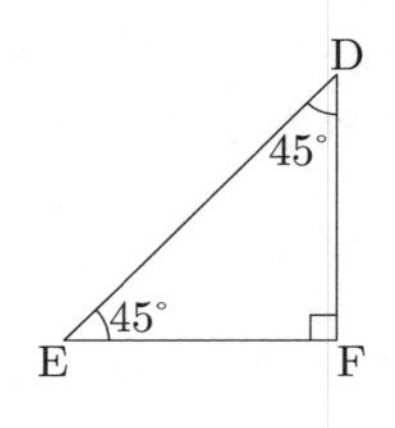

特別な直角三角形の辺の比

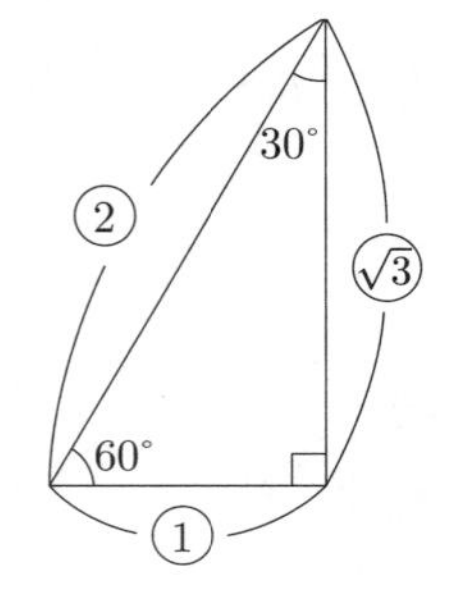

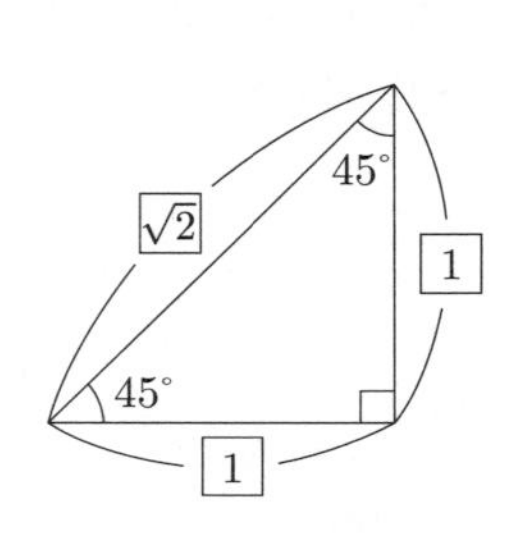

例題 184

右の図において、△ ABC の面積を求めよ。

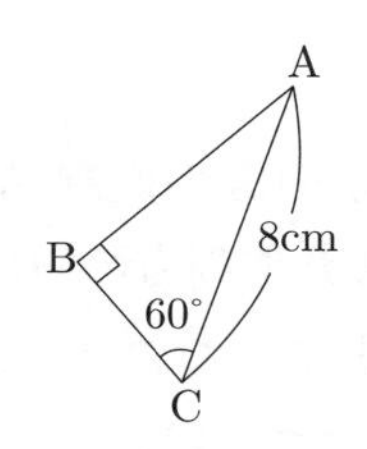

解答

BC：AC：AB ＝ 1：2：$\sqrt{3}$ より

$BC = 8 \times \frac{1}{2} = 4$

$AB = 8 \times \frac{\sqrt{3}}{2} = 4\sqrt{3}$

よって、△ ABC の面積は　$4 \times 4\sqrt{3} \times \frac{1}{2} = $ **$8\sqrt{3}$ (cm²)**

演習 184（解答は P.333）

右の図において、△ ABC の面積を求めよ。

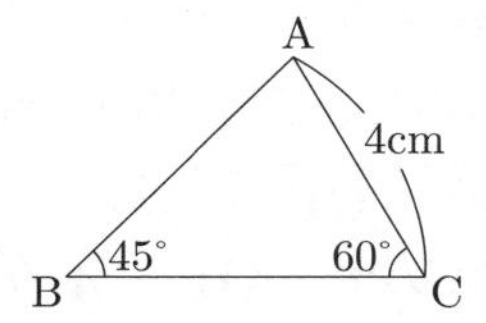

〈三平方の定理の利用〉

2 つの円が互いの外側にあり、1 点だけを共有しているとき、2 つの円は**外接**（がいせつ）するといいます。また、2 つの円のうち一方が他方の内側にあり、1 点だけを共有しているとき、2 つの円は**内接**（ないせつ）するといいます。これらの共有点を 2 つの円の**接点**（せってん）といい、その接点で 2 つの円に接する直線を 2 つの円の**共通接線**（きょうつうせっせん）といいます。

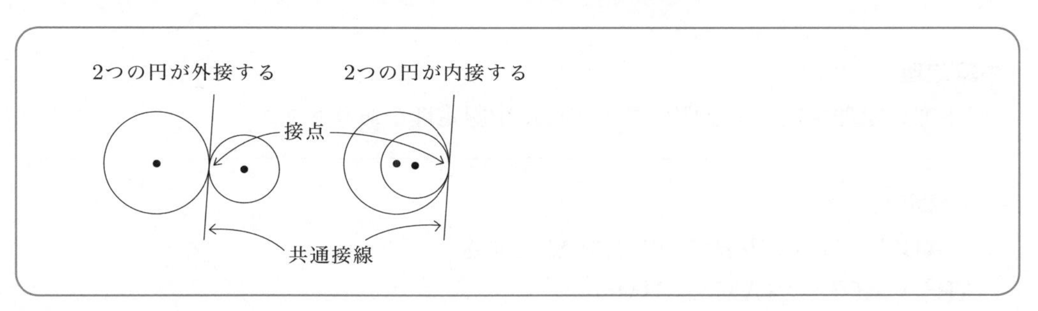

例題 185

右の図において、2 つの円 O，O' は外接しており、点 A，B はそれぞれ円 O，O' の共通接線の接点である。円 O，O' の半径が 6 cm，4 cm であるとき、線分 AB の長さを求めよ。

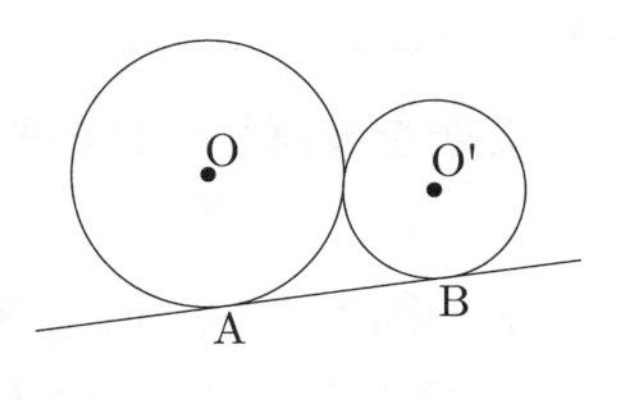

円 O，O' が外接しているとき、その接点を T とすると、点 T を通る円 O，O' の共通接線 l を引くことができます。このとき、OT ⊥ l，O'T ⊥ l なので、O，T，O' は一直線上にあり、OO' = OT + O'T　となります。

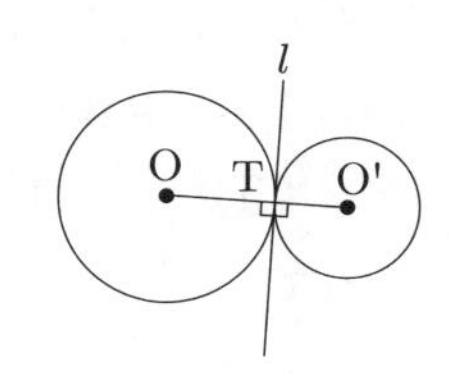

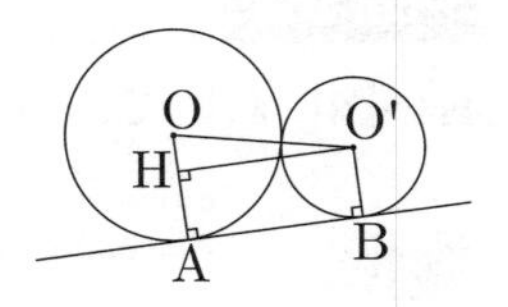

それから、例題の図の直線ABのように円O, O'上の異なる点を接点として両方の円に接する直線も円O, O'の共通接線といいます。このとき、線分OA, O'Bはそれぞれ円O, O'の半径で、OA ⊥ AB, O'B ⊥ AB です。点O'から線分OAに下ろした垂線の足をHとすると、四角形HABO'はすべての内角が90° なので長方形となり、HA = O'B = 4, HO' = AB となります。

解答

点O'から線分OAに下ろした垂線の足をHとする。
このとき、OH = 6 − 4 = 2, OO' = 6 + 4 = 10
△OHO'において、三平方の定理により
$HO' = \sqrt{OO'^2 - OH^2} = \sqrt{10^2 - 2^2} = \sqrt{96} = 4\sqrt{6}$
AB = HO' なので AB = $\mathbf{4\sqrt{6}}$ **(cm)**

演習 185 (解答は P.333)

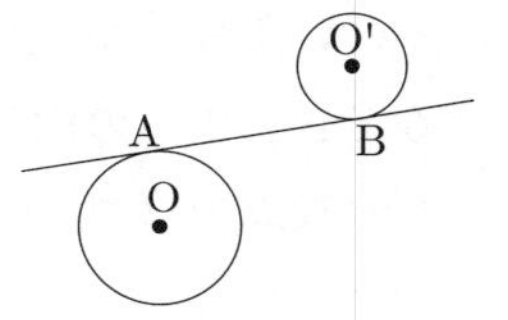

右の図において、A, Bはそれぞれ2つの円O, O'の共通接線の接点である。円O, O'の半径が3 cm, 2 cm、AB = 8 cmであるとき、2つの円の中心間の距離OO'を求めよ。

〈中線定理〉

三平方の定理を使って証明できる定理に**中線定理**(ちゅうせんていり)があります。

中線定理
△ABCにおいて辺BCの中点をMとすると、
$AB^2 + AC^2 = 2(AM^2 + BM^2)$

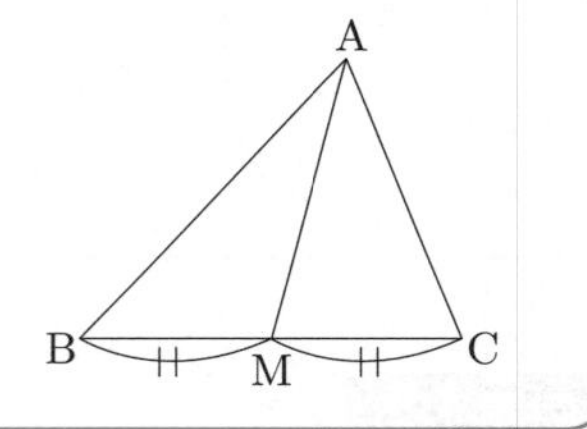

証明を確認しておきましょう。

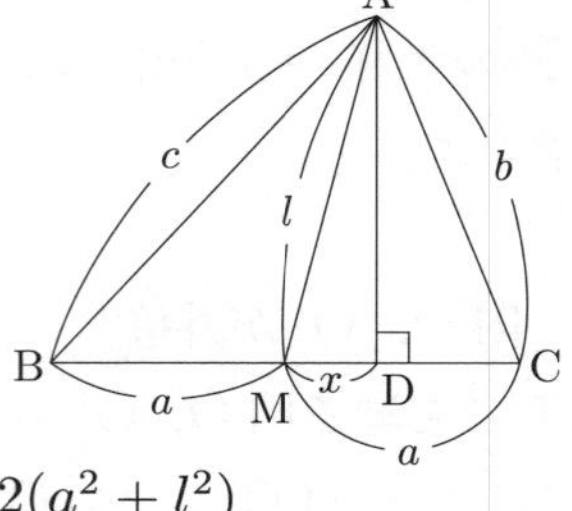

右の図のように頂点Aから辺BCに下ろした垂線の足をDとし、各線分の長さを定める。
三平方の定理により
$c^2 = BD^2 + AD^2 = (a + x)^2 + l^2 - x^2 = a^2 + 2ax + l^2$
$b^2 = CD^2 + AD^2 = (a - x)^2 + l^2 - x^2 = a^2 - 2ax + l^2$
よって、$c^2 + b^2 = (a^2 + 2ax + l^2) + (a^2 - 2ax + l^2) = 2(a^2 + l^2)$

これは　$c > b$　の場合の証明ですが、$c = b,\ c < b$　の場合も同様に証明することができます。

例題 186

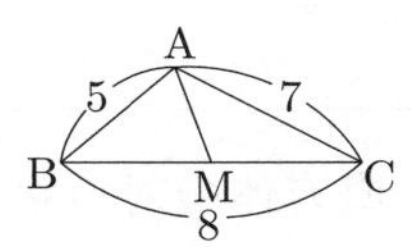

右の図の△ ABC において、点 M は辺 BC の中点である。
このとき、線分 AM の長さを求めよ。

解答

△ ABC において、中線定理により

$AB^2 + AC^2 = 2(BM^2 + AM^2)$　すなわち　$25 + 49 = 2(16 + AM^2)$

これを解いて　$AM^2 = 21$

ここで、$AM > 0$　なので　$AM = \boldsymbol{\sqrt{21}}$

演習 186 （解答は P.334）

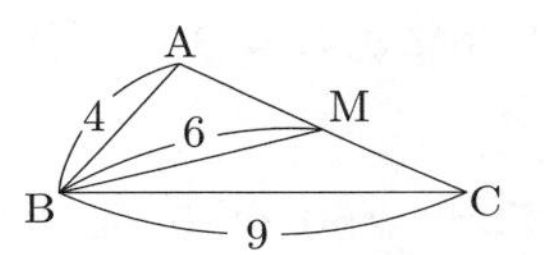

右の図の△ ABC において、点 M は辺 AC の中点である。
このとき、辺 AC の長さを求めよ。

14.2 三平方の定理と空間図形

三平方の定理は空間図形に応用することができます。このとき、空間図形の中から直角三角形だけを取り出して考える必要があります。

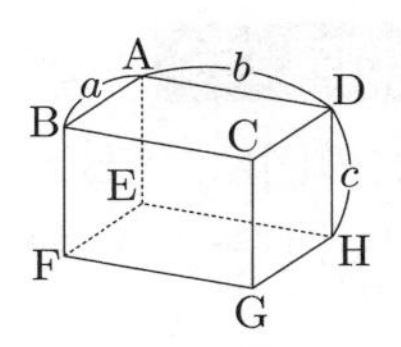

たとえば、図のような直方体の対角線 AG の長さを求めるとします。

線分 AG は直角三角形 AEG の斜辺なので、辺 AE, EG の長さが分かれば求められます。しかし、辺 EG の長さが分かりません。

そこで、今度は直角三角形 EFG に注目すると、辺 EF, FG の長さが分かっているので、辺 EG の長さを求めることができます。

このように考えたことを式にすると次のようになります。

$EG = \sqrt{EF^2 + FG^2} = \sqrt{a^2 + b^2}$

$AG = \sqrt{EG^2 + AE^2} = \sqrt{(\sqrt{a^2 + b^2})^2 + c^2} = \sqrt{a^2 + b^2 + c^2}$

したがって、直方体の対角線の長さは次のようになります。

縦の長さ、横の長さ、高さがそれぞれ a, b, c の直方体の対角線の長さは $\sqrt{a^2+b^2+c^2}$ である。

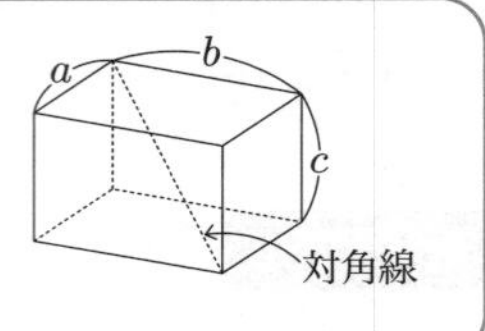

直方体の対角線の長さを求める方法とともに、空間図形の中から必要な部分だけを取り出して考えるという考え方も重要です。

例題 187

縦の長さ、横の長さ、高さがそれぞれ 3 cm, 4 cm, 5 cm の直方体の対角線の長さを求めよ。

解答

対角線の長さは $\sqrt{3^2+4^2+5^2}=\sqrt{50}=\mathbf{5\sqrt{2}}$ **(cm)**

注意 $\sqrt{50}$ を $5\sqrt{2}$ と直したように、根号の中の数はなるべく小さくしておきましょう。

演習 187 (解答は P.334)

1 辺の長さが 4 cm の正方形が底面で、他の辺の長さが 5 cm である正四角錐の体積を求めよ。

例題 188

右の図は AB = 4 cm, AE = 2 cm, AD = 3 cm の直方体である。このとき、△ AFH の面積を求めよ。

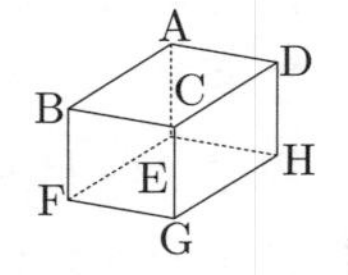

△ AFH の面積を求めたいので、そこだけを取り出して考えます。点 A から辺 FH に下ろした垂線の足を I とし、△ AFH の 3 辺の長さから線分 AI の長さを求められれば △ AFH の面積が分かります。

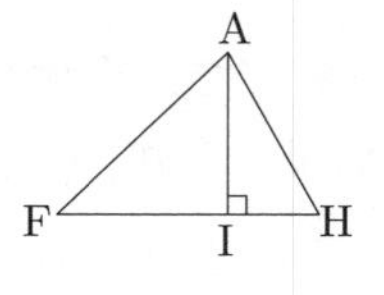

解答

△ AEF において、三平方の定理により $\mathrm{AF}=\sqrt{\mathrm{AE}^2+\mathrm{EF}^2}=\sqrt{2^2+4^2}=\sqrt{20}$

△ AEH において、三平方の定理により $\mathrm{AH}=\sqrt{\mathrm{AE}^2+\mathrm{EH}^2}=\sqrt{2^2+3^2}=\sqrt{13}$

△ EFH において、三平方の定理により $\mathrm{FH}=\sqrt{\mathrm{EF}^2+\mathrm{EH}^2}=\sqrt{4^2+3^2}=5$

△ AFH において、点 A から辺 FH に下ろした垂線の足を I とし、$\mathrm{FI}=x$ cm とす

ると、

$\mathrm{AF}^2 - \mathrm{FI}^2 = \mathrm{AH}^2 - \mathrm{IH}^2$　すなわち　$20 - x^2 = 13 - (5 - x)^2$

これを解いて　$20 - x^2 = 13 - 25 + 10x - x^2$

$$10x = 32$$

$$x = \frac{16}{5}$$

△ AFI において、三平方の定理により

$$\mathrm{AI} = \sqrt{\mathrm{AF}^2 - \mathrm{FI}^2} = \sqrt{20 - \left(\frac{16}{5}\right)^2} = \sqrt{\frac{500 - 256}{5^2}} = \sqrt{\frac{244}{5^2}} = \frac{2\sqrt{61}}{5}$$

よって、△ AFH の面積は　$\mathrm{FH} \times \mathrm{AI} \times \frac{1}{2} = 5 \times \frac{2\sqrt{61}}{5} \times \frac{1}{2} = \boldsymbol{\sqrt{61}}$ **(cm²)**

解答の 6 行目の式について補足します。

△ AFI で三平方の定理を使うと　$\mathrm{AI}^2 = \mathrm{AF}^2 - \mathrm{FI}^2$

△ AIH で三平方の定理を使うと　$\mathrm{AI}^2 = \mathrm{AH}^2 - \mathrm{IH}^2$

であり、これらを 1 つの式にまとめると、$\mathrm{AF}^2 - \mathrm{FI}^2 = \mathrm{AH}^2 - \mathrm{IH}^2$ となります。

演習 188 （解答は P.335）

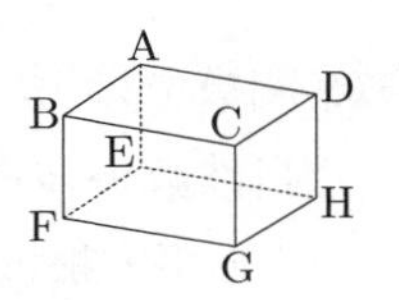

右の図は　$\mathrm{AB} = \mathrm{AE} = 4\,\mathrm{cm}$, $\mathrm{AD} = 6\,\mathrm{cm}$　の直方体である。
このとき、3 点 B, D, G を含む平面と点 C との距離を求めよ。

ヒント　点 C から 3 点 B, D, G を含む平面に下ろした垂線の足を J とすると、線分 CJ の長さが 3 点 B, D, G を含む平面と点 C との距離となります。この線分 CJ は、△ BDG を底面とする三角錐 CBDG の高さなので、△ BDG の面積と三角錐 CBDG の体積が分かれば求めることができます。
△ BDG の面積は、そこだけを空間図形から取り出して考えましょう。
三角錐 CBDG の体積については、△ CDG を底面とすると辺 BC が高さとなり、求められそうです。

第Ⅲ部
関数

2つの数量 x, y があり、x の値を決めるとそれに対応して y の値がただ1つに決まるとき、y は x の**関数**(かんすう)であるといいます。

例 500 mLのお茶を x mL飲んだとき、残りを y mLとする

⇒ 100 mL飲んだときの残りは400 mL、350 mL飲んだときの残りは150 mL …

⇒ x の値に対応して y の値が1つに決まる

⇒ y は x の関数である

ある人の体重を x kg、身長を y cmとする

⇒ x の値によって y の値が1つに決まるわけではない

⇒ y は x の関数ではない

注意 関数では y の値がただ1つに決まるという点に注意しましょう。たとえば、自然数 x の平方根を y とすると、x の値によって y が決まります。しかし、4の平方根は ±2（＋2と－2）であるように、x の値に対応する y の値は2つあります。これでは x の値によって y の値がただ1つに決まるとは言えないので、この場合は y は x の関数ではありません。

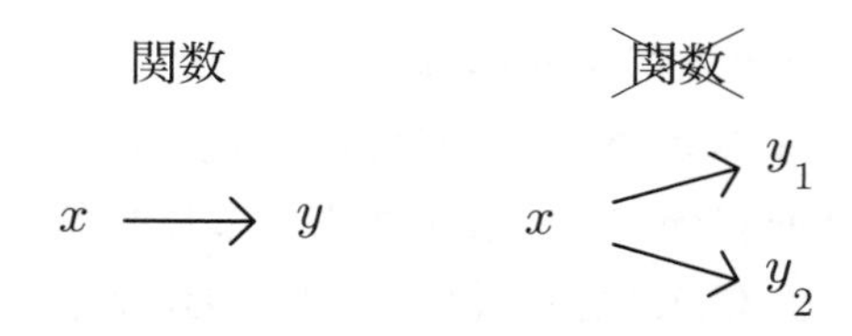

上に挙げた500 mLのお茶の例で、y を x の式で表すと $y = 500 - x$ となります。

このとき、x や y のようにいろいろな値をとる文字を**変数**(へんすう)といい、500のように一定の数を**定数**(ていすう)といいます。もし最初にあったお茶の量が a mLであれば、x と y の関係は $y = a - x$ と表され、この場合の a のように一定の値を表す文字も定数といいます。

このお茶の例で、最初にあった量が500 mLであるとき、飲んだ量の x mLは0 mLより少なくなることはなく、500 mLより多くなることもありません。そのため、x の値は $0 \leqq x \leqq 500$ の範囲で変化します。

このような、変数のとり得る値の範囲のことを**変域**（へんいき）といいます。また、y が x の関数であるとき、x の変域を**定義域**（ていぎいき）、y の変域を**値域**（ちいき）といいます。

変数：いろいろな値をとる文字
定数：一定の数
変域：変数のとり得る値の範囲
定義域：y が x の関数であるときの x の変域
値域：y が x の関数であるときの y の変域

例題 189

600 m の道のりを分速 80 m で x 分歩いたとき、残りの道のりを y m とする。このとき、y を x の式で表せ。また、定義域を答えよ。

分速 80 m で x 分歩いたとき、歩いた道のりは $80x$ m で、これを 600 m から引いた分が残りの道のりとなります。歩いた道のりは 600 m より長くはならないので $80x \leqq 600$ であり、これを解くと $x \leqq \frac{15}{2}$ です。また、x の値が 0 より小さくなることはないので、定義域は $0 \leqq x \leqq \frac{15}{2}$ となります。

P.64 参照 $80x \leqq 600$ の両辺を 80 で割って $x \leqq \frac{600}{80}$ すなわち $x \leqq \frac{15}{2}$

解答

$\boldsymbol{y = 600 - 80x}$

歩いた道のりは 0 m 以上 600 m 以下なので $0 \leqq 80x \leqq 600$

よって、定義域は $\boldsymbol{0 \leqq x \leqq \frac{15}{2}}$

演習 189 （解答は P.335）

30 L の水が入る空の水そうに、毎分 x L の割合で水を入れたとき、水を入れ始めてから y 分後に水そうがいっぱいになるとする。このとき、y を x の式で表せ。また、定義域と値域を答えよ。

15 比例と反比例

15.1 座標

y が x の関数であるとき、x と y の関係を視覚的に捉える方法としてグラフがあります。まずはその準備として、**座標**について学んでおきましょう。

垂直に交わる２本の軸をかきます。このとき、横に伸びる軸を **x 軸**、縦に伸びる軸を **y 軸**、２つ合わせて**座標軸**といいます。

このような座標軸で表される平面を **xy 平面**、または**座標平面**といい、xy 平面上の１つの点が x と y の値の組み合わせを表します。x 軸と y 軸の交点を**原点**といい、原点上の点が $x=0,\ y=0$ を表しています。そこから x 軸の正の方向、つまり右に進むほど x の値が大きくなり、y 軸の正の方向、つまり上に進むほど y の値が大きくなります。

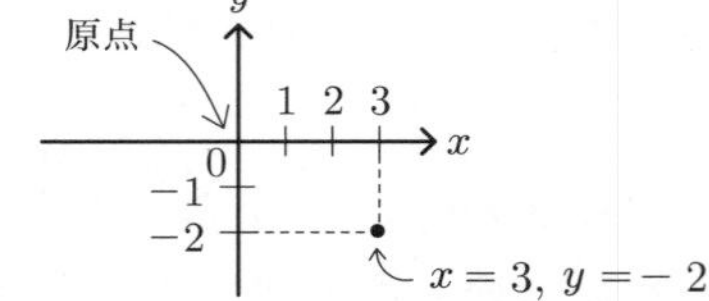

例 $x=3,\ y=-2$ という値の組み合わせ

⇒ 原点から x 軸の正の方向に３進み、y 軸の負の方向に２進んだ位置の点で表される

xy 平面または座標平面：座標軸で表される平面

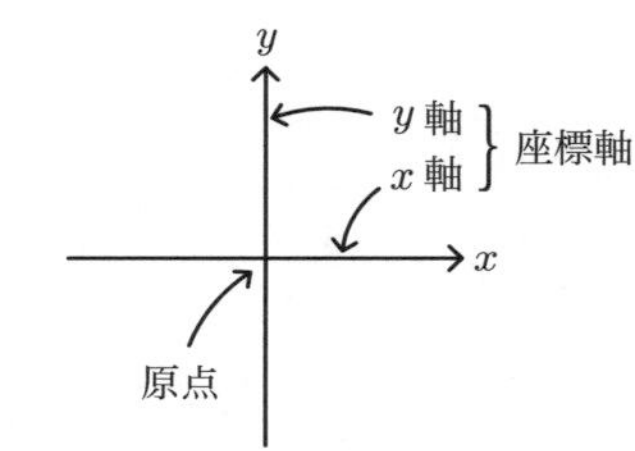

$x,\ y$ の値と xy 平面上の点の位置が対応しており、$x,\ y$ の値をそれぞれ **x 座標**、**y 座標**といいます。また、x 座標と y 座標の組を**座標**といいます。たとえば、上の例で示した点の x 座標は３、y 座標は－２であり、この点の座標は **(3, －2)** と表されます。座標を表すときは、かっこの中で左側に x 座標、右側に y 座標を書き、その間をコンマで区切ってください。

xy 平面上で座標軸の右上の部分を**第１象限**といい、そこから反時計回りに**第２象限**、**第３象限**、**第４象限**といいます。

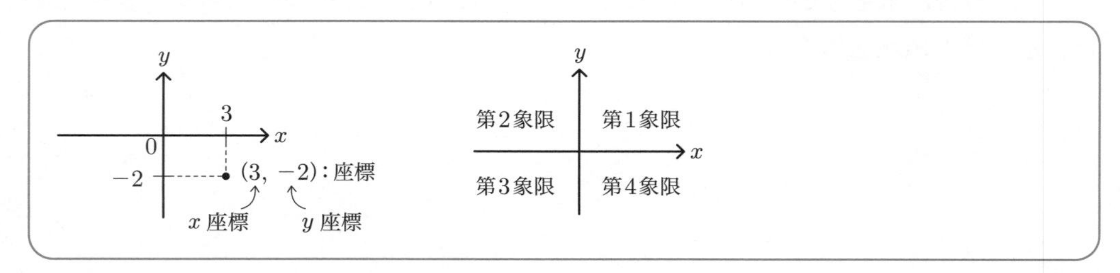

例題 190

xy 平面上の点（$-4,\ 2$）を右へ1、上へ2だけ移動した点Pについて考える。x 軸に関してPと対称な点、y 軸に関してPと対称な点、原点に関してPと対称な点の座標をそれぞれ求めよ。

座標について考えるときは、x 座標と y 座標を分けて考えてください。

まず、点（$-4,\ 2$）を右へ1、上へ2だけ移動する場合、x 座標は-4から1だけ大きくなって　$-4+1=-3$　となり、y 座標は2から2だけ大きくなって　$2+2=4$　となります。そのため、点Pの座標は（$-3,\ 4$）です。

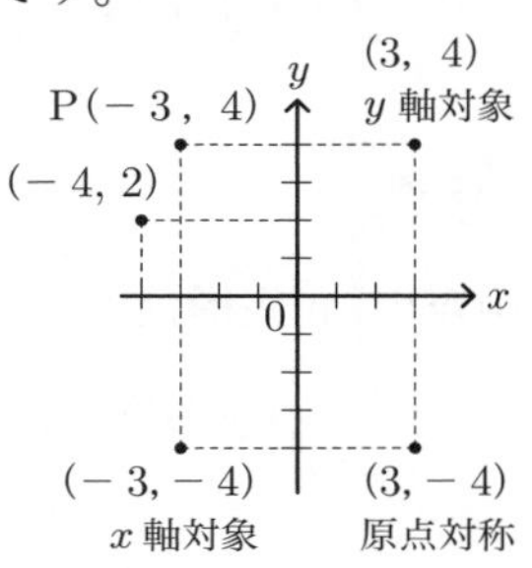

次に、点Pの x 軸に関して対称な点は、x 座標は変わらず、y 座標だけが絶対値が変わらずに符号が反対になります。同じように、点Pの y 軸に関して対称な点は、y 座標は変わらず、x 座標だけが符号が反対になります。最後に、点Pの原点に関して対称な点は、x 座標と y 座標の両方の符号が反対になります。

解答

点Pの x 座標は　$-4+1=-3$、y 座標は　$2+2=4$

よって、点Pの座標は（$-3,\ 4$）

点Pの x 軸に関して対称な点の座標は（$\mathbf{-3,\ -4}$）

y 軸に関して対称な点の座標は（$\mathbf{3,\ 4}$）

原点に関して対称な点の座標は（$\mathbf{3,\ -4}$）

演習 190 （解答は P.336）

xy 平面上の点（$3,\ -5$）を左へ7、下へ3だけ移動した点Pについて考える。x 軸に関してPと対称な点、y 軸に関してPと対称な点、原点に関してPと対称な点の座標をそれぞれ求めよ。

例題 191

2点A（$1,\ 4$），B（$5,\ -2$）を結ぶ線分ABの中点の座標を求めよ。

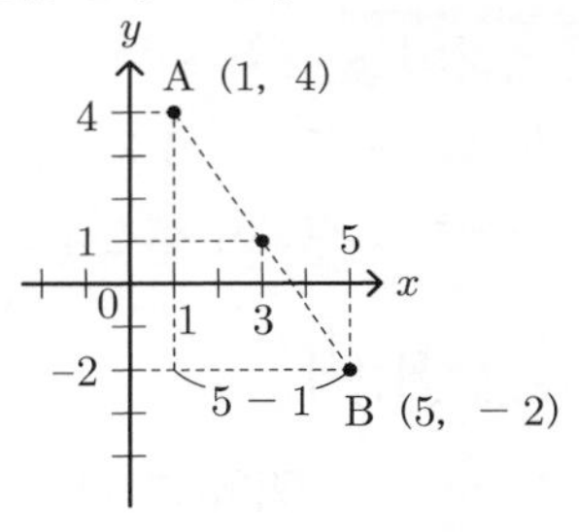

右のような図をかいて考えましょう。点Aと点Bの x 座標の差は$5-1$で求められ、その半分を点Aの x 座標に加えれば中点の x 座標になるので、中点の x 座標は

$$1+\frac{5-1}{2}=3$$

となります。一般に、2点A，Bの x 座標がそれぞれ a, b であれば、線分ABの中点の x 座標は、

$a<b$ のとき、$a+\frac{b-a}{2}=\frac{2a}{2}+\frac{b-a}{2}=\frac{a+b}{2}$

$a>b$ のとき、$b+\frac{a-b}{2}=\frac{2b}{2}+\frac{a-b}{2}=\frac{a+b}{2}$

となるので、$\frac{a+b}{2}$ です。

中点の y 座標も同じように、$\frac{4-2}{2}=1$ と求めることができます。

解答

中点の x 座標は $\frac{1+5}{2}=3$ 、y 座標は $\frac{4-2}{2}=1$

よって、中点の座標は **（3，1）**

（3，1）が実際に線分ABの中点になっているかを、2点間の距離を求める方法で確認してみましょう。

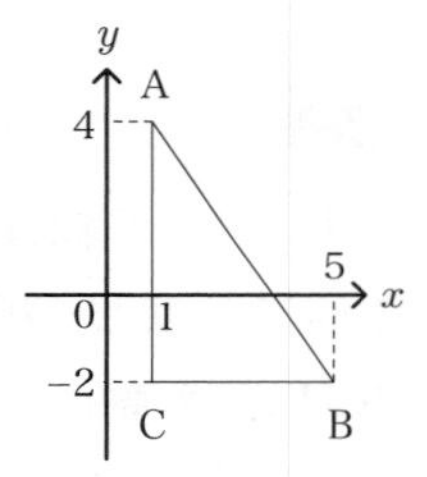

まず、2点A，B間の距離は、点（1，−2）をCとして直角三角形ABCを作ると、三平方の定理を使って求められます。△ABCの底辺BCの長さは2点B，Cの x 座標の差であり、高さACの長さは2点A，Cの y 座標の差なので、斜辺ABの長さは

$$\mathrm{AB}=\sqrt{\mathrm{BC}^2+\mathrm{AC}^2}=\sqrt{(5-1)^2+\{4-(-2)\}^2}=\sqrt{16+36}=\sqrt{52}=2\sqrt{13}$$

と求められます。x 座標，y 座標の差を求めるときは、大きい方の値から小さい方の値を引くようにしてください。

同じように点（3，1）をMとして、AMの長さは、

$$\mathrm{AM}=\sqrt{(3-1)^2+(4-1)^2}=\sqrt{4+9}=\sqrt{13}$$

と求められます。線分AMの長さが線分ABの長さの半分になっているので、点Mが線分ABの中点であることが確認できました。

演習 191 （解答は P.336）

2点A（−5，−1），B（2，−4）の間の距離を求めよ。また、線分ABを1：2に内分する点の座標を求めよ。

15.2 比例

y が x の関数であり、a を定数として x と y の関係を $y=ax$ と表すことが

できるとき、y は x に**比例**(ひれい)するといい、定数 a を**比例定数**(ひれいていすう)といいます。

y が x に比例するとき、$x \neq 0$ であれば、$y = ax$ の両辺を x で割って $\frac{y}{x} = a$ と変形できるので、x と y の値の比は一定です。

比例の一般式：$y = ax$ （a は定数）
a を比例定数という。

例 時速 5 km で x 時間歩いたときに進む距離を y km とする
⇒ $y = 5x$ ：y は x に比例する

この例で、x と y の関係を表に表すと次のようになります。

x	0	1	2	3	4	5
y	0	5	10	15	20	25

x の値に 5 をかけると
y の値になります。

比例には次の 3 つの特徴があるので、表を見ながら確認してください。

比例の特徴
① x に一定の値をかけると y の値になる。
② x の値が 2 倍、3 倍、… になると、y の値も 2 倍、3 倍、… になる。
③ $x = 0$ のときに $y = 0$ になる。

例題 192

A さんは家から学校までの 1.2 km の道のりを分速 80 m で歩いた。家を出てから x 分後までに A さんが歩いた道のりを y m とする。このとき、次の問いに答えよ。
(1) y を x の式で表せ。
(2) 歩いた道のりが 1 km となるのは家を出てから何分後であるか答えよ。
(3) 定義域と値域をそれぞれ答えよ。

分速 80 m という速さに歩いた時間 x をかけると歩いた道のり y になるので、y は x に比例します。(1) で x と y の関係を式に表すことができれば、x と y の一方に特定の値を代入することで、そのときの他方の値を求めることができます。(3) については、A さんが家を出てから学校に着くまでの間で x と y がとり得る値の範囲を求めましょう。

解答

(1) 分速 80 m で x 分間歩いた道のりが y m なので　$\boldsymbol{y = 80x}$

(2) 1 km = 1000 m なので、$y = 80x$ に $y = 1000$ を代入して　$1000 = 80x$

これを解いて　$x = \dfrac{25}{2}$

よって、$\boldsymbol{\dfrac{25}{2}}$ **分後**

(3) 1.2 km = 1200 m　なので、y の変域は　$0 \leqq y \leqq 1200$

よって、$0 \leqq 80x \leqq 1200$　であり、これを解いて　$0 \leqq x \leqq 15$

したがって、定義域は　$\boldsymbol{0 \leqq x \leqq 15}$、値域は　$\boldsymbol{0 \leqq y \leqq 1200}$

演習 192 （解答は P.336）

y は x に比例し、$x = 4$　のとき　$y = -12$　である。このとき、y を x の式で表せ。また、$y = 8$　となる x の値を求めよ。

〈比例のグラフ〉

x と y の関係が視覚的に分かるように xy 平面上にグラフをかいてみましょう。

例題 193

関数　$y = \dfrac{2}{3}x$　のグラフをかけ。

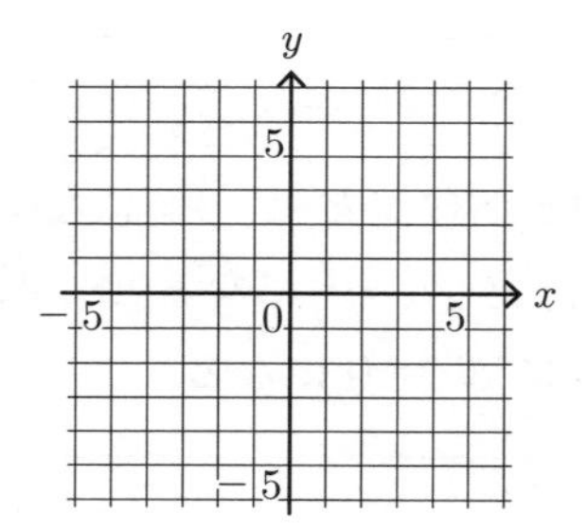

比例のグラフは必ず原点を通る直線になります。（この理由は P.242 で説明します。）そのため、原点以外でグラフが通る点を１つ見つければ、その点と原点を通る直線がその関数のグラフとなります。

グラフが通る点の見つけ方については、たとえば　$x = 1$　のときに　$y = \dfrac{2}{3}$　となるので、グラフは点 $\left(1,\ \dfrac{2}{3}\right)$ を通ることが分かります。しかし、これでは y 座標が分数で分かりにくいので、x に比例定数の分母の倍数、たとえば　$x = 3$　を代入すると、$y = 2$　となり、グラフの通る点が（3, 2）と分かりやすくなります。

解答

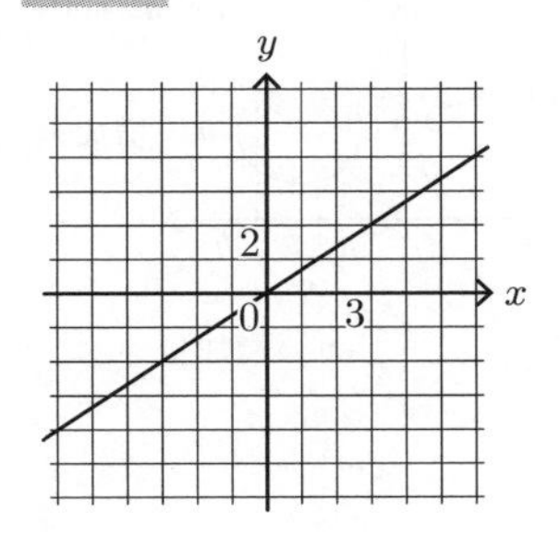

このようにグラフをかくと、x が増えるにつれて y も増えていく様子が一目で分かります。ここで、**変化の割合**(へんか わりあい)について説明します。変化の割合とは、ある関数で x と y の値の変化の仕方がどのような関係になっているかを表したもので、次のように定義されています。

$$変化の割合 = \frac{y\,の増加量}{x\,の増加量}$$

例 $y=\dfrac{2}{3}x$ で、x が0から3まで増加するときの変化の割合

⇒ x が0から3まで3増加する間に y は0から2まで2増加する

⇒ $\dfrac{2}{3}$

この例で求めた値 $\dfrac{2}{3}$ は、グラフ上の $x=0$ である点と $x=3$ である点の2点を結んだ線分の**傾き**(かたむ)ともいいます。

グラフ上で $x=a$ である点と $x=b$ である点を結んだ線分の傾き
$=$ x が a から b まで増加するときの変化の割合

傾きが正の値であれば、x の増加量が正のときに y の増加量も正なので線分は右上がりとなり、傾きの絶対値が大きくなるほど x の増加量に対する y の増加量の比が大きいので急激に上がる線分となります。

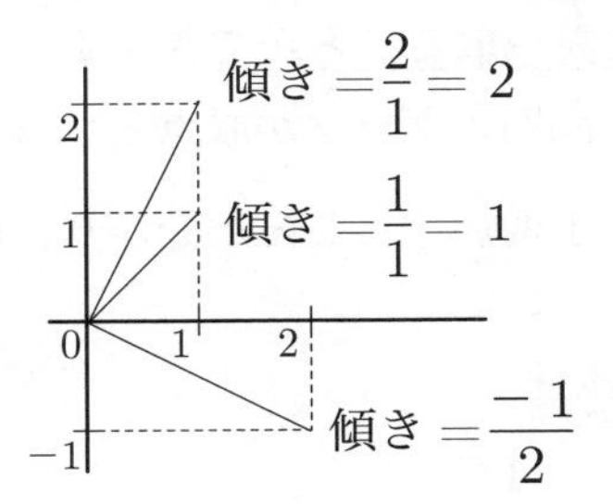

傾きが0であれば y の増加量は0なので線分は真横に伸び、傾きが負の値であれば、x の増加量が正のときに y の増加量が負なので線分は右下がりとなります。傾きが負の場合もその絶対値が大きくなるほど急激に下がる線分となります。

それでは、比例の関数 $y = ax$ のグラフで、$x = p$ である点と $x = p + q$ $(0 < q)$ である点の2点を結ぶ線分の傾きはどのような値になるでしょうか。

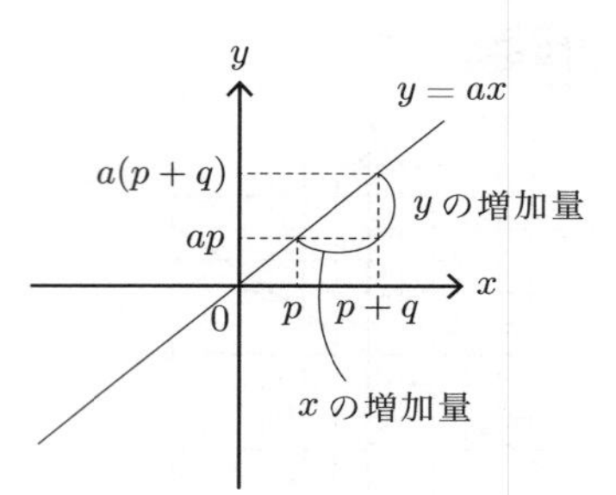

$x = p$ のときは $y = ap$ となり、$x = p + q$ のときは $y = a(p + q)$ となるので、傾きは

$$\frac{a(p+q) - ap}{(p+q) - p} = \frac{aq}{q} = a$$

です。p, q の値によらず傾きが比例定数 a と一致しています。つまり、グラフ上のどの2点を選んでもその間の傾きが一定であるということであり、これが、比例のグラフが直線となる理由です。

演習 193（解答は P.337）

関数 $y = -\frac{5}{2}x$ のグラフをかけ。

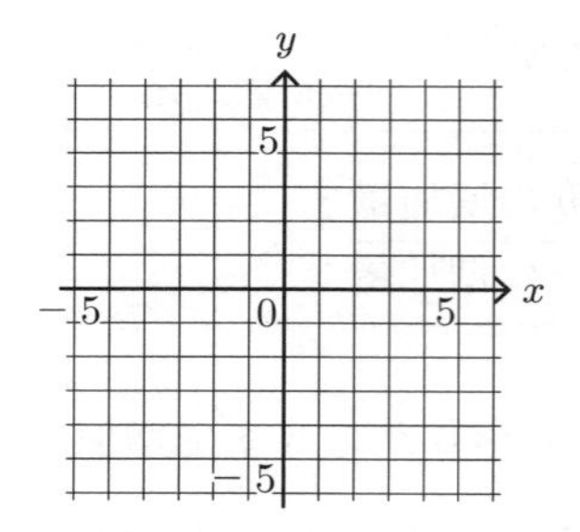

例題 194

右の図の直線は比例のグラフである。このグラフについて、y を x の式で表せ。

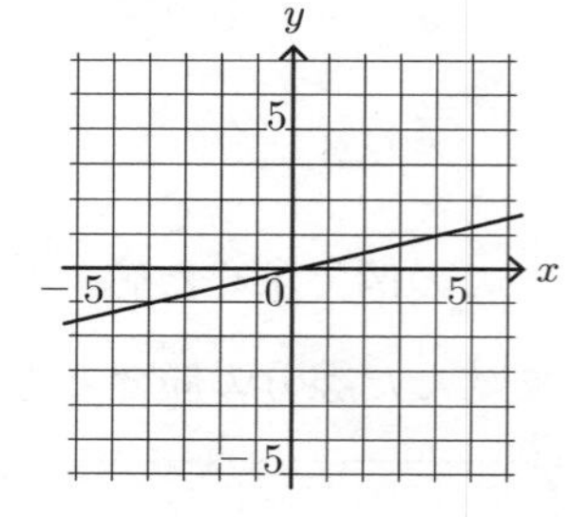

比例のグラフなので、傾きが比例定数になります。

問題の図のように、x 軸, y 軸と平行に直線が引いてあるとき、それらの直線や x 軸, y 軸どうしの交点は、x 座標と y 座標がどちらも整数になる点であり、格子点（こうしてん）といいます。**グラフが通る格子点を探せば、その点での x 座標と y 座標を正確に読み取ることができます**。

問題のグラフが原点と点（4, 1）を通っていることから、x が4増加する間に y が1増加することが分かり、傾きは $\frac{1}{4}$ となります。

解答

$$\boldsymbol{y = \frac{1}{4}x}$$

演習 194 (解答は P.337)

(解答は P.337)

右の図の直線は比例のグラフである。このグラフについて、y を x の式で表せ。

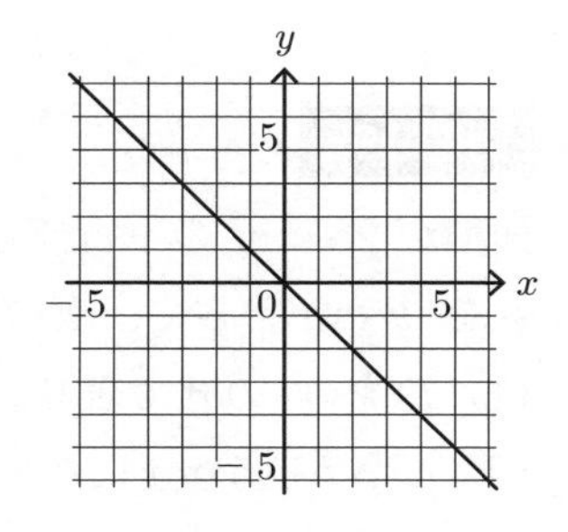

15.3 反比例

y が x の関数であり、a を定数として x と y の関係を $y=\dfrac{a}{x}$ と表すことができるとき、y は x に**反比例**(はんぴれい)するといい、定数 a を**比例定数**といいます。

$y=\dfrac{a}{x}$ は両辺に x をかけて $xy=a$ と変形することができるので、y が x に反比例するとき、x と y の値の積は一定となります。

> 反比例の一般式： $y=\dfrac{a}{x}$ (a は 0 以外の定数)
> a を比例定数という。

例 40 km の道のりを時速 x km で進んだときにかかる時間を y 時間とする

$\Rightarrow$ $y=\dfrac{40}{x}$ ：y は x に反比例する

この例で、x と y の関係を表に表すと次のようになります。

x	1	2	4	5	8	10	20	40
y	40	20	10	8	5	4	2	1

x の値と y の値をかけるといつでも 40 になっています。

反比例には次のような特徴があります。

> 反比例の特徴
> ① x の値と y の値の積が一定である。
> ② x の値が 2 倍、3 倍、… になると、y の値は $\dfrac{1}{2}$ 倍、$\dfrac{1}{3}$ 倍、… になる。
> ③ $x=0$ や $y=0$ となることはない。

③ は、反比例の一般式を $xy=a$ (a は 0 以外の定数) と変形したときに、x, y の一方が 0 であれば他方の値をどのようにとっても「x と y をかけて a」にすることができないからです。

例題 195

面積が 25 cm^2 の平行四辺形がある。この平行四辺形の底辺が x cm であるときの高さを y cm として、次の問いに答えよ。
(1) y を x の式で表せ。
(2) 高さが 15 cm になるときの底辺の長さを答えよ。

平行四辺形の面積は底辺と高さの積で求めることができ、これが 25 cm^2 で一定なので、y は x に反比例しています。

解答

(1) 底辺 x cm と高さ y cm の積が面積の 25 cm^2 となるので　$xy = 25$
よって、$\boldsymbol{y = \dfrac{25}{x}}$
(2) $y = \dfrac{25}{x}$ に $y = 15$ を代入して　$15 = \dfrac{25}{x}$
これを解いて　$x = \dfrac{25}{15} = \dfrac{5}{3}$
よって、$\boldsymbol{\dfrac{5}{3}}$ **cm**

演習 195 （解答は P.337）

y は x に反比例し、$x = -8$ のとき、$y = -3$ である。このとき、y を x の式で表せ。また、$y = -12$ となる x の値を求めよ。

〈反比例のグラフ〉

反比例のグラフは原点に関して対称な曲線です。直線ではないので、通る点をできるだけ多く探してそれらの点を滑（なめ）らかにつないでかきます。具体的には、x, y の値がともに整数になるような x, y の値の組を探します。

例題 196

関数　$y = \dfrac{6}{x}$ のグラフをかけ。

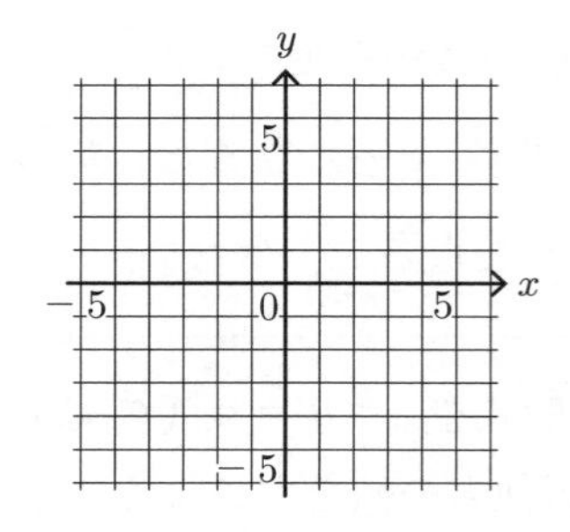

x, y の値がともに整数でその積が 6 になるのは、$(x, y) = (1, 6)$, $(2, 3)$, $(3, 2)$, $(6, 1)$, $(-1, -6)$, $(-2, -3)$, $(-3, -2)$, $(-6, -1)$ の

ときであり、これらの点をつなげばよいということです。

解答

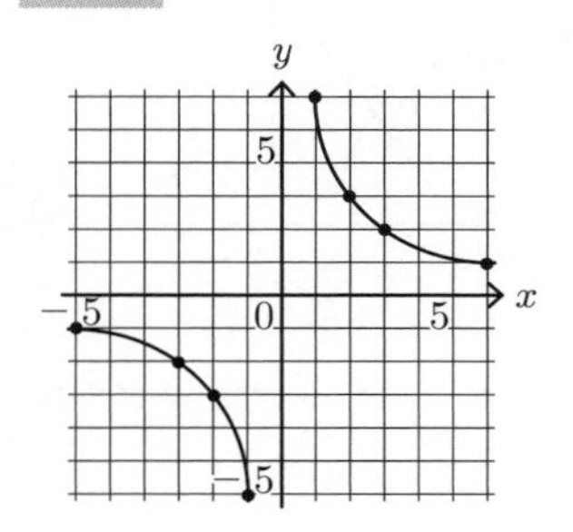

この問題のように、比例定数が正の値のときは、x, y はともに正の値であるか、ともに負の値であるかのどちらかなので、グラフは第１象限と第３象限にかくことになります。比例定数が負の値のときは、x, y のどちらかが正の値のときは他方が負の値になるので、グラフは第２象限と第４象限にかくことになります。

そのため、反比例のグラフは２つの曲線で表され、このように２つの曲線でできたグラフを**双曲線**（そうきょくせん）といいます。

反比例のグラフは双曲線になる。

演習 196 （解答は P.338）

関数　$y = -\dfrac{4}{x}$　のグラフをかけ。

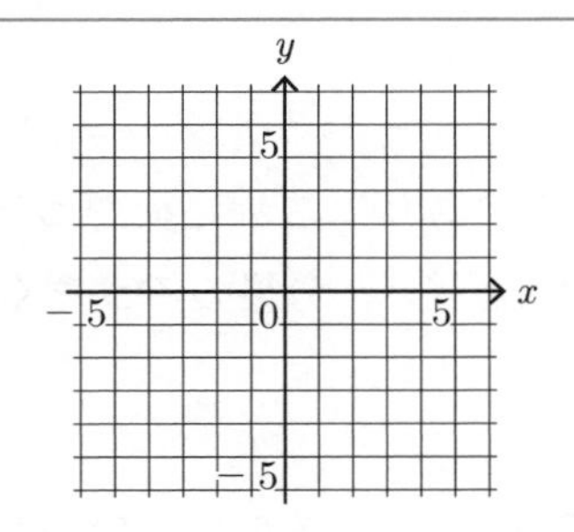

例題 197

右の図の曲線は反比例のグラフである。このグラフについて、y を x の式で表せ。

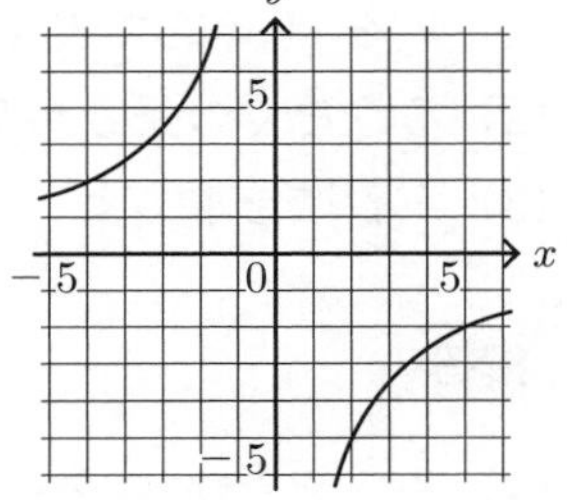

グラフが点（2, −5）を通っているので、比例定数は　$2 \times (-5) = -10$　と求められます。

解答

$$\boldsymbol{y = -\frac{10}{x}}$$

演習 197 （解答は P.338）

右の図のように　$y=\dfrac{4}{3}x$　のグラフと　$y=\dfrac{a}{x}$　のグラフが2点 A, B で交わっている。点 A の　x 座標が 3 であるとき、a の値を求めよ。

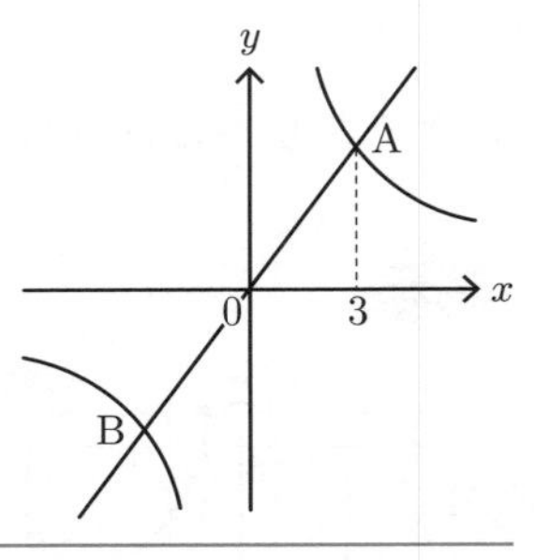

16　1 次関数

16.1　1 次関数

y　が　x の関数であり、y を　x の 1 次式で表すことができるとき、y は　x の **1 次関数**（じかんすう）であるといいます。式で表すと次のようになります。

> y　が　x の 1 次関数：$y=ax+b$　($a\neq 0$,　a,　b　は定数)

1 次関数　$y=ax+b$　は、$b=0$　のときに　$y=ax$　となるので、比例は 1 次関数に含まれます。

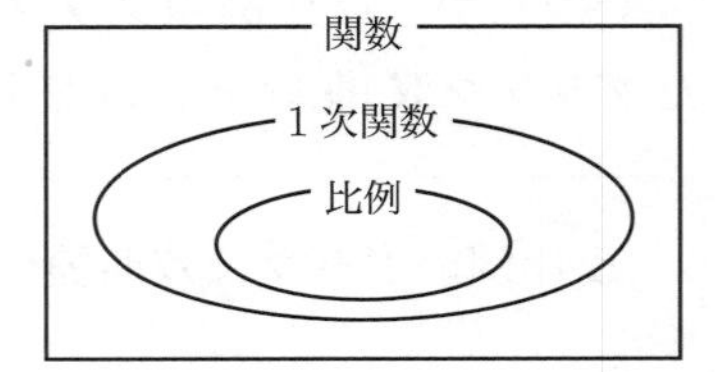

例題 198

長さが 12 cm のろうそくがあり、これに火をつけると 1 分間に 0.5 cm の速さで短くなっていく。火をつけてから　x 分後のろうそくの長さを　y cm とするとき、次の問いに答えよ。

(1)　y を　x の式で表せ。

(2)　ろうそくの長さが 7.5 cm となるのは何分後か求めよ。

(3)　定義域を求めよ。

解答

(1)　ろうそくは　x 分後には　$0.5x=\dfrac{1}{2}x$ (cm)　短くなるので　$\boldsymbol{y=12-\dfrac{1}{2}x}$

(2)　$y=12-\dfrac{1}{2}x$　に　$y=7.5=\dfrac{15}{2}$　を代入して　$\dfrac{15}{2}=12-\dfrac{1}{2}x$

これを解いて　$\dfrac{1}{2}x=\dfrac{9}{2}$　すなわち　$x=9$

よって、**9 分後**

(3)　$y=12-\dfrac{1}{2}x$　において、y の変域は　$0\leqq y\leqq 12$

よって、$0 \leqq 12-\dfrac{1}{2}x \leqq 12$ であり、これを解いて $0 \leqq x \leqq 24$

したがって、定義域は $\boldsymbol{0 \leqq x \leqq 24}$

$y=12-\dfrac{1}{2}x$ は $y=ax+b$ に $a=-\dfrac{1}{2}$, $b=12$ を代入した式なので、y が x の1次関数になっています。

(3) については、$12-\dfrac{1}{2}x$ で表されるろうそくの長さが0 cm 以上12 cm 以下の値をとるので $0 \leqq 12-\dfrac{1}{2}x \leqq 12$ です。この不等式の $0 \leqq 12-\dfrac{1}{2}x$ の部分を解くと $x \leqq 24$ となり、$12-\dfrac{1}{2}x \leqq 12$ の部分を解くと $0 \leqq x$ となるので、これらを合わせて $0 \leqq x \leqq 24$ となります。

演習 198 （解答は P.338）

A さんは家から 500 m 歩いてバス停まで行き、そこから 15 分間バスに乗って駅に着いた。バスは時速 40 km で一定の速さで進む。バスに乗ってから x 分後に、家から A さんがいる場所までの道のりが y km になるとする。このとき、次の問いに答えよ。

(1) y を x の式で表せ。

(2) バスに乗ってから 8 分後の、家から A さんがいる場所までの道のりを求めよ。

(3) 定義域が $0 \leqq x \leqq 15$ であるとき、値域を求めよ。

16.2 1次関数のグラフ

1次関数 $y=ax+b$ のグラフについて考えます。この式に $x=0$ を代入すると $y=b$ となり、$y=ax+b$ のグラフが点 $(0,\ b)$ を通ることが分かります。

この b のことを **y 切片**（せっぺん）といいます。

また、$y=ax+b$ のグラフ上で、$x=p$ である点の y 座標は $ap+b$、$x=p+q$ $(0<q)$ である点の y 座標は $a(p+q)+b$ であり、この2点を結んだ線分の傾きは、

$$\frac{y\text{ の増加量}}{x\text{ の増加量}}=\frac{a(p+q)+b-(ap+b)}{(p+q)-p}=\frac{aq}{q}=a \quad (\text{：一定})$$

となります。したがって、このグラフは傾きが a の直線になることが分かります。

1 次関数　$y = ax + b$　において

$$\begin{cases} a: 傾き \\ b: y 切片 \end{cases}$$

このことから、　$y = ax + b$　のグラフは　$y = ax$　のグラフを　y 軸の正の方向に　b だけ平行移動したグラフになります。

例　$y = \frac{1}{2}x + 3$ のグラフ

　⇒　$y = \frac{1}{2}x$ のグラフ（点線）を　y 軸の正の方向に 3 だけ平行移動したグラフ（実線）

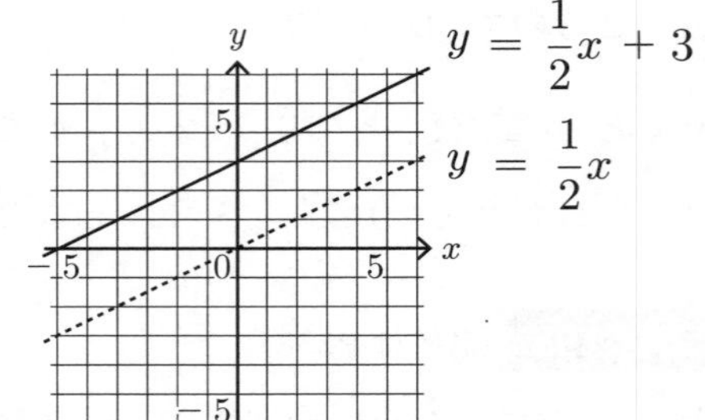

例題 199

1 次関数　$y = 2x - 4$　のグラフをかけ。

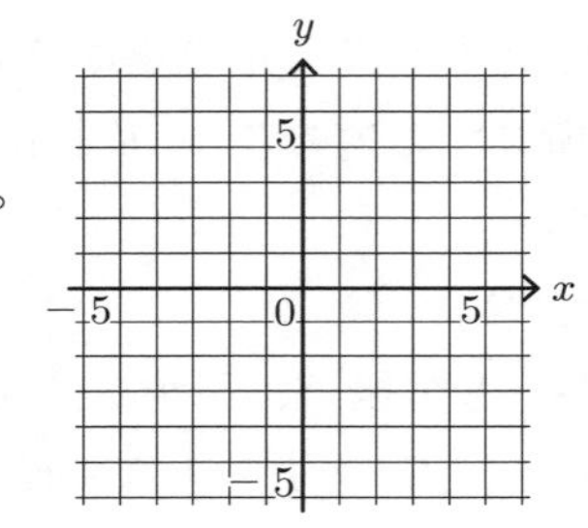

y　切片が－ 4 で傾きが 2 なので、グラフは点（0,　－ 4）を通り、x が 1 増加するごとに　y が 2 増加するような直線になります。

解答

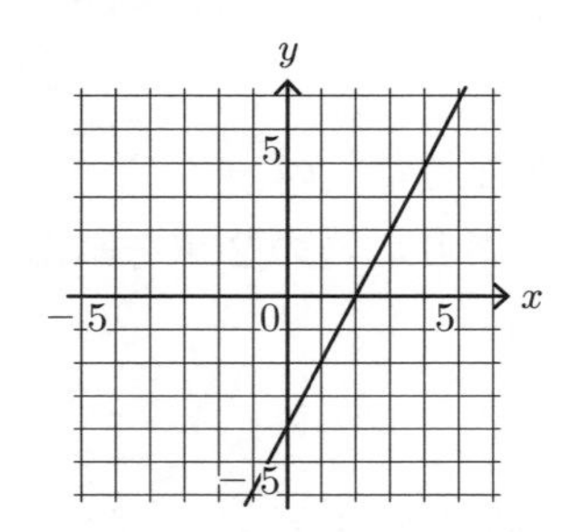

演習 199（解答は P.339）

（解答は P.339）

1 次関数　$y = -\frac{1}{4}x - \frac{3}{2}$　のグラフをかけ。

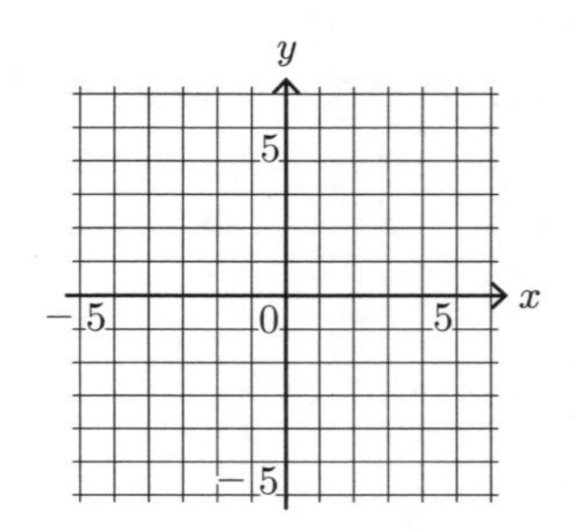

例題 200

点（2, －5）を通り、直線　$y=3x$　に平行な直線の式を求めよ。

2つの直線が平行であるということは、2つの直線で　x　の増加量に対する　y　の増加量の比が等しいということであり、2つの直線は傾きが等しくなります。そのため、直線　$y=3x$　に平行な直線の傾きは3であり、求める直線の式は、y 切片を b として　$y=3x+b$　と表すことができます。

この直線が点（2, －5）を通るということは、直線の式に　$x=2$, $y=-5$ を代入して等式が成り立つということです。実際に代入すると　b　の一次方程式となり、b の値、つまり y 切片を求めることができます。

解答

y 切片を　b　とすると、求める直線の式は　$y=3x+b$

これに（x, y）＝（2, －5）を代入して　$-5=3\times2+b$

これを解いて　$b=-11$

よって、　$\boldsymbol{y=3x-11}$

次のように考えることもできます。

求める直線上の点を（x, y）とすると、2点（2, －5），（x, y）を結ぶ線分の傾きは3であり、これを式にすると　$\dfrac{y-(-5)}{x-2}=3$　です。この式を整理すると　$y=3(x-2)-5$　すなわち　$y=3x-11$　となり、求める直線の式となります。

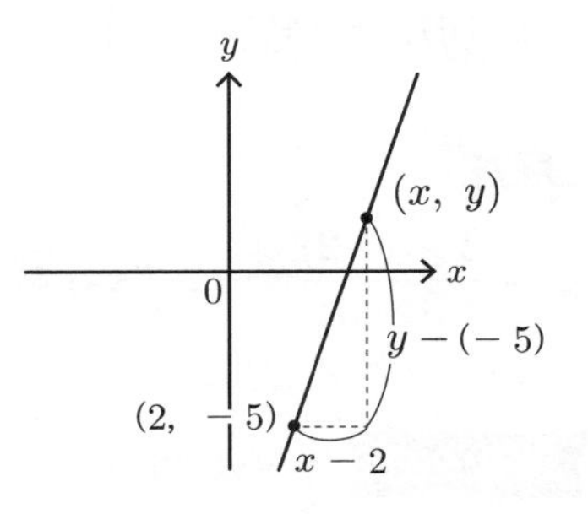

まとめると、次のようになります。

> 傾きが　m　で、点（a, b）を通る直線の式は　$y=m(x-a)+b$

別解

求める直線の傾きは3であり、点（2, －5）を通るので、求める直線の式は

$y=3(x-2)-5$

よって、　$\boldsymbol{y=3x-11}$

演習 200（解答は P.339）

2点（－7, －4），（2, －1）を通る直線の式を求めよ。

ヒント 求める直線の式を　$y = ax + b$　と表し、これに　$(x,\ y) = (-7,\ -4)$, $(2,\ -1)$ を代入して

$$\begin{cases} -4 = -7a + b \\ -1 = 2a + b \end{cases}$$

とします。この連立方程式を解いて a, b の値を求め、それらを $y = ax + b$ に代入すると直線の式が求められます。
しかし、傾きが m で、点 (a, b) を通る直線の式が　$y = m(x - a) + b$　と表されることを使うと、より簡単に直線の式を求めることができます。

例題 201

右の図の直線は 1 次関数のグラフである。このグラフについて、y を x の式で表せ。

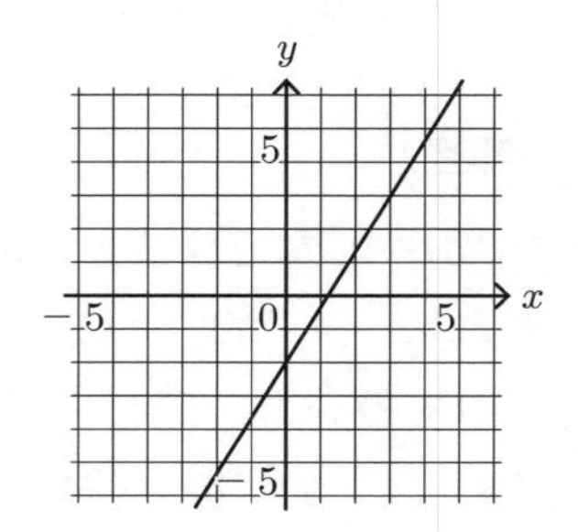

傾きは、グラフが通る格子点を 2 つ探して求めます。
y 切片は、整数であればグラフを見ただけで分かります。

解答

$y = \dfrac{3-(-2)}{3-0}x - 2$　すなわち　$\boldsymbol{y = \dfrac{5}{3}x - 2}$

演習 201 (解答は P.340)

右の図の直線は 1 次関数のグラフである。このグラフについて、y を x の式で表せ。

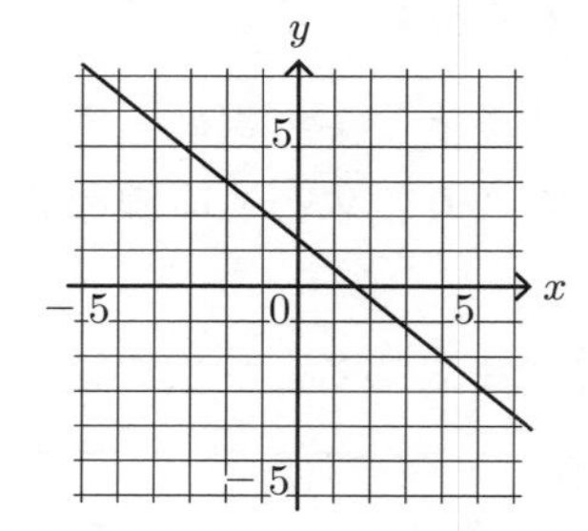

〈2 元 1 次方程式のグラフ〉

2 元 1 次方程式は　$ax + by = c$　… (＊) と表されます。
$b \neq 0$ であるとき、(＊) を y について解くと、

$y = -\dfrac{a}{b}x + \dfrac{c}{b}$

となり、y は x の 1 次関数となります。そのため、$ax + by = c$ $(b \neq 0)$ と表される x と y の関係は直線のグラフで表すことができます。

さらに、$a = 0$ のとき、(＊) は　$y = \dfrac{c}{b}$　となります。これは、x の値に関係なく、

y の値がいつでも $\dfrac{c}{b}$ であるということなので、グラフは点 $\left(0,\ \dfrac{c}{b}\right)$ を通り x 軸と平行な直線になります。

また、$a \neq 0,\ b = 0$ のとき、(*) は $x = \dfrac{c}{a}$ となり、グラフは点 $\left(\dfrac{c}{a},\ 0\right)$ を通り y 軸と平行な直線になります。ただし、この場合は x の値に対して y の値がただ１つに定まるわけではないので、y は x の関数ではありません。

例題 202

方程式 $4x + 3y = 6$ のグラフをかけ。

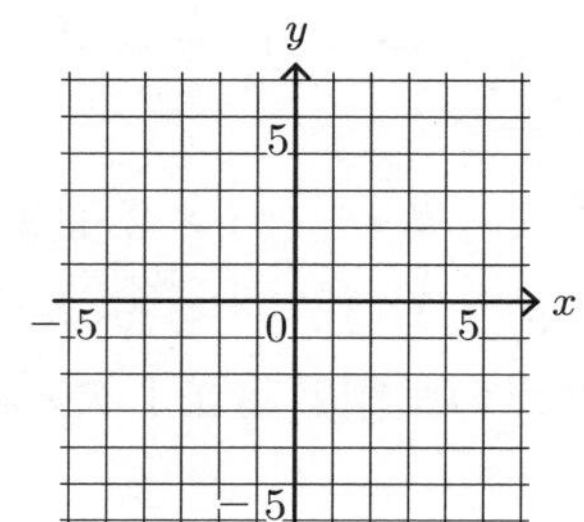

解答

方程式を y について解くと $y = -\dfrac{4}{3}x + 2$

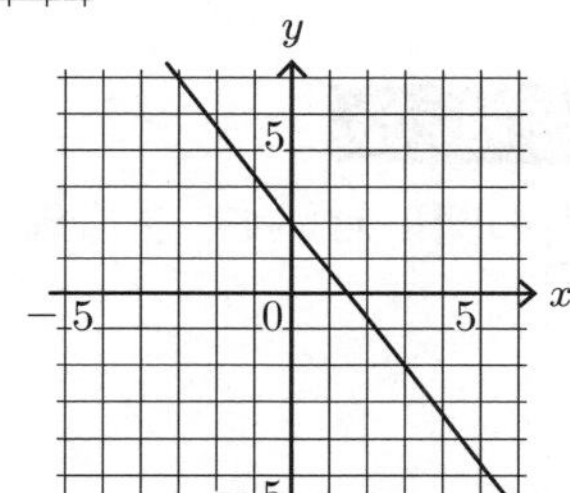

演習 202 （解答は P.340）

方程式 $7x + 21 = 0$ のグラフをかけ。

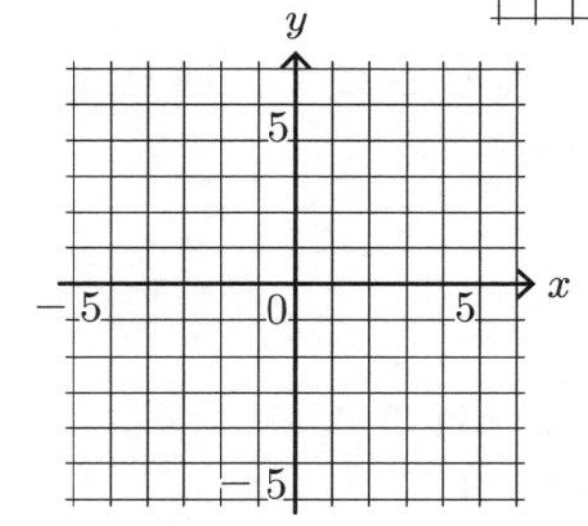

２元１次方程式 $ax + by = c$ のグラフは直線になり、グラフ上の点の座標はその２元１次方程式の解となります。このことを使って連立１次方程式の解について考えてみましょう。

たとえば、連立１次方程式

$$\begin{cases} x + y = 3 & \cdots ① \\ 3x - 2y = 4 & \cdots ② \end{cases}$$

があるとき、①, ②の方程式は

①： $y = -x + 3$

②： $y = \dfrac{3}{2}x - 2$

と変形でき、グラフはそれぞれ右上のようになります。

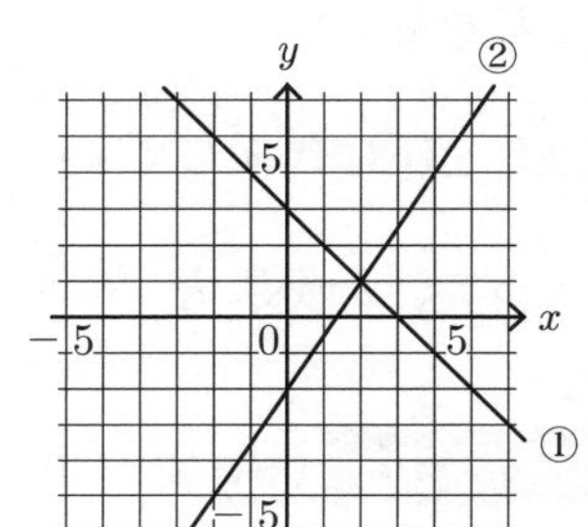

①のグラフ上の点の座標は方程式①の解であり、②のグラフ上の点の座標は方程式②の解です。このとき、①，②のグラフの交点（2，1）は、どちらのグラフ上の点でもあるので、$(x,\ y) = (2,\ 1)$ は方程式①，②の両方の解であり、連立１次方程式の解となります。

実際に連立１次方程式を解いてみると、

①より　$y = -x + 3$ … ③

これを②に代入して　$3x - 2(-x + 3) = 4$

これを解いて　$x = 2$

これを③に代入して　$y = -1 \times 2 + 3 = 1$

よって、$x = 2,\ y = 1$

となり、グラフの交点の座標と連立１次方程式の解が一致することが確認できます。

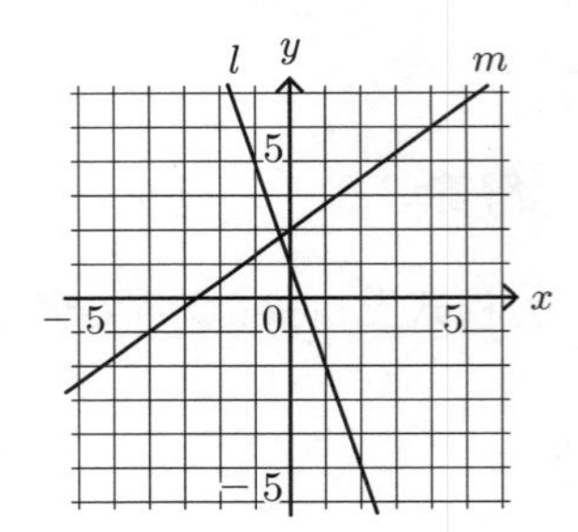

例題 203

右の図において、２直線 $l,\ m$ の交点の座標を求めよ。

２つの直線の式を連立させて、連立１次方程式として解けば、その解が２直線の交点の座標となります。

解答

直線 l の式は　$y = -3x + 1$ … ①

直線 m の式は　$y = \dfrac{3}{4}x + 2$ … ②

①を②に代入して　$-3x + 1 = \dfrac{3}{4}x + 2$

これを解いて　$x = -\dfrac{4}{15}$

これを①に代入して　$y = -3 \times \left(-\dfrac{4}{15}\right) + 1 = \dfrac{9}{5}$

よって、２直線 $l,\ m$ の交点の座標は　$\boldsymbol{\left(-\dfrac{4}{15},\ \dfrac{9}{5}\right)}$

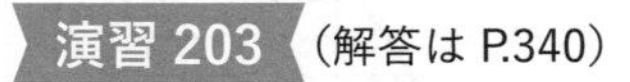
演習 203 （解答は P.340）

右の図において、２直線 $l,\ m$ の交点の座標を求めよ。

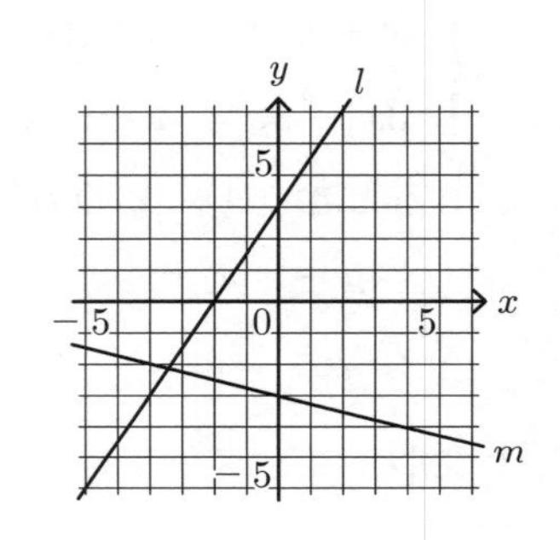

2直線と、それらに対応する方程式を連立させた連立1次方程式について、ここまでは2直線が1点で交わる場合、つまり2直線が平行ではない場合を考えてきました。この場合、連立1次方程式の解は1つに限られます。

しかし、2直線が交わらない場合や2直線が一致する場合も考えられます。

2直線が交わらなければ連立1次方程式の解はありません。2直線が一致すれば連立1次方程式の解はその直線上のすべての点の座標となり、無数に存在します。

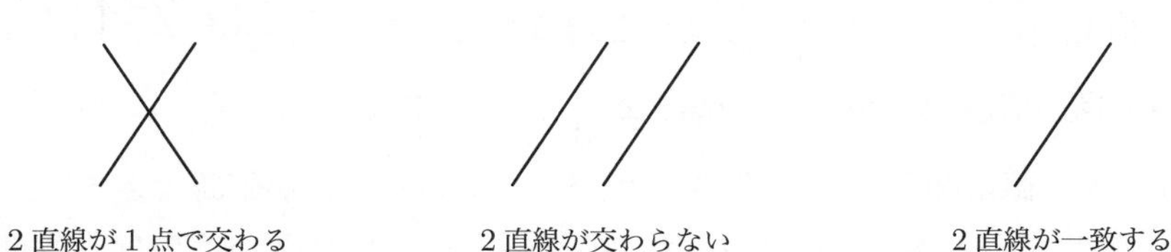

2直線が1点で交わる
⇒ 連立1次方程式の解が1つに限られる

2直線が交わらない
⇒ 連立1次方程式の解がない

2直線が一致する
⇒ 連立1次方程式の解が無数に存在する

ところで、2直線 $\begin{cases} ax+by+c=0 \\ px+qy+r=0 \end{cases}$ が平行になるのはどのような場合でしょうか。

$b \neq 0$, $q \neq 0$ であれば、$y=-\dfrac{a}{b}x-\dfrac{c}{b}$, $y=-\dfrac{p}{q}x-\dfrac{r}{q}$ と変形するとそれぞれの傾きが $-\dfrac{a}{b}$, $-\dfrac{p}{q}$ であることが確認できます。そのため、$\dfrac{a}{b}=\dfrac{p}{q}$ すなわち $a:b=p:q$ のときに2直線が平行になります。このとき、y 切片はそれぞれ $-\dfrac{c}{b}$, $-\dfrac{r}{q}$ なので、これらが一致するとき、つまり $c:b=r:q$ であるときに2直線は一致します。

$b=0$ であれば直線 $ax+by+c=0$ が y 軸に平行な直線となり、$q=0$ であれば直線 $px+qy+r=0$ が y 軸に平行な直線となるので、これらが同時に成り立つときも2直線は平行になります。この場合は、$a:c=p:r$ であれば2直線が一致します。

例題 204

3直線 $l: x-3y=-12$, $m: 2x-y=1$, $n: 3x+y=a$ が三角形を作らないような定数 a の値をすべて求めよ。また、$a=4$ のとき、3直線によって作られる三角形の面積を求めよ。

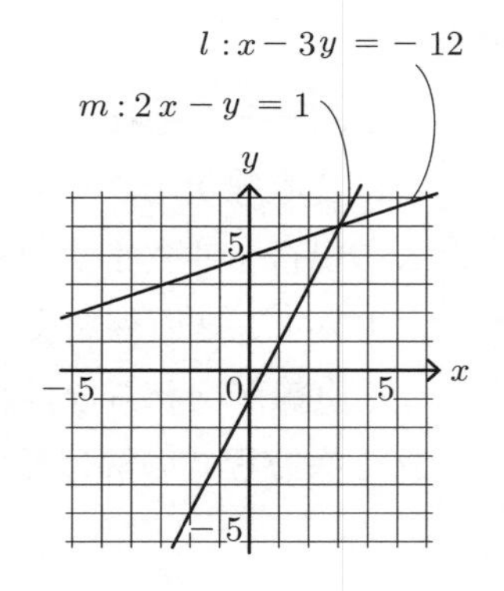

まず、直線 l, m をかいてみると右の図のようになり、1点（3, 5）で交わることが分かります。

ここに、直線 n をかき入れると、多くの場合は3つの直線で囲まれる三角形ができますが、そうでない場合もあります。それは、(1) 直線 n が直線 l, m のどちらかと平行な場合と、(2) 直線 n が直線 l, m の交点を通る場合です。

(1) については、直線 l, m, n の傾きが $\frac{1}{3}$, 2, -3 であることから、a の値に関係なく $l \not\parallel n$, $m \not\parallel n$ であることが確認できます。

(2) については、直線 n が直線 l, m の交点を通る場合というのは、直線 n の式に直線 l, m の交点の座標を代入して等号が成立する場合です。

$3x + y = a$ に $(x, y) = (3, 5)$ を代入すると、

$3 \times 3 + 5 = a$ よって $a = 14$

となるので、$a = 14$ のときに3つの直線が1点（3, 5）で交わり、三角形が作られないことが分かります。結局、3直線が三角形を作らないような a の値は $a = 14$ に限られます。

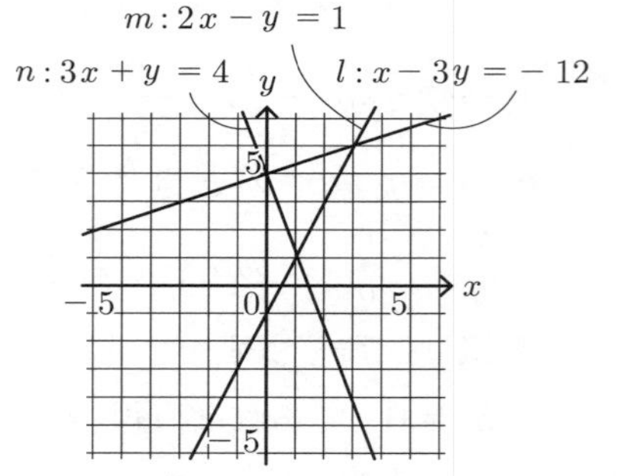

次に、$a = 4$ のとき、直線 n の式は $3x + y = 4$ となり、このときの3直線をかくと右のようになります。

直線 l, n の交点の座標は（0, 4）、直線 m, n の交点の座標は（1, 1）なので、3点（3, 5), (0, 4), (1, 1）を結んでできる三角形の面積を求めればよいことが分かります。

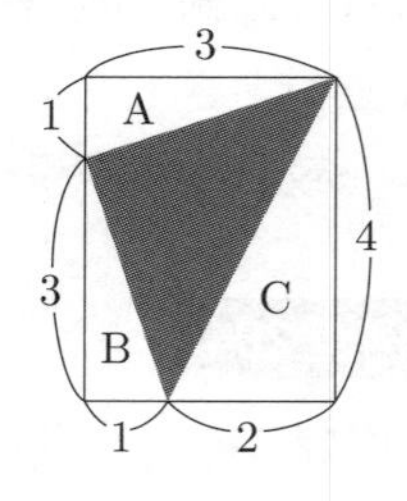

このとき、面積を求める三角形の底辺や高さを考えるのではなく、右の図のように、長方形の面積から直角三角形A, B, Cの面積を除（のぞ）く方法で考えると簡単です。

以上のことをまとめて解答にすると次のようになります。

解答

3直線 l, m, n はどの2つも平行ではないので、これらが三角形を作らないのは直線 n が直線 l, m の交点を通る場合である。

直線 l, m の交点の座標は、連立方程式 $\begin{cases} x - 3y = -12 \\ 2x - y = 1 \end{cases}$ を解いて

$x = 3$, $y = 5$ よって、(3, 5)

直線 n が点（3, 5）を通ればよいので、$3 \times 3 + 5 = a$　よって $a = 14$
したがって、求める a の値は $\boldsymbol{a = 14}$
また、$a = 4$ であるとき、
直線 l, n の交点の座標は、連立方程式 $\begin{cases} x - 3y = -12 \\ 3x + y = 4 \end{cases}$ を解いて
$x = 0$, $y = 4$　よって、(0, 4)
直線 m, n の交点の座標は、連立方程式 $\begin{cases} 2x - y = 1 \\ 3x + y = 4 \end{cases}$ を解いて
$x = 1$, $y = 1$　よって、(1, 1)
したがって、求める三角形の面積は

$$4 \times 3 - \left(3 \times 1 \times \frac{1}{2} + 1 \times 3 \times \frac{1}{2} + 2 \times 4 \times \frac{1}{2}\right) = 12 - \left(\frac{3}{2} + \frac{3}{2} + 4\right) = \boldsymbol{5}$$

演習 204（解答は P.341）

3 直線 $l : x - 2y = 3$, $m : x + 2y = 3$, $n : ax - 2y = -9$ が三角形を作らないような定数 a の値をすべて求めよ。また、$a = 5$ のとき、3 直線によって作られる三角形の面積を求めよ。

16.3 1 次関数の利用

グラフを利用して 1 次関数の問題を考えましょう。

例題 205

下の図のように、AB = 8 cm, BC = 6 cm, ∠ ABC = 90° の直角三角形 ABC がある。点 P は A を出発して、毎秒 2 cm の速さで辺 AB 上を B まで動き、その後すぐに毎秒 1 cm の速さで辺 BC 上を C まで動く。点 P が A を出発してから x 秒後の△ APC の面積を y cm² とするとき、次の問いに答えよ。

(1) $0 < x < 4$ のとき、y を x の式で表せ。
(2) $4 \leqq x < 10$ のとき、y を x の式で表せ。
(3) $0 < x < 10$ のときの x と y の関係を表すグラフをかけ。
(4) $y = 16$ となる x の値をすべて求めよ。

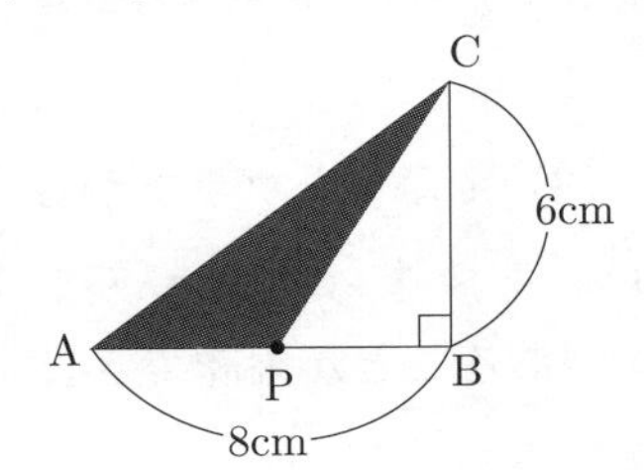

点 P が A を出発してから 4 秒間は点 P が辺 AB 上にあり、△ APC の面積は、線分 AP を底辺、辺 BC を高さとして求められます。
点 P が A を出発して 4 秒後からの 6 秒間は点

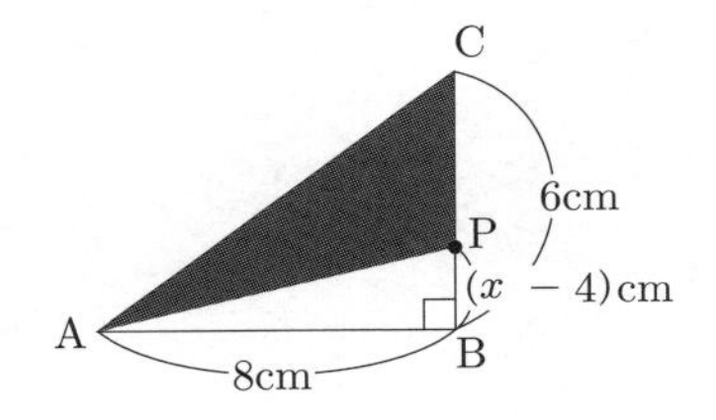

Pが辺BC上にあり、△APCの面積は、線分CPを底辺、辺ABを高さとして求められます。このとき、点Pが辺BC上を動いたのは（$x-4$）秒間であり、その速さは秒速1cmなので、BP＝$x-4$（cm），CP＝$6-(x-4)=10-x$（cm）となります。

解答

(1) $0<x<4$ のとき、AP＝$2x$ (cm)，BC＝6 (cm) なので $y=2x\times6\times\frac{1}{2}$

よって、 $\boldsymbol{y=6x}$

(2) $4\leqq x<10$ のとき、CP＝$6-(x-4)=10-x$ (cm)，AB＝8 (cm) なので

$y=(10-x)\times8\times\frac{1}{2}$

よって、 $\boldsymbol{y=-4x+40}$

(3)

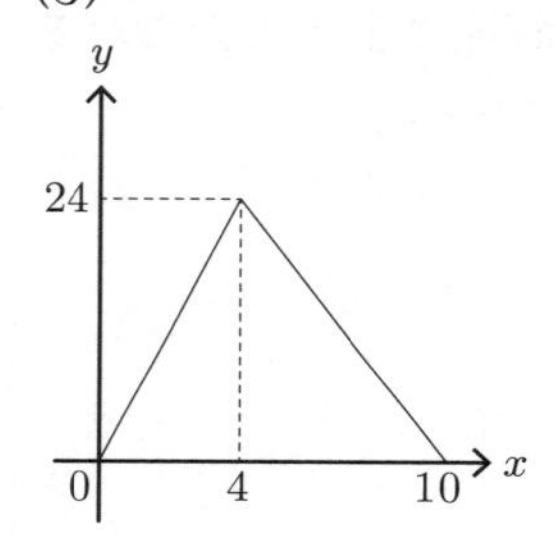

(4) $0<x<4$ のとき、$y=6x$ に $y=16$ を代入して $16=6x$

これを解いて　$x=\frac{8}{3}$

$4\leqq x<10$ のとき、$y=-4x+40$ に $y=16$ を代入して $16=-4x+40$

これを解いて　$x=6$

よって、求める x の値は　$\boldsymbol{x=\frac{8}{3},\ 6}$

(3) でかいたグラフから、$y=16$ となる x の値が $0<x<4$ と $4\leqq x<10$ の2つの区間でそれぞれ1つずつあることが確認できます。

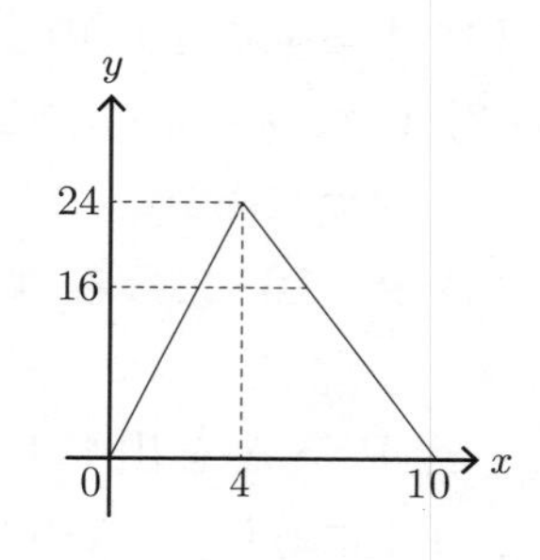

演習 205 （解答は P.342）

家から 1 km 離れた公園がある。兄は家と公園の間を走って一往復し、弟は兄が家を出発してから 3 分後に家を出発して、公園まで歩いた。兄の走る速さと弟の歩く速さはそれぞれ一定である。右のグラフは、兄が家を出発してから x 分後の兄と弟の家からの距離を y m として、x と y の関係を表している。このとき、次の問いに答えよ。

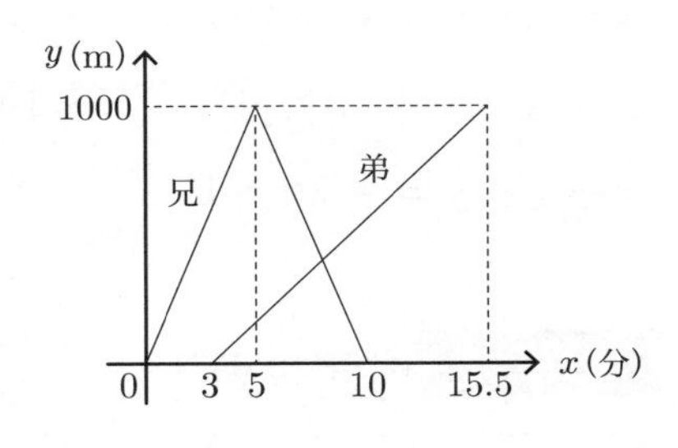

(1) 弟の歩く速さを求めよ。

(2) 兄と弟がすれ違うのは、兄が家を出発してから何分後か求めよ。

幾何の問題を xy 平面を使って考えることもあります。

例題 206

3 点 A(-1, 3), B(-2, -2), C(4, 0) を頂点とする△ ABC がある。このとき、点 A を通り、△ ABC の面積を 2 等分する直線の式を求めよ。

xy 平面上に△ ABC をかくと右の図のようになります。

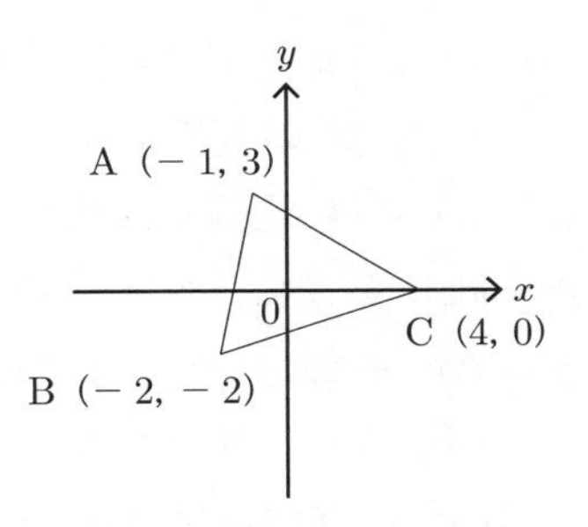

辺 BC 上に点 P をとり、直線 AP で△ ABC を 2 つに分けるとします。このとき、高さが等しい 2 つの三角形の面積比は底辺の長さの比と等しいので、BP = CP であれば △ ABP = △ ACP となります (P.169 参照)。そのため、直線 AP が△ ABC を 2 等分するためには、点 P が辺 BC の中点であればよいことが分かります。

辺 BC の中点の x 座標は $\dfrac{-2+4}{2}=1$ 、y 座標は $\dfrac{-2+0}{2}=-1$ なので、点 P の座標は (1, -1) であり、2 点 A (-1, 3), P (1, -1) を通る直線が求める直線となります。

解答

求める直線は点 A と線分 BC の中点を通る直線である。

線分 BC の中点を P とすると、点 P の x 座標は $\dfrac{-2+4}{2}=1$、

y 座標は $\dfrac{-2+0}{2}=-1$

よって、点Pの座標は（1, −1）

2点A（−1, 3），P（1, −1）を通る直線の式は　$y=\dfrac{-1-3}{1-(-1)}(x-1)-1$

よって、$\boldsymbol{y=-2x+1}$

演習 206（解答は P.342）

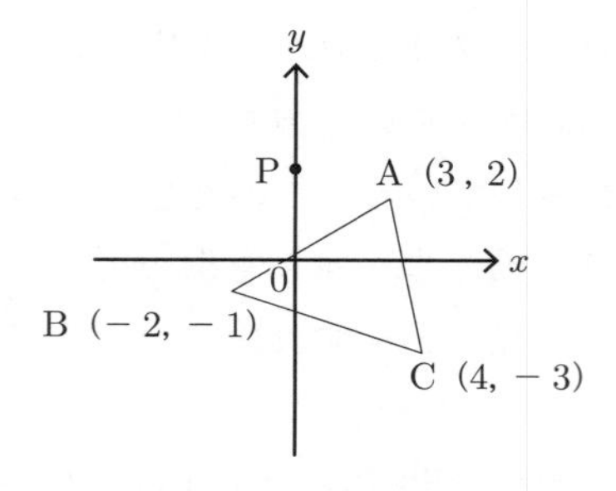

右の図のように、3点A（3, 2），B（−2, −1），C（4, −3）を頂点とする△ABCと y 軸上の点Pがある。△ABCと△PBCの面積が等しいとき、点Pの座標を求めよ。ただし、点Pの y 座標は正とする。

17　関数　$y=ax^2$

17.1 関数　$y=ax^2$

y が x^2 に比例する関数について考えましょう。y が x^2 に比例するということは、x と y の関係を a を定数として　$y=ax^2$　と表せるということです。

y が x に比例する関数　$y=ax$　は1次関数　$y=ax+b$　に含まれていました。同じように、y が x^2 に比例する関数　$y=ax^2$　は、y が x の2次式で　$y=ax^2+bx+c$　のように表される関数に含まれます。

このような、y が x の2次式で表される関数を**2次関数**（じかんすう）といいます。2次関数については高校数学で学び、中学数学では　$y=ax^2$　と表される関数だけを学びます。

> y が x の2次関数：$y=ax^2+bx+c$　（$a\neq 0$,　a, b, c は定数）

$y=ax^2$　と表される関数とはどのような関数か、問題を通して見てみましょう。

例題 207

横の長さが縦の長さの3倍である長方形がある。この長方形の縦の長さを x cm、面積を y cm^2 とするとき、次の問いに答えよ。

(1) y を x の式で表せ。

(2) 長方形の面積が 48 cm^2 となるのは、縦の長さが何 cm のときか求めよ。

(3) 定義域が　$2\leqq x\leqq 5$　であるとき、値域を求めよ。

図にすると下のようになります。

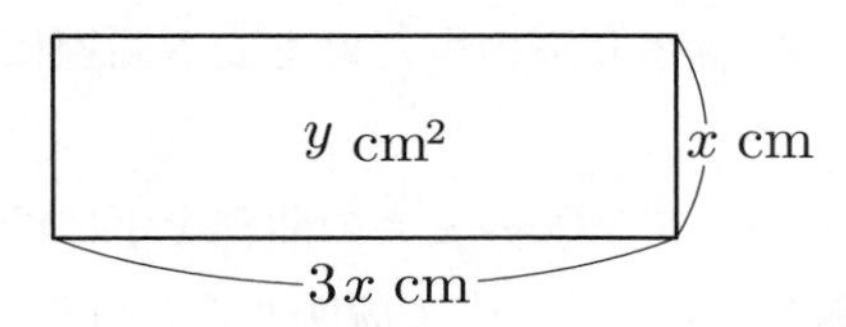

解答

(1) 長方形の縦の長さが x cm であるとき、横の長さは $3x$ cm なので　$\boldsymbol{y = 3x^2}$

(2) $y = 3x^2$　に　$y = 48$　を代入して　$48 = 3x^2$　すなわち　$x^2 = 16$

ここで、$x > 0$　なので　$x = 4$

よって、**4cm**

(3) $2 \leqq x \leqq 5$　のとき、$3 \times 2^2 \leqq 3x^2 \leqq 3 \times 5^2$　すなわち　$12 \leqq 3x^2 \leqq 75$

よって、$y = 3x^2$　より値域は　$\boldsymbol{12 \leqq y \leqq 75}$

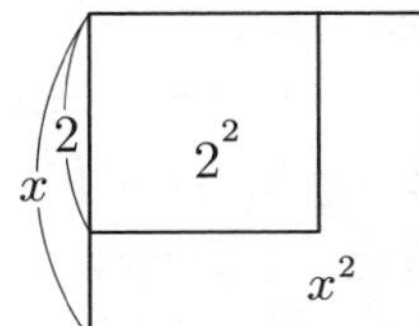

P.95 参照　$2 \leqq x$　のとき　$2^2 \leqq x^2$　よって　$3 \times 2^2 \leqq 3 \times x^2$
同様に　$x \leqq 5$　のとき　$3 \times x^2 \leqq 3 \times 5^2$

演習 207 （解答は P.343）

y は x^2 に比例し、$x = 3$　のとき、$y = -6$　である。このとき、y を x の式で表せ。また、$y = -18$　となる x の値をすべて求めよ。

17.2 関数　$y = ax^2$ のグラフ

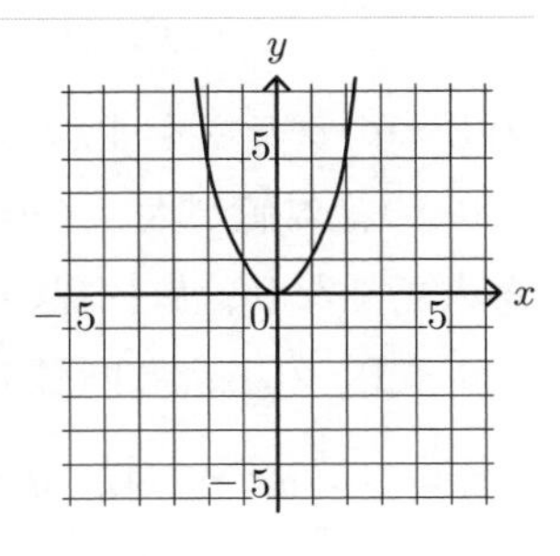

y が x^2 に比例する関数、たとえば　$y = x^2$　のグラフは、右のようになります。

$y = ax^2$　と表される関数は、$x = 0$ のときに必ず $y = 0$ となるので、グラフは原点を通ります。また、$x = p$ のときと $x = -p$ のときの y の値はどちらも $y = ap^2$ で等しいので、グラフは y 軸を対称の軸とする線対称の曲線になります。

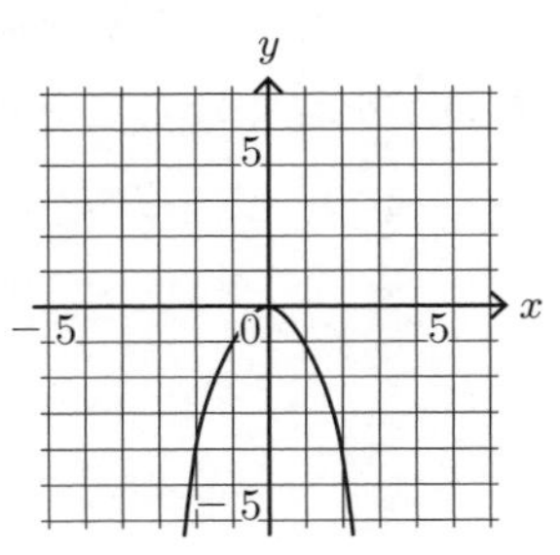

$y = ax^2$　と表される関数で、a の値が正の場合は上のグラフと同じような形になりますが、a の値が負の場合は上下逆さの形になります。たとえば、$y = -x^2$　のグラフは右のようになります。

$a > 0$ の場合は　$y = ax^2$ の x にどのような値を代入しても $y \geqq 0$ となるので、グラフは原点と、x 軸より上の点だけを通る曲線になり、$a<0$ の場合は $y=ax^2$ の x にどのような値を代入しても $y \leqq 0$ となるので、グラフは原点と、x 軸より下の点だけを通る曲線になるということです。

$y=ax^2$（$a \neq 0$）のグラフの曲線を**放物線**といい、$a>0$ のときの曲線を**下に凸の放物線**、$a<0$ のときの曲線を**上に凸の放物線**といいます。上で説明したように、放物線は線対称の曲線です。その対称の軸を**放物線の軸**といい、放物線の軸と放物線との交点を**放物線の頂点**といいます。

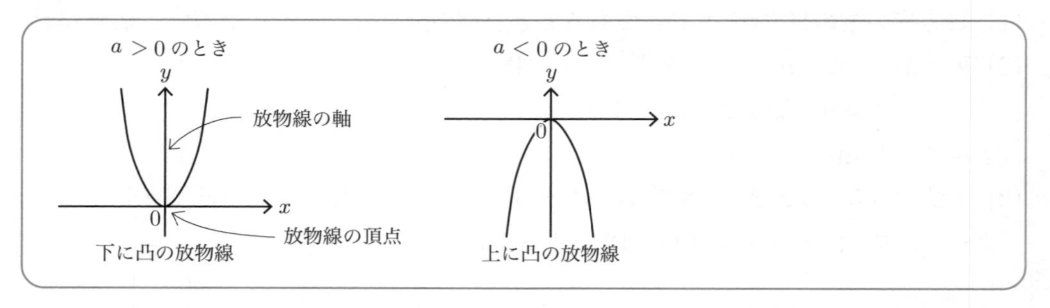

1次関数 $y=ax+b$ のグラフが $y=ax$ のグラフを平行移動したグラフであったように、2次関数 $y=ax^2+bx+c$ のグラフは $y=ax^2$ のグラフを平行移動したグラフです。

そのため、2次関数のグラフは放物線の軸や頂点が関数の式によって変わりますが、$y=ax^2$ のグラフでは、必ず放物線の軸は y 軸、頂点は原点になっています。

$y=ax^2$ のグラフは、a の絶対値によって放物線の開きぐあいが変わります。たとえば、

$$y=\frac{1}{2}x^2 \cdots ①,\ y=x^2 \cdots ②,\ y=2x^2 \cdots ③$$

の3つのグラフを1つの xy 平面上にかくと右のようになります。

a の絶対値が大きくなるほど、x の絶対値の増加量に対する y の絶対値の増加量が大きくなり、放物線の開きぐあいが小さくなります。

$a<0$ の場合も同じです。

$$y=-\frac{1}{2}x^2 \cdots ④,\ y=-x^2 \cdots ⑤,\ y=-2x^2 \cdots ⑥$$

のグラフで a の絶対値が大きくなるほど放物線の開きぐあいが小さくなることを確認してください。

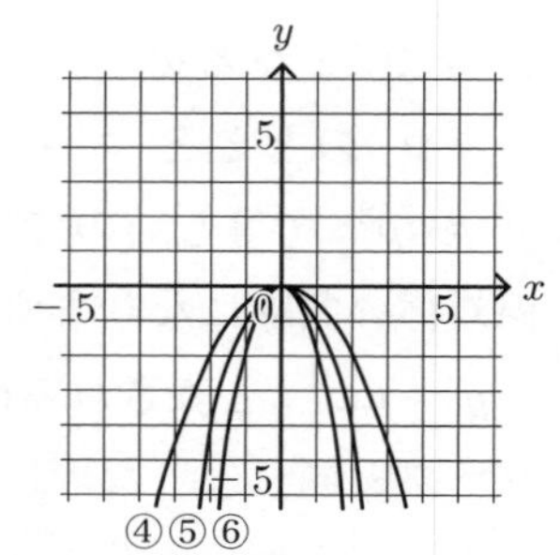

例題 208

関数　$y=\dfrac{3}{4}x^2$　のグラフをかけ。

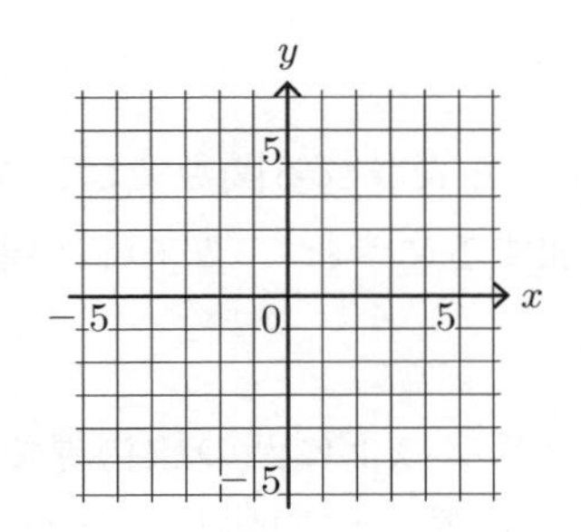

$x=0$　のときに　$y=0$、$x=\pm1$　のときに　$y=\dfrac{3}{4}$、$x=\pm2$　のときに　$y=3$、… のように、通る点を確認し、なめらかな曲線でつないでください。

解答

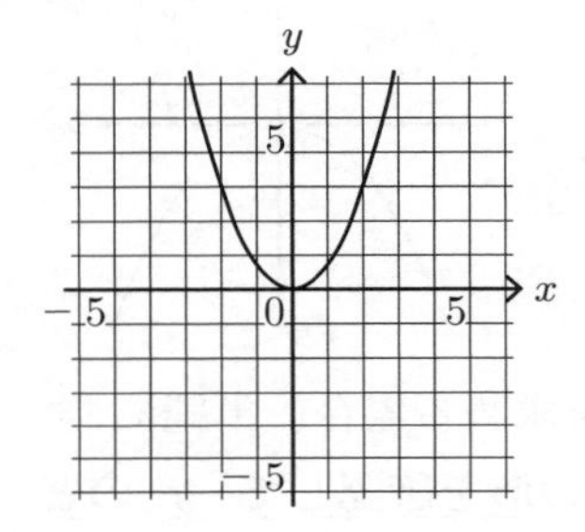

演習 208（解答は P.343）

右の図の曲線は放物線である。このグラフについて　y を x の式で表せ。

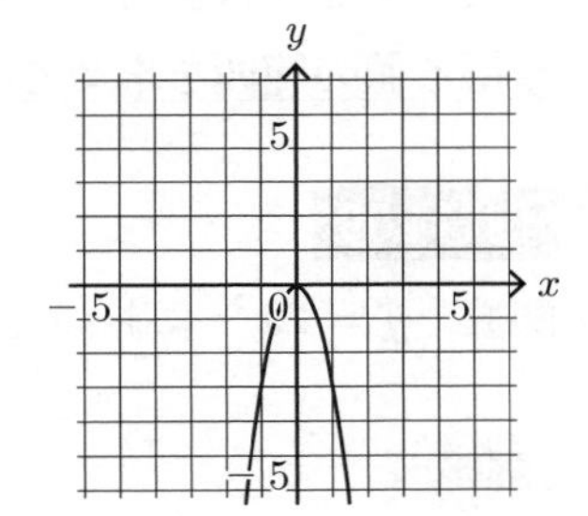

1次関数のグラフは直線であり、x　の値が増加するにつれて　y　の値は単調に増加するか単調に減少するかのどちらかでした。そのため、定義域が　$p\leqq x\leqq q$　であれば、　$x=p$　のときの　y　の値か　$x=q$　のときの　y　の値のどちらか一方が　y　のとり得る値の最大値であり、もう片方が　y　のとり得る値の最小値になっていました。

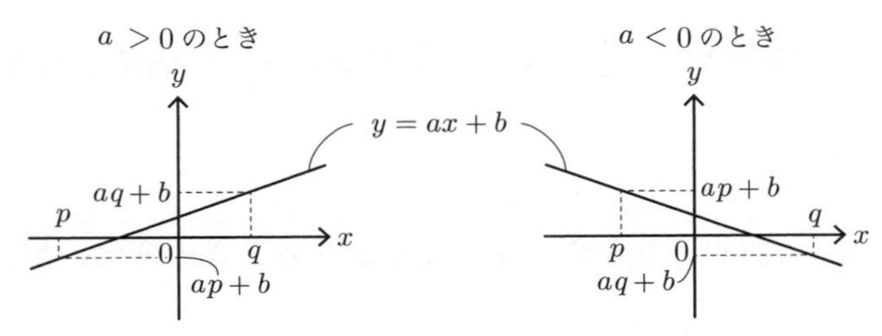

$p\leqq x\leqq q$　のとき $ap+b\leqq y\leqq aq+b$　　$p\leqq x\leqq q$　のとき $aq+b\leqq y\leqq ap+b$

ところが、 $y=ax^2$ と表される関数では、グラフが放物線になることから分かるように、x の値が増加するにつれて y の値が単調に増加する、あるいは単調に減少するとは限りません。

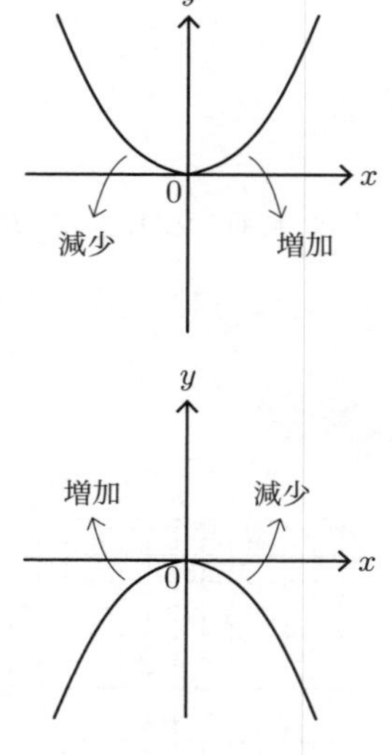

$a>0$ の場合のグラフは下に凸の放物線であり、x の値が負の数から正の数まで増加していくとすると、$x<0$ の間は y の値が単調に減少し、$x=0$ のときに $y=0$ になって、$x>0$ では y の値が単調に増加します。

$a<0$ の場合はその逆で、グラフは上に凸の放物線であり、x の値が負の数から正の数まで増加していくときに、$x<0$ の間は y の値が単調に増加し、$x=0$ のときに $y=0$ になり、$x>0$ では y の値が単調に減少します。

このため、 $y=ax^2$ と表される関数で定義域から値域を求める場合、単純に x の最小値と最大値での y の値を考えるのではなく、**グラフの形を確認して y のとり得る値の範囲を求める必要があります**。

例題 209

関数 $y=2x^2$ において、定義域が $-3 \leqq x \leqq 1$ であるときの値域を求めよ。

解答

$y=2x^2$ のグラフは右の図のようになる。
$x=-3$ のとき、$y=2\times(-3)^2=18$
$x=0$ のとき、$y=2\times 0^2=0$
よって、値域は $\mathbf{0 \leqq y \leqq 18}$

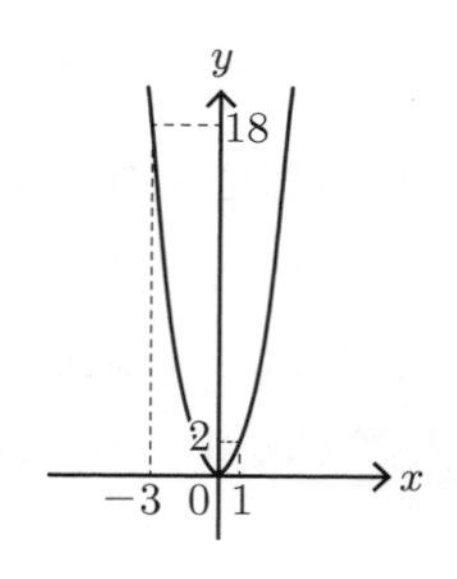

演習 209 (解答は P.343)

関数 $y=-\dfrac{2}{5}x^2$ において、定義域が $-2<x<\sqrt{5}$ であるときの値域を求めよ。

例題 210

関数 $y=3x^2$ について、x の値が -5 から -2 まで増加するときの変化の割合を求めよ。

$y=ax^2$ と表される関数では、x の値の増加に伴(ともな)って y の値が一定の割合で増加するわけではなく、x の値がどこからどこまで増加するのかによって変化の割合が変わります。

解答

$$\frac{3\cdot(-2)^2-3\cdot(-5)^2}{-2-(-5)}=3\{-2+(-5)\}=\mathbf{-21}$$

一般に、x が p から q まで増加するときの変化の割合は $\dfrac{aq^2-ap^2}{q-p}$ と表され、次のように計算することができます。

$$\frac{aq^2-ap^2}{q-p}=\frac{a(q^2-p^2)}{q-p}=\frac{a(q+p)(q-p)}{q-p}=a(p+q)$$

> $y=ax^2$ において、x が p から q $(p<q)$ まで変化するときの変化の割合は、
> $$\frac{aq^2-ap^2}{q-p}=a(p+q)$$

演習 210 （解答は P.344）

関数 $y=-4x^2$ について、x の値が $-\dfrac{1}{2}$ から $\dfrac{3}{2}$ まで増加するときの変化の割合を求めよ。

1次関数をグラフで表したとき、グラフ上の点の座標はその関数を2元1次方程式と見たときの解であることをすでに確認しました（P.251 参照）。また、2つの関数をグラフで表したとき、グラフの共有点の座標が、それぞれの関数を方程式として連立させた連立方程式の解になっていました。

これらは、1次関数以外の関数でも同じことが言えます。

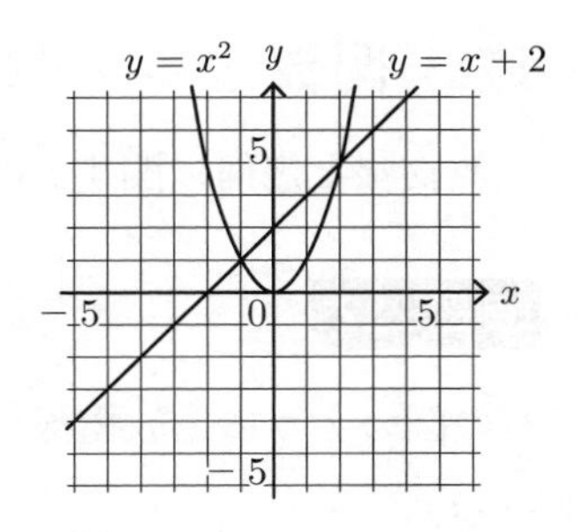

たとえば、2つの関数 $y=x^2$，$y=x+2$ をそれぞれグラフで表すと右のようになります。そうすると、2つのグラフの共有点が（-1，1），（2，4）であることが分かります。これらが $y=x^2$ と $y=x+2$ を連立させた連立方程式の解になっているか、実際に解いて確認してみましょう。

$$\begin{cases} y=x^2 & \cdots ① \\ y=x+2 & \cdots ② \end{cases}$$

として、①を②に代入すると $x^2=x+2$

これを整理すると　$x^2-x-2=0$　すなわち　$(x+1)(x-2)=0$

よって、$x = -1, 2$

これを①に代入して　$y=1, 4$

よって、この連立方程式の解は $(x, y) = (-1, 1), (2, 4)$ であり、グラフの共有点の座標と一致することが確認できました。

P.113 参照　$x^2=x+2$　は2次方程式であり、因数分解を利用する方法で解いています。

例題 211

2つの関数　$y=-\frac{1}{2}x^2$, $y=x-4$　のグラフについて、共有点の座標を求めよ。

解答

$$\begin{cases} y=-\frac{1}{2}x^2 & \cdots ① \\ y=x-4 & \cdots ② \end{cases}$$

として、①を②に代入すると　$-\frac{1}{2}x^2=x-4$

これを整理すると　$x^2+2x-8=0$　すなわち　$(x+4)(x-2)=0$

よって、$x = -4, 2$

これを①に代入して　$y = -8, -2$

よって、共有点の座標は **$(-4, -8), (2, -2)$**

演習 211（解答は P.344）

2つの関数　$y=\frac{1}{3}x^2$, $y=2x-3$　のグラフについて、共有点の座標を求めよ。

17.3 関数 $y=ax^2$ の応用

放物線と幾何に関する問題を確認しておきましょう。

例題 212

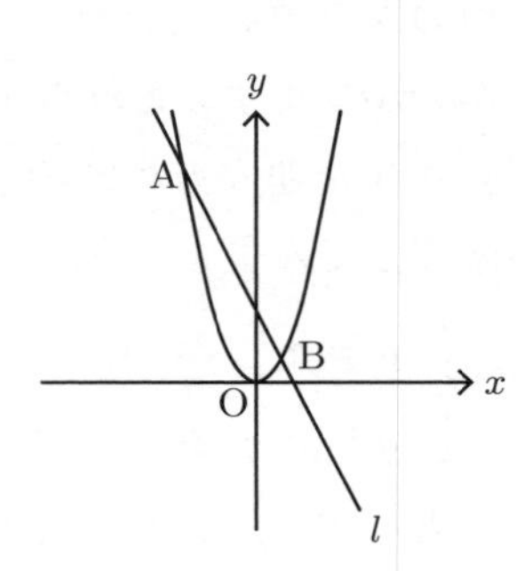

右の図のように、放物線　$y=\frac{1}{2}x^2$　と直線 l が2点 A, B で交わっている。2点 A, B の x 座標はそれぞれ-6, 2 である。このとき、直線 l の式を求めよ。また、原点を O として、△OAB の面積を求めよ。

2点A，Bが放物線　$y=\frac{1}{2}x^2$　上の点であり、直線　l 上の点でもあることを利用して問題を解きます。具体的には、A，Bの　x　座標を放物線の式に代入すると、それぞれ　y 座標が分かります。A，Bの座標が分かれば、それらを通る直線　l の式を求めることができます。

△OABの面積については、直線　l　と　y　軸との交点をCとして△OCAと△OCBに分けて考えると、それぞれ辺OCを底辺として面積を求めることができます。

解答

点Aの y 座標は、　$y=\frac{1}{2}x^2$　に　$x=-6$　を代入して　$y=18$

点Bの y 座標は、　$y=\frac{1}{2}x^2$　に　$x=2$　を代入して　$y=2$

よって、点Aの座標は（-6，18）、点Bの座標は（2，2）

したがって、直線　l の式は　$y=\frac{2-18}{2-(-6)}(x-2)+2$　すなわち　$\boldsymbol{y=-2x+6}$

直線　l と　y 軸との交点をCとすると、点Cの座標は（0，6）なので

$\triangle OAB=\triangle OCA+\triangle OCB=6\times 6\times\frac{1}{2}+6\times 2\times\frac{1}{2}=18+6=\boldsymbol{24}$

△OCAの底辺を辺OCとすると、高さは点Aと　y　軸との距離であり、それは点Aの　x　座標の絶対値と等しいので6となります。

演習 212（解答は P.344）

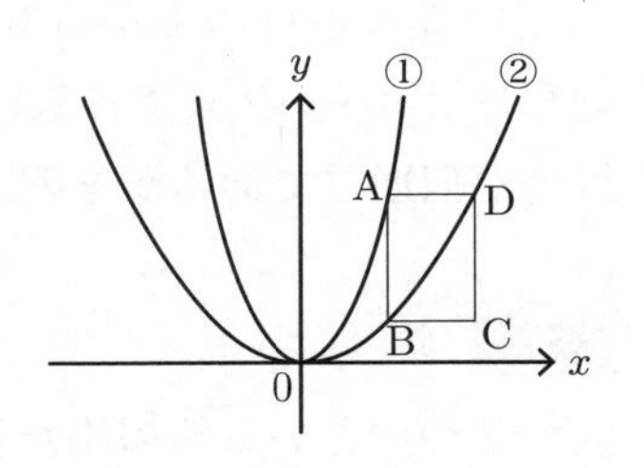

右の図のように、2つの放物線 ①　$y=x^2$，②　$y=\frac{1}{4}x^2$　がある。放物線①上に点Aをとり、点Aを通り　y　軸に平行な直線と放物線②との交点をB、点Aを通り　x　軸に平行な直線と放物線②との交点をDとし、線分AB，ADを2辺とする長方形ABCDを作る。2点A，Dの　x　座標が正であるとし、長方形ABCDが正方形となるときの点Aの座標を求めよ。

第Ⅳ部
資料の活用

18　確率

18.1 場合の数

　ある事柄の起こり方が n 通りあるとき、n をその事柄が起こる**場合の数**(ばあい かず)といいます。場合の数を考えるときは、問題文の内容を具体的にイメージしながらその事柄の起こり方が何通りあるかを考えましょう。

場合の数：ある事柄の起こり方の総数

例題 213

大小 2 つのさいころを投げるとき、出た目の和が 10 以上となる場合の数を求めよ。

　さいころの目は 1 から 6 までの数であり、2 つのさいころを投げたときに出る目の和は 2 から 12 までの数になります。その中で、出た目の和が 10，11，12 になる場合が何通りであるかを答えればよいということです。

解答

大小 2 つのさいころの出た目が a, b である場合を（a, b）と表す。
出た目の和が 10 になるのは （6，4），（5，5），（4，6）
出た目の和が 11 になるのは （6，5），（5，6）
出た目の和が 12 になるのは （6，6）
よって、**6 通り**

　出た目の和が 10 以上になる場合を、出た目の和が 10 の場合、11 の場合、12 の場合というように場合分けすると考えやすくなります。

演習 213（解答は P.345）

階段を１歩で１段または２段上り、全部で４段の階段を上る。このとき、上る方法が何通りあるかを求めよ。

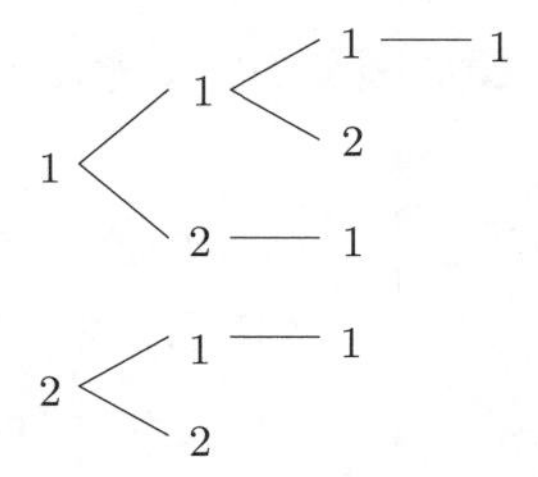

場合の数を求めるとき、順に数えていく方法以外に**樹形図**（じゅけいず）を使って考える方法もあります。樹形図とは、起こりうる場合を枝分かれする図で表したものです。

たとえば、演習 213 の問題を樹形図で考えると右のようになります。それぞれの数字は１歩で上る段数を表しています。

〈左から１列目〉　１歩目に上る段数は１段か２段なので、左から１列目に１と２を縦に並べて書きます。

〈左から２列目〉　１歩目に上った段数が１段の場合も２段の場合も、２歩目に上る段数は１段，２段のどちらでもよいので、左から１列目に書いた１，２の数字のそれぞれから枝分かれさせて、左から２列目に１，２の数字を２組書きます。

〈左から３，４列目〉　最初の２歩で１段ずつ上った場合、３歩目に上る段数は１段，２段のどちらでもよいので、「１－１」と辿（たど）った先を枝分かれさせて左から３列目に１，２の数字を書きます。このとき１段ずつ３歩上った場合はあと１段上れば全部で４段になるので、「１－１－１」と辿った先は枝分かれさせずに左から４列目に１と書き、１段，１段，２段と上った場合はすでに４段上っているので、「１－１－２」と辿った先には何も書きません。

最初の２歩で１段，２段と上った場合と２段，１段と上った場合は、あと１段上れば全部で４段になるので、「１－２」，「２－１」と辿った先は、枝分かれさせずに左から３列目に１と書きます。

最初の２歩で２段，２段と上った場合は、すでに４段上っているので「２－２」と辿った先には何も書きません。

これで樹形図の完成です。

このように樹形図をかくと、上から順に枝分かれの方法が５通りあるので、階段を上る方法が５通りであることが分かります。

> 樹形図：場合の数を求めるために、起こり得る場合を枝分かれで表した図

例題 214

それぞれ 1，2，3，4 の数字が書かれた 4 枚のカードを 2 枚並べて 2 桁の整数を作る。このとき、2 桁の整数は全部で何通りできるか答えよ。

樹形図をかいて考えてみましょう。

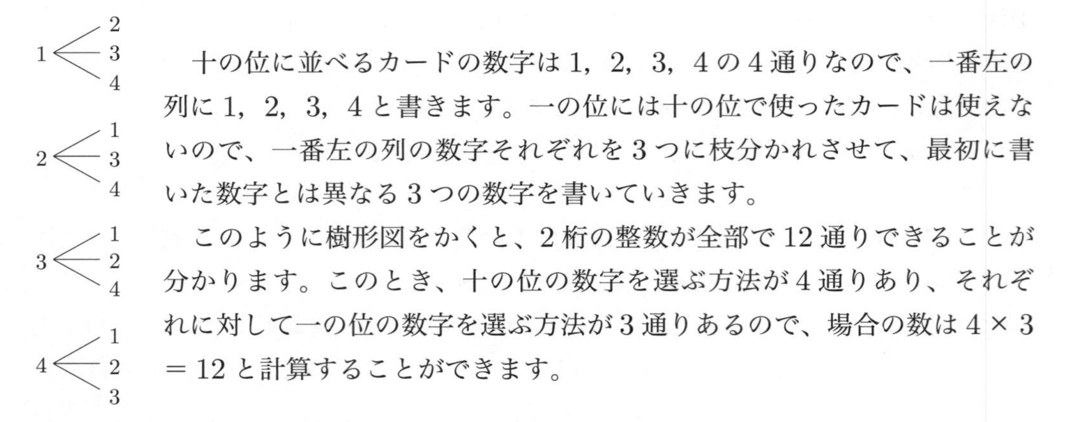

十の位に並べるカードの数字は 1，2，3，4 の 4 通りなので、一番左の列に 1，2，3，4 と書きます。一の位には十の位で使ったカードは使えないので、一番左の列の数字それぞれを 3 つに枝分かれさせて、最初に書いた数字とは異なる 3 つの数字を書いていきます。

このように樹形図をかくと、2 桁の整数が全部で 12 通りできることが分かります。このとき、十の位の数字を選ぶ方法が 4 通りあり、それぞれに対して一の位の数字を選ぶ方法が 3 通りあるので、場合の数は 4 × 3 ＝ 12 と計算することができます。

一般に、**事柄 A の起こり方が a 通りあり、a 通りのそれぞれの場合に対して事柄 B の起こり方が b 通りあるとき、事柄 A，B がともに起こる場合の数は $(a \times b)$ 通りとなります**。

解答

十の位のカードを選ぶ方法は 4 通り。
十の位のカードを並べた後、一の位のカードを選ぶ方法はそれぞれ 3 通り。
よって、2 桁の整数は　4×3＝**12（通り）**

演習 214 （解答は P.345）

A，B，C，D の 4 人が横一列に並ぶとき、A の右隣りが B であるような並び方は何通りあるか答えよ。

18.2 確率

ある事柄が起こると期待される度合いを表す数値を**確率**（かくりつ）といいます。確率は次のように求めることができます。

起こり得るすべての場合の数が n であり、かつそれらが同様に確からしいとき、事柄Aが起こる場合の数が a であれば、

$$\text{事柄Aが起こる確率} = \frac{\text{事柄Aが起こる場合の数}}{\text{起こり得るすべての場合の数}} = \frac{a}{n}$$

例題 215

3枚の百円玉を同時に投げるとき、1枚だけ表が出る確率を求めよ。

まず、起こり得るすべての場合の数は、1枚目の百円玉の出方が表と裏の2通りあり、2枚目、3枚目の出方もそれぞれ2通りあるので、2×2×2＝8通りです。それから、1枚だけ表が出る場合の数は、1枚目だけが表、2枚目だけが表、3枚目だけが表、の3通りです。そのため、1枚だけ表が出る確率は $\frac{3}{8}$ となります。

ここで重要なことは、**起こり得るすべての場合の数を考えるときに、そのどれが起こることも「同様に確からしい」、言い換えると「同じように起こりそうである」**ということです。

たとえば、「表が出る枚数は0枚，1枚，2枚，3枚の4通りであり、そのうち1枚だけ表であるのは1通りだから、求める確率は $\frac{1}{4}$ 」とするのは間違いです。これは、表が0枚である出方が3枚とも裏の1通りであるのに対し、表が1枚である出方はどの百円玉が表になるかで3通りあり、表が0枚であることと表が1枚であることが「同様に確からしい」とは言えないからです。

そうではなく、3枚の百円玉をそれぞれ区別して考えると、2×2×2＝8通りの表裏の出方は同様に確からしく、この8通りが起こり得るすべての場合の数となります。

解答

3枚の百円玉の表、裏の出方は　2×2×2＝8　通り。
1枚だけ表が出る出方は3通り。
よって、1枚だけ表が出る確率は $\boldsymbol{\frac{3}{8}}$

樹形図を使って考えてもよいでしょう。表を「○」、裏を「×」として、3枚の百円玉をそれぞれ区別し、1枚目の出方を一番左の列、2枚目の出方を二番目の列、3枚目の出方を一番右の列に書くと右のようになります。

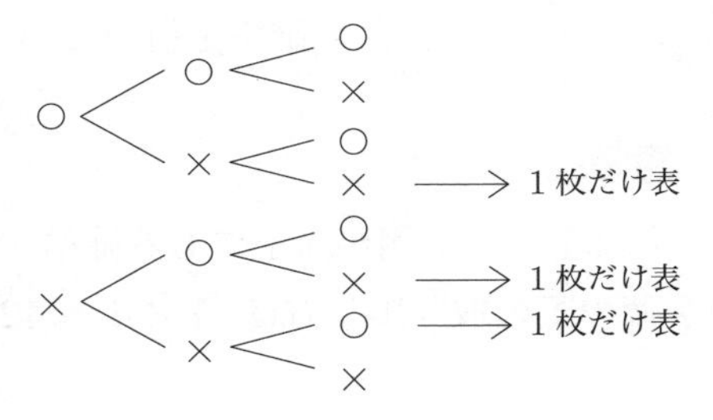

演習 215 (解答は P.346)

A, B, Cの3人で1回だけじゃんけんをするとき、Bが勝つ確率を求めよ。ただし、AとCのどちらかとBの2人が勝つ場合もBが勝つ場合に含めることとする。

事柄Aが起こる確率は $\dfrac{\text{事柄Aが起こる場合の数}}{\text{起こり得るすべての場合の数}}$ で求めることができました。

この確率が最も小さくなるのは事柄Aが全く起こらないときであり、(事柄Aが起こる場合の数) = 0　なので確率は0になります。また、確率が最も大きくなるのはすべての場合で事柄Aが起こるときであり、(事柄Aが起こる場合の数) = (起こり得るすべての場合の数) なので確率は1になります。

事柄のことを別の言葉で事象(じしょう)ともいい、事象Aに対して「事象Aが起こらないという事象」のことを事象Aの**余事象**(よじしょう)といいます。

例　さいころを投げたとき「5以上の目が出る」の余事象　⇒　「4以下の目が出る」

ここで、

(事象Aが起こる場合の数) + (事象Aの余事象が起こる場合の数)

= (起こり得るすべての場合の数)

なので、事象Aが起こる確率と事象Aの余事象が起こる確率の和は1となります。このことから、事象Aが起こる確率を次のように表すことができます。

(事象Aが起こる確率) = 1 − (事象Aの余事象が起こる確率)

事象Aが起こる確率よりも事象Aの余事象が起こる確率を求める方が簡単な場合は、この式を利用して事象Aが起こる確率を求めます。

例題 216

赤玉2個と白玉5個が入った袋から玉を1個取り出し、取り出した玉を袋に戻さずにもう1個玉を取り出す。このとき、取り出した2個の玉のうち少なくとも1個が赤玉である確率を求めよ。

「2個の玉のうち少なくとも1個が赤玉である (A)」ことの余事象は「2個の玉の両方が白玉である (B)」となります。Aの確率よりBの確率の方が簡単に求められるので、1からBの確率を引いてAの確率を求めましょう。

解答

「少なくとも1個が赤玉である確率」と「両方が白玉である確率」の和は1である。

2個の玉の取り出し方は　$7 \times 6 = 42$　通り。

両方が白玉であるような取り出し方は　$5\times4=20$　通り。

よって、両方が白玉である確率は　$\dfrac{20}{42}=\dfrac{10}{21}$

したがって、少なくとも1個が赤玉である確率は　$1-\dfrac{10}{21}=\boldsymbol{\dfrac{11}{21}}$

下の別解のように、2個の玉のうち少なくとも1個が赤玉である確率を直接求めることもできますが、「少なくとも1個が赤玉」という条件をいくつかの場合に分けて考える必要があり、少し複雑です。

別解

2個の玉の取り出し方は　$7\times6=42$　通り。
1個目が赤玉、2個目が白玉であるような取り出し方は　$2\times5=10$　通り。
1個目が白玉、2個目が赤玉であるような取り出し方は　$5\times2=10$　通り。
2個の玉の両方が赤玉であるような取り出し方は　$2\times1=2$　通り。
よって、少なくとも1個が赤玉である確率は　$\dfrac{10+10+2}{42}=\dfrac{22}{42}=\boldsymbol{\dfrac{11}{21}}$

演習216 （解答はP.346）

2つのさいころを同時に投げ、出た目の積が偶数になる確率を求めよ。

19　資料と統計

19.1 資料の整理

〈代表値〉

9人の生徒が持っているペンの本数を表した次のような資料があるとします。

2, 3, 7, 2, 2, 1, 5, 2, 3

これだけでは、9人の生徒がどれくらいの数のペンを持っているのかが分かりにくいので、このような資料の特徴を表現するための値があり、それを**代表値**（だいひょうち）といいます。中学数学で学ぶ代表値には、平均値（へいきんち）、中央値（ちゅうおうち）、最頻値（さいひんち）の3つがあります。

3つの代表値を確認する前に、資料の値を小さい順に次のように並べ直しておきましょう。

1, 2, 2, 2, 2, 3, 3, 5, 7 …（*）

平均値は名前の通り、平均の値のことです。資料の値の合計を値の個数で割って、

$$\frac{1+2+2+2+2+3+3+5+7}{9}=\frac{27}{9}=3$$

と求めることができます。これは、全員同じ本数のペンを持っているとしたら1人

3本ずつ持っている、ということを表しています。

中央値はメジアンともいい、資料の値を小さい順に並べたときに、その中央にくる値のことです。9つの値を（*）のように小さい順に並べると、5番目が中央なので、その値である2が中央値です。

資料の値の個数が偶数個の場合は、中央の2つの値の平均値を中央値とします。たとえば、資料の値が10個であれば、5番目と6番目の値の平均値がその資料の中央値です。

平均値と中央値は、どちらも資料全体としてどの程度の値なのかを表し、それぞれ特徴があります。

例 ・5人の生徒のうち4人が100円を、1人が10000円を持っていた場合

平均値：$\dfrac{100 \times 4 + 10000}{5} = 2080$ 円

中央値：100，100，100，100，10000と並べたときの中央の値　⇒　100円

⇒　資料の中に極端に大きかったり小さかったりする値が含まれていたとき、平均値はその極端な値の影響を受けやすく、中央値の方が全体としてどのような値なのかを正確に表すことがあります。

・3人の生徒がテストを2回受けて、1回目の3人の点数が50点，70点，90点、2回目の3人の点数が65点，70点，99点であった場合

平均値：$\dfrac{50 + 70 + 90}{3} = 70$ 点から $\dfrac{65 + 70 + 99}{3} = 78$ 点に変化

中央値：2回とも70点

⇒　平均値が3人のうち2人の点数が上がったことを表しているのに対して、中央値は点数の変化をよく表していません。

上の例のように、資料の値からどのような情報を得たいかによって、平均値と中央値を上手く使い分ける必要があります。

最後に、**最頻値**はモードともいい、資料の中で最も個数の多い値のことです。資料の値を（*）のように並べると、2が4つ並んでおり、これが他のどの値の個数よりも多いので、最頻値は2となります。

それから、資料の値の中で最大のものから最小のものを引いた値を**範囲**（はんい）といいます。範囲が大きければ資料の値どうしで大きな差があることが分かり、範囲が小さければ資料の値がどれも似たような値であることが分かります。

代表値

$\begin{cases} \text{平均値：資料の値の平均} \\ \text{中央値：資料の値を小さい順に並べたときに中央にくる値} \\ \text{最頻値：資料の値の中で最も個数の多い値} \end{cases}$

範囲：資料の値の中で最大のものから最小のものを引いた値

例題 217

次の資料は 10 人の生徒が 1 か月間で読んだ本の冊数である。

8，3，5，3，0，2，10，3，1，x

このとき、次の問いに答えよ。

(1) 平均値が 4 冊であるとき、x の値を求めよ。

(2) x が (1) で求めた値であるとき、冊数の中央値を求めよ。

(3) x が (1) で求めた値であるとき、冊数の範囲を求めよ。

平均値が 4 冊であるということは、10 人の生徒が読んだ本の冊数の合計が $4 \times 10 = 40$ 冊であるということです。このことを使って x の値を求めたら、(2) や (3) では x がその値であるときの中央値や範囲を求めます。

解答

(1) 10 個の値の平均値が 4 なので

$8 + 3 + 5 + 3 + 0 + 2 + 10 + 3 + 1 + x = 4 \times 10$

これを解いて、$\boldsymbol{x = 5}$

(2) $x = 5$ であるとき、本の冊数を小さい値から順に並べると、

0，1，2，3，3，3，5，5，8，10

中央値は、5 番目と 6 番目の値の平均値であるから $\dfrac{3+3}{2} = 3$

∴ 3 冊

(3) 10 人の生徒が読んだ本の冊数のうち、最大の冊数は 10 冊、最小の冊数は 0 冊なので、求める範囲は $10 - 0 = 10$

∴ 10 冊

演習 217 （解答は P.347）

次の資料はある野球チームの８試合の得点である。

5，2，1，5，7，2，4，x

このとき、次の問いに答えよ。

(1) 得点の中央値が３点となるような x の値をすべて求めよ。

(2) x が (1) で求めた値のうち最大の値であるとき、得点の平均値を求めよ。

(3) x が (1) で求めた値のうち最大の値であるとき、得点の最頻値を求めよ。

〈度数分布表とヒストグラム・箱ひげ図〉

資料全体の分布の様子をまとめた表を**度数分布表**（どすうぶんぷひょう）といいます。たとえば、20 人の生徒のテストの得点が

35，72，67，40，76，48，78，70，42，53，65，61，23，57，72，53，64，50，42，79

であるとします。この資料を度数分布表で表すと次のようになります。

階級（点）	度数（人）
以上　未満	
20 ～ 40	2
40 ～ 60	8
60 ～ 80	10
計	20

このとき、「20 以上 40 未満」のように資料を整理するために分けた区間のことを**階級**（かいきゅう）といい、その幅のことを**階級の幅**（かいきゅうのはば）といいます。この度数分布表では $40-20=20$ より、階級の幅は 20 です。また、階級の真ん中の値のことを**階級値**（かいきゅうち）といいます。

例 「20 以上 40 未満」の階級の階級値　⇒　30

それぞれの階級に当てはまる資料の個数のことを**度数**（どすう）といいます。資料の個数全体に対するある階級の度数の割合をその階級の**相対度数**（そうたいどすう）といい、次のように求めることができます。

(ある階級の相対度数)＝(その階級の度数)÷(度数の合計)

例 「40 以上 60 未満」の階級の相対度数　⇒　$8 \div 20 = 0.4$

それぞれの階級の相対度数は０以上１以下の数で表され、すべての階級の相対度数を合計すると１になります。

度数分布表から平均値を求めるときは、それぞれの階級に入っている値はすべて

その階級の階級値であるとみなします。この度数分布表であれば、30 点の人が 2 人、50 点の人が 8 人、70 点の人が 10 人と考えるので、平均値は

$$\frac{30 \times 2 + 50 \times 8 + 70 \times 10}{20} = \frac{1160}{20} = 58$$

より、58 点となります。また、度数が最も大きい階級の階級値を最頻値とし、この度数分布表では「60 以上 80 未満」の階級の度数が最も大きいので、最頻値は 70 点となります。

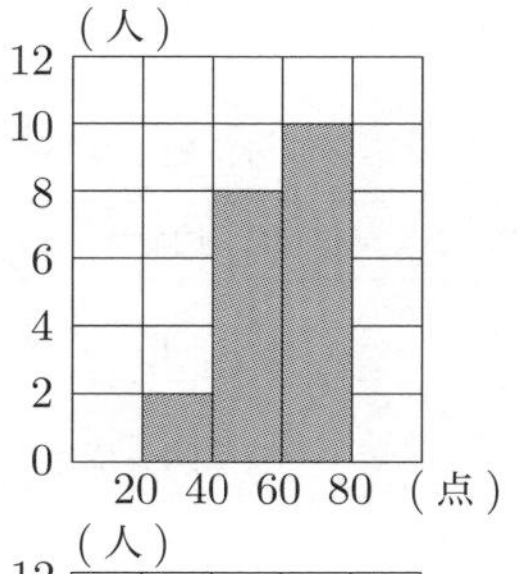

度数分布表を柱状の図で表したグラフを**ヒストグラム**といいます。前のページの度数分布表をヒストグラムで表すと右のようになります。それぞれの階級の度数を縦の長さ、階級の幅を横の長さとする長方形を並べてグラフにしています。

また、それぞれの長方形の上の辺の中点を結んでかいたグラフを**度数折れ線**（どすうおれせん）といいます。両端に度数が 0 の階級があると考えて線を横軸まで伸ばしてかきます。上のヒストグラムに度数折れ線をかき加えると右のようになります。

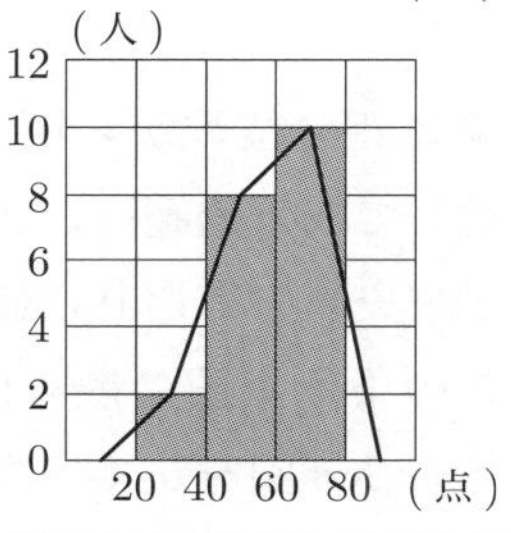

度数分布表：資料全体の分布の様子をまとめた表
階級：資料を整理するために分けた区間
階級の幅：資料を整理するために分けた区間の大きさ
階級値：階級の真ん中の値
度数：それぞれの階級に当てはまる資料の個数
相対度数：資料の個数全体に対するある階級の度数の割合
ヒストグラム：度数分布表を柱状の図で表したグラフ
度数折れ線：ヒストグラムの各柱の上辺の中点を結んでできるグラフ

資料の特徴について考える方法として、資料の値の散らばりを考えることもできます。

たとえば、前のページで例に挙げた 20 人の生徒のテストの得点を小さい順に並べると次のようになります。

23，35，40，42，42，48，50，53，53，57，61，64，65，67，70，72，72，76，78，79

これを 4 等分したときの区切りを小さい方から**第 1 四分位数**（だいしぶんいすう）、**第 2 四分位数**、**第**

3四分位数といい、これら3つを合わせて**四分位数**といいます。上のテストの得点を例に四分位数を求めてみましょう。

例　第2四分位数：中央値と同じ　⇒　10番目と11番目の平均値　⇒　59
　第1四分位数：第2四分位数より小さい値の中央値　⇒　5番目と6番目の平均値　⇒　45
　第3四分位数：第2四分位数より大きい値の中央値　⇒　15番目と16番目の平均値　⇒　71

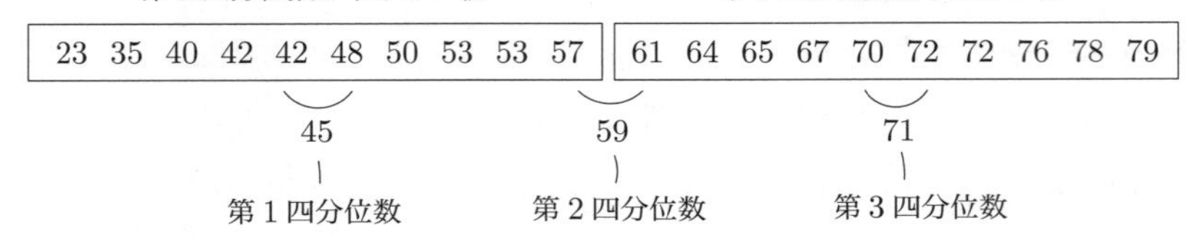

第3四分位数から第1四分位数を引いた差を**四分位範囲**（しぶんいはんい）といいます。資料の範囲に対して四分位範囲が大きいほど資料の値のばらつきが大きく、四分位範囲が小さいほど中央値のあたりに値が集中していることが分かります。

このような値の散らばり具合を表した図として**箱ひげ図**（はこひげず）があります。上の例について箱ひげ図をかくと次のようになります。

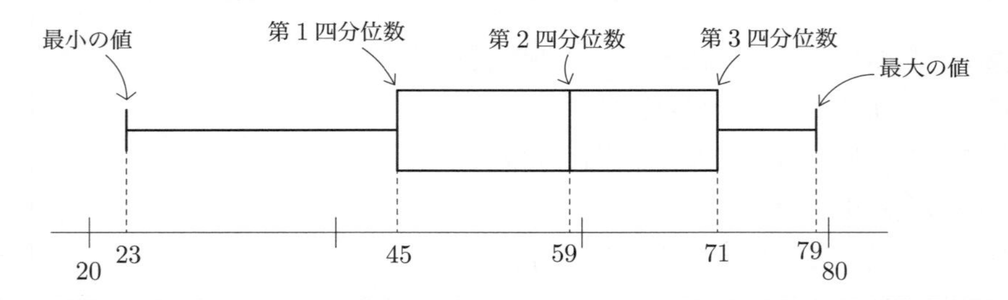

四分位数：資料の値を小さい順に並べて4等分したときの区切りとなる値
第1四分位数：第2四分位数より小さい値の中央値
第2四分位数：資料の値の中央値
第3四分位数：第2四分位数より大きい値の中央値
箱ひげ図：資料の値の散らばり具合を箱とひげで表した図

例題 218

右の表はクラスの生徒 40 人の身長を調べた結果を度数分布表に整理したものである。このとき、次の問いに答えよ。

(1) 身長の低い方から数えて 8 番目の生徒が入っている階級の階級値を求めよ。

(2) 身長の高い方から数えて 15 番目の生徒が入っている階級の相対度数を求めよ。

(3) このクラスの生徒の身長の平均値を求めよ。

(4) ヒストグラムと度数折れ線を下の図にかき入れよ。

階級（cm）	度数（人）
以上　未満	
130 ～ 140	3
140 ～ 150	7
150 ～ 160	18
160 ～ 170	10
170 ～ 180	2
計	40

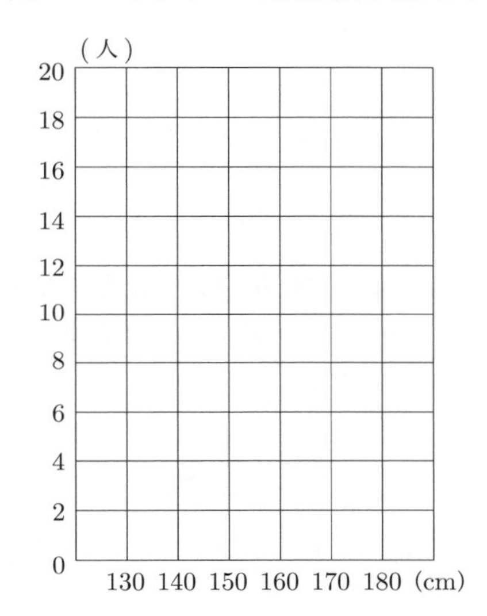

解答

(1) 130 cm 以上 140 cm 未満の生徒の人数は 3 人、140 cm 以上 150 cm 未満の生徒の人数は 7 人なので、身長の低い方から数えて 8 番目の生徒は 140 cm 以上 150 cm 未満の階級に入っている。

よって、求める階級値は **145 cm**

(2) 160 cm 以上 180 cm 未満の生徒の人数は　$2 + 10 = 12$（人）

150 cm 以上 160 cm 未満の生徒の人数は 18 人なので、身長の高い方から数えて 15 番目の生徒は 150 cm 以上 160 cm 未満の階級に入っている。

よって、求める相対度数は　$\dfrac{18}{40} = \mathbf{0.45}$

(3) $\dfrac{135 \times 3 + 145 \times 7 + 155 \times 18 + 165 \times 10 + 175 \times 2}{40} = \dfrac{6210}{40} = 155.25$

よって、平均値は　**155.25 cm**

(4)

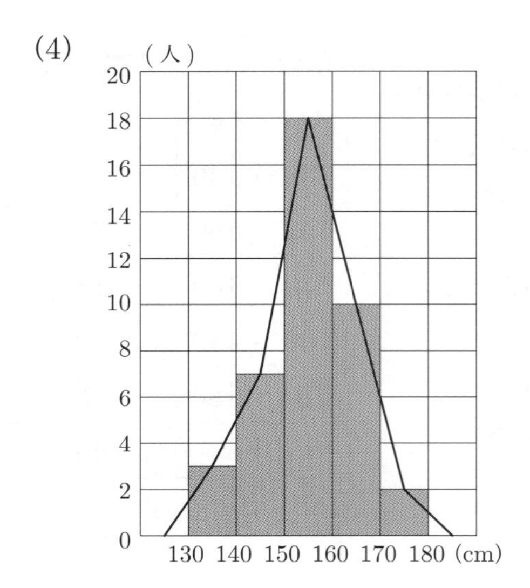

演習 218 (解答は P.347)

下のヒストグラムはある会社の 80 人の従業員の年齢を調べた結果を表したものである。その右にある A ～ E の 5 つの箱ひげ図の中からこのヒストグラムに対応するものを答えよ。

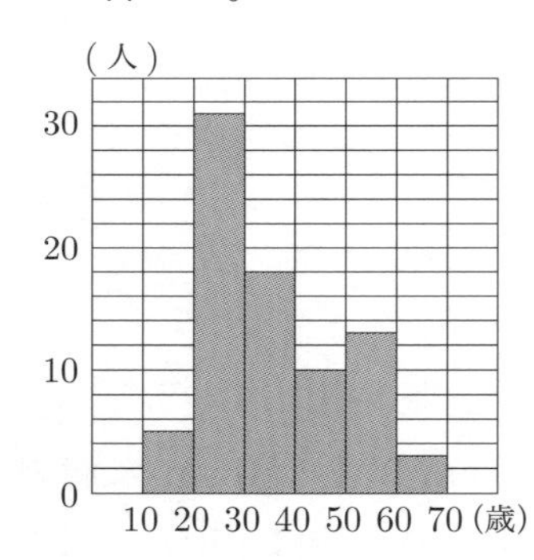

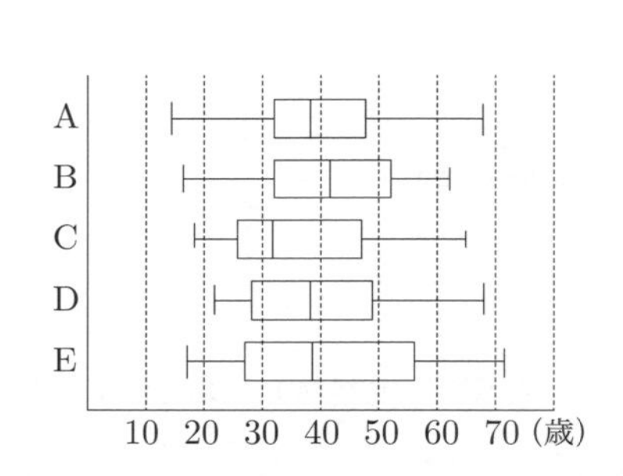

〈近似値と有効数字〉

ある量に関する本当の値を**真の値**(しんあたい)といい、測定値のように真の値に近い値を**近似値**(きんじち)といいます。また、真の値と近似値との差を**誤差**(ごさ)といいます。

例 ちょうど 231.5 g の物の重さをはかりで量った結果が 230 g であった場合

真の値：231.5 g、近似値：230 g、誤差：231.5 − 230 = 1.5 g

近似値を表す数のうち、信頼できる数字を**有効数字**(ゆうこうすうじ)といいます。

たとえば、3.102…という数の小数第 2 位を四捨五入すると 3.1 ($*_1$) になり、小数第 3 位を四捨五入すると 3.10 ($*_2$) になります。これらは数直線上では同じ値ですが、明確に区別して書く必要があり、($*_1$) の有効数字は 3，1、($*_2$) の有効数字は 3, 1, 0 です。

近似値が 10 以上の数の場合は、有効数字をはっきりさせるために近似値を $a \times 10^n$（a は 1 以上 10 未満の数、n は自然数）と表します。

たとえば、ある市の人口が 74953 人であるとき、この人口の百の位を四捨五入した近似値は 7.5×10^4 であり、十の位を四捨五入した近似値は 7.50×10^4 です。これらの近似値を整数で表すとどちらも 75000 になり、どこまでが有効数字か分からなくなります。

また、**近似値が 1 未満の数の場合は、近似値を $a \times \frac{1}{10^n}$（a は 1 以上 10 未満の数、n は自然数）と表します**。

真の値：ある量に関する本当の値
近似値：真の値に近い値
誤差：真の値と近似値との差
有効数字：近似値を表す数のうち、信頼できる数字

例題 219

$\frac{1}{7}$ の小数第 4 位を四捨五入した近似値を表し、真の値との誤差を求めよ。ただし、近似値を表すときは、a, $a \times 10^n$, $a \times \frac{1}{10^n}$（a は 1 以上 10 未満の数、n は自然数）のいずれかの形で表すこととする。

解答

$\frac{1}{7} = 0.1428\cdots$ なので、小数第 4 位を四捨五入すると $\mathbf{1.43 \times \frac{1}{10}}$

誤差は $0.143 - \frac{1}{7} = \frac{143}{1000} - \frac{1}{7} = \frac{1001}{7000} - \frac{1000}{7000} = \mathbf{\frac{1}{7000}}$

演習 219 （解答は P.348）

上から 4 桁目を四捨五入して 4.60×10^5 となるような真の値 a の範囲を不等号を使って表せ。

19.2 標本調査

調査を行うとき、対象とする集団に含まれるすべてのものについて行う調査を**全数調査**（ぜんすうちょうさ）といい、対象とする集団の一部について調査した結果から集団全体の状況を

推定する調査を**標本調査**(ひょうほんちょうさ)といいます。

例 生徒数が300人の学校で、朝食にパンを食べた生徒の人数を調査する場合
300人全員にパンを食べたかどうかを聞いて調査する　⇒　全数調査
無作為(むさくい)に30人の生徒を選んでパンを食べたかどうかを聞き、そこで得られた結果からパンを食べた生徒の人数を推定する　⇒　標本調査

標本調査では、調査の対象全体のことを**母集団**(ぼしゅうだん)といい、調査のために抜き出されたものの集まりを**標本**といいます。また、母集団、標本のそれぞれに含まれるものの個数を**母集団の大きさ**、**標本の大きさ**といいます。

上の例の標本調査の場合、調査の対象である300人の生徒が母集団であり、無作為に選ばれた30人の生徒が標本です。母集団の大きさは300人、標本の大きさは30人となります。

全数調査：調査の対象である集団に含まれるすべてのものについて行う調査
標本調査：調査の対象である集団の一部について調査した結果から集団全体の状況を推定する調査
母集団：標本調査において、調査の対象全体
標本：標本調査において、調査のために抜き出されたものの集まり
母集団の大きさ：母集団に含まれるものの個数
標本の大きさ：標本に含まれるものの個数

例題220

ある工場で生産された製品の中から無作為に800個選んで検査すると、そのうち2個が不良品であった。この工場で生産された16000個の製品の中に不良品は何個入っているか推定せよ。

標本調査で母集団の状況を推定するとき、標本について調べた結果と母集団の状況がおおよそ等しいと考えます。この問題では、無作為に選んだ800個の製品に対する不良品の個数2個の割合と、すべての製品16000個に対するすべての不良品の個数の割合が等しいと考え、不良品の個数を推定します。

解答

16000個の中に不良品が x 個入っているとすると　$800 : 2 = 16000 : x$
これを解いて　$800x = 2 \times 16000$　すなわち $x = 40$
よって、16000個の製品中に入っている不良品の個数は**およそ40個**

標本に対して平均を調査した場合、標本の平均値を**標本平均**（ひょうほんへいきん）といい、母集団の平均値は標本平均と等しいと推定できます。

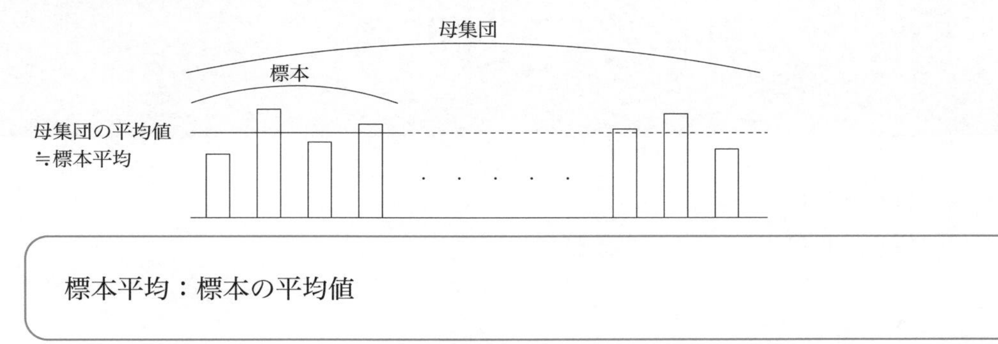

標本平均：標本の平均値

演習 220（解答は P.348）

ある農家で生産したみかんの中から無作為に 30 個を選んで重さを測ると合計で 3060 g であった。この農家で生産された 4500 個のみかんの重さの平均値を推定せよ。

標本調査を使って母集団の大きさを推定することもできます。

例題 221

水族館の水槽（すいそう）に同じ種類の魚がたくさんいる。このうち 45 匹を捕獲（ほかく）し、そのすべてに印を付けて水槽に戻した。次の日、魚を 60 匹捕獲すると、そのうち 3 匹に印が付いていた。このとき、水槽にいる魚の総数を推定せよ。

水槽にいる魚の総数に対する印を付けた 45 匹の割合は、次の日に捕獲した 60 匹に対する印の付いている 3 匹の割合に等しいと考えられます。

解答

水槽にいる魚の総数を x 匹とすると　$x : 45 = 60 : 3$
これを解いて　$3x = 45 \times 60$　すなわち　$x = 900$
よって、水槽にいる魚の総数は**およそ 900 匹**

演習 221（解答は P.348）

袋の中に大きさの等しい白玉がたくさん入っている。この袋に白玉と同じ大きさの赤玉を 12 個入れ、よくかき混ぜてから無作為に 30 個の玉を取り出すと、その中に赤玉が 2 個含まれていた。このとき、最初に袋の中にあった白玉の個数を 10 個単位で推定せよ。

第Ⅴ部
演習の解答・解説

演習 1　(1)　＋ **2℃**

(2)　－ **6℃**

演習 2　$\mathbf{\frac{8}{3} > 2.5}$

$\frac{8}{3} = \frac{80}{30}$, $2.5 = \frac{25}{10} = \frac{75}{30}$ としても比べることができますが、数直線をかくとどちらが大きいか簡単に分かります。

演習 3　$\left|-\frac{9}{4}\right| = \mathbf{\frac{9}{4}}$

演習 4　$\mathbf{-\frac{1}{3}}$

$-\frac{1}{3}$，3，0.3，－ 3.1 を絶対値の小さい順に並べると 0.3，$-\frac{1}{3}$，3，－ 3.1 となります。

演習 5　**6 つ**

数直線で考えましょう。

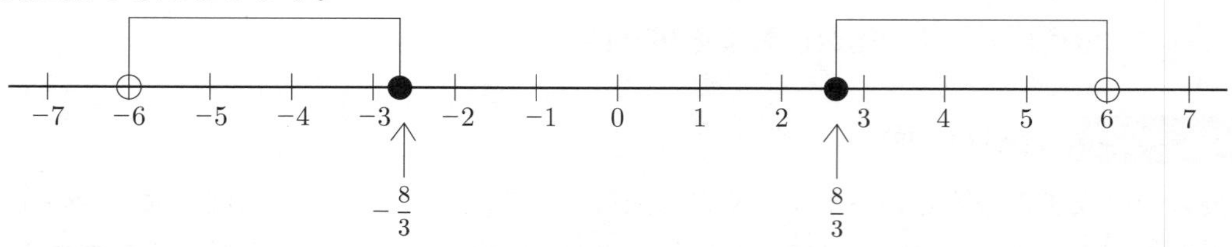

この範囲にある整数は－ 5，－ 4，－ 3，3，4，5 の 6 つです。

演習 6　**階段を 3 段上る。**

「階段を３段下りる」であれば下の階に向かいますが、「階段を－３段下りる」であればその反対で上の階に向かいます。これを負の数を使わずに表現すればよいということです。

演習７　$(-5)+(+9)=\mathbf{4}$

＋９という正の数を足すので、数直線上で右に進みます。－５から９だけ右に進むと０を超えて、答えは正の数になります。

演習８　$(-5)-(-5)=\mathbf{0}$

「－５を引く」は「5 を足す」と同じ意味なので、数直線上で右に進みます。－５から５だけ右に進むと、ちょうど０のところまで戻ってきます。

演習９

$$
\begin{aligned}
&\left(-\frac{4}{3}\right)-(+5)-(-6)-\left(+\frac{2}{3}\right)-(-5)\\
&=\left(-\frac{4}{3}\right)+(-5)+(+6)+\left(-\frac{2}{3}\right)+(+5)\\
&=\left\{\left(-\frac{4}{3}\right)+\left(-\frac{2}{3}\right)\right\}+\{(-5)+(+5)\}+(+6)\\
&=(-2)+(+6)\\
&=\mathbf{4}
\end{aligned}
$$

すべて加法に直すと解答の２行目の式になり、交換法則と結合法則を使って３行目の式に直しています。$\left(-\frac{4}{3}\right)+\left(-\frac{2}{3}\right)=-2$ のように分数どうしを先に計算することで分数がなくなる場合があります。また、$(-5)+(+5)=0$ のように足して０になる計算を先にすると計算の量を減らすことができます。

演習10

$$
\begin{aligned}
&14.3-\{5.7-(-3.2+0.4)\}+(-1.5)\\
&=14.3-\{5.7-(-2.8)\}-1.5\\
&=14.3-8.5-1.5\\
&=\mathbf{4.3}
\end{aligned}
$$

式にかっこがある場合は、かっこの中を先に計算しましょう。３行目の式は左から順に計算するよりも、$-8.5-1.5$ の部分を先に計算して、

$14.3-8.5-1.5=14.3-10=4.3$

とした方が楽です。

演習 11 $\left(-\dfrac{5}{6}\right)\times\left(+\dfrac{3}{4}\right)\times\left(-\dfrac{7}{5}\right)=\dfrac{5}{6}\times\dfrac{3}{4}\times\dfrac{7}{5}=\boldsymbol{\dfrac{7}{8}}$

負の数を偶数回かけているので、積は正の数です。積が正の数だと分かれば、式を書き直すときに負の符号−をすべてなくします。もし、積が負の数になるのであれば、

$$\left(-\frac{5}{6}\right)\times\left(-\frac{3}{4}\right)\times\left(-\frac{7}{5}\right)=-\frac{5}{6}\times\frac{3}{4}\times\frac{7}{5}$$

のように最初に負の符号を１つだけ付ければよいです。

演習 12 $-\dfrac{6}{7}\times(-1.25)\times\dfrac{14}{3}=\dfrac{6}{7}\times\dfrac{14}{3}\times1.25=4\times1.25=\mathbf{5}$

$\dfrac{6}{7}\times\dfrac{14}{3}$ を最初に計算できるように交換法則を使っています。

演習 13 $8\div\left(-\dfrac{4}{3}\right)=8\times\left(-\dfrac{3}{4}\right)=\mathbf{-6}$

演習 14 $-\dfrac{12}{5}\div\left(-\dfrac{3}{14}\right)\div\dfrac{7}{25}=\dfrac{12\times14\times25}{5\times3\times7}=\mathbf{40}$

演習 15 $-7\times(-48)\div0.3\times(-5)\div(-8)=\dfrac{7\times48\times10\times5}{3\times8}=\mathbf{700}$

$0.3=\dfrac{3}{10}$ なので、$\div0.3$ は $\times\dfrac{10}{3}$ と直すことになります。

演習 16 $-\left(-\dfrac{3}{2}\right)^3\times2^2=\dfrac{27}{8}\times4=\boldsymbol{\dfrac{27}{2}}$

$-\left(-\dfrac{3}{2}\right)^3$ は、まず $-\dfrac{3}{2}$ を３個かけ、それに負の符号が付いているので符号を反対にします。

$$-\left(-\frac{3}{2}\right)^3=-\left(-\frac{27}{8}\right)=\frac{27}{8}$$

演習 17 $\dfrac{35}{2}\div\left(-\dfrac{7}{8}\right)\times\dfrac{1}{4}-(-3.6)\times(-5)=-\dfrac{35\times8}{2\times7\times4}-3.6\times5=-5-18$

$=\mathbf{-23}$

演習 18 $2-\left\{\dfrac{5}{3}-\left(\dfrac{5}{2}-3\right)\right\}\times\dfrac{5}{13}$

$=2-\left\{\dfrac{5}{3}-\left(-\dfrac{1}{2}\right)\right\}\times\dfrac{5}{13}$

$$= 2 - \frac{13}{6} \times \frac{5}{13}$$
$$= \frac{12}{6} - \frac{5}{6}$$
$$= \mathbf{\frac{7}{6}}$$

演習 19 $\left(\frac{3^2}{2} - \frac{3}{2}\right) \times \left(\frac{3}{5} + \frac{1}{5}\right)^2 = \left(\frac{9}{2} - \frac{3}{2}\right) \times \left(\frac{4}{5}\right)^2 = 3 \times \frac{16}{25} = \mathbf{\frac{48}{25}}$

演習 20 $\left(\frac{3}{8} + \frac{7}{6} - \frac{5}{12}\right) \div \frac{1}{24} = \left\{\frac{3}{8} + \frac{7}{6} + \left(-\frac{5}{12}\right)\right\} \times 24$

$= \frac{3}{8} \times 24 + \frac{7}{6} \times 24 + \left(-\frac{5}{12}\right) \times 24 = 9 + 28 - 10 = \mathbf{27}$

書かなくても分かる場合は最初の式変形はせずにいきなり分配法則を使ってください。

演習 21 $74 \times 15 - 54 \times 15 = (74 - 54) \times 15 = 20 \times 15 = \mathbf{300}$

減法を負の数の加法と考えて分配法則を使っています。より丁寧に書くと下のようになります。

$74 \times 15 - 54 \times 15 = 74 \times 15 + (-54) \times 15 = \{74 + (-54)\} \times 15 = 20 \times 15$
$= 300$

しかし、実際には解答のように書くか、あるいは理解できていれば

$74 \times 15 - 54 \times 15 = 20 \times 15 = 300$

でも十分です。

演習 22 $\mathbf{-3y}$

数が負の数の場合も同じように、数、文字の順に書きます。

演習 23 $\boldsymbol{abc}$

演習 24 $\boldsymbol{-x^2y^2}$

演習 25 $\boldsymbol{(m-n)(x+2y)^2}$

演習 26 $\boldsymbol{\frac{-5}{x-y}}$

分母や分子に付いている負の符号－は分数の前に付けてもよく、$-\dfrac{5}{x-y}$ でも構いません。また、$(x-y)\div(-5)$ のように分母が負の数となる場合は、$\dfrac{x-y}{-5}$ と書かずに、分母が正の数になるように $-\dfrac{x-y}{5}$ と書くのが一般的です。

演習 27 $\boldsymbol{\dfrac{10(x+y)}{3}+\dfrac{5xy}{4}}$

前半の $(-2)\times 5\div\dfrac{-3}{x+y}$ の部分は、負の数が2つ含まれており、乗法、除法の計算をすると答えが正になるので、$(-2)\times 5\div\dfrac{-3}{x+y}=2\times 5\times\dfrac{x+y}{3}=\dfrac{10(x+y)}{3}$ となります。

後半は $x\div(-4)\times 5y=-\dfrac{5xy}{4}$ を引いているので、$\dfrac{5xy}{4}$ を足すのと同じ意味になります。

演習 28 $\dfrac{a}{100}\times 1000b=10ab$

よって、**$\boldsymbol{10ab}$ 円**

解答にある「よって」という言葉は数学でよく使います。「そのため」と同じ意味です。

100 g あたり a 円のお茶は、1 g あたり $a\div 100=\dfrac{a}{100}$ 円です。b kg= $1000b$ g なので、$\dfrac{a}{100}\times 1000b$ 円を決まりにしたがって表せばよいということです。g と kg の単位をそろえて考えることに気を付けてください。

b kg = $1000b$ g と直すのが分かりにくければ、1 kg = 1000 g、2 kg = 2000 g、と具体的な数字で考えてみましょう。

そうすると、kg の値に 1000 をかければ g の値に直せることが分かり、

b kg =($b\times 1000$) g = $1000b$ g と直すことができます。

単位を g ではなく kg にそろえて考えることもできます。お茶が 100 g あたり a 円だということは、1 kg (= 1000 g) あたり $10a$ 円となります。それが b kg 分の代金なので、$10a\times b=10ab$ と求められます。

演習 29 秒速 z m = 分速 $60z$ m

$x\div y+x\div 60z=\dfrac{x}{y}+\dfrac{x}{60z}$

よって、$\boldsymbol{\left(\dfrac{x}{y}+\dfrac{x}{60z}\right)}$ **分**

まず、時間の単位を分にそろえます。秒速は「1秒あたりに進む距離」なので、60倍すれば60秒、つまり1分あたりに進む距離となり、分速に直せます。よって、秒速 z m＝分速 $60z$ m となります。
単位がそろったら、かかる時間を求めます。行きも帰りも距離と速さが分かっているので、(距離)÷(速さ) でそれぞれにかかる時間を求め、それらを足せばよいということです。

演習 30 $x \times \frac{y}{100} = \frac{xy}{100}$

よって、$\boldsymbol{\frac{xy}{100}}$ **人**

$100\% = 1$, $10\% = 0.1$, … と、百分率を100で割れば割合に直せるので、y %を割合に直すと $\frac{y}{100}$ となります。

演習 31 $\boldsymbol{(100x + y)(10a + b)}$

演習 32 $\boldsymbol{-\frac{x^2}{2}, \frac{xy}{3}, -z, 1}$

x^2の係数：$\boldsymbol{-\frac{1}{2}}$, xyの係数：$\boldsymbol{\frac{1}{3}}$, zの係数：$\boldsymbol{-1}$

1つ目の項は x^2 が文字なので、x^2 にどんな数がかけてあるかを考えてください。

演習 33 **4**

$\frac{2ax^2}{3}$, $-abxy$, $7abc$, 10 のそれぞれの次数は3, 4, 3, 0であり、最も高い4が式の次数となります。

演習 34 $x^2 - 5xy + \frac{4}{3}x + 3 - 6x^2 - \frac{1}{4}xy - \frac{2}{5}x = \boldsymbol{-5x^2 - \frac{21}{4}xy + \frac{14}{15}x + 3}$

ポイント

同じ文字が含まれていても、x^2 と xy のように異なる文字が含まれていたり、x^2 と x のように次数が違ったりすれば同類項ではありません。

$x^2 - 6x^2$ の計算は、

$x^2 - 6x^2 = 1 \times x^2 - 6 \times x^2 = (1 - 6) \times x^2 = -5x^2$

のように考えます。指数の2に惑(まど)わされず、x^2 を文字と考えてください。

演習 35 $\boxed{} = \left(-\frac{1}{4}x^2 + \frac{1}{5}x + \frac{1}{2}\right) - \left(-\frac{1}{4}x - \frac{1}{6} + \frac{1}{3}x^2\right)$

$$= \boldsymbol{-\frac{7}{12}x^2 + \frac{9}{20}x + \frac{2}{3}}$$

文字が x^2，x の項の係数と定数項はそれぞれ次のようになります。

x^2：$-\frac{1}{4} - \frac{1}{3} = -\frac{3}{12} - \frac{4}{12} = -\frac{7}{12}$

x：$\frac{1}{5} - \left(-\frac{1}{4}\right) = \frac{4}{20} + \frac{5}{20} = \frac{9}{20}$

定数項：$\frac{1}{2} - \left(-\frac{1}{6}\right) = \frac{3}{6} + \frac{1}{6} = \frac{4}{6} = \frac{2}{3}$

演習 36

$$\begin{array}{rl} & 2x^2 - 5x - 4 \\ -) & 4x^2 - 5x - 6 \\ \hline & \boldsymbol{-2x^2 \qquad\quad +2} \end{array}$$

演習 37 $-9x^2 \times (y^3)^2 \div 4y^4 + (-xy)^3 \times \frac{5}{3y^2} - \frac{x^2y^2}{3} \times (-3^2)$

$$= -\frac{9x^2 \times y^3 \times y^3}{4y^4} - \frac{xy \times xy \times xy \times 5}{3y^2} + \frac{x^2y^2 \times 3 \times 3}{3}$$

$$= -\frac{9x^2y^2}{4} - \frac{5x^3y}{3} + 3x^2y^2$$

$$= \boldsymbol{\frac{3x^2y^2}{4} - \frac{5x^3y}{3}}$$

$-\frac{9x^2y^2}{4}$ と $3x^2y^2$ は文字の部分がどちらも x^2y^2 であり同類項なので忘れずにまとめてください。

演習 38 $(6x^3 - 2x^2 + 8x) \div \frac{2}{7}x + (-6x^2y + 9xy) \div \left(-\frac{3}{8}xy\right)$

$$= (6x^3 - 2x^2 + 8x) \times \frac{7}{2x} + (-6x^2y + 9xy) \times \left(-\frac{8}{3xy}\right)$$

$$= 6x^3 \times \frac{7}{2x} - 2x^2 \times \frac{7}{2x} + 8x \times \frac{7}{2x} - 6x^2y \times \left(-\frac{8}{3xy}\right) + 9xy \times \left(-\frac{8}{3xy}\right)$$

$$= 21x^2 - 7x + 28 + 16x - 24$$

$$= \boldsymbol{21x^2 + 9x + 4}$$

演習 39 $\dfrac{-3a+7}{4b}\times 8ab-\dfrac{-4a+2b-8c}{5}\times 15$

$=(-3a+7)\times 2a-(-4a+2b-8c)\times 3$

$=-6a^2+14a+12a-6b+24c$

$=\boldsymbol{-6a^2+26a-6b+24c}$

前半は、分母の $4b$ と分子の $8ab$ をそれぞれ $4b$ で割って約分すると、分子に $2a$ が残ります。

演習 40 $\dfrac{4x-5}{3}+\dfrac{-8x+7}{15}$

$=\dfrac{20x-25}{15}+\dfrac{-8x+7}{15}$

$=\dfrac{12x-18}{15}$

$=\boldsymbol{\dfrac{4x-6}{5}}$

$\dfrac{12x-18}{15}$ は 12，18，15 のすべてが 3 の倍数なので、分母分子をそれぞれ 3 で割って約分することができます。

注意 約分するときは、必ず分子全体と分母全体を同じ数で割るように注意してください。たとえば、例題 40 の答えの $\dfrac{31x^2-12x-14}{12}$ を、分子の一部と分母を 12 で割って $\dfrac{31x^2-12x-14}{12}=31x^2-x-14$ などと直すのは間違いです。

演習 41 $3(A-B)+2(B-C)$

$=3A-3B+2B-2C$

$=3A-B-2C$

$=3(x^2+2xy-y^2)-(-x^2-xy+3y^2)-2(2x^2-3xy+y^2)$

$=3x^2+6xy-3y^2+x^2+xy-3y^2-4x^2+6xy-2y^2$

$=\boldsymbol{13xy-8y^2}$

$3(A-B)+2(B-C)$ にそのまま A，B，C を代入して、

$3\{(x^2+2xy-y^2)-(-x^2-xy+3y^2)\}+2\{(-x^2-xy+3y^2)-(2x^2-3xy+y^2)\}$

として計算することもできますが、解答のように先に $3(A-B)+2(B-C)$ を計算した方が楽です。

演習 42 $\dfrac{x}{5}=4$

両辺に 5 をかけて

$\boldsymbol{x=20}$

$\dfrac{x}{5}$ を $\dfrac{1}{5}x$ と考えることもできます。その考え方でも、x に $\dfrac{1}{5}$ がかけてあるので両辺を $\dfrac{1}{5}$ で割ればよく、両辺に 5 をかけるのと同じことになります。

演習 43 $6-11x=-2x-12$

$-11x+2x=-12-6$

$-9x=-18$

$\boldsymbol{x=2}$

演習 44 $0.4x-3=-0.5x+0.6$

両辺に 10 をかけて

$4x-30=-5x+6$

$9x=36$

$\boldsymbol{x=4}$

$4x-30=-5x+6$ の方程式で -30 と $-5x$ を移項すると、$4x+5x=6+30$ …（*）となり、これを計算すると $9x=36$ となります。慣れてきたら、解答のように（*）の式を書かずに考えましょう。

演習 45 $3\left(x-\dfrac{2x+1}{4}\right)=\dfrac{2(4x-3)}{5}$

両辺に 20 をかけて

$3\{20x-5(2x+1)\}=8(4x-3)$

$3(20x-10x-5)=32x-24$

$30x-15=32x-24$

$-2x=-9$

$\boldsymbol{x=\dfrac{9}{2}}$

方程式に分数が含まれており分母が 4 と 5 なので、最小公倍数の 20 を最初に両辺にかけました。そうすると、左辺は $3\times\left(x-\dfrac{2x+1}{4}\right)\times 20$ となり、後半の $\left(x-\dfrac{2x+1}{4}\right)\times 20$ の部分を先に計算すれば分数がなくなります。

演習 46 $4-7x=-2x-6$ を解くと

$-5x=-10$

$x=2$

これが $-6x+5a=3ax-1$ の解でもあるので、$x=2$ を代入して

$-12+5a=6a-1$

これを解いて $-a=11$

$\boldsymbol{a=-11}$

2 つの方程式を見ると、1 つ目の方程式は x 以外に文字がなく、2 つ目の方程式は x と a の 2 つの文字があるので、1 つ目の方程式であれば解くことができ、解は $x=2$ であることが分かります。

演習 47 x 年後にお母さんの年齢が A さんの年齢の 2 倍になるとすると、

$2(13+x)=42+x$

これを解いて $26+2x=42+x$

$x=16$

これは問題に適している。

∴ 16 年後

お母さんの年齢が A さんの年齢の 2 倍になるのが何年後かを求めたいので、それを x 年後としました。現在 13 歳の A さんは、1 年後には $13+1=14$ で 14 歳、2 年後には $13+2=15$ で 15 歳… となり、x 年後には $(13+x)$ 歳になります。お母さんも同じように x 年後には $(42+x)$ 歳になり、その年齢が $(13+x)$ の 2 倍の $2(13+x)$ と同じであるとして式を立てます。

演習 48 長いすが全部で x 脚あるとすると、

$3x+8=4(x-5)+2$

これを解いて $3x+8=4x-20+2$

$x=26$

よって、生徒の人数は $3\times26+8=86$

これは問題に適している。

∴ 86 人

生徒の人数よりも長いすの数を文字でおいた方が、式が立てやすくなります。

x 脚の長いすに 1 脚あたり 3 人ずつ座ると $3x$ 人座ったことになり、座れなかった生徒が 8 人いるので、生徒数は全部で $(3x+8)$ 人です。

1 脚に 4 人ずつ座る場合は、1 脚は 2 人が座り、4 脚余るので、4 人ずつ座っている

長いすは $(x-5)$ 脚で、そこに $4(x-5)$ 人が座ることになります。それ以外に2人座っている長いすが1脚あるので、生徒数は全部で $\{4(x-5)+2\}$ 人となります。
また、 $3x+8=4x-20+2$ という方程式を変形するときに、x の項を左辺に集め、定数項を右辺に集めると $-x=-26$ となり、両辺に-1をかける必要があります。しかし、x の項を右辺に集め、定数項を左辺に集めると $26=x$ となり、方程式の解が $x=26$ であることがスムーズに求められます。
このように、**方程式を $ax=b$ の形ではなく $b=ax$ の形に変形した方が解きやすい場合もあります**。

演習 49 加えた食塩水の濃度を x %とすると、

$$600\times\frac{5}{100}+400\times\frac{x}{100}=(600+400)\times\frac{7}{100}$$

これを解いて $30+4x=70$

$4x=40$

$x=10$

これは問題に適している。

$\therefore$ **10%**

演習 50 商品の原価を x 円とすると、

$(x+4000)\times0.9=1.08x$

これを解いて $0.9x+3600=1.08x$

$-0.18x=-3600$

$x=20000$

これは問題に適している。

$\therefore$ **20000円**

定価の10%引きで売ったということは、定価の90%の値段で売ったということです。定価は原価に4000円の利益を加えた値段なので、$(x+4000)$ に0.9をかければ売った値段が求められます。それと、原価に8%の利益を加えた値段の $1.08x$ 円が同じだということです。

演習 51 $(3x+4):6=5:3$ であるとき $3(3x+4)=6\times5$

これを解いて $3x+4=10$

$3x=6$

$\boldsymbol{x=2}$

演習 52 1年生の男子生徒と女子生徒の人数をそれぞれ $7x$ 人，$8x$ 人とすると、

$(7x+25):(8x-25)=11:9$ すなわち $9(7x+25)=11(8x-25)$

これを解いて $-25x=-500$

$x=20$

よって、1年生の男子生徒の人数は $7\times 20=140$、女子生徒の人数は $8\times 20=160$

これらは問題に適している。

∴ **男子生徒 140 人、女子生徒 160 人**

演習 53 $15b+17c=32a$

これを c について解くと $17c=32a-15b$

$$\boldsymbol{c=\frac{32a-15b}{17}}$$

男子生徒の身長の合計は $15b$ cm、女子生徒は $32-15=17$ 人で身長の合計は $17c$ cm なので、それらを足すと全員の身長の合計になります。

演習 54 $-\frac{2}{3}x-\frac{5}{12}\leqq\frac{1}{4}(2x-5)$

両辺に 12 をかけて

$-8x-5\leqq 6x-15$

$-8x-6x\leqq -15+5$

$-14x\leqq -10$

$\boldsymbol{x\geqq\frac{5}{7}}$

分数が含まれた状態のまま不等式を解くこともできますが、方程式のときと同じように分母をはらってから解くと計算が楽です（P.52 参照）。

演習 55 $\frac{ax-4}{3}>\frac{x}{2}$

両辺に 6 をかけて

$2ax-8>3x$

$2ax-3x>8$

$(2a-3)x>8$

・$\boldsymbol{a>\frac{3}{2}}$ **のとき** $\boldsymbol{x>\frac{8}{2a-3}}$

・$\boldsymbol{a=\frac{3}{2}}$ **のとき 解なし**

・$a < \dfrac{3}{2}$ のとき $x < \dfrac{8}{2a-3}$

$2a-3>0,\ 2a-3=0,\ 2a-3<0$ つまり $a>\dfrac{3}{2},\ a=\dfrac{3}{2},\ a<\dfrac{3}{2}$ の3つに場合分けしました。$a=\dfrac{3}{2}$ のときは、x がどんな値でも $(2a-3)x=0$ であり、$(2a-3)x>8$ となることはないので「解なし」となります。

演習 56 定価の x %を値引きするとすると

$$1000\times 1.2\times\frac{100-x}{100}\geqq 1000+80$$

これを解いて、$12(100-x)\geqq 1080$

$$-12x\geqq -120$$

$$x\leqq 10$$

10%の値引きとすると問題に適している。

∴ 10%

定価は原価の1000円にその20%の利益を加えた値段なので、(1000 × 1.2) 円です。
x %値引きするということは（$100-x$）%で売るということなので、
（$100-x$）%を割合に直した $\dfrac{100-x}{100}$ を定価にかければ売った値段を式にすることができます。
80円以上の利益を得るためには原価に80円を加えた1080円以上で売ればよいという関係を不等式にしています。

演習 57 $5+2x<3x+a+3$ を解いて

$$-x<a-2$$

$$x>-a+2$$

$\dfrac{1}{2}x-\dfrac{4}{3}>\dfrac{1}{4}x-\dfrac{1}{12}$ を解いて

$$6x-16>3x-1$$

$$3x>15$$

$$x>5$$

$x>-a+2$ が $x>5$ に含まれればよいので $5\leqq -a+2$

$\therefore\ \boldsymbol{a\leqq -3}$

まず、2つの不等式を解く必要があります。不等式が解ければ、$x>-a+2$ が $x>5$ に含まれていればよいことが分かります。それは次の図のような状態であればよいということです。

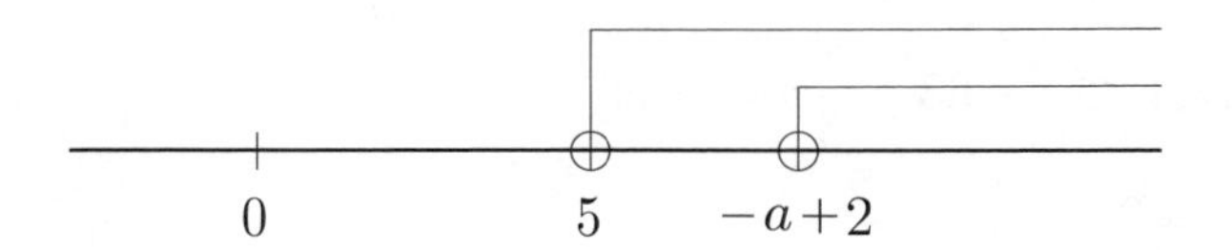

図を見ると、$-a+2$ が5より大きければ確実に $x>-a+2$ が $x>5$ に含まることが分かります。しかし、解答は $5\leqq -a+2$ と、不等号に＝が付いています。これは、$5=-a+2$ であれば、つまり5と $(-a+2)$ が数直線上で同じ位置にあれば、$x>-a+2$ と $x>5$ が同じ範囲を表していることになり、$x>-a+2$ が $x>5$ に含まれることになるからです。

演習 58 $4x-8y-3=x-6y+5$ に $x=a,\ y=-2$ を代入して

$4a+16-3=a+12+5$

これを解いて $4a+13=a+17$

$3a=4$

$\boldsymbol{a=\dfrac{4}{3}}$

演習 59 $x+3y=18$ より $x=18-3y$

ここで、$x\geqq 3$ なので $18-3y\geqq 3$

よって、$y\leqq 5$

y は3以上の自然数なので、$y=3,\ 4,\ 5$ に限られ、

このとき $x=9,\ 6,\ 3$

これらは問題に適しているので、$\boldsymbol{(x,\ y)=(9,\ 3),\ (6,\ 4),\ (3,\ 5)}$

$x+3y=18$ を $y=-\dfrac{1}{3}x+6$ と直すと、$y\geqq 3$ より $-\dfrac{1}{3}x+6\geqq 3$ であり、これを解くと $x\leqq 9$ となります。そうすると、x の値は $x=3,\ 4,\ 5,\ \cdots,\ 9$ に限られ、それぞれについて y が3以上の自然数となれば解となります。
しかし、$x+3y=18$ となるような自然数 $x,\ y$ の値を考えるとき、$x,\ y$ の値を同じように変えるとすると x の値よりも $3y$ の値の方が大きく変動します。そのため、解答で示したように先に y の値を絞った方が楽に考えられます。

演習 60 $6x-3y=-19$ に $x=a,\ y=-\dfrac{2}{3}$ を代入して $6a+2=-19$

これを解いて $6a=-21$

$a=-\dfrac{7}{2}$

$18x + by = -65$ に $x = a,\ y = -\dfrac{2}{3}$ を代入して $18a - \dfrac{2}{3}b = -65$

これに $a = -\dfrac{7}{2}$ を代入して $-63 - \dfrac{2}{3}b = -65$

これを解いて $-\dfrac{2}{3}b = -2$

$\boldsymbol{b = 3}$

演習 61 $\begin{cases} 5x - 7y = 9 & \cdots ① \\ -x + 4y = 6 & \cdots ② \end{cases}$

②を変形して $x = 4y - 6$ … ③

③を①に代入して $5(4y - 6) - 7y = 9$

これを解いて $20y - 30 - 7y = 9$

$13y = 39$

$y = 3$

これを③に代入して $x = 4 \times 3 - 6 = 6$

よって、$\boldsymbol{x = 6,\ y = 3}$

演習 62 $\begin{cases} 12x + 4y = -4 & \cdots ① \\ -14x - 6y = -2 & \cdots ② \end{cases}$

① × 3 より $36x + 12y = -12$ … ③

② × 2 より $-28x - 12y = -4$ … ④

③＋④より $8x = -16$

よって $\boldsymbol{x = -2}$

これを①に代入して $12 \times (-2) + 4y = -4$

これを解いて $4y = 20$

$y = 5$

よって、$\boldsymbol{x = -2,\ y = 5}$

x の係数よりも y の係数の方が絶対値が小さくそろえやすそうです。y の係数の絶対値を 4 と 6 の最小公倍数の 12 にそろえ、y の係数の符号が異なるので 2 つの方程式を足せば y を消去することができました。

演習 63 $\begin{cases} 0.6(x - y) + 0.5y = 2 & \cdots ① \\ 0.7x - 0.5(2x - y) = 3.5 & \cdots ② \end{cases}$

① × 10 より $6x - 6y + 5y = 20$

これを変形して $6x-y=20$ … ③
② × 10 より　$7x-10x+5y=35$
これを変形して　$-3x+5y=35$ … ④
③を変形して　$y=6x-20$ … ⑤
これを④に代入して　$-3x+5(6x-20)=35$
これを解いて　$27x=135$

$x=5$

これを⑤に代入して　$y=6\times5-20=10$
よって、$\boldsymbol{x=5,\ y=10}$

演習 64

$$\begin{cases} -4x+3y-z=14 & \cdots ① \\ 6x-4y+2z=-22 & \cdots ② \\ 5x-6y-3z=1 & \cdots ③ \end{cases}$$

① × 2 より　$-8x+6y-2z=28$ … ④
④ ＋②より　$-2x+2y=6$
よって　$x=y-3$ … ⑤
① × 3 より　$-12x+9y-3z=42$ … ⑥
⑥ −③より　$-17x+15y=41$ … ⑦
⑤を⑦に代入して　$-17(y-3)+15y=41$
これを解いて　$-2y=-10$

$y=5$

これを⑤に代入して　$x=5-3=2$
$x=2,\ y=5$ を①に代入して　$-4\times2+3\times5-z=14$
よって　$z=-7$
$\therefore\ \boldsymbol{x=2,\ y=5,\ z=-7}$

具体的な解答で解き方を確認しておきましょう。
まず、①と②を使って z を消去して⑤を作りました。次に、①と③を使って同じく z を消去して⑦を作りました。これらは、どちらも z の係数の絶対値をそろえて加減法を使っています。
そうすると、⑤と⑦で、文字が x，y の２元１次方程式を２つ連立させた連立方程式ができます。これを解くと、x，y の値が求められるので、最後にそれらを①に代入すれば z の値も求めることができました。
解答では⑤と⑦の連立方程式を作るときに、①を②と③のそれぞれと連立させましたが、②を①と③のそれぞれと連立させるなどの方法でも構いません。

4つ以上の文字を含む連立方程式の場合も、「1つの方程式を残りの方程式と連立させて文字と方程式の数が1つずつ少ない連立方程式を作る」という操作（そうさ）を繰り返していけば解くことができます。つまり、この操作を「1つの文字を含む方程式が1つある状態」まで繰り返すということです。
そうすると、その前の状態は「2つの文字を含む方程式が2つある状態」であり、その前は「3つの文字を含む方程式が3つある状態」…となっていればよいことになります。結局、**文字の数と同じ数だけ方程式があれば解ける**ということで、これは文章問題を解くときに重要なので覚えておいてください。
たとえば、文章問題を解くときに分からない値が5つあれば、それらを文字で表して5つの方程式を作れば解くことができるということです。

演習 65 はじめに箱に入っていた赤玉、白玉の個数をそれぞれ $4x$ 個，$5x$ 個とし、入れた赤玉、白玉の個数をそれぞれ $3y$ 個，y 個とすると、

$$\begin{cases} 4x+3y=44 & \cdots ① \\ 5x+y=44 & \cdots ② \end{cases}$$

②×3より $15x+3y=132$ … ③
③−①より $11x=88$
よって $x=8$
はじめに箱に入っていた赤玉の個数は $4\times8=32$
はじめに箱に入っていた白玉の個数は $5\times8=40$
これらは問題に適している。
∴ **赤玉 32 個、白玉 40 個**

赤玉と白玉の個数の比が4：5であれば、それぞれの個数を1つの文字だけを使って $4x$ 個，$5x$ 個と表すことができました（P.61 参照）。

演習 66 昨年度の男子の生徒数を x 人、女子の生徒数を y 人とすると、

$$\begin{cases} \frac{95}{100}x+\frac{104}{100}y=462 & \cdots ① \\ x+y-3=462 & \cdots ② \end{cases}$$

②より $x=465-y$ … ③
これを①に代入して $\frac{95}{100}(465-y)+\frac{104}{100}y=462$
これを解いて $9y=2025$
$y=225$
これを③に代入して $x=465-225=240$

今年度の男子の生徒数は $240 \times \dfrac{95}{100} = 228$

今年度の女子の生徒数は $225 \times \dfrac{104}{100} = 234$

これらは問題に適している。

$\therefore$ 男子 **228 人**、女子 **234 人**

男子と女子のそれぞれの生徒数を求めたいのでそれらを文字で表します。たとえば男子については、昨年度の生徒数を x 人とすれば、今年度の生徒数は昨年度の 95%であり、$\dfrac{95}{100}x$ とすぐに表すことができます。

一方、今年度の生徒数を x 人とすると、(昨年度の生徒数)$\times \dfrac{95}{100} = x$ となり、昨年度の生徒数を表すために少し考える必要があります。

このように、**割合の問題では「比べられる量」より「もとにする量」を文字で表したほうが式が立てやすくなります**。

演習 67 A 1 個の値段を a 円、B 1 個の値段を b 円、C 1 個の値段を c 円とすると、

$$\begin{cases} a + b + c = 1370 & \cdots ① \\ a + 3b + 2c = 2490 & \cdots ② \\ 2a + b + 3c = 2810 & \cdots ③ \end{cases}$$

②−①より $2b + c = 1120$ … ④

① × 2 より $2a + 2b + 2c = 2740$ … ⑤

③−⑤より $-b + c = 70$ … ⑥

④−⑥より $3b = 1050$

よって $b = 350$

これを⑥に代入して $-350 + c = 70$

よって $c = 420$

$b = 350, \ c = 420$ を①に代入して $a + 350 + 420 = 1370$

よって $a = 600$

これらは問題に適している。

$\therefore$ A が **600 円**、B が **350 円**、C が **420 円**

演習 68 川の流れの速さを時速 x km、モーターボートの静水時の速さを時速 y km とすると、

$$\begin{cases} 84 = 3(-x+y) & \cdots ① \\ 84 - \dfrac{3}{4}x = \left(3 - \dfrac{3}{4}\right)(x+y) & \cdots ② \end{cases}$$

①より　$28 = -x + y$

よって　$x = y - 28$ ⋯ ③

これを②に代入して　$84 - \dfrac{3}{4}(y-28) = \left(3 - \dfrac{3}{4}\right)(y - 28 + y)$

これを解いて　$336 - 3y + 84 = 18y - 252$

$-21y = -672$

$y = 32$

これを③に代入して　$x = 32 - 28 = 4$

これは問題に適している。

∴ 川の流れの速さは**時速 4 km**

②の方程式について補足しておきます。

川を下るときの最初の 45 分間 $\left(\dfrac{3}{4}\text{時間}\right)$、モーターボートは時速 x km で川下に流されているので、エンジンをかけてから進む距離は $\left(84 - \dfrac{3}{4}x\right)$ km です。

また、川を下るのにかかった 3 時間からエンジンをかけていなかった $\dfrac{3}{4}$ 時間を引いた $\left(3 - \dfrac{3}{4}\right)$ 時間がエンジンをかけていた時間で、その間、時速 $(x+y)$ km で進んでいるので、エンジンをかけてから進む距離を $\left(3 - \dfrac{3}{4}\right)(x+y)$ km と表すこともできます。

これらを等式にしたのが②です。

演習 69　$(2x + y - 4)(-x - 3y + 5)$

$= 2x \times (-x) + 2x \times (-3y) + 2x \times 5 + y \times (-x) + y \times (-3y) + y \times 5$
$\quad - 4 \times (-x) - 4 \times (-3y) - 4 \times 5$

$= -2x^2 - 6xy + 10x - xy - 3y^2 + 5y + 4x + 12y - 20$

$= \boldsymbol{-2x^2 - 7xy - 3y^2 + 14x + 17y - 20}$

演習 70　$(x-4)^2 = \boldsymbol{x^2 - 8x + 16}$

$(x-4)^2 = (x-4)(x-4)$　なので、$(x+a)(x+b) = x^2 + (a+b)x + ab$　の公式に　$a = -4,\ b = -4$　を代入して考えれば展開できます。

この問題のように、

展開の公式　$(x+a)(x+b)=x^2+(a+b)x+ab$ ⋯ ①
の a と b が同じ値である場合は、この公式を
$(x+a)^2=x^2+2ax+a^2$ ⋯ ②
と表すことができます。また、②の式で a を $-a$ に変えると
$(x-a)^2=x^2-2ax+a^2$ ⋯ ③
となります。
①, ②, ③は異なる公式のように見えるかもしれませんが、それぞれを分けて覚える必要はありません。②と③は①の特別な場合なので、①についてだけいつでも使えるように理解しておけば十分です。

演習 71　$(2x+1)(2x-1)(4x^2+1)=(4x^2-1)(4x^2+1)=\mathbf{16x^4-1}$

最初に $(2x+1)(2x-1)$ の部分を見ると、$2x$ と 1 の和と差の積の形になっているので、
$(2x+1)(2x-1)=(2x)^2-1^2=4x^2-1$
と展開できます。そうすると
$(2x+1)(2x-1)(4x^2+1)=(4x^2-1)(4x^2+1)$
となり、今度は $4x^2$ と 1 の和と差の積の形になるので、同じように 2 乗引く 2 乗の形に直して展開することができます。

ポイント
$(x+a)(x+b)=x^2+(a+b)x+ab$, $(x+a)(x-a)=x^2-a^2$ の公式は、a, b に数を代入して成り立つだけでなく、x, a, b にどのような多項式を代入しても成り立ちます。

演習 72

$$
\begin{aligned}
&(a-b+c)(a+b+c)-(a+b-c)(a-b+c)\\
&=\{(a+c)-b\}\{(a+c)+b\}-\{a+(b-c)\}\{a-(b-c)\}\\
&=(a+c)^2-b^2-\{a^2-(b-c)^2\}\\
&=a^2+2ac+c^2-b^2-(a^2-b^2+2bc-c^2)\\
&=\mathbf{2ac-2bc+2c^2}
\end{aligned}
$$

前半は $a+c$ を、後半は $b-c$ を 1 つのまとまりと見て、和と差の積の形に直してから展開しています。
前半は a, c の係数の符号がどちらの多項式でも＋であり、b だけ係数の符号が変わるので、b を足したり引いたりする形にしました。一方、後半は a だけ係数の符号がどちらの多項式でも＋であり、b, c は係数の符号が変わるので、b, c の項

を足したり引いたりする形になっています。

演習 73 $(x+2)(x+4)(x+6)(x+8)$

$$= \{(x+2)(x+8)\}\{(x+4)(x+6)\}$$
$$= (x^2+10x+16)(x^2+10x+24)$$
$$= (x^2+10x)^2+40(x^2+10x)+384$$
$$= x^4+20x^3+140x^2+400x+384$$

展開する順番を変え、$(x+2)(x+8)=x^2+10x+16$ と $(x+4)(x+6)$ $=x^2+10x+24$ の展開をそれぞれすると、x^2+10x を1つのまとまりと見て展開できる形になります。このとき、$(x+a)(x+b)=x^2+(a+b)x+ab$ の展開で $a+b$ が同じ値になるように組み合わせを考えることがポイントです。

演習 74 $2a^2(x+y)-a(x+y)^2$

$$= a(x+y)\{2a-(x+y)\}$$
$$= \boldsymbol{a(x+y)(2a-x-y)}$$

$(x+y)$ を1つのまとまりと見ると、式全体を $a(x+y)$ でくくることができます。

演習 75 $-12a+36+a^2=a^2-12a+36=\boldsymbol{(a-6)^2}$

$-12a+36+a^2$ は a の2次式なので、次数が大きい項から順に並ぶように $a^2-12a+36$ と書き直すと見やすくなります。それから、かけて36、足して-12となる2つの整数の組み合わせを考えると、どちらも-6であればよいことが分かります。**かけて正の数になる整数の組み合わせは、正の数どうしだけでなく負の数どうしでもよいことに注意してください**。

演習 76 $\dfrac{2a^2}{5}-\dfrac{18b^2}{5}$

$$= \frac{2}{5}(a^2-9b^2)$$
$$= \boldsymbol{\frac{2}{5}(a+3b)(a-3b)}$$

$\dfrac{2a^2}{5}-\dfrac{18b^2}{5}=\dfrac{2}{5}\times a^2-\dfrac{2}{5}\times 9\times b^2$ なので、$\dfrac{2}{5}$ が2つの項に共通で含まれています。2行目から3行目へは、$a^2-9b^2=a^2-(3b)^2$ なので、「和と差の積は2乗引く2乗」の公式を使って因数分解します。

演習 77 $x^2y^2+2xy-8=\boldsymbol{(xy+4)(xy-2)}$

$x^2y^2+2xy-8=(xy)^2+2xy-8$ と直せば、$x^2+(a+b)x+ab=(x+a)(x+b)$ の公式の x の部分に xy が入っていると考えることができます。

演習 78 $3xy-3x-y+1=3x(y-1)-(y-1)=\boldsymbol{(3x-1)(y-1)}$

$3xy-3x-y+1$ を x について見れば 1 次式であり、**1 次式の因数分解は共通因数でくくるという形しかありません**。
この問題では、最初の 2 つの項に x が含まれるので、この部分だけを因数分解すると $3xy-3x=3x(y-1)$ となります。
それから後半の $-y+1$ の部分を見ると、－1 でくくれば $(y-1)$ を作ることができ、解答のように多項式全体を因数分解することができます。
$3xy-3x-y+1$ を y の 1 次式として見ても、1 つ目と 3 つ目の項を y で、2 つ目と 4 つ目の項を－1 でくくり、次のように因数分解することができます。

$$3xy-3x-y+1=y(3x-1)-(3x-1)=(y-1)(3x-1)$$

演習 79

$$\begin{aligned}&(x-y)^2-x+y-42\\&=(x-y)^2-(x-y)-42\\&=\boldsymbol{(x-y+6)(x-y-7)}\end{aligned}$$

$(x-y)$ を 1 つのまとまりと考えて因数分解しています。

演習 80 $924=\boldsymbol{2^2\times3\times7\times11}$

筆算は次のようになります。

```
2) 924
2) 462
3) 231
7)  77
    11
```

演習 81 $30=2\times3\times5$, $105=3\times5\times7$ なので、
30 と 105 の最小公倍数は $2\times3\times5\times7=\boldsymbol{210}$

30 の倍数とは、$2\times3\times5$ に自然数をかけた数、つまり 2，3，5 のすべてを素因数に持つ数です。同じように 3, 5, 7 のすべてを素因数に持つ数が 105 の倍数となります。そのため、2，3，5 という素数の集まりと、3，5，7 という素数の集まりのどちらも

が含まれるように2, 3, 5, 7という素数の集まりを作り、これをすべて素因数に持っていれば30と105の公倍数となります。最小公倍数はその中で最小の数であり、$2\times3\times5\times7=210$ です。

演習 82 $-2x^2-3x+\dfrac{20}{x}=-2\times(-4)^2-3\times(-4)+\dfrac{20}{-4}=-32+12-5$
$=\mathbf{-25}$

演習 83 $54x^5y^6\div(x^2y)^2\times\left(\dfrac{1}{3y}\right)^3+(x+3)^2-x(x+4)$
$=\dfrac{54x^5y^6}{x^4y^2\times27y^3}+x^2+6x+9-x^2-4x$
$=2xy+2x+9$
$2xy+2x+9$ に $x=\dfrac{1}{3},\ y=-\dfrac{5}{2}$ を代入して
$2\times\dfrac{1}{3}\times\left(-\dfrac{5}{2}\right)+2\times\dfrac{1}{3}+9$
$=-\dfrac{5}{3}+\dfrac{2}{3}+9$
$=\mathbf{8}$

演習 84 $x^2-2xy+y^2=(x-y)^2$
$(x-y)^2$ に $x=17.6,\ y=7.6$ を代入して
$(17.6-7.6)^2=10^2=\mathbf{100}$

演習 85 $x^2-2xy+y^2+3y-3x-3=(x-y)^2-3(x-y)-3$
$(x-y)^2-3(x-y)-3$ に $x-y=4$ を代入して
$4^2-3\times4-3=16-12-3=\mathbf{1}$

演習 86 **整数 m, n を0以上の整数とし、$a=5m+3$, $b=5n+2$ とおく。**
a^2 から b^2 を引いた数は
$(5m+3)^2-(5n+2)^2$
$=\{(5m+3)+(5n+2)\}\{(5m+3)-(5n+2)\}$
$=(5m+5n+5)(5m-5n+1)$
$=5(m+n+1)(5m-5n+1)$
$(m+n+1)(5m-5n+1)$ は整数なので、
$5(m+n+1)(5m-5n+1)$ は5の倍数である。

よって、a が5で割ると3余る自然数、b が5で割ると2余る自然数であるとき、a^2 から b^2 を引くと5の倍数になる。

P.82参照 $(x+a)(x-a)=x^2-a^2$ より、

$(5m+3)^2-(5n+2)^2=\{(5m+3)+(5n+2)\}\{(5m+3)-(5n+2)\}$

注意 1つの文字 m だけを使って $a=5m+3,\ b=5n+2$ とすると、たとえば $m=1$ のときに $a=8$ となり、このとき b は $b=7$ と決まってしまいます。

問題文には「 a は5で割ると3余る自然数、b は5で割ると2余る自然数である」としか書かれていないので、a と b をお互いに関係なく表せるように2種類の文字を使って $a=5m+3,\ b=5n+2$ などとしてください。

演習 87 **4桁の自然数の千の位の数を a 、百の位の数を b、十の位の数を c 、一の位の数を d とおく。**

条件より、整数 n を用いて $a+c-(b+d)=11n$ とおくことができる。

4桁の自然数は

$1000a+100b+10c+d$

$=(11\times 91-1)a+(11\times 9+1)b+(11-1)c+d$

$=11(91a+9b+c)-a+b-c+d$

$=11(91a+9b+c)-\{a+c-(b+d)\}$

$=11(91a+9b+c-n)$

$(91a+9b+c-n)$ は整数なので、$11(91a+9b+c-n)$ は11の倍数である。

よって、千の位と十の位の数の和から百の位と一の位の数の和を引いた差が11の倍数である4桁の自然数は11の倍数になる。

演習 88 $\pm\sqrt{17}$

演習 89 $(-\sqrt{(-3)^2})^3=(-\sqrt{9})^3=(-3)^3=-27$

$\sqrt{(-3)^2}$ の部分だけを見ると、$\sqrt{(-3)^2}=\sqrt{9}=3$ と直せます。

演習 90 $-\sqrt{10}>-\sqrt{11}$

どちらも負の数なので、まずそれぞれの絶対値で大きさを比べます。$\sqrt{10},\ \sqrt{11}$ をそれぞれ2乗すると10, 11となり11の方が大きいので、もとの数を比べても $\sqrt{10}<\sqrt{11}$ であることが分かります。**根号で表された正の数どうしを比べる場合には、2乗して考えなくても根号の中の数が大きいほど大きくなるということです。**

絶対値の大小が分かれば、負の数は絶対値が大きくなるほど小さな数になるので、
$-\sqrt{10} > -\sqrt{11}$ であることが分かります。

演習 91 **2.65**

7（$= (\sqrt{7})^2$）は 4（$= 2^2$）より大きく 9（$= 3^2$）より小さいので $2 < \sqrt{7} < 3$、
6.76（$= 2.6^2$）より大きく 7.29（$= 2.7^2$）より小さいので $2.6 < \sqrt{7} < 2.7$ …
のように順に求めていくと、$2.645 < \sqrt{7} < 2.646$ となります。小数第 3 位まで書いた数が 2.645 だということなので、小数第 3 位を四捨五入して 2.65 が近似値です。
開平法を使うと、$\sqrt{7}$ の小数第 3 位までを次のように求めることができます。

	2.	6	4	5
2	7.	00	00	00
2	4			
46	3	00		
6	2	76		
524		24	00	
4		20	96	
5285		3	04	00
5		2	64	25

演習 92 **$\sqrt{6}$ が有理数であると仮定する。**

このとき、p, q を互いに素な自然数として $\sqrt{6} = \dfrac{q}{p}$ とおける。
両辺を 2 乗して
$6 = \dfrac{q^2}{p^2}$
よって $2 \cdot 3p^2 = q^2$
これにより q は 2 の倍数になり、$q = 2k$（k は自然数）とおくと、
$2 \cdot 3p^2 = (2k)^2$ **つまり** $3p^2 = 2k^2$
よって、$3p^2$ は 2 の倍数であるが、2 と 3 は互いに素であるから p^2 が 2 の倍数、すなわち p が 2 の倍数となり、p, q が互いに素であることに矛盾する。
したがって、$\sqrt{6}$ は有理数ではなく、無理数である。

ポイント

$2 \cdot 3p^2$ は $2 \times 3p^2$ のことです。乗法の記号「×」の代わりに「・」を使うこともあります。

$6=\dfrac{q^2}{p^2}$ を $6p^2=q^2$ と直し、「q は6の倍数である」とすることもできますが、「6の倍数である」とは「2の倍数であり、かつ3の倍数である」ということなので、解答のように「q は2の倍数である」としたほうがシンプルに議論を進めることができます。

演習 93 $\sqrt{\dfrac{7}{9}}\times\sqrt{\dfrac{18}{7}}=\sqrt{\dfrac{7}{9}\times\dfrac{18}{7}}=\boldsymbol{\sqrt{2}}$

演習 94 $\dfrac{\sqrt{24}}{\sqrt{4}}=\sqrt{24}\div\sqrt{4}=\sqrt{\dfrac{24}{4}}=\boldsymbol{\sqrt{6}}$

この解答からも分かる通り、**$a\geqq 0$, $b>0$ のとき、$\dfrac{\sqrt{a}}{\sqrt{b}}=\sqrt{\dfrac{a}{b}}$** となっています。

演習 95 $\sqrt{3}\div\sqrt{\dfrac{24}{7}}\times\sqrt{8}=\sqrt{3\div\dfrac{24}{7}\times 8}=\sqrt{3\times\dfrac{7}{24}\times 8}=\boldsymbol{\sqrt{7}}$

演習 96 $\sqrt{6000}=\sqrt{2^4\times 3\times 5^3}=2^2\times 5\times\sqrt{3\times 5}=\boldsymbol{20\sqrt{15}}$

演習 97 $50=2\times 5^2$, $1\leqq 20-m\leqq 19$ より
$20-m=2$, 2×2^2, 2×3^2 すなわち $20-m=2$, 8, 18
よって、$\boldsymbol{m=2,\ 12,\ 18}$

まず50を素因数分解すると $50=2\times 5^2$ なので、$50(20-m)$ を平方数にするためには $(20-m)$ が2であるか、2と平方数の積であればよいことが分かります。
また、m は自然数なので $(20-m)$ は19以下の整数であり、$\sqrt{50(20-m)}$ が自然数となるためには $(20-m)$ は正の数に限られます。つまり $(20-m)$ は1から19までの整数となります。
このような条件を考えると、$20-m=2$, 2×2^2, 2×3^2 つまり $20-m=2$, 8, 18となり、m は18, 12, 2であればよいことが分かります。

演習 98 $\sqrt{0.378}=\sqrt{37.8\times\dfrac{1}{10^2}}=\dfrac{\sqrt{37.8}}{10}=\dfrac{6.148}{10}=\boldsymbol{0.6148}$

演習 99 $\dfrac{\sqrt{7}}{2}+\dfrac{\sqrt{5}}{4}-\dfrac{\sqrt{7}}{3}+\dfrac{\sqrt{5}}{2}$

$$=\frac{3\sqrt{7}}{6}-\frac{2\sqrt{7}}{6}+\frac{\sqrt{5}}{4}+\frac{2\sqrt{5}}{4}$$

$$=\boldsymbol{\frac{\sqrt{7}}{6}+\frac{3\sqrt{5}}{4}}$$

演習 100 $\sqrt{300}\div\sqrt{2}-3\sqrt{2}\times 4-\sqrt{18}\times 2\sqrt{3}+4\sqrt{24}\div\sqrt{3}$

$$=\sqrt{150}-12\sqrt{2}-6\sqrt{6}+4\sqrt{8}$$

$$=5\sqrt{6}-12\sqrt{2}-6\sqrt{6}+8\sqrt{2}$$

$$=\boldsymbol{-\sqrt{6}-4\sqrt{2}}$$

3つ目の項の $\sqrt{18}\times 2\sqrt{3}=6\sqrt{6}$ の計算が分かりにくいかもしれません。

$$\sqrt{18}\times 2\sqrt{3}=3\sqrt{2}\times 2\sqrt{3}=6\sqrt{6}$$

というように、最初に根号の中の数を小さくすると計算しやすくなります。あるいは、

$$\sqrt{18}\times 2\sqrt{3}=\sqrt{6}\times\sqrt{3}\times 2\sqrt{3}=\sqrt{6}\times 3\times 2=6\sqrt{6}$$

のように、$2\sqrt{3}$ の $\sqrt{3}$ の部分が整数になるように $\sqrt{18}$ を直すことを考えてもよいでしょう。

$$\sqrt{18}\times 2\sqrt{3}=2\sqrt{54}=6\sqrt{6}$$

のように最初に根号の中の数をすべてかけても計算できますが、数が大きくなり素因数分解が大変になります。

演習 101 $(\sqrt{18}-\sqrt{15})\div\sqrt{3}-\sqrt{2}(\sqrt{10}+2\sqrt{3})$

$$=\sqrt{6}-\sqrt{5}-2\sqrt{5}-2\sqrt{6}$$

$$=\boldsymbol{-\sqrt{6}-3\sqrt{5}}$$

次のように分配法則を使って計算しています。

$$(\sqrt{18}-\sqrt{15})\div\sqrt{3}=\sqrt{18}\times\frac{1}{\sqrt{3}}-\sqrt{15}\times\frac{1}{\sqrt{3}}$$

$$-\sqrt{2}(\sqrt{10}+2\sqrt{3})=-\sqrt{2}\times\sqrt{10}-\sqrt{2}\times 2\sqrt{3}$$

演習 102 $\dfrac{7-\sqrt{3}}{\sqrt{18}}=\dfrac{7-\sqrt{3}}{3\sqrt{2}}=\dfrac{(7-\sqrt{3})\times\sqrt{2}}{3\sqrt{2}\times\sqrt{2}}=\boldsymbol{\dfrac{7\sqrt{2}-\sqrt{6}}{6}}$

分母と分子に $\sqrt{18}$ をかけて、

$$\frac{7-\sqrt{3}}{\sqrt{18}}=\frac{(7-\sqrt{3})\times\sqrt{18}}{\sqrt{18}\times\sqrt{18}}=\frac{7\sqrt{18}-3\sqrt{6}}{18}=\frac{21\sqrt{2}-3\sqrt{6}}{18}=\frac{7\sqrt{2}-\sqrt{6}}{6}$$

としてもよいですが、**最初に分母にある根号の中の数を小さくしておいた方が計算が楽です**。

演習 103 $\dfrac{5+3\sqrt{2}}{\sqrt{2}}+\dfrac{\sqrt{3}-\sqrt{6}}{\sqrt{12}}$

$=\dfrac{5\sqrt{2}+6}{2}+\dfrac{\sqrt{3}-\sqrt{6}}{2\sqrt{3}}$

$=\dfrac{15\sqrt{2}+18}{6}+\dfrac{3-3\sqrt{2}}{6}$

$=\dfrac{12\sqrt{2}+21}{6}$

$=\boldsymbol{\dfrac{4\sqrt{2}+7}{2}}$

$2\sqrt{2}+\dfrac{7}{2}$ と書いても構いません。

演習 104 $\dfrac{\sqrt{10}+3}{\sqrt{10}-3}=\dfrac{(\sqrt{10}+3)^2}{(\sqrt{10}-3)(\sqrt{10}+3)}=\dfrac{10+6\sqrt{10}+9}{10-9}$

$=\boldsymbol{19+6\sqrt{10}}$

分母が根号を含む数と含まない数の和や差の場合でも、同じように「2 乗引く 2 乗」の形に直せば有理化できます。

演習 105 $5x^3y-5xy^3=5xy(x^2-y^2)=5xy(x+y)(x-y)$

ここで、$x=2\sqrt{3}+\sqrt{7},\ \ y=2\sqrt{3}-\sqrt{7}$ のとき

$xy=(2\sqrt{3}+\sqrt{7})(2\sqrt{3}-\sqrt{7})=12-7=5,\quad x+y=4\sqrt{3},$

$x-y=2\sqrt{7}$ であり、これらを $5xy(x+y)(x-y)$ に代入して

$5\times5\times4\sqrt{3}\times2\sqrt{7}=\boldsymbol{200\sqrt{21}}$

$5x^3y-5xy^3$ に $x=2\sqrt{3}+\sqrt{7},\ y=2\sqrt{3}-\sqrt{7}$ をそのまま代入すると $5(2\sqrt{3}+\sqrt{7})^3(2\sqrt{3}-\sqrt{7})-5(2\sqrt{3}+\sqrt{7})(2\sqrt{3}-\sqrt{7})^3$ を計算することになるので大変です。

演習 106 $3=\sqrt{9}<\sqrt{13}<\sqrt{16}=4$ より　$a=3,\ \ b=\sqrt{13}-3$

よって、$a^2-b^2=3^2-(\sqrt{13}-3)^2=9-(13-6\sqrt{13}+9)$

$=\boldsymbol{-13+6\sqrt{13}}$

$a^2-b^2=(a+b)(a-b)$ なので、これに $a+b=\sqrt{13},\ a-b=6-\sqrt{13}$ を代入して、$a^2-b^2=(a+b)(a-b)=\sqrt{13}(6-\sqrt{13})=6\sqrt{13}-13$ のように求めてもよいでしょう。

演習 107 $x^2+4=4x$ より $(x-2)^2=0$

よって $x-2=0$

$\therefore \boldsymbol{x=2}$

$x^2+4=4x$ の $4x$ を移項すると左辺は x^2-4x+4 となり、これを因数分解すると $x^2-4x+4=(x-2)^2$ となります。

演習 108 $\frac{1}{5}x^2=\frac{1}{4}$ より $x^2=\frac{5}{4}$

$\therefore \boldsymbol{x=\pm\frac{\sqrt{5}}{2}}$

2乗して $\frac{5}{4}$ になる数は $\pm\sqrt{\frac{5}{4}}$ であり、$\pm\sqrt{\frac{5}{4}}=\pm\frac{\sqrt{5}}{\sqrt{4}}=\pm\frac{\sqrt{5}}{2}$ となります。

P.307参照 $\frac{\sqrt{b}}{\sqrt{a}}=\sqrt{\frac{b}{a}}$ より $\pm\sqrt{\frac{5}{4}}=\pm\frac{\sqrt{5}}{\sqrt{4}}$

演習 109 $x^2+18x+45=0$ より $x^2+18x+81=36$

よって、$(x+9)^2=36$

$x+9=\pm 6$

$\boldsymbol{x=-3,\ -15}$

$x+9=\pm 6$ の9を移項すると $x=-9\pm 6$ となり、この2つの解はどちらも $-9+6=-3$, $-9-6=-15$ と計算できます。忘れずに計算してください。

演習 110 $x=\frac{6\pm\sqrt{(-6)^2-9\times 4}}{9}=\frac{6}{9}$

$\therefore \boldsymbol{x=\frac{2}{3}}$

x の係数が偶数なので、$x=\frac{-b'\pm\sqrt{b'^2-ac}}{a}$ に $a=9$, $b'=-6$, $c=4$ を当てはめました。$(-6)^2-9\times 4=0$ なので、$x=\frac{6\pm\sqrt{(-6)^2-9\times 4}}{9}=\frac{6}{9}$ となります。

演習 111 $\frac{1}{8}x^2+\frac{1}{2}x-\frac{1}{4}=0$ より $x^2+4x-2=0$

よって、$x^2+4x+4=6$

$(x+2)^2=6$

$x+2=\pm\sqrt{6}$

$\boldsymbol{x=-2\pm\sqrt{6}}$

係数に分数があるのは見にくいので、両辺に 8 をかけて分数をなくしました。それから、因数分解できない形だったので、$(x+a)^2=b$ の形に変形して解いています。

演習 112 2つの解を m, n (m, n はともに自然数であり $m \geqq n$) とすると、方程式は

$(x-m)(x-n)=0$ すなわち $x^2-(m+n)+mn=0$

となる。これが $x^2-8x+b=0$ と一致するので、係数を比較して、

$$\begin{cases} m+n=8 \\ mn=b \end{cases}$$

$m+n=8$ を満たす m, n は $(m, n)=(7, 1)$, $(6, 2)$, $(5, 3)$, $(4, 4)$ に限られ、このとき $mn=b$ より

$\boldsymbol{b=7, 12, 15, 16}$

演習 113 $300\times\frac{9}{100}\times\frac{300-x}{300}\times\frac{300-x}{300}=300\times\frac{4}{100}$

これを解いて $(300-x)^2=40000$

$300-x=\pm 200$

$x=100, 500$

$x<300$ であるため $x=500$ はこの問題には適さない。

$x=100$ は問題に適している。

$\therefore \boldsymbol{x=100}$

まず、最初に容器に入っている食塩の重さは $\left(300\times\frac{9}{100}\right)$ g です。この容器に入っている 300 g の食塩水のうち x g の食塩水を取り出すので、容器に残る食塩水は $(300-x)$ g です。容器から食塩水を取り出すと、$\left(300\times\frac{9}{100}\right)$ g の食塩が、300 g に対して $(300-x)$ g の割合で残るので、残る食塩の重さは $\left(300\times\frac{9}{100}\times\frac{300-x}{300}\right)$ g となります。この容器に取り出した食塩水と同量の水を加えても食塩の重さは変わらず、食塩水の重さが 300 g に戻ります。

もう一度同じ操作を繰り返すので、同じように $\dfrac{300-x}{300}$ をかければ、最後に残る食塩の重さを表すことができます。

最後に残った食塩の重さは、300 g の食塩水に対して 4%であり、$\left(300\times\dfrac{4}{100}\right)$ g と表すこともできるので、これらを等号でつなげば方程式が作れます。

解答の 1 行目の方程式は複雑に見えるかもしれませんが、両辺をそれぞれ約分して、両辺に $\dfrac{10000}{3}$ をかければ簡単に 2 行目の方程式に変形できます。

演習 114 切り取った正方形の 1 辺の長さを x cm とすると、

$x^2-x(14-2x)=24$

これを解いて　$3x^2-14x-24=0$

$$x=\frac{7\pm\sqrt{(-7)^2-3\times(-24)}}{3}$$

$$x=\frac{7\pm\sqrt{121}}{3}$$

$$x=6,\ -\frac{4}{3}$$

$x>0$ であるため $x=-\dfrac{4}{3}$ はこの問題には適さない。

$x=6$ は問題に適している。

$\therefore$ **6 cm**

長方形の周囲の長さが 28 cm なので、長方形の縦の長さと横の長さを 1 回ずつ足した長さは 14 cm です。長方形から正方形を切り取ったとき、残った部分は長方形で、その縦の長さは x cm、横の長さは 14 cm から正方形の縦と横の長さを引いた長さなので $(14-2x)$ cm となります。

正方形の面積 x^2 cm^2 から残った長方形の面積 $x(14-2x)$ cm^2 を引いた差が 24 cm^2 であり、これを方程式にします。

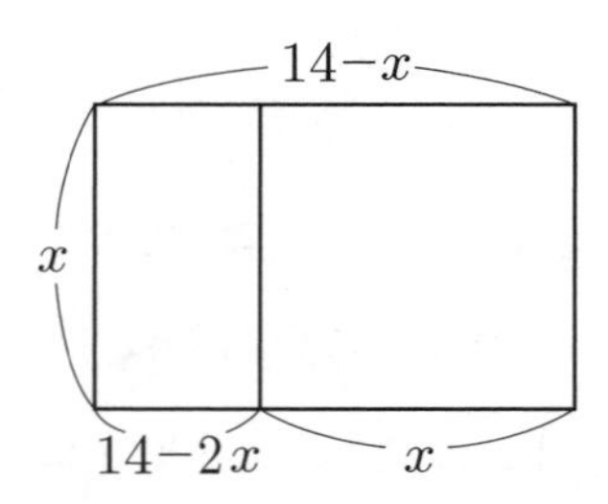

方程式を整理すると　$3x^2-14x-24=0$ となり、ここで解の公式を使います。このとき、x の係数が偶数なので、$x=\dfrac{-b'\pm\sqrt{b'^2-ac}}{a}$ を使ったほうが計算が楽になります。また、$\sqrt{121}=11$ のような計算は 2 次方程式を解くときによく出てくる

ので、$11^2 = 121$, $12^2 = 144$, $13^2 = 169$ … などを覚えておくと便利です。

演習 115 $\angle a$ は ∠ **ACB**（**または** ∠ **BCA**）
$\angle b$ は ∠ **BDE**（**または** ∠ **EDB**）

演習 116 $\boldsymbol{l \parallel n}$

問題文だけでは分かりにくい場合は図をかいて確認しましょう。

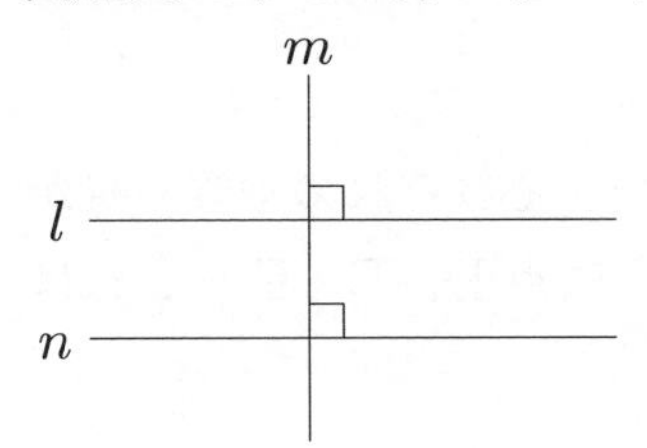

演習 117 $\boldsymbol{0 \leqq d < 4}$

点Oと直線 l の距離が円Oの半径より短ければ円Oと直線 l は2つの共有点を持ちます。直線 l が点Oを通るときに $d = 0$ となり、距離が負の数になることはありません。

演習 118

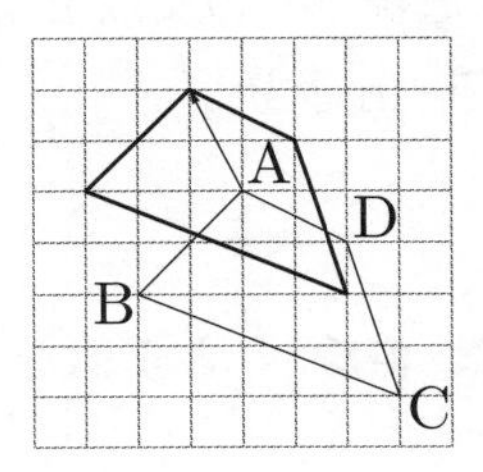

矢印が左に1目盛り、上に2目盛りの移動を表しているので、四角形ABCDを作っている点A，B，C，Dをそれぞれ左に1目盛り、上に2目盛り移動し、それらの点を結べば平行移動した図形をかくことができます。

演習 119

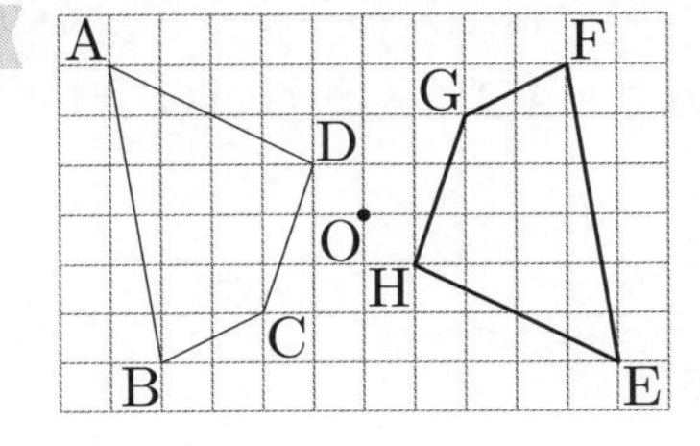

点対称移動は180°の回転移動なので、∠AOE = 180° であり、点A，O，Eは1

つの直線上の点となります。これを使って　AO = EO　となるように点 E をとってください。点 F，G，H も同様です。

演習 120

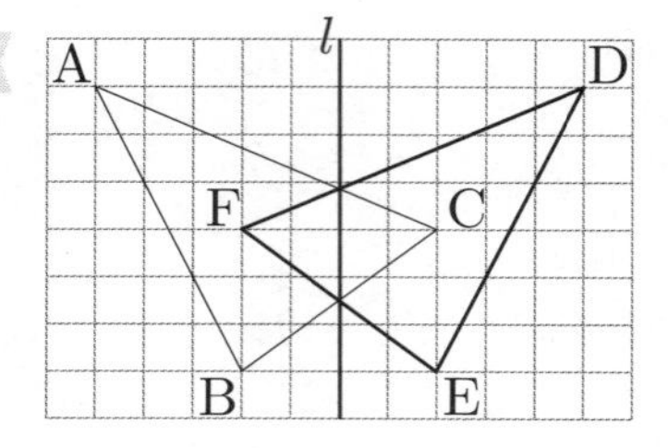

点 A，B，C から直線 l に垂線を下ろし、それらの垂線上で、それぞれの垂線の足が点 A と点 D、点 B と点 E、点 C と点 F の中心になるように点 D，E，F をとれば △ DEF をかくことができます。

演習 121　AD ⊥ l，DG ⊥ m，l // m なので、点 A，D，G は 1 つの直線上にあり、AG ⊥ l

同様に、点 B，E，H は 1 つの直線上にあり、BH ⊥ l

点 C，F，I は 1 つの直線上にあり、CI ⊥ l

よって　AG // BH // CI

線分 AD と直線 l の交点を P、線分 DG と直線 m の交点を Q とすると、

AP = DP，DQ = GQ，DP + DQ = 15 cm より

AG = 15 × 2 = 30（cm）

同様に、BH = 30 cm，CI = 30 cm

よって、△ ABC を△ GHI に重ねるには、直線 l と垂直な向きで右方向に 30 cm 平行移動すればよい。

もとの図形と移動した図形の対応する点どうしを結んだ線分がすべて平行で、長さが等しければ、その長さの分だけ図形を平行移動したことになります。
解答の 1 行目が分かりにくいかもしれないので補足しておきます。
AD ⊥ l，DG ⊥ m，l // m から、AD // DG であることが分かり、線分 AD と線分 DG はどちらも点 D を通っているので 1 つの直線上にあることが分かります。そうすると、直線 AG は直線 AD と一致するので、AD ⊥ l から AG ⊥ l であるといえます。

演習 122　面積は　$\frac{7}{2} \times \frac{7}{2} \times \pi = \boldsymbol{\frac{49}{4}\pi}$（$\text{cm}^2$）

円周の長さは　**7π**（cm）

演習 123 $8 \times 8 \times \pi \times \dfrac{6\pi}{8 \times 2 \times \pi} = \mathbf{24\pi}\ (\mathbf{cm^2})$

360° に対する扇形の中心角の割合と、同じ半径の円の円周の長さに対するその扇形の弧の長さの割合は一致するので、扇形の中心角を x° として $\dfrac{x}{360}$ を求めると、

$$\frac{x}{360} = \frac{\text{扇形の弧の長さ}}{\text{円周の長さ}} = \frac{6\pi}{8 \times 2 \times \pi} = \frac{3}{8}$$

となります。分母と分子の両方に π がある場合は、分母分子を π で割って約分してください。このようにして $\dfrac{x}{360}$ の値を求めれば、それを円の面積にかけて扇形の面積を求めることができます。

演習 124 面積は $\left(6 \times 6 \times \pi \times \dfrac{90}{360} - 6 \times 6 \times \dfrac{1}{2}\right) \times 2 = (9\pi - 18) \times 2$

$= \mathbf{18\pi - 36}\ (\mathbf{cm^2})$

周の長さは、$6 \times 2 \times \pi \times \dfrac{90}{360} \times 2 = \mathbf{6\pi}\ (\mathbf{cm})$

図のように各点を定め、「点 B を中心とする半径 6 cm、中心角 90° の扇形」を㋐とします。

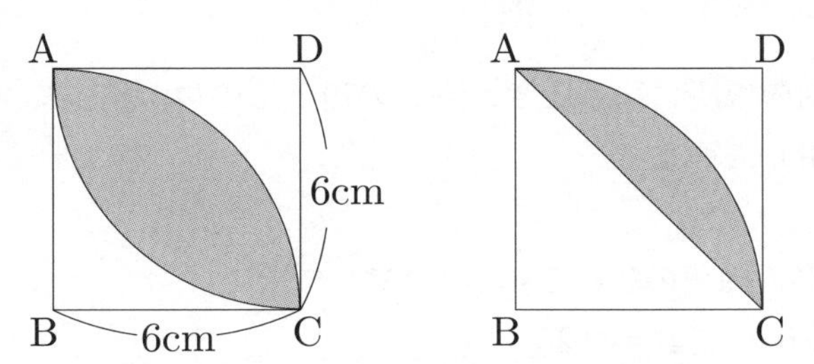

㋐の面積から△ ABC の面積を引けば右側の図の影を付けた部分の面積となり、これを 2 倍すれば求める面積となります。求める周の長さは、㋐の弧の長さを 2 倍した長さです。

演習 125 線の長さは $7 \times 3 + 2 \times 2 \times \pi = \mathbf{21 + 4\pi}\ (\mathbf{cm})$

面積は $7 \times 2 \times 3 + 2 \times 2 \times \pi = \mathbf{42 + 4\pi}\ (\mathbf{cm^2})$

点 O が動いてできる線と正三角形の辺で囲まれた部分は、右の図の影を付けた部分です。正三角形の頂点の部分にできる 3 つの扇形は中心角が 120° で、すべて合わせると円になります。

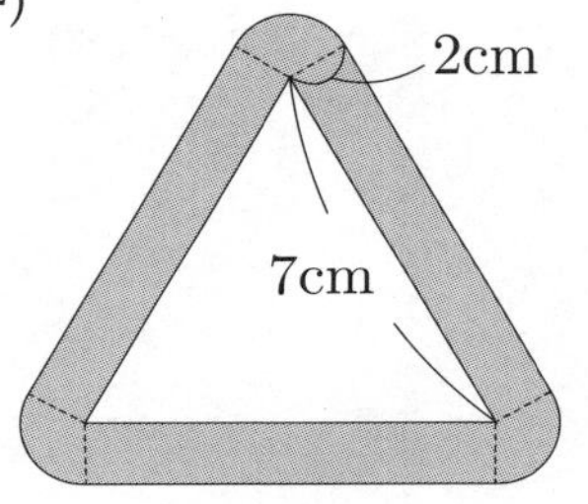

演習 126 対頂角は等しいので　$\angle a = \mathbf{52°}$

$\angle b = 180° - 45° - 52° = \mathbf{83°}$

演習 127 図のように$\angle x$ を定めると、

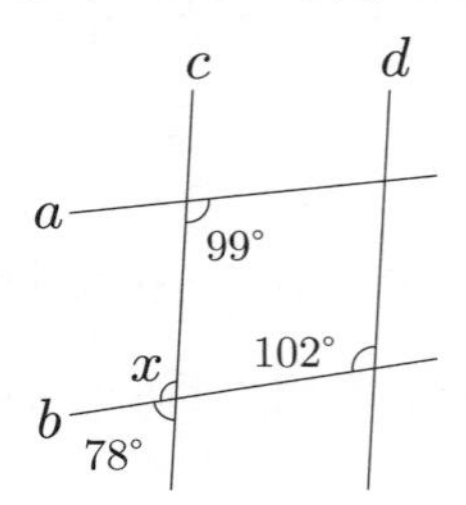

$\angle x = 180° - 78° = 102°$

a と b は錯角が等しくなく、c と d は同位角が等しいので、平行な直線は $\boldsymbol{c}$ **と** $\boldsymbol{d}$

演習 128 $\angle \mathrm{C'EC} = 180° - 46° = 134°$

折り返した角なので　$\angle \mathrm{C'EF} = \angle \mathrm{FEC}$　であり

$\angle \mathrm{FEC} = \angle \mathrm{C'EC} \times \dfrac{1}{2} = 134° \times \dfrac{1}{2} = 67°$

AD // BC で、錯角は等しいので　$\angle x = \mathbf{67°}$

紙上にある角が紙を折り返すことで別の場所に移るとき、もとの角とその角が移ってできた角の大きさが等しいことを利用しています。

演習 129 $\triangle \mathrm{ABC}$ において、三角形の内角の和は 180° なので

$\angle \mathrm{ABC} + \angle \mathrm{ACB} = 180° - 54° = 126°$

$\angle \mathrm{DBC} = \dfrac{1}{2} \angle \mathrm{ABC},\ \angle \mathrm{DCB} = \dfrac{1}{2} \angle \mathrm{ACB}$　なので

$\angle \mathrm{DBC} + \angle \mathrm{DCB} = \dfrac{1}{2} \angle \mathrm{ABC} + \dfrac{1}{2} \angle \mathrm{ACB}$

$= \dfrac{1}{2} (\angle \mathrm{ABC} + \angle \mathrm{ACB}) = \dfrac{1}{2} \times 126° = 63°$

$\triangle \mathrm{DBC}$ において、三角形の内角の和は 180° なので

$\angle x = 180° - 63° = \mathbf{117°}$

演習 130　次の図のように、辺 AD の延長線と辺 BC の交点を E とする。

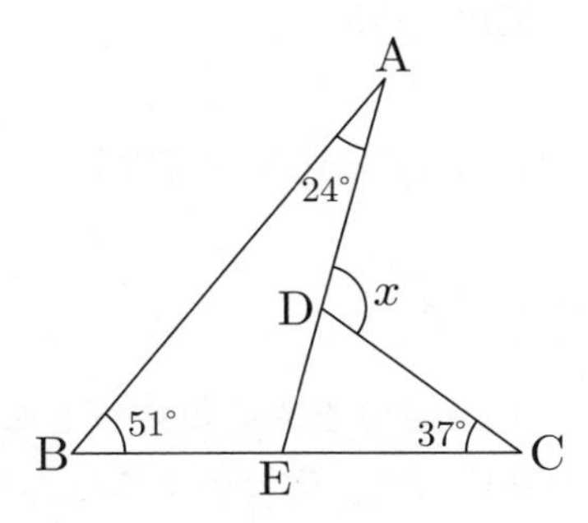

△ ABE において、内角と外角の関係から　$\angle \mathrm{AEC} = 24^\circ + 51^\circ = 75^\circ$
△ DEC において、内角と外角の関係から　$\angle x = 75^\circ + 37^\circ = \mathbf{112^\circ}$

この形はよく使うので覚えておくとよいでしょう。

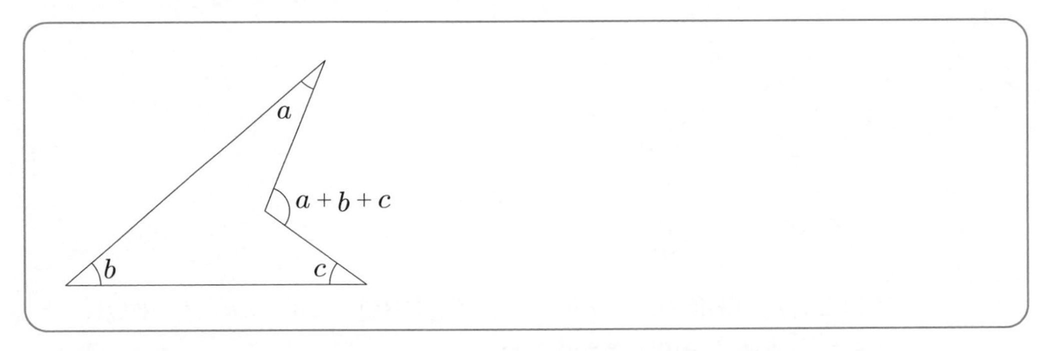

別の補助線を引いて考える方法もあります。別解で確認しておきましょう。

別解　図のように、直線 BD 上に点 E をとる。

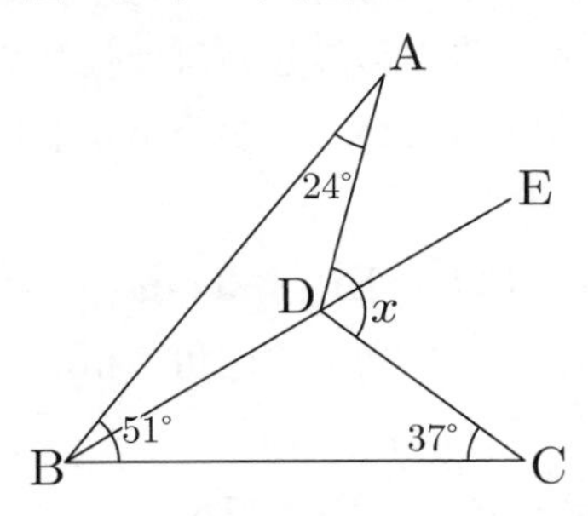

△ ABD において、内角と外角の関係から　$\angle \mathrm{ADE} = 24^\circ + \angle \mathrm{ABD}$
△ BCD において、内角と外角の関係から　$\angle \mathrm{EDC} = \angle \mathrm{CBD} + 37^\circ$
よって、$\angle x = \angle \mathrm{ADE} + \angle \mathrm{EDC} = 24^\circ + \angle \mathrm{ABD} + \angle \mathrm{CBD} + 37^\circ$
$= 24^\circ + 51^\circ + 37^\circ = \mathbf{112^\circ}$

演習 131　三角形の内角の和は 180° なので、残りの内角の大きさは

$180° - (39° + 48°) = 93°$
よって、1つの内角が鈍角なので、**鈍角三角形**

演習 132　内角が $103°$ の頂点の外角の大きさは　$180° - 103° = 77°$
多角形の外角の和は $360°$ なので
$\angle x = 360° - (85° + 77° + 72° + 68°) = \mathbf{58°}$

すべての頂点の内角の大きさを求めてから $\angle x$ の大きさを求める方法もありますが、大きさが分かっている角は内角より外角の方が多いので、解答のように外角の和を利用したほうが簡単に求められます。

演習 133　図のように $\angle a$, $\angle b$, $\angle c$, $\angle d$, $\angle e$ と点 P, Q, R を定める。

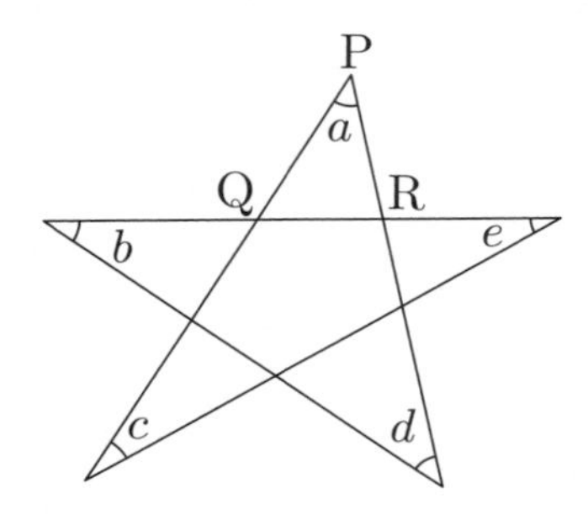

内角と外角の関係から　$\angle b + \angle d = \angle \mathrm{PRQ}$, $\angle c + \angle e = \angle \mathrm{PQR}$
よって、求める角の大きさの和は
$\angle a + \angle b + \angle c + \angle d + \angle e = \angle a + (\angle b + \angle d) + (\angle c + \angle e)$
$= \angle a + \angle \mathrm{PRQ} + \angle \mathrm{PQR} = \mathbf{180°}$

三角形の内角と外角の関係を使って、求める角を大きさの等しい角で置き換えていくと、求める角の大きさの和が△ PQR の内角の和と等しいことが分かりました。

演習 134　辺 FG に対応する辺は辺 BC なので　FG = BC = **3 cm**
$\angle$ FEH に対応する角は $\angle$ BAD であり、四角形の内角の和は
$180° \times (4-2) = 360°$ なので
$\angle \mathrm{FEH} = \angle \mathrm{BAD} = 360° - (106° + 84° + 52°) = \mathbf{118°}$

演習 135　**△ ABC ≡ △ DCB　2組の辺とその間の角がそれぞれ等しい**

△ ABC と△ DCB は辺 BC を共有しており、その長さは等しいです。そのため、AC = DB, $\angle$ ACB = $\angle$ DBC, BC = CB　から「2組の辺とその間の角がそれぞれ等しい」という合同条件を満たします。△ ABC と△ DCB が辺 BC を共有し

ているように、２つの三角形が１つの線分をそれぞれの辺として共有していれば、その辺の長さが等しいことを条件として使うことができます。

演習 136　**△ ABD と△ ACE において、**
仮定より　AB ＝ AC　… ①
AD ＝ AE　… ②
また、∠ BAD ＝ ∠ BAC − ∠ DAC
∠ CAE ＝ ∠ DAE − ∠ DAC
であり、仮定より∠ BAC ＝ ∠ DAE であるので
∠ BAD ＝ ∠ CAE　… ③
①，②，③より、２組の辺とその間の角がそれぞれ等しいので
△ ABD ≡ △ ACE

①と②の条件で、２組の辺の長さが等しいことが示せたので、③の条件でその間の角の大きさが等しいことが示せれば２つの三角形の合同を示すことができます。③の条件が成り立つ理由として、∠ BAD と∠ CAE が同じ大きさの∠ BAC と∠ DAE からそれぞれ∠ DAC を引いた大きさであることを書いています。
考え方や証明での書き方をよく確認しておいてください。

演習 137　**△ OAC と△ OBD において、**
仮定より　OA ＝ OB　… ①
∠ ACO ＝ ∠ BDO ＝ 90°　… ②
共通な角であるから　∠ AOC ＝ ∠ BOD　… ③
①，②，③より、直角三角形で斜辺と１つの鋭角がそれぞれ等しいので
△ OAC ≡ △ OBD
合同な三角形で対応する辺の長さは等しいので　OC ＝ OD

演習 138　△ ADC は DA ＝ DC の二等辺三角形なので　∠ DAC ＝ ∠ DCA
△ ADC において、内角と外角の関係から
∠ BDC ＝ ∠ DAC ＋ ∠ DCA ＝ 2 ∠ DAC
△ DBC は CD ＝ CB の二等辺三角形なので
∠ CBD ＝ ∠ CDB ＝ 2 ∠ DAC　… ①
△ ABC は AB ＝ AC の二等辺三角形なので
∠ ACB ＝ ∠ ABC ＝ 2 ∠ DAC　… ②
△ ABC において、三角形の内角の和は 180° であり
∠ BAC ＋ ∠ ABC ＋ ∠ ACB ＝ 180°

ここで、①，②より　$\angle \mathrm{DAC} + 2\angle \mathrm{DAC} + 2\angle \mathrm{DAC} = 180°$
これを解いて　$5\angle \mathrm{DAC} = 180°$
$\angle \mathrm{DAC} = 36°$
よって、$\angle \mathrm{BAC} =$ **36°**

解答は複雑に見えるかもしれませんが、実際にはそれほど難しいことをしているわけではありません。∠ BACの大きさを「●」１個分として、角の大きさが分かるところから順にかき入れてみましょう。

①△ ADCがDA ＝ DCの二等辺三角形であり、∠ DCAは∠ BACと等しいので、∠ DCAに●をかき入れます。
②●をかいた２つの角を足すと∠ BDCの大きさと等しくなるので、∠ BDCに●を２つかき入れます。
③△ DBCはCD ＝ CBの二等辺三角形であり、∠ CBDは∠ CDBと等しいので、∠ CBDにも●を２つかき入れます。
④△ ABCはAB ＝ ACの二等辺三角形であり、∠ ACBは∠ ABCと等しいので、∠ DCBには●を１つだけかき入れればよいことになります。

ここまで●をかいてみると、△ ABCの内角の和は●が５つ分で表せることが分かり、●１つ分の大きさが求められることが分かります。

①
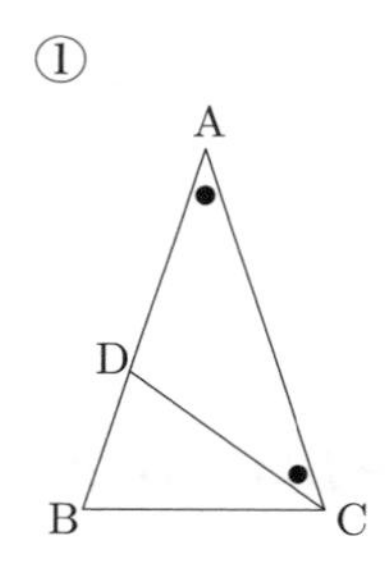

②
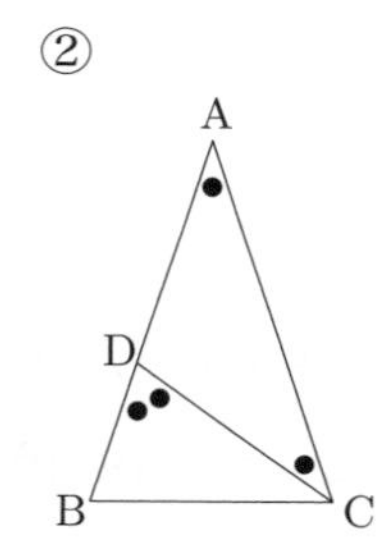

③
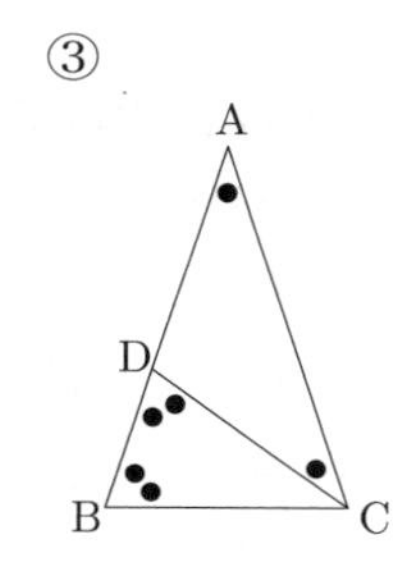

④
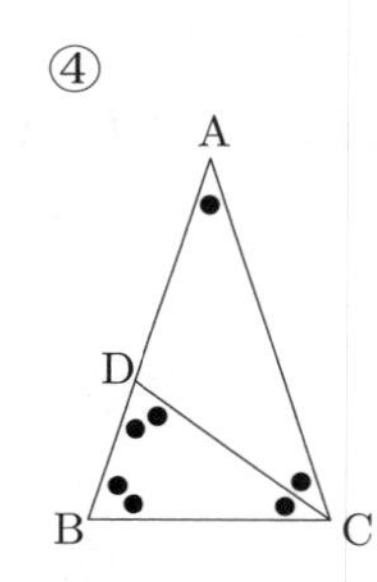

演習 139　図のように l, m に平行な線分BDを引く。
$l /\!/ \mathrm{BD}$ で、錯角は等しいので　$\angle \mathrm{ABD} = 38°$
△ ABCは正三角形であり、１つの内角は60°
なので $\angle \mathrm{CBD} = 60° - 38° = 22°$
$\mathrm{BD} /\!/ m$ で、同位角は等しいので　$\angle x = \angle \mathrm{CBD} =$ **22°**

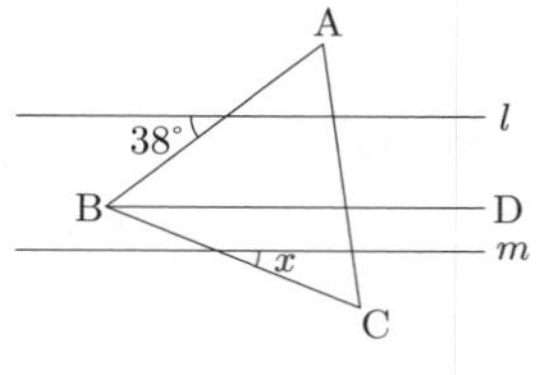

演習 140　**△ ABG，△ BCH，△ CAIにおいて、**
仮定より　∠ ABG ＝ ∠ BCH ＝ ∠ CAI　… ①
△ ABCは正三角形なので　AB ＝ BC ＝ CA　… ②
∠ BAC ＝ ∠ ABC ＝ ∠ ACB　… ③

また、$\angle$ BAG = $\angle$ BAC − $\angle$ CAI

$\angle$ CBH = $\angle$ ABC − $\angle$ ABG

$\angle$ ACI = $\angle$ ACB − $\angle$ BCH

であり、①，③より、$\angle$ BAG = $\angle$ CBH = $\angle$ ACI　… ④

①，②，④より、1組の辺とその両端の角がそれぞれ等しいので

△ ABG ≡ △ BCH ≡ △ CAI

合同な三角形で対応する辺の長さは等しいので

AG = BH = CI，BG = CH = AI

ここで、GH = BH − BG

HI = CI − CH

IG = AG − AI

より　GH = HI = IG

よって、△ GHI は3辺の長さがすべて等しいので、正三角形である。

△ GHI の3つの内角の大きさがすべて等しいことを示して正三角形であることを証明することもできます。その場合は、△ ABG ≡ △ BCH ≡ △ CAI　を示した後を次のように書けばよいでしょう。

合同な三角形で対応する角の大きさは等しいので　$\angle$ AGB = $\angle$ BHC = $\angle$ CIA

ここで　$\angle$ IGH = 180° − $\angle$ AGB

$\angle$ GHI = 180° − $\angle$ BHC

$\angle$ HIG = 180° − $\angle$ CIA

より　$\angle$ IGH = $\angle$ GHI = $\angle$ HIG

よって、△ GHI は3つの内角の大きさがすべて等しいので、正三角形である。

演習 141　AD // EF，AE // DF より四角形 AEFD は平行四辺形である。

平行四辺形 AEFD において、対角は等しいので　$\angle$ DAE = $\angle$ EFD = 79°

平行四辺形 ABCD において、隣り合う2つの内角の和は 180° なので

$\angle$ ABC = 180° − $\angle$ DAE = 180° − 79° = **101°**

平行四辺形 AEFD において、対辺は等しいので　AE = DF = 5

よって、EB = AB − AE = 8 − 5 = **3（cm）**

演習 142 **四角形 ABCD は平行四辺形なので　BE = DE　… ①**
AE = CE　… ②
仮定より　AF = CG　… ③
ここで、FE = AE − AF
GE = CE − CG
であり、②, ③より　FE = GE　… ④
①, ④より、対角線がそれぞれの中点で交わるので、四角形 FBGD は平行四辺形である。

演習 143 AE // DC なので　△ AED = △ AEC
AC // EF なので　△ AEC = △ AFC
FC // AD なので　△ AFC = △ DFC
よって、△ AED と面積が等しい三角形は **△ AEC, △ AFC, △ DFC**

△ AED の 3 つの辺のうち、辺 AE を底辺とすると AE // DC から△ AED = △ AEC となり、他の 2 辺を底辺として△ AED と面積の等しい三角形を見つけることはできません。
同様に、△ AEC と面積が等しいことが確認できる三角形は△ AED 以外には△ AFC だけであり、△ AFC と面積が等しいことが確認できる三角形は△ AEC 以外には△ DFC だけです。

演習 144 辺 AC 上に PM // BQ となるように点 Q をとると、
△ PBM = △ PQM となり、△ ABM = △ APQ となる。
よって、**点 B を通り線分 PM に平行な直線と辺 AC との交点を通ればよい。**

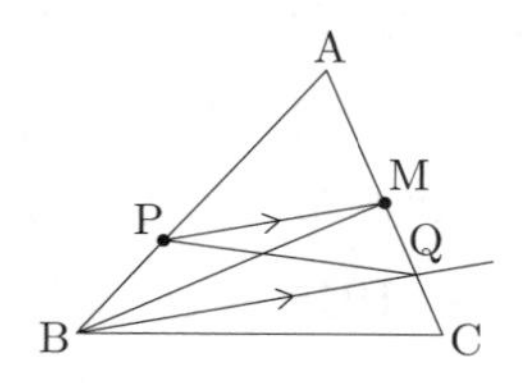

演習 145 △ ABC の辺 AB と△ ACD の辺 AC、△ ABC の辺 AC と△ ACD の辺 AD が対応するので
AB : AC = AC : AD すなわち 12 : 6 = 6 : AD
よって、$AD = 6 \times 6 \times \frac{1}{12} = \mathbf{3}$ **(cm)**

辺 AC が△ ABC と△ ACD のどちらの辺にもなっています。2 つの三角形でどの辺とどの辺が対応しているのかを注意して見るようにしましょう。分かりにくければ、

△ ACD だけを取り出し、△ ABC と向きをそろえて自分でかいてみてください。対応する辺が見やすくなります。

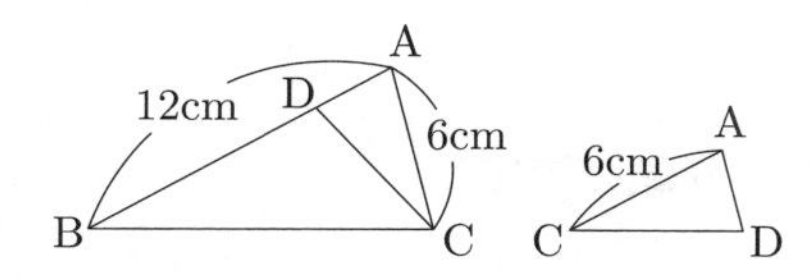

演習 146 **△ ABC ∽ △ DAC　2 組の辺の比とその間の角がそれぞれ等しい**

△ ABC と△ DAC であれば、BC : AC = 9 : 6 = 3 : 2, CA : CD = 6 : 4 = 3 : 2 であることから、BC : AC = CA : CD であり、∠ ACB = ∠ DCA なので、「2 組の辺の比とその間の角がそれぞれ等しい」という相似条件を満たします。
△ DAC を対称移動でひっくり返してから回転移動して拡大しなければ△ ABC にぴったり重ならないので、慣れるまでは難しく感じるかもしれません。△ ABC 以外の三角形は図の中に△ ABD と△ ADC の 2 つしかないので、相似条件を満たしているか順に確認してみてください。

演習 147 **△ EDC と△ DCB において、**
長方形の内角はすべて等しいので　∠ EDC = ∠ DCB　… ①
仮定より ED × CB = DC^2 なので　ED : DC = DC : CB　… ②
①, ②より、2 組の辺の比とその間の角がそれぞれ等しいので
△ EDC ∽ △ DCB

ED × CB = DC^2　の両辺を CB × DC で割ると $\frac{ED}{DC}=\frac{DC}{CB}$ となり、
ED : DC = DC : CB　と変形できます。

演習 148 △ ABD ∽ △ EFD より　BD : FD = AB : EF = 10 : 6 = 5 : 3
△ BEF ∽ △ BCD より
EF : CD = BF : BD = (BD − FD) : BD = (5 − 3) : 5 = 2 : 5
ここで、EF = 6　なので　6 : CD = 2 : 5
これを解いて　CD = $\frac{6\times 5}{2}$ = **15（cm）**

図に辺の長さの比を書き入れると右のようになります。

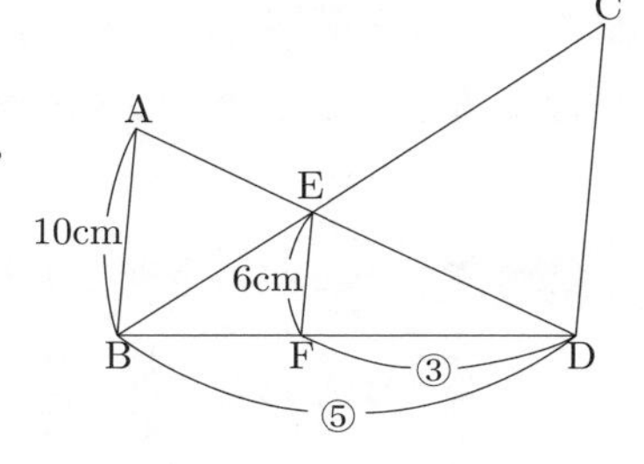

演習 149 △ABCにおいて、BEは∠ABCの二等分線なので

AE：EC＝BA：BC＝9：11

よって、$AE = 10 \times \frac{9}{9+11} = \frac{9}{2}$

△ABEにおいて、AFは∠BAEの二等分線なので

BF：FE＝AB：AE＝9：$\frac{9}{2}$＝**2：1**

△ABEでAFが∠BAEの二等分線であることを利用するとBF：FEを求められそうですが、そのためにはAEの長さが必要です。そこで最初に、△ABCでBEが∠ABCの二等分線であることを利用して、AEの長さを求めました。

演習 150 △ABCにおいて、中点連結定理により $EG = \frac{1}{2}BC = \frac{1}{2} \times 7 = \frac{7}{2}$

△ABDにおいて、中点連結定理により $EF = \frac{1}{2}AD = \frac{1}{2} \times 5 = \frac{5}{2}$

よって、 $FG = EG - EF = \frac{7}{2} - \frac{5}{2} = \mathbf{1}$ **(cm)**

EGとEFの長さであれば、中点連結定理を使って簡単に求めることができ、その差がFGの長さになっています。

演習 151 **△ABDにおいて、中点連結定理により EH∥BD，$EH = \frac{1}{2}BD$**

△CBDにおいて、中点連結定理により FG∥BD，$FG = \frac{1}{2}BD$

よって、EH∥FG，EH＝FGであり、1組の対辺が平行で長さが等しいので、四角形EFGHは平行四辺形である。

△BACと△DACで中点連結定理を使って、

EF∥AC，$EF = \frac{1}{2}AC$

HG∥AC，$HG = \frac{1}{2}AC$

より EF∥HG，EF＝HG を示すこともできます。

また、これと解答で示した EH∥FG，EH＝FG を組み合わせて「2組の対辺が平行である」ことや、「2組の対辺の長さが等しい」ことを示しても構いません。

演習 152 チェバの定理により $\frac{AR}{RB} \cdot \frac{BP}{PC} \cdot \frac{CQ}{QA} = 1$

すなわち $\frac{15}{6} \cdot \frac{6}{5} \cdot \frac{4}{4+x} = 1$

これを変形して $4 + x = 12$

よって $\boldsymbol{x}=\mathbf{8}$

演習 153 チェバの定理により $\frac{AR}{RB}\cdot\frac{BP}{PC}\cdot\frac{CQ}{QA}=1$ すなわち $\frac{5}{8}\cdot\frac{BP}{PC}\cdot\frac{4}{3}=1$

よって、BP：PC = 6：5

メネラウスの定理により $\frac{BR}{RA}\cdot\frac{AO}{OP}\cdot\frac{PC}{CB}=1$ すなわち $\frac{8}{5}\cdot\frac{AO}{OP}\cdot\frac{5}{11}=1$

よって、AO：OP = **11：8**

演習 154 △ABC ∽ △BDC であり、相似比は AC：BC = 8：4 = 2：1

よって、△ABC と△BDC の面積比は $2^2:1^2=\mathbf{4:1}$

また、△ABC と△ABD の面積比は 4：(4 − 1)=4：3

よって、△ABD の面積は△ABC の面積の $\mathbf{\frac{3}{4}}$ **倍**

△ABC：△BDC = 4：1 であるということは、△ABC の面積を 4 つに分けた 1 つ分が△BDC の面積であり、残りの 3 つ分が△ABD の面積だということです。

演習 155 点 F と点 C を結ぶ。

∠BFC は $\overset{\frown}{BC}$ に対する円周角なので ∠BFC = ∠BAC = 25°

∠CFD は $\overset{\frown}{CD}$ に対する円周角なので ∠CFD = ∠CED = 33°

よって、$\angle x$ = ∠BFC + ∠CFD = 25° + 33° = **58°**

演習 156 四角形 ABCD は円に内接しているので ∠CDE = ∠ABC = 55°

△DCE において、三角形の内角の和は 180° なので

$\angle x=180^\circ-(55^\circ+44^\circ)=\mathbf{81}^\circ$

演習 157 △ABD において、内角と外角の関係により

∠BDE = ∠BAD + ∠ABD = 37° + 32° + 43° = 112°

よって、∠BDC = ∠BDE − ∠CDE = 112° − 80° = 32°

2 点 A, D は直線 BC について同じ側にあり、∠BAC = ∠BDC なので、

4 点 A，B，C，D は 1 つの円周上にある。

このとき、$\angle x$ は $\overset{\frown}{AB}$ に対する円周角なので

$\angle x$ = ∠ADB = 180° − ∠BDE = 180° − 112° = **68°**

演習 158 点 B と点 D を結ぶ。弧の長さの比と円周角の大きさの比は一致するので

∠ADB：∠BDC = $\overset{\frown}{AB}$：$\overset{\frown}{BC}$ = 3：2

よって、$\angle \mathrm{ADB} = 65° \times \dfrac{3}{3+2} = 39°$

$\angle x$ は $\overset{\frown}{\mathrm{AB}}$ に対する円周角なので　$\angle x = \angle \mathrm{ADB} = \mathbf{39°}$

演習 159 図のように、辺 AC，BC と円の接点をそれぞれ P，Q、円の中心を O とし、点 O と点 P，Q をそれぞれ結ぶ。

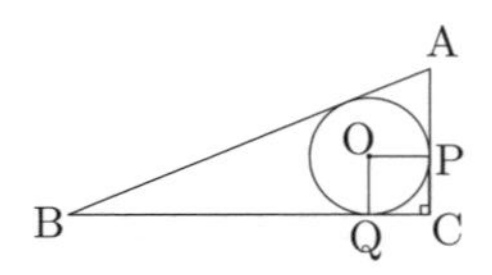

四角形 OQCP は正方形なので、円の半径 OP の長さは線分 PC の長さと等しい。

このとき　$\mathrm{PC} = \dfrac{-\mathrm{AB}+\mathrm{BC}+\mathrm{CA}}{2} = \dfrac{-13+12+5}{2} = 2\ (\mathrm{cm})$

よって、円の半径は **2 cm**

四角形 OQCP が正方形になるということについて補足します。
円の接線とその接点を通る半径は垂直なので　$\angle \mathrm{OPC} = 90°$，$\angle \mathrm{OQC} = 90°$　であり、$\angle \mathrm{POQ} = 360° - (\angle \mathrm{OPC} + \angle \mathrm{OQC} + \angle \mathrm{PCQ}) = 90°$　です。そのため、四角形 OQCP の 4 つの内角はすべて 90° であり、四角形 OQCP は長方形となります。さらに辺 OP，OQ はどちらも円 O の半径で長さが等しいので、四角形 OQCP が正方形であることが確認できます。
解答では、半径 OP と線分 PC の長さが等しいことを使って円の半径を求めていますが、△ ABC の面積が△ OAB，△ OBC，△ OCA の面積の和と等しいことを使って円の半径を求めることもできます。このとき、△ OAB，△ OBC，△ OCA の底辺をそれぞれ辺 AB，BC，CA とすると、高さはすべて円の半径となります。

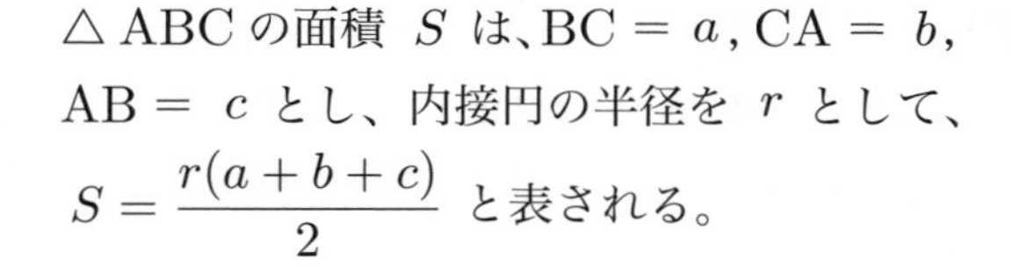

△ ABC の面積 S は、$\mathrm{BC} = a$，$\mathrm{CA} = b$，$\mathrm{AB} = c$ とし、内接円の半径を r として、$S = \dfrac{r(a+b+c)}{2}$ と表される。

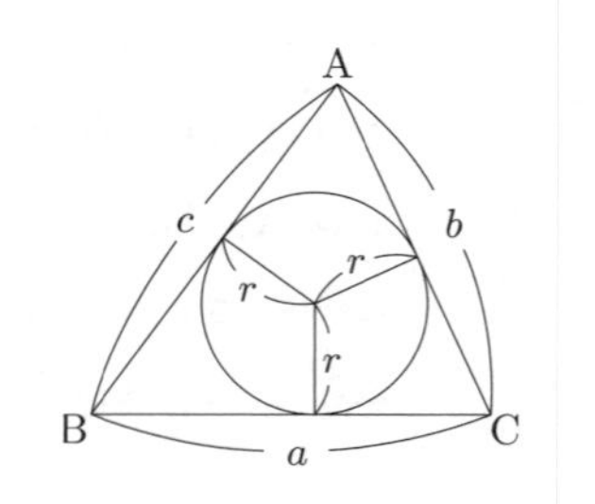

別解 △ABCの面積は　$\triangle ABC = BC \times CA \times \frac{1}{2} = 12 \times 5 \times \frac{1}{2} = 30$

△ABCの面積は、円の中心をOとして、△OAB, △OBC, △OCAの面積の和でもあり、円の半径を r とすると、

$\triangle ABC = \triangle OAB + \triangle OBC + \triangle OCA = \frac{13}{2}r + 6r + \frac{5}{2}r = 15r$

よって　$30 = 15r$

これを解いて　$r = 2$

したがって、円の半径は**2 cm**

演習 160 点Aと点Bを結ぶ。

円Oにおいて、接弦定理により　$\angle PAB = \angle BPQ = 22^\circ$

円O'において、接弦定理により　$\angle QAB = \angle BQP = 31^\circ$

よって、$\angle PAQ = \angle PAB + \angle QAB = 22^\circ + 31^\circ = \mathbf{53^\circ}$

演習 161 方べきの定理により　$PQ^2 = OP^2 - 4^2 = 49 - 16 = 33$

よって、$PQ > 0$　より　$PQ = \mathbf{\sqrt{33}}$

演習 162 点Pは△ABDの重心なので　$AP : PQ = 2 : 1$

また、四角形ABCDは平行四辺形なので　$AQ : QC = 1 : 1$

よって、$PQ = \frac{1}{2+1}AQ = \frac{1}{3} \times \frac{1}{1+1}AC = \frac{1}{6}AC = \frac{1}{6} \times 30 = \mathbf{5}$

演習 163 点Iは△ABCの内心なので

$\angle IBC = \angle ABI = 20^\circ$, $\angle ACI = \angle ICB = 33^\circ$

三角形の内角の和は180°なので

$\angle x = 180^\circ - (20^\circ \times 2 + 33^\circ \times 2) = \mathbf{74^\circ}$

演習 164 △ABOはOA = OBの二等辺三角形なので

$\angle AOB = 180^\circ - 32^\circ \times 2 = 116^\circ$

よって、円周角の定理により　$\angle x = \frac{1}{2}\angle AOB = \frac{1}{2} \times 116^\circ = \mathbf{58^\circ}$

点Oは△ABCの外接円の中心なので、円周角の定理により

$\angle AOB = 2\angle ACB$ となります（P.176参照）。

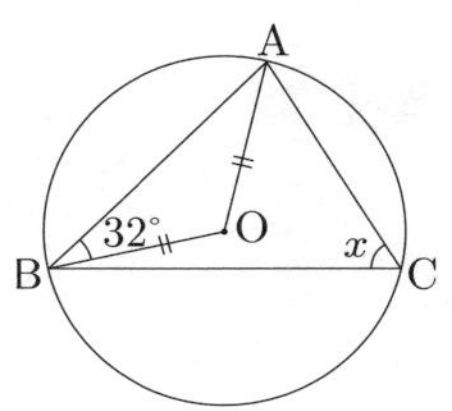

演習 165

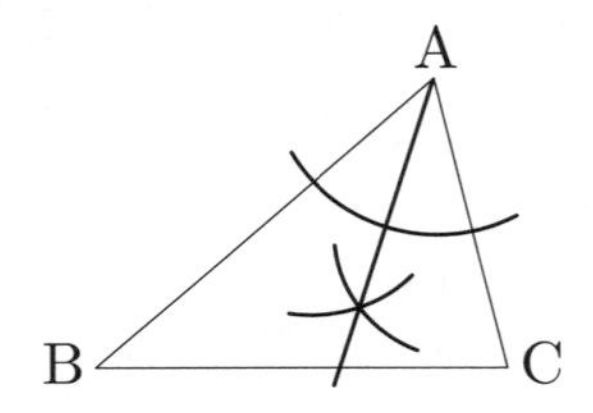

辺 AC が辺 AB に重なるように紙を折ると、折り目は∠BAC の二等分線となります。

演習 166

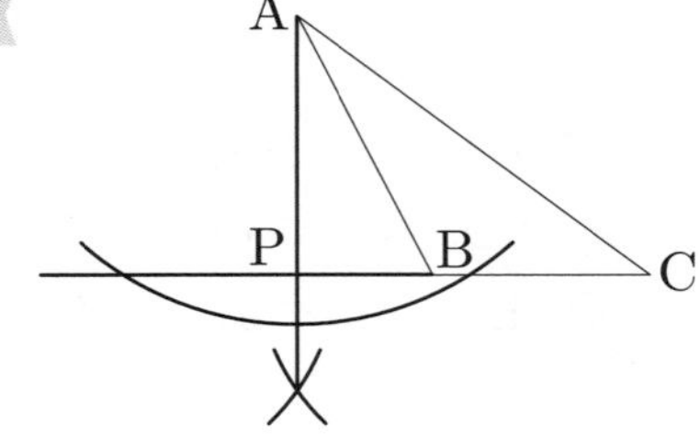

点 A を通り辺 BC に垂直な直線をかけば、△ ABC の辺 BC を底辺とする高さを作図することができます。問題の図のままでは垂線の作図ができないので、最初に定規を使って辺 BC を延長してください。

演習 167

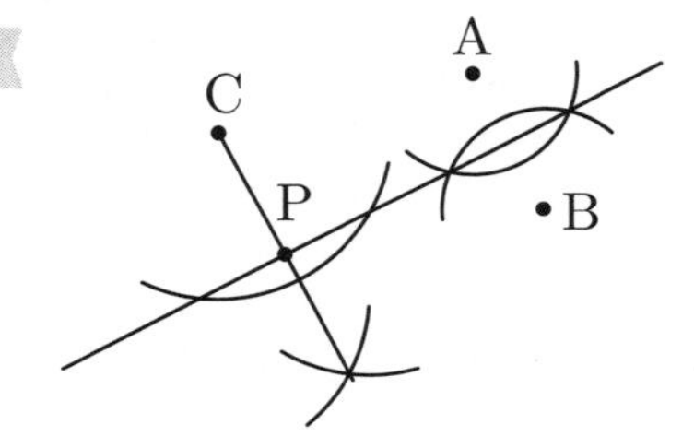

点 A，B までの距離が等しい点は線分 AB の垂直二等分線上の点です。その中で点 C から最も近い点は、線分 AB の垂直二等分線へ点 C から垂線を下ろせば求めることができます。

線分 AB の垂直二等分線を作図するときに点 A，B を結んで線分 AB をかいておく必要はありません。

演習 168

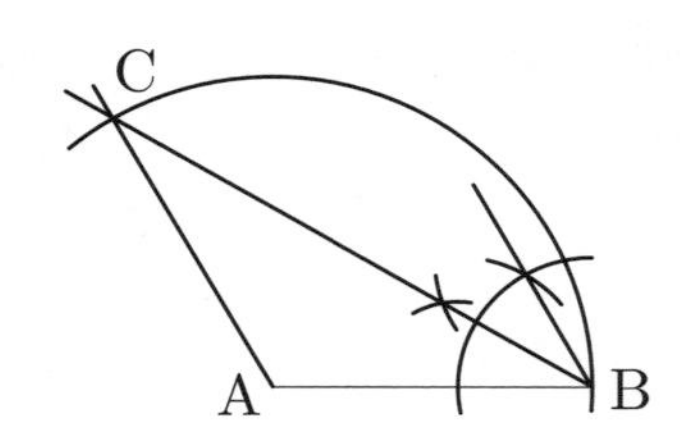

AB＝ACより△ABCは二等辺三角形であり、∠CAB＝120°なので　∠CBA＝30°です。そのため、∠CBA＝30°となる角を作図し、点Aを中心とする半径ABの円との交点をCとすれば、△ABCを作図したことになります。
それ以外にも次のような作図方法があり、どの方法で作図しても構いません。
①∠CAB＝120°なので、頂点Aにおける外角は60°であり、これを使って∠CAB＝120°となる角を作図してから、AB＝ACとなる点Cを求める。
②∠CBA＝30°となる角と∠CAB＝120°となる角の両方を作図して点Cを求める。

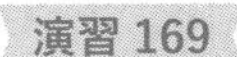

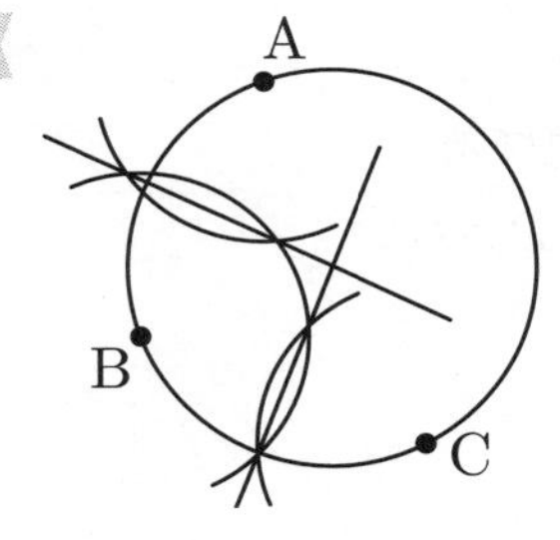

円が3点A，B，Cを通るということは、線分AB，BC，CAは円の弦になるということであり、円の中心は線分AB，BC，CAの垂直二等分線上にあることが分かります。このうち2つの垂直二等分線を作図すれば円の中心を求めることができます。

演習 170　面の数 … **6**，辺の数 … **10**，頂点の数 … **6**

たとえば、面の数が6、辺の数が10と分かれば、オイラーの多面体定理の公式から
(頂点の数)－10＋6＝2　より（頂点の数)＝6　と求めることもできます。

演習 171　**正しくない**

平面上の2直線 l，m が $l \perp m$ であれば l に対して m の方向が唯一に決まりますが、**空間内の2直線 l，m が $l \perp m$ であっても l に対して m の方向が唯一に決まるわけではありません**。

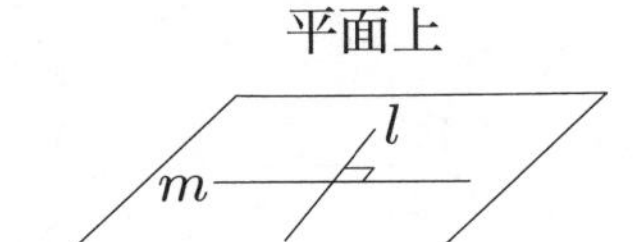

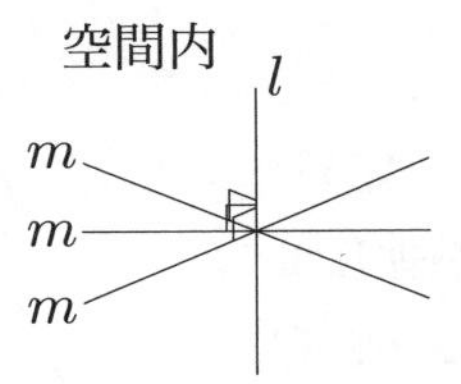

$m \perp n$ についても同様に m に対して n の方向は様々とありうるので $l /\!/ n$ とは限りません。

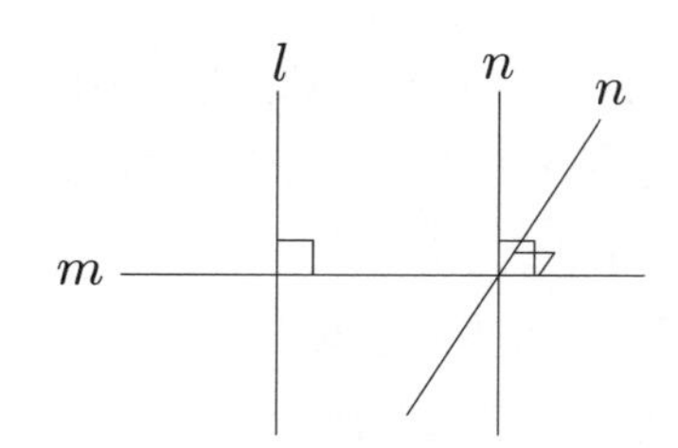

演習 172 **正しい**

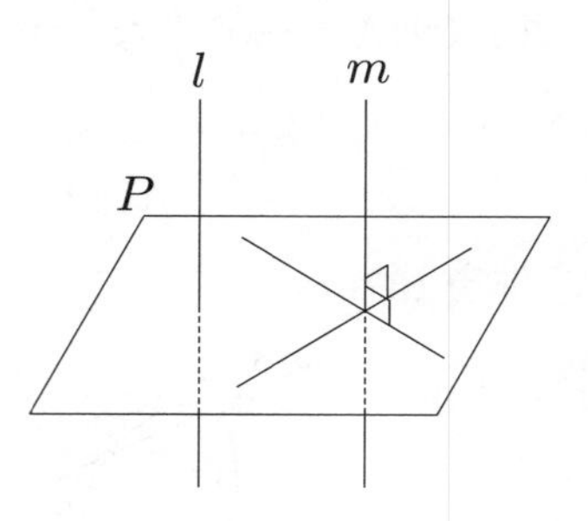

$l \perp P$ のとき、l は平面 P の法線であり、平面 P 上のすべての直線と垂直です。また、$l \mathbin{/\!/} m$ というのは、l を平行移動して m に重ねられるということです。そのため、m は平面 P 上の平行でない 2 直線と垂直であるということができます。したがって、m も平面 P の法線であり、$m \perp P$ です。

演習 173 **正しくない**

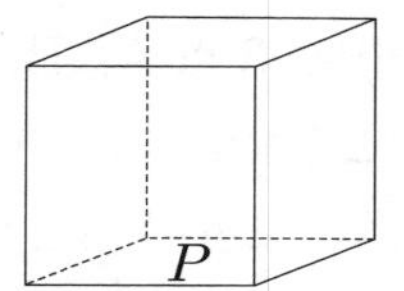

たとえば、立方体の底面を P とすると、P に垂直な面が 4 つあり、それらは互いに平行とは限りません。

演習 174

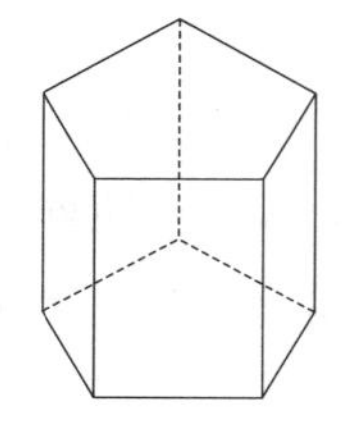

演習 175

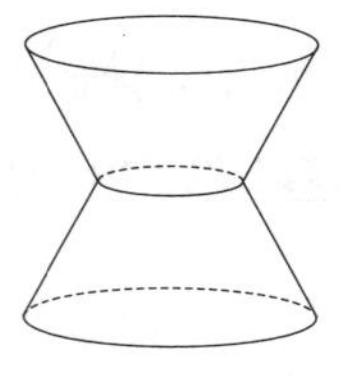

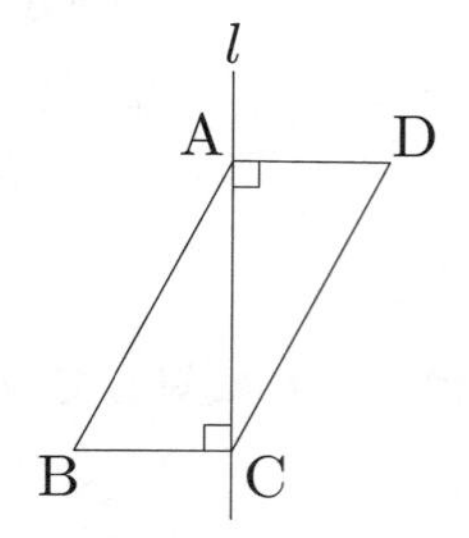

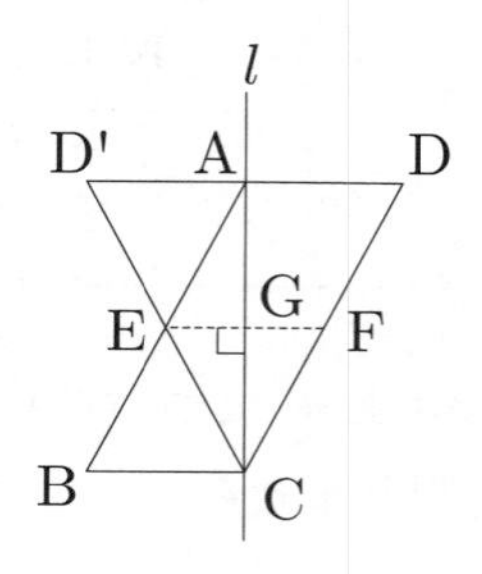

右の図のように、A, B, C, D を定め、△ACD を l に関して対称移動して△ACD' を作ります。さらに E, F, G を図のように定めると、もとの四角形 ABCD の中で△AEG および△GCF

を回転させてできる部分はそれぞれ四角形 AGFD，四角形 EBCG を回転させてできる立体に含まれることが分かります。

演習 176　点 F に重なる点 … **点 D**

面カと平行になる面 … **面ウ**

辺 JC と平行になる辺 … **辺 IE**

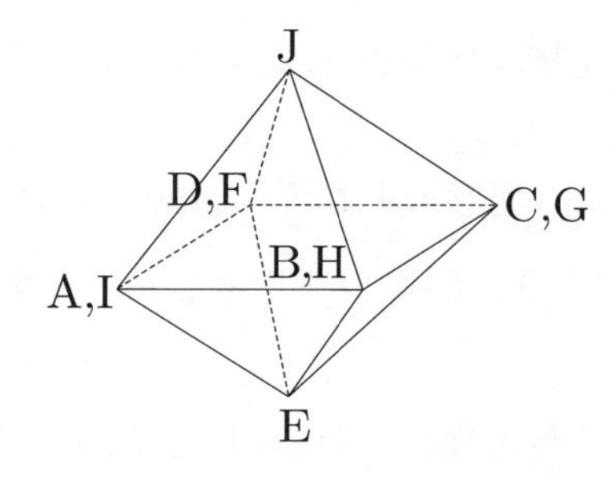

面ア，イ，ウ，エが正八面体の上半分に、面オ，カ，キ，クが正八面体の下半分になるように組み立て、面アが手前になるように見取図をかくと図のようになります。

演習 177

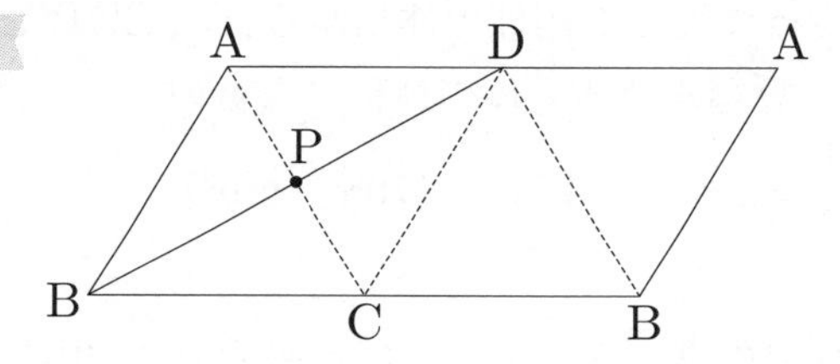

演習 178　面 ABCD と面 EFGH は平行であり、3 点 A，M，N を通る平面はそのどちらとも交わるので、2 本の交線 AP と MN は平行であり

$\triangle$ ADP ∽ $\triangle$ NFM

AD : NF = 3 : 2 より、相似比は 3 : 2 なので

$\text{PD} = \frac{3}{2} \times \text{MF} = \frac{3}{2} \times \frac{1}{2} \times \text{EF} = \frac{3}{4} \times \text{CD}$

よって、CP : PD = **1 : 3**

また、面 ABFE と面 DCGH は平行であり、3 点 A，M，N を通る平面はそのどちらとも交わるので、2 本の交線 AM と PQ は平行であり

$\triangle$ AME ∽ $\triangle$ QPC

$\text{ME} : \text{PC} = \frac{1}{2}\text{EF} : \frac{1}{4}\text{EF} = 2 : 1$ より、相似比は 2 : 1 なので

$\text{CQ} = \frac{1}{2} \times \text{EA} = \frac{1}{2} \times \text{CG}$

よって、CQ : QG = **1 : 1**

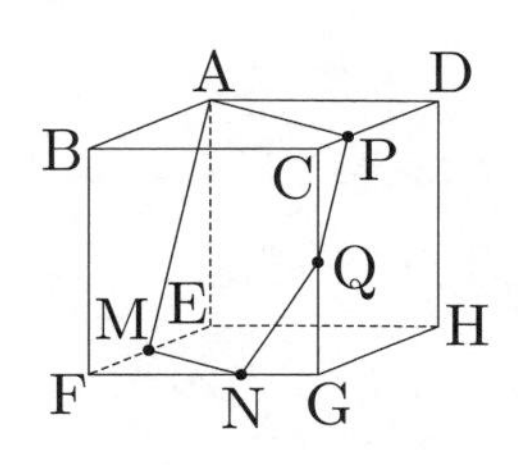

演習 179 底面積は $2^2\pi = 4\pi$

側面積は $6^2\pi \times \dfrac{2}{6} = 12\pi$

よって、表面積は $4\pi + 12\pi = \mathbf{16\pi}$ **(cm²)**

円錐の展開図をかくと、底面が円、側面が扇形になります。
このとき、

(扇形の中心角)：360° ＝ (底面の半径)：(母線の長さ)

より、扇形の中心角を $x°$ とすると、$\dfrac{x}{360} = \dfrac{2}{6}$ です。

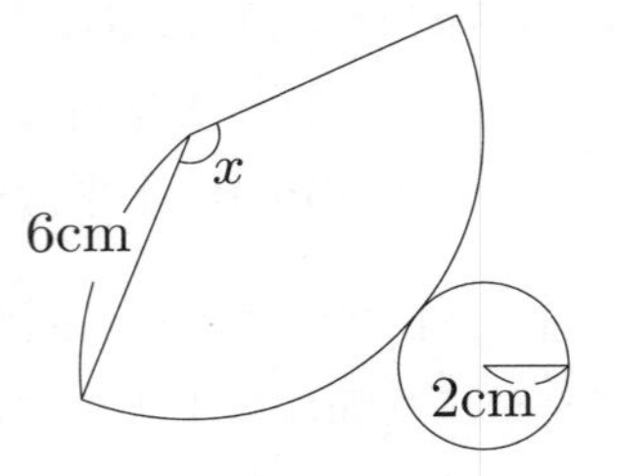

演習 180 直線 AE と直線 l との交点を P とすると、

$EP = 6 - 3 = 3,\ PD = 8 - 2 = 6$

長方形 ABCP を回転させてできる円柱の体積から、△ EDP を回転させてできる円錐の体積を引けば求める立体の体積になるので

$6^2\pi \times 8 - 3^2\pi \times 6 \times \dfrac{1}{3} = 288\pi - 18\pi = \mathbf{270\pi}$ **(cm³)**

演習 181 容器全体と、コップ１杯分の水が入った部分は相似であり、相似比は２：１

よって、容器全体とコップ１杯分の水が入った部分の体積比は

$2^3 : 1^3 = 8 : 1$

したがって、容器の体積はコップ８杯分となり、容器を水でいっぱいにするためには

$8 - 1 =$ **7（杯分）** の水を入れればよい。

演習 182 △ ABD において、三平方の定理により

$AB = \sqrt{4^2 - 2^2} = \sqrt{12} = 2\sqrt{3}$

また、△ ABC において、三平方の定理により

$x = \sqrt{(2\sqrt{3})^2 + (2 + 5)^2} = \mathbf{\sqrt{61}}$

演習 183 点 A から辺 BC の延長線に下ろした垂線の足を D とし、BD＝x とする。

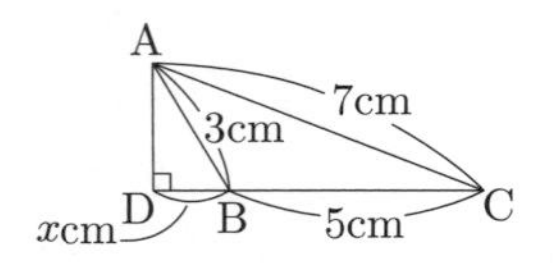

△ ABD において、三平方の定理により　$AD^2 = 3^2 - x^2$　… ①

また、△ ACD において、三平方の定理により

$AD^2 = 7^2 - (5 + x)^2$ … ②

①, ②より　$3^2 - x^2 = 7^2 - (5+x)^2$

すなわち　$(5+x)^2 - x^2 = 49 - 9$

これを変形して　$5(5+2x) = 40$

よって、$x = \dfrac{3}{2}$

これと①より　$\mathrm{AD} = \sqrt{3^2 - \left(\dfrac{3}{2}\right)^2} = \sqrt{\dfrac{27}{4}} = \dfrac{3\sqrt{3}}{2}$

よって、△ABC の面積は　$5 \times \dfrac{3\sqrt{3}}{2} \times \dfrac{1}{2} = \boldsymbol{\dfrac{15\sqrt{3}}{4}}$　**(cm²)**

演習 184　点 A から辺 BC に下ろした垂線の足を D とする。

$\mathrm{DC} : \mathrm{AC} : \mathrm{AD} = 1 : 2 : \sqrt{3}$　より

$\mathrm{DC} = 4 \times \dfrac{1}{2} = 2$

$\mathrm{AD} = 4 \times \dfrac{\sqrt{3}}{2} = 2\sqrt{3}$

また、AD = BD より　$\mathrm{BD} = 2\sqrt{3}$

よって、△ABC の面積は　$(2\sqrt{3} + 2) \times 2\sqrt{3} \times \dfrac{1}{2} = \boldsymbol{2\sqrt{3} + 6}$ **(cm²)**

演習 185　点 O' から直線 OA に下ろした垂線の足を H とする。

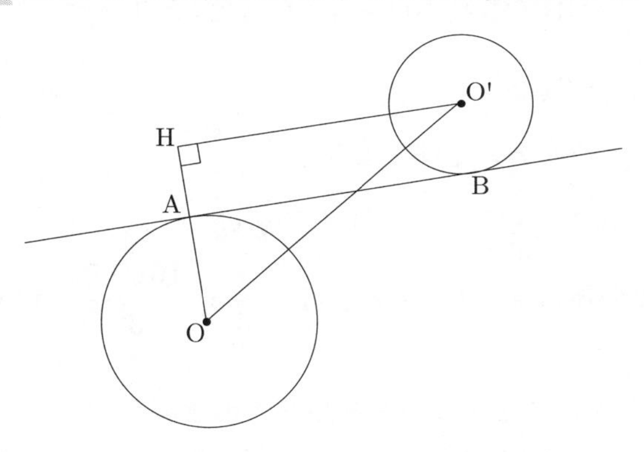

このとき、HO = 2 + 3 = 5, HO' = AB = 8

△HOO' において、三平方の定理により

$\mathrm{OO'} = \sqrt{\mathrm{HO}^2 + \mathrm{HO'}^2} = \sqrt{5^2 + 8^2} = \boldsymbol{\sqrt{89}}$ **(cm)**

演習 186 △ABCにおいて、中線定理により

$AB^2 + BC^2 = 2(AM^2 + BM^2)$ すなわち $16 + 81 = 2(AM^2 + 36)$

これを解いて　$AM^2 = \dfrac{25}{2}$

ここで、$AM > 0$ なので　$AM = \sqrt{\dfrac{25}{2}} = \dfrac{5\sqrt{2}}{2}$

よって、$AC = \dfrac{5\sqrt{2}}{2} \times 2 = \mathbf{5\sqrt{2}}$

P.106 参照 $\sqrt{\dfrac{25}{2}} = \dfrac{5}{\sqrt{2}}$ の分母と分子に $\sqrt{2}$ をかけて、$\dfrac{5}{\sqrt{2}} = \dfrac{5\sqrt{2}}{2}$

演習 187 図のように、正四角錐上の各点を定め、正方形BCDEの対角線の交点をHとする。このとき、線分AHが正四角錐の高さとなる。

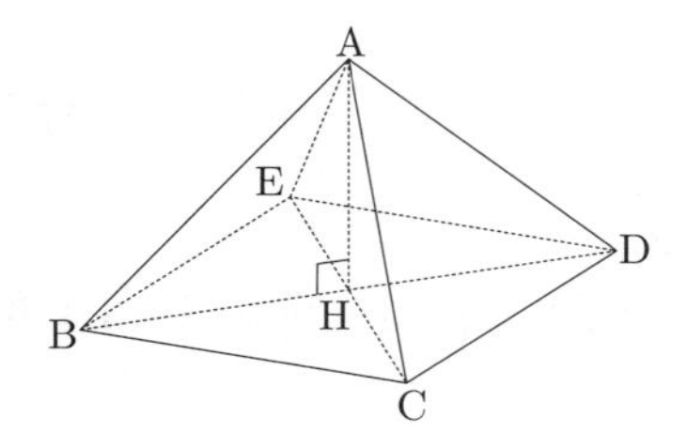

△BCHにおいて、$BH : HC : BC = 1 : 1 : \sqrt{2}$ より

$BH = \dfrac{BC}{\sqrt{2}} = \dfrac{4}{\sqrt{2}} = 2\sqrt{2}$

△ABHにおいて、三平方の定理により

$AH = \sqrt{AB^2 - BH^2} = \sqrt{5^2 - (2\sqrt{2})^2} = \sqrt{17}$

よって、正四角錐の体積は　$4 \times 4 \times \sqrt{17} \times \dfrac{1}{3} = \mathbf{\dfrac{16\sqrt{17}}{3}}$　**(cm³)**

線分AHが正四角錐の高さとなることについて補足しておきます。底面の四角形BCDEは平行四辺形なので、2本の対角線がそれぞれの中点で交わります。ここで、△ABDだけを取り出して考えると、△ABH ≡ △ADH なので ∠AHB = ∠AHD であり、AH ⊥ BDとなっています。

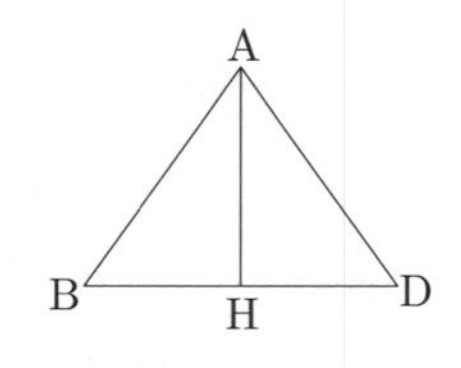

同様に、△ACEを取り出して考えると、AH ⊥ CEであることが確認できます。したがって、線分AHは底面上の2つの線分と垂直なので、底面に垂直な線分であり、正四角錐の高さとなります。

P.211 参照 平面上の平行でない2直線のどちらにも垂直である直線は平面の法線です。

演習 188 △BCDにおいて、三平方の定理により

$\mathrm{BD}=\sqrt{\mathrm{BC}^2+\mathrm{CD}^2}=\sqrt{6^2+4^2}=2\sqrt{13}$

△BCGにおいて、三平方の定理により

$\mathrm{BG}=\sqrt{\mathrm{BC}^2+\mathrm{CG}^2}=\sqrt{6^2+4^2}=2\sqrt{13}$

△CDGにおいて、三平方の定理により

$\mathrm{DG}=\sqrt{\mathrm{CD}^2+\mathrm{CG}^2}=\sqrt{4^2+4^2}=4\sqrt{2}$

よって、△BDGは二等辺三角形であり、点Bから辺DGに下ろした垂線の足をIとすると、

$\mathrm{ID}=\mathrm{DG}\times\dfrac{1}{2}=2\sqrt{2}$

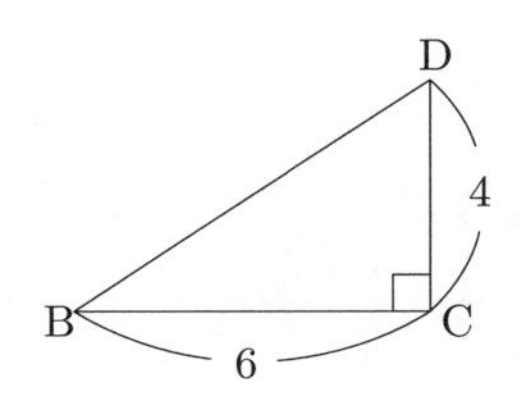

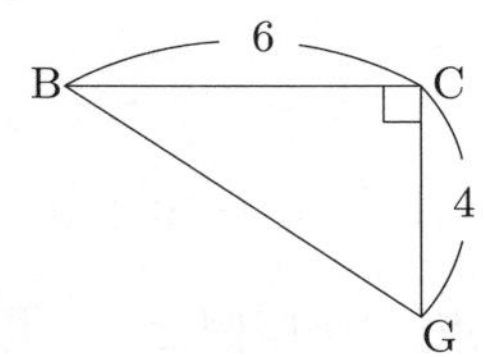

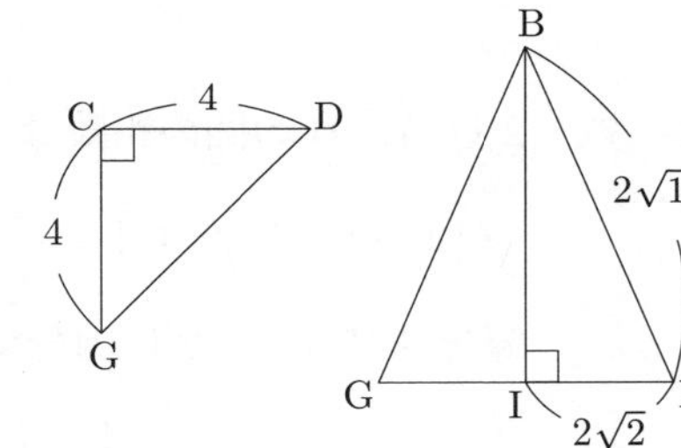

△BIDにおいて、三平方の定理により

$\mathrm{BI}=\sqrt{\mathrm{BD}^2-\mathrm{ID}^2}=\sqrt{(2\sqrt{13})^2-(2\sqrt{2})^2}=2\sqrt{11}$

よって、△BDGの面積は　$\mathrm{DG}\times\mathrm{BI}\times\dfrac{1}{2}=4\sqrt{2}\times2\sqrt{11}\times\dfrac{1}{2}=4\sqrt{22}$

三角錐CBDGの体積は　$\triangle\mathrm{CDG}\times\mathrm{BC}\times\dfrac{1}{3}=4\times4\times\dfrac{1}{2}\times6\times\dfrac{1}{3}=16$

また、点Cから3点B, D, Gを含む平面に下ろした垂線の足をJとすると、三角錐CBDGの体積について、

$\triangle\mathrm{BDG}\times\mathrm{CJ}\times\dfrac{1}{3}=16$　すなわち　$4\sqrt{22}\times\mathrm{CJ}\times\dfrac{1}{3}=16$

これを解いて　$\mathrm{CJ}=\dfrac{16\times3}{4\sqrt{22}}=\dfrac{12\sqrt{22}}{22}=\dfrac{6\sqrt{22}}{11}$

よって、3点B, D, Gを含む平面と点Cとの距離は　$\boldsymbol{\dfrac{6\sqrt{22}}{11}}$ **cm**

演習 189 $\boldsymbol{y=\dfrac{30}{x}}$

定義域は　$\boldsymbol{0<x}$

値域は　$\boldsymbol{0<y}$

たとえば、$x=60$　であれば　$y=\dfrac{30}{60}=\dfrac{1}{2}$　なので、30秒で水そうがいっぱいにな

ります。このように、x の値が30を越えてどんどん大きくなっても、その分 y の値が0より大きい値でどんどん小さくなるだけなので、x は0より大きければどんな値でもとることができます。

演習 190 点Pの x 座標は $3-7=-4$、y 座標は $-5-3=-8$

よって、点Pの座標は $(-4,\ -8)$

点Pの x 軸に関して対称な点の座標は $\boldsymbol{(-4,\ 8)}$

y 軸に関して対称な点の座標は $\boldsymbol{(4,\ -8)}$

原点に関して対称な点の座標は $\boldsymbol{(4,\ 8)}$

演習 191 2点A，Bの間の距離は

$$\sqrt{\{2-(-5)\}^2+\{-1-(-4)\}^2}=\sqrt{49+9}=\boldsymbol{\sqrt{58}}$$

線分ABを1：2に内分する点の x 座標は $-5+\dfrac{2-(-5)}{3}=-\dfrac{8}{3}$

y 座標は $-1-\dfrac{-1-(-4)}{3}=-2$

よって、線分ABを1：2に内分する点の座標は $\boldsymbol{\left(-\dfrac{8}{3},\ -2\right)}$

線分ABを1：2に内分する点をPとすると、点Pの x 座標は2点A，Bの x 座標の差を3で割ったものを点Aの x 座標に加えれば求められます。同じように、点Pの y 座標は2点A，Bの y 座標の差を3で割ったものを点Aの y 座標から引けばよいでしょう。

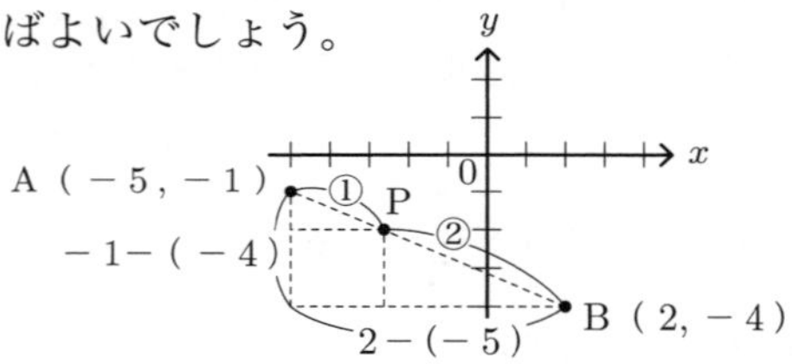

A（－5，－1）
①
P
②
－1－（－4）
B（2，－4）
2－（－5）

演習 192 $x=4$ のとき $y=-12$ なので、比例定数を a として、

$$a=\frac{y}{x}=\frac{-12}{4}=-3$$

よって、$\boldsymbol{y=-3x}$

また、$y=-3x$ に $y=8$ を代入して $8=-3x$

これを解いて $x=-\dfrac{8}{3}$

よって、$y=8$ となる x の値は $\boldsymbol{x=-\dfrac{8}{3}}$

ポイント

y が x に比例するということは、比例定数を a として、x と y の関係を $y=ax$ と表せるということです。この比例定数 a の値を求めれば、y を x の式で表すことができます。

a の値を求めるときは、$y=ax$ に x と y の値を代入して a について解いてもよいですが、解答のように $a=\dfrac{y}{x}$ に x と y の値を代入したほうがスムーズです。

演習 193

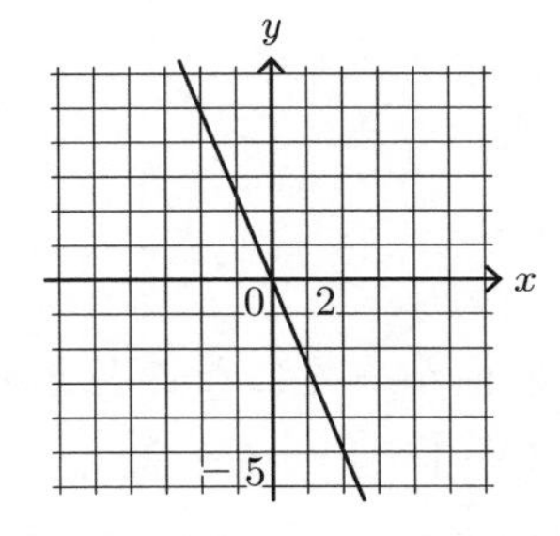

$x=2$ のときに $y=-5$ となるので、原点と点（2，－5）を通る直線が $y=-\dfrac{5}{2}x$ のグラフです。

比例の場合は、グラフの傾きが比例定数と等しいので、傾きは $-\dfrac{5}{2}$ です。負の符号－は分子にあると見て、x が2だけ増加する間に y が－5だけ増加する、つまり5だけ減少すると考えてください。

演習 194 $\boldsymbol{y=-x}$

グラフが原点と点（1，－1）を通る直線なので、傾きは－1です。

演習 195 $x=-8$ のとき $y=-3$ なので、比例定数を a として、

$a=xy=-8\times(-3)=24$

よって、$\boldsymbol{y=\dfrac{24}{x}}$

また、$y=\dfrac{24}{x}$ に $y=-12$ を代入して $-12=\dfrac{24}{x}$

これを解いて　$x=-2$

よって、$y=-12$ となる x の値は　$\boldsymbol{x=-2}$

ポイント

y が x に反比例するので、x と y の関係は比例定数を a として　$y=\dfrac{a}{x}$ と表す

ことができ、この比例定数 a の値を求めれば、y を x の式で表すことができます。反比例の式は $xy=a$ と表すこともできるので、これに x と y の値を代入すれば a の値を求められます。

演習 196

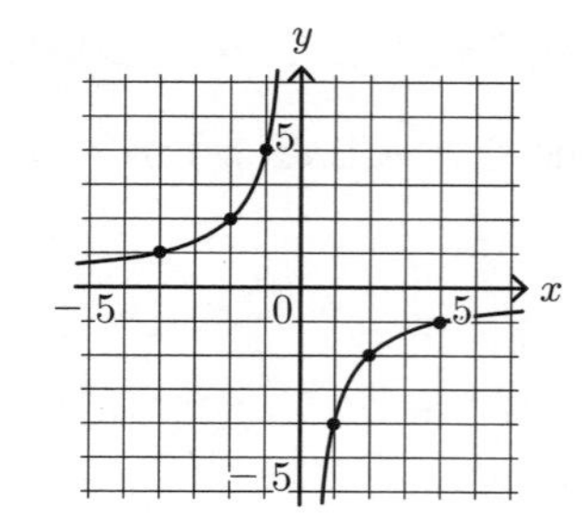

$xy=-4$ なので、x，y がともに整数でその積が -4 になるときを考えると、$(x,\ y)=(1,\ -4),\ (2,\ -2),\ (4,\ -1),\ (-1,\ 4),\ (-2,\ 2),\ (-4,\ 1)$ となる点をグラフが通ることが分かります。解答のように、点と点の間だけでなくその先も滑らかな曲線になるように、かけるところまでグラフをかきます。

注意 x や y の値が0になることはないので、グラフが x 軸や y 軸と接したり交わったりしないように注意してください。
たとえば、$x=6$ のときに $y=-\frac{2}{3}$ となるので、グラフは点 $\left(6,\ -\frac{2}{3}\right)$ を通ります。このように格子点以外でも通る点を意識してグラフをかくとより正確にかくことができます。

ポイント

反比例のグラフは x 軸や y 軸と接したり交わったりしません。

演習 197 点Aは $y=\frac{4}{3}x$ のグラフ上の点なので、その y 座標は $y=\frac{4}{3}x$ に $x=3$ を代入して $y=4$

よって、点Aの座標は $(3,\ 4)$

したがって、反比例 $y=\frac{a}{x}$ のグラフは点 $(3,\ 4)$ を通っているので

$4=\frac{a}{3}$

これを解いて、$\boldsymbol{a=12}$

演習 198 (1) 時速 40 km ＝分速 $\frac{40}{60}$ km ＝分速 $\frac{2}{3}$ km，500m ＝ $\frac{1}{2}$ km であり、

x 分間にバスが進む道のりは $\frac{2}{3}x$ km なので　$\boldsymbol{y = \frac{2}{3}x + \frac{1}{2}}$

(2) $y = \frac{2}{3}x + \frac{1}{2}$ に $x = 8$ を代入して　$y = \frac{2}{3} \times 8 + \frac{1}{2} = \frac{16}{3} + \frac{1}{2} = \frac{35}{6}$

よって、$\boldsymbol{\frac{35}{6}}$ **km**

(3) $0 \leqq x \leqq 15$ のとき、$0 \times \frac{2}{3} + \frac{1}{2} \leqq \frac{2}{3}x + \frac{1}{2} \leqq 15 \times \frac{2}{3} + \frac{1}{2}$

すなわち　$\frac{1}{2} \leqq \frac{2}{3}x + \frac{1}{2} \leqq \frac{21}{2}$

よって、$y = \frac{2}{3}x + \frac{1}{2}$　より値域は　$\boldsymbol{\frac{1}{2} \leqq y \leqq \frac{21}{2}}$

(3) について説明しておきます。不等式の両辺に同じ正の数をかけたり、同じ数を足したりしても不等号の向きは変わりません。このことを使って、x の変域を表した　$0 \leqq x \leqq 15$　を $\left(\frac{2}{3}x + \frac{1}{2}\right)$すなわち y の変域を表す不等式に変形しています。$0 \leqq x \leqq 15$　の $0, x, 15$ それぞれに $\frac{2}{3}$ をかけると $0 \times \frac{2}{3} \leqq \frac{2}{3}x \leqq 15 \times \frac{2}{3}$ になり、さらに $\frac{1}{2}$ をそれぞれに足すと $0 \times \frac{2}{3} + \frac{1}{2} \leqq \frac{2}{3}x + \frac{1}{2} \leqq 15 \times \frac{2}{3} + \frac{1}{2}$ になるということです。

演習 199

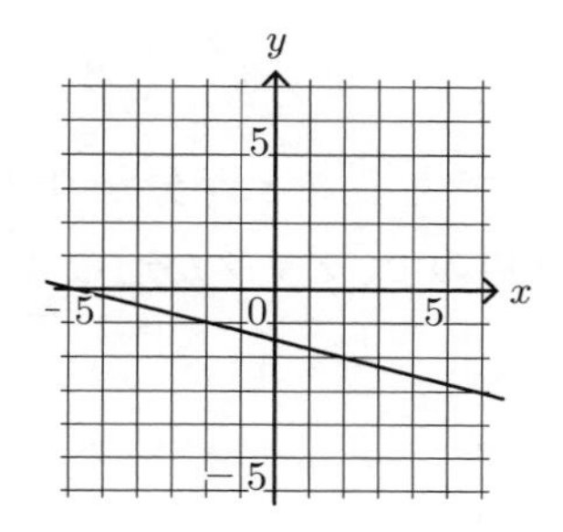

y 切片が分数の場合はグラフが y 軸上のどこを通るかが分かりにくいので、グラフが通る格子点を探しましょう。$y = -\frac{1}{4}x - \frac{3}{2}$ の x に整数の値を入れて y の値が整数になる場合を探してみると、$x = 2$ のときに $y = -2$ となり、
点（2，−2）を通ることが分かります。これと、傾きが $-\frac{1}{4}$ であることからグラフをかくことができます。

演習 200 求める直線の式は $y = \frac{-1-(-4)}{2-(-7)}(x-2) - 1$

よって、$\boldsymbol{y = \frac{1}{3}x - \frac{5}{3}}$

直線が通る２点を使って傾きを求めることができ、$\dfrac{-1-(-4)}{2-(-7)} = \dfrac{1}{3}$ となります。

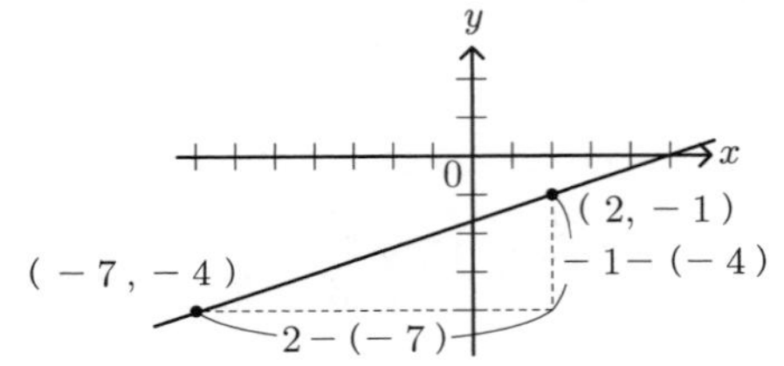

傾きが分かれば、１つの通る点を使って直線の式を求めることができます。このとき（－７，－４）と（２，－１）のどちらを採用しても同じ式になります。実際に試してみると

$y = \frac{1}{3}\{x-(-7)\}-4$ を整理すると $y = \frac{1}{3}x - \frac{5}{3}$

$y = \frac{1}{3}(x-2)-1$ を整理すると $y = \frac{1}{3}x - \frac{5}{3}$

となっています。これらをまとめると次のようになります。

> ２点 $(a,\ b),\ (c,\ d)\quad (a \neq c)$ を通る直線の式は $y = \dfrac{d-b}{c-a}(x-a)+b$

演習 201 $y = \dfrac{-2-3}{4-(-2)}(x-4)-2$ すなわち $\boldsymbol{y = -\frac{5}{6}x + \frac{4}{3}}$

例題201のグラフは見ただけで y 切片が－２であることが分かりますが、演習201のグラフは見ただけでは y 切片が分からないので、グラフが通る２点（－２，３），（４，－２）を使って直線の式を求めています。

演習 202 方程式を x について解くと、$x = -3$

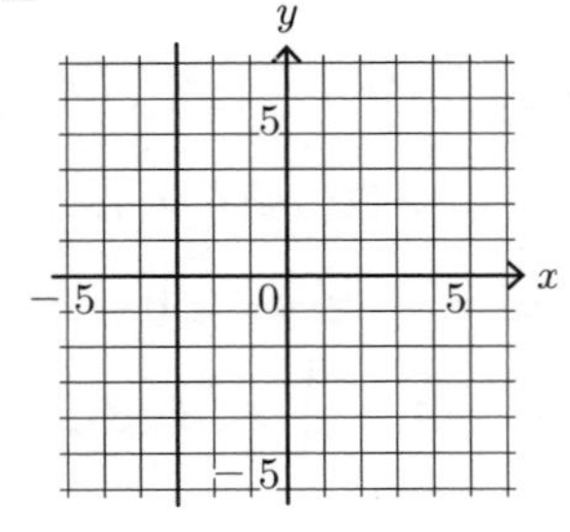

演習 203 直線 l の式は $y = \dfrac{3}{2}x + 3$ …①

直線 m の式は $y=-\dfrac{1}{4}x-3$ …②

①を②に代入して $\dfrac{3}{2}x+3=-\dfrac{1}{4}x-3$

これを解いて $x=-\dfrac{24}{7}$

これを①に代入して $y=\dfrac{3}{2}\times\left(-\dfrac{24}{7}\right)+3=-\dfrac{15}{7}$

よって、2 直線 $l,\ m$ の交点の座標は $\left(-\dfrac{\mathbf{24}}{\mathbf{7}},\ -\dfrac{\mathbf{15}}{\mathbf{7}}\right)$

演習 204 直線 $l,\ m$ は平行ではないので、3 直線 $l,\ m,\ n$ が三角形を作らないのは次の 2 つの場合である。

(1) 直線 n が直線 $l,\ m$ のどちらかと平行

(2) 直線 n が直線 $l,\ m$ の交点を通る

(1) の場合、直線 $l,\ m,\ n$ の傾きはそれぞれ $\dfrac{1}{2},\ -\dfrac{1}{2},\ \dfrac{a}{2}$ なので

$\dfrac{a}{2}=\dfrac{1}{2}$ または $\dfrac{a}{2}=-\dfrac{1}{2}$ よって、$a=1,\ -1$

(2) の場合、直線 $l,\ m$ の交点の座標は、連立方程式 $\begin{cases} x-2y=3 \\ x+2y=3 \end{cases}$

を解いて $x=3,\ y=0$ よって、$(3,\ 0)$

直線 n が点 $(3,\ 0)$ を通ればよいので $3a-2\times 0=-9$

よって $a=-3$

したがって、求める a の値は $\boldsymbol{a=1,\ -1,\ -3}$

また、$a=5$ であるとき、

直線 $l,\ n$ の交点の座標は、連立方程式 $\begin{cases} x-2y=3 \\ 5x-2y=-9 \end{cases}$ を解いて

$x=-3,\ y=-3$ よって、$(-3,\ -3)$

直線 $m,\ n$ の交点の座標は、連立方程式 $\begin{cases} x+2y=3 \\ 5x-2y=-9 \end{cases}$ を解いて

$x=-1,\ y=2$ よって、$(-1,\ 2)$

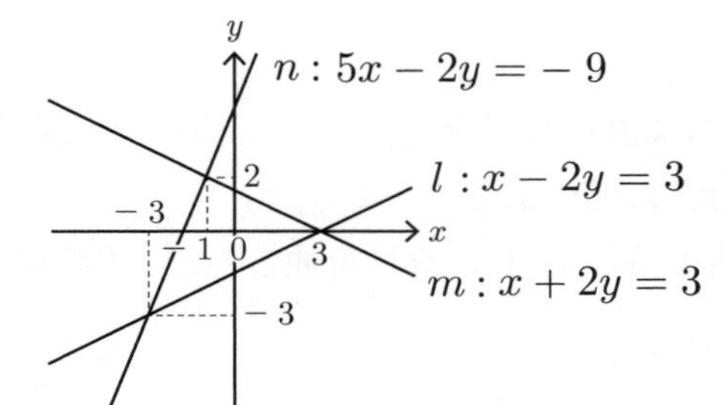

したがって、求める三角形の面積は

$$5\times 6-\left(2\times 5\times\frac{1}{2}+6\times 3\times\frac{1}{2}+4\times 2\times\frac{1}{2}\right)=30-(5+9+4)=\mathbf{12}$$

演習 205 (1) グラフより、弟は1000 m を12.5分間で歩いているので

$1000\div 12.5=80$

よって、**分速 80 m**

(2) 兄と弟がすれ違うのは、兄が公園から家に向かって走っている

$5\leqq x\leqq 10$ のときである。

このとき、兄の家からの距離を表す直線の式は、2点（5, 1000),

（10, 0）を通るので

$y=\dfrac{0-1000}{10-5}(x-10)$ すなわち $y=-200(x-10)$ … ①

弟の家からの距離を表す直線の式は、(1) より傾きが80であり、

点（3, 0）を通るので

$y=80(x-3)$ … ②

①を②に代入して $-200(x-10)=80(x-3)$

これを解いて $x=8$

よって、兄と弟がすれ違うのは、兄が家を出発してから**8分後**

兄と弟のグラフの交点の x 座標が、兄が家を出てから2人がすれ違うまでの時間を表しています。交点の x 座標は、2つのグラフを式で表して連立方程式として解けば求められます。

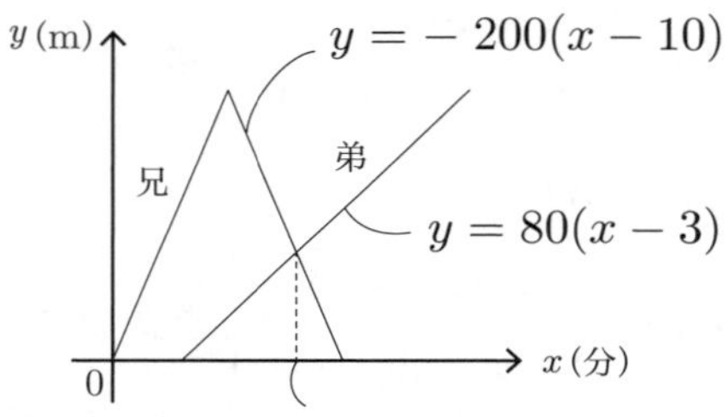

演習 206 点Aを通り辺BCに平行な直線を l とし、l と y 軸との交点をPとすると、△ABC と△PBC の面積が等しくなる。

l は直線BCと傾きが等しく、点（3, 2）を通るので、l の式は

$$y=\frac{-3-(-1)}{4-(-2)}(x-3)+2$$

よって、$y=-\frac{1}{3}x+3$

これと y 軸との交点がPなので、点Pの座標は **(0, 3)**

P.157参照　PA∥BCであれば△ABC＝△PBC

演習 207　$x=3$ のとき $y=-6$ なので、比例定数を a として、

$a=\frac{y}{x^2}=\frac{-6}{3^2}=-\frac{2}{3}$

よって、$\boldsymbol{y=-\frac{2}{3}x^2}$

また、$y=-\frac{2}{3}x^2$ に $y=-18$ を代入して $-18=-\frac{2}{3}x^2$

すなわち $x^2=27$

これを解いて　$x=\pm3\sqrt{3}$

よって、$y=-18$ となる x の値は $\boldsymbol{x=\pm3\sqrt{3}}$

ポイント

y が x^2 に比例するとき、x と y の関係は比例定数 a を使って $y=ax^2$ と表され、比例定数 a の値を求めれば y を x の式で表すことができます。

演習 208　グラフが点（1，－3）を通るので、比例定数を a として、

$a=\frac{-3}{1^2}=-3$

よって、求める式は $\boldsymbol{y=-3x^2}$

グラフが原点を頂点とする放物線であるとき、その関数の式は　$y=ax^2$ と表されます。原点以外で通る点の座標が1つ分かれば a の値を求めることができ、y を x の式で表すことができます。
問題のグラフを見ると、点（1，－3）を通っているので、この座標を使って a の値を求めています。

演習 209　$y=-\frac{2}{5}x^2$　のグラフは右の図のようになる。

$x=0$ のとき　$y=-\frac{2}{5}\times0^2=0$

$x=\sqrt{5}$ のとき　$y=-\frac{2}{5}\times(\sqrt{5})^2=-2$

よって、値域は　$\boldsymbol{-2<y\leqq0}$

－2と $\sqrt{5}$ では、$\sqrt{5}$ のほうが絶対値が大きいので、$x=-2$ のときより

$x = \sqrt{5}$ のときのほうが y の絶対値は大きくなります。

注意 x の値は「-2 より大きく $\sqrt{5}$ より小さい」と定義されているので、x の値が 0 になることはありますが $\sqrt{5}$ になることはありません。そのため、値域を答えるときも、y の値が -2 にはならないことに気を付けて不等号を書いてください。

演習 210 $\dfrac{-4\cdot(\frac{3}{2})^2-(-4)\cdot(-\frac{1}{2})^2}{\frac{3}{2}-(-\frac{1}{2})} = -4\left(\dfrac{3}{2}-\dfrac{1}{2}\right) = \mathbf{-4}$

演習 211 $\begin{cases} y = \dfrac{1}{3}x^2 & \cdots ① \\ y = 2x-3 & \cdots ② \end{cases}$

として、①を②に代入すると　$\dfrac{1}{3}x^2 = 2x-3$

これを整理して　$x^2-6x+9=0$　すなわち　$(x-3)^2=0$

よって　$x=3$

これを①に代入して　$y=3$

よって、共有点の座標は **(3，3)**

ポイント

$y = ax^2$ と表される方程式と $y = sx + t$ と表される方程式を連立させて y を消去すると、x の 2 次方程式になり、解が 2 つになることが多いです。これは、放物線と直線が共有点を持つときに、多くの場合は共有点が 2 つあることを意味しています。しかし、演習 211 では x の 2 次方程式の解が 1 つになりました。これは、放物線と直線が共有点を 1 つだけ持つことを意味しており、2 つのグラフは右の図のように接しています。

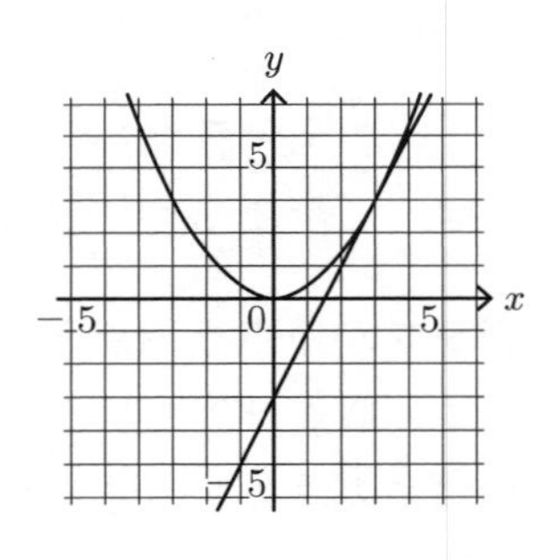

演習 212 点 A の x 座標を a とする。

点 A の y 座標は $y = x^2$ に $x = a$ を代入して　$y = a^2$

点 B の y 座標は $y = \dfrac{1}{4}x^2$ に $x = a$ を代入して　$y = \dfrac{1}{4}a^2$

よって、線分 AB の長さは $\text{AB} = a^2 - \dfrac{1}{4}a^2 = \dfrac{3}{4}a^2$

点 D の x 座標は $y = \dfrac{1}{4}x^2$ に $y = a^2$ を代入して　$a^2 = \dfrac{1}{4}x^2$

すなわち　$x^2 = 4a^2$

ここで、$x>0$, $a>0$ なので $x=2a$

よって、線分 AD の長さは $\mathrm{AD}=2a-a=a$

長方形 ABCD が正方形となるのは AB = AD のときなので $\frac{3}{4}a^2=a$

これを解いて $a\left(a-\frac{4}{3}\right)=0$ すなわち $a=0,\ \frac{4}{3}$

ここで、$a>0$ なので $a=\frac{4}{3}$

このとき、点 A の y 座標は $y=x^2$ に $x=\frac{4}{3}$ を代入して $y=\frac{16}{9}$

よって、点 A の座標は $\left(\boldsymbol{\frac{4}{3},\ \frac{16}{9}}\right)$

求める点 A の x 座標を a とおいて考えます。そうすると、点 A と点 B は x 座標が等しく、点 A と点 D は y 座標が等しいので、放物線の式を利用するとそれぞれの座標を a を使って表すことができ、線分 AB, AD の長さも a を使って表すことができます。長方形 ABCD が正方形になるのは、線分 AB と AD の長さが等しいときなので、そのときの a の値を求めれば点 A の座標が分かります。

演習 213　1 歩で 2 段上る回数が 3 回以上になることはない。

1 歩で 2 段上る回数が 2 回の場合、1 歩で 1 段上る回数は 0 回であり、上る方法は 1 通り。

1 歩で 2 段上る回数が 1 回の場合、1 歩で 1 段上る回数は 2 回であり、合計 3 回のうちどこか 1 回だけ 2 段上ればよいので、上る方法は 3 通り。

1 歩で 2 段上る回数が 0 回の場合、1 歩で 1 段上る回数は 4 回であり、上る方法は 1 通り。

よって、上る方法は全部で **5 通り**

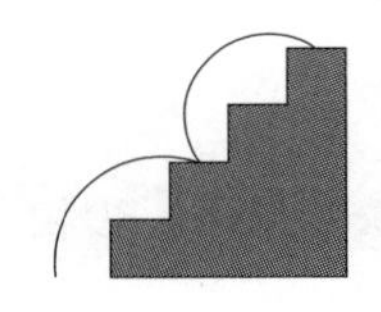  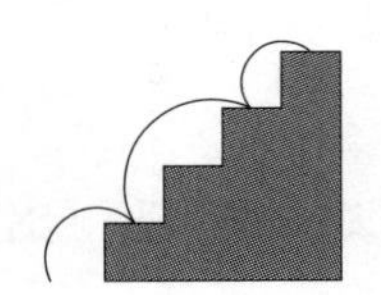 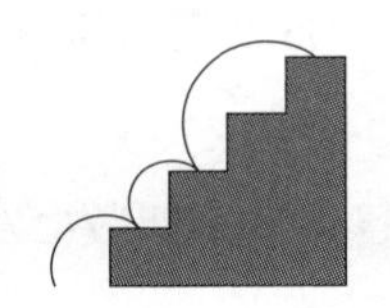 

演習 214　A と B を 2 人で 1 人とし、A と B, C, D の 3 人の並び方を考える。

1 番左に並ぶ人の選び方は 3 通り。

それぞれの場合で、左から 2 番目に並ぶ人の選び方は 2 通り。

よって、並び方は $3\times2=$**6（通り）**

解答の考え方を樹形図にすると次のようになります。

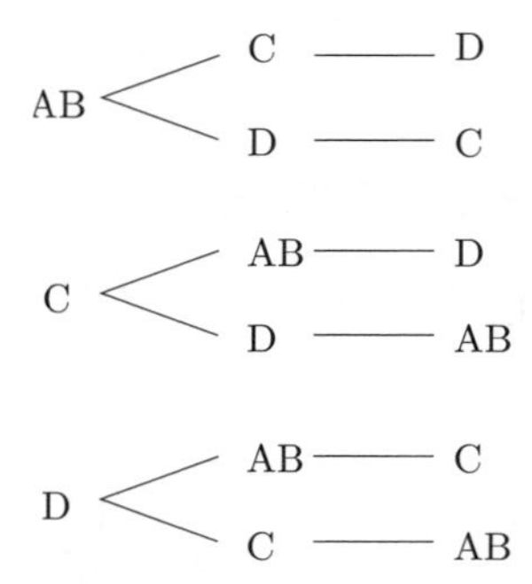

AとBで1人と考える、という工夫をせずに下の樹形図のように考えることもできますが、1番左に並ぶ人によって枝分かれの位置が変わり、少し複雑になります。

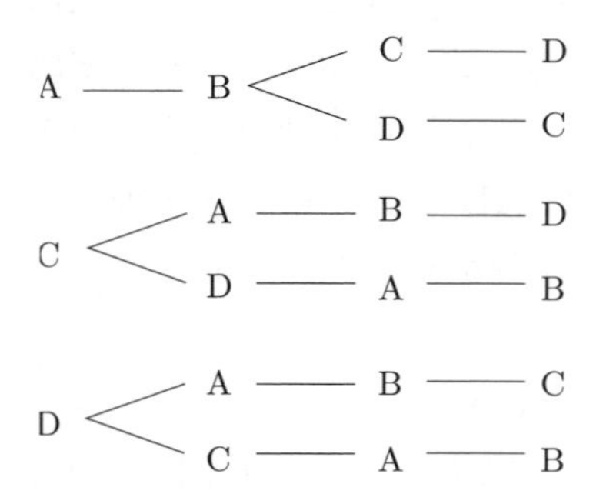

演習 215 A，B，Cの手の出し方は　$3\times3\times3=27$　通り。

Bがグーで勝つとすると、A，Cはどちらもチョキであるか、グーとチョキが1人ずつであるかのいずれかであり、そのような場合は3通り。

Bがチョキ、パーで勝つ場合も同様にそれぞれ3通りなので、Bが勝つ場合は全部で　$3\times3=9$　通り。

よって、Bが勝つ確率は　$\dfrac{9}{27}=\boldsymbol{\dfrac{1}{3}}$

演習 216 「出た目の積が偶数になる確率」と「出た目の積が奇数になる確率」の和は1である。

2つのさいころの目の出方は　$6\times6=36$　通り。

出た目の積が奇数になるのは　$3\times3=9$　通り。

よって、出た目の積が奇数になる確率は　$\dfrac{9}{36}=\dfrac{1}{4}$

したがって、出た目の積が偶数になる確率は　$1-\dfrac{1}{4}=\boldsymbol{\dfrac{3}{4}}$

出た目の積が偶数になるのは2つのさいころの目のどちらか一方または両方が偶数のときであり、積が奇数になるのは2つのさいころの目がどちらも奇数のときです。

これらを比べると、積が奇数の場合を考える方が偶数の場合を考えるよりも楽であることが分かります。

演習 217 (1) x を除いた得点を小さい値から順に並べると、

1, 2, 2, 4, 5, 5, 7

$x \geqq 4$ のときは中央値が 4 点以上となり、$x = 3$ のときは中央値が

$\dfrac{3+4}{2} = 3.5$ 点となるので不適である。

$x \leqq 2$ であれば、小さい方から 4 番目の値が 2 点、5 番目の値が 4 点となり、中央値は $\dfrac{2+4}{2} = 3$ 点となる。

よって、求める x の値は $\boldsymbol{x = 0,\ 1,\ 2}$

(2) $x = 2$ であるときの得点の平均値は

$$\frac{1+2\times3+4+5\times2+7}{8} = \frac{28}{8} = 3.5$$

∴ 3.5 点

(3) $x = 2$ であるとき、最も個数が多い値は 2 点なので、最頻値は **2 点**

8 試合の得点の中央値は、小さい方から 4 番目の得点と 5 番目の得点の平均値です。x の値によって、小さい方から 4 番目、5 番目がどの値になるかが異なるので、注意して考えてください。

また、$x = 2$ のときは得点の最頻値が 2 点ですが、$x = 0$ であれば最頻値は 2 点と 5 点であり、$x = 1$ であれば最頻値は 1 点, 2 点, 5 点です。このように、最も個数が多い値が複数種類ある場合は、最頻値は複数個になります。

演習 218 それぞれの値は以下の通りになる。

最小の値：10 歳以上 20 歳未満

第 1 四分位数：20 歳以上 30 歳未満

第 2 四分位数：30 歳以上 40 歳未満

第 3 四分位数：40 歳以上 50 歳未満

最大の値：60 歳以上 70 歳未満

よって、ヒストグラムに対応する箱ひげ図は **C**

従業員の人数が 80 人なので、年齢を低い順に並べたときに 40 番目と 41 番目の値の中央値が第 2 四分位数になります。10 歳以上 20 歳未満の人が 5 人、20 歳以上 30 歳未満の人が 31 人、30 歳以上 40 歳未満の人が 18 人であることがヒストグラムから読み取れるので、40 番目と 41 番目の年齢はどちらも 30 代であり、第 2 四分位数が 30 歳以上 40 歳未満であることが分かります。

演習 219 459500 以上 460500 未満の数の上から 4 桁目を四捨五入すると 460000 となるので

$459500 \leqq a < 460500$

もし近似値が 4.6×10^5 であれば、上から 3 桁目を四捨五入したということであり、この場合の真の値 a の範囲は　$455000 \leqq a < 465000$　となります。有効数字が 4, 6, 0 であるか 4, 6 であるかによって、どの程度正確に近似しているかが異なることが分かります。

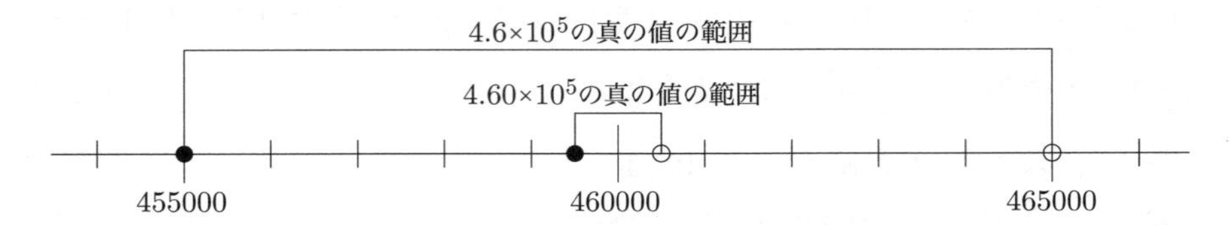

演習 220 みかんの重さについて、30 個の標本の標本平均は　$\frac{3060}{30} = 102$

よって、4500 個のみかんの重さの平均値は**およそ 102 g**

演習 221 最初に袋の中にあった白玉の個数を x 個とすると、

$(x + 12) : 12 = 30 : 2$

これを解いて　$2x = 360 - 24$　すなわち $x = 168$

よって、最初に袋の中にあった白玉の個数は**およそ 170 個**

30 個に対する赤玉 2 個の割合と、すべての玉の個数に対するすべての赤玉 12 個の割合が等しいと考えます。最初に袋にあった白玉の個数を x 個とすると、すべての玉の個数は（$x + 12$）個になります。

10 個単位で推定するので、168 を十の位までで四捨五入して、およそ 170 個と推定しています。

著者紹介
稲荷思歩（いなり しほ）
1993年、京都府生まれ。京都大学総合人間学部卒業。
在学中から「東大・京大への最短コース」稲荷塾で数学を指導してきた。
現在、稲荷塾の通信講座を主宰している。

－稲荷塾通信講座－
東大・京大を目指す生徒のための通信制講座。
高校課程を従来の2倍以上の進度で学び、効果的な演習をすることができる。

最速最深中学数学

2023年９月22日　第1刷発行
2024年７月５日　第2刷発行

著　者　稲荷思歩
発行人　久保田貴幸

発行元　株式会社 幻冬舎メディアコンサルティング
〒151-0051　東京都渋谷区千駄ヶ谷4-9-7
電話　03-5411-6440（編集）

発売元　株式会社 幻冬舎
〒151-0051　東京都渋谷区千駄ヶ谷4-9-7
電話　03-5411-6222（営業）

印刷・製本　中央精版印刷株式会社
装　丁　弓田和則

検印廃止

ISBN 978-4-344-94188-5 C0041
幻冬舎メディアコンサルティングＨＰ
https://www.gentosha-mc.com/